Hochschulmathematik mit Octave verstehen und anwenden

Jens Kunath

Hochschulmathematik mit Octave verstehen und anwenden

Eine Orientierungshilfe für die ersten Schritte

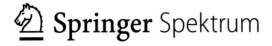 Springer Spektrum

Jens Kunath
Senftenberg, Deutschland

ISBN 978-3-662-64781-3   ISBN 978-3-662-64782-0   (eBook)
https://doi.org/10.1007/978-3-662-64782-0

Die Deutsche Nationalbibliothek verzeichnet diese Publikation in der Deutschen Nationalbibliografie; detaillierte bibliografische Daten sind im Internet über http://dnb.d-nb.de abrufbar.

Planung: Iris Ruhmann
Springer Spektrum ist ein Imprint der eingetragenen Gesellschaft Springer-Verlag GmbH, DE und ist ein Teil von Springer Nature.
Die Anschrift der Gesellschaft ist: Heidelberger Platz 3, 14197 Berlin, Germany

Vorwort

Mathematik verstehen und anwenden lernen. Das ist für viele Lernende bereits an allgemeinbildenden Schulen schwer genug. Auch vermeintlich zeitgemäße Lehrmethoden und zu häufig oder an falscher Stelle eingesetzte technische Lernhelfer wie der sogenannte CAS-Taschenrechner[1] machen es nicht einfacher. Im Gegenteil, wird Lernenden doch häufig vorgegaukelt, man könne Mathematikprobleme allein mithilfe von CAS-Taschenrechner und Internetsuchmaschine lösen.

Sich in fachlicher Sicherheit wiegend starten viele Abiturienten[2] in Sachen Mathematik recht blauäugig in ein Hochschulstudium, wo je nach Studienfach ein mehr oder weniger breites Basiswissen zur Mathematik notwendig wäre. Das ist jedoch in der Schule auch gerade dank des CAS-Rechner-Wahnsinns und weiterer überflüssiger digitalisierter Lehrmethoden nur unzureichend vermittelt worden. Damit darf es nicht verwundern, dass Studierende schon recht bald nach Studienbeginn Probleme bekommen. Häufig sind sie selbst bei einfachen Überlegungen und Rechnungen unsicher, verwirrt oder ratlos.

Das liegt gewiss natürlich nicht allein am fehlenden Vorwissen, sondern auch an der Flut neuer Arbeitsabläufe und Strukturen, die das Lernen im Studium vom Lernen an allgemeinbildenden Schulen unterscheidet. Plötzlich sind Lernende für die Organisation des Lernens weitgehend selbst verantwortlich, müssen Lerninhalte selbstständig nach- und vorbereiten. Dies wurde ihnen in der Schule bis hin zum Abitur weitgehend durch die Lehrkräfte in Form eines angeleiteten Lernstils abgenommen. Gemeinsam wurden unzählige Aufgaben durchgerechnet, wobei in der Regel Lehrkräfte das Erklären und Denken übernommen haben.

Mit Beginn des Studiums müssen Lernende im Unterrichtsfach Mathematik nahezu allein diverse Übungsaufgaben lösen, selbstständig nach Erklärungen und Zusammenhängen suchen. Dabei müssen viele Studierende scheinbar zum ersten Mal mit (womöglich altmodisch auf Papier gedruckten) Lehrbüchern arbeiten, was an vielen allgemeinbildenden Schulen als Lehrmittel vollkommen vernachlässigt und als nicht mehr „zeitgemäß" angesehen wird. Der Lernprozess erfolgt unter einem bis dahin unbekannten Zeitdruck und Umfang, was zu einem Motivationsverlust führen kann, vor allem, wenn zwangsweise mit Zettel, Stift und Kopf zu lösende Übungsaufgaben zur Bewertung abgegeben

---

[1] CAS steht abkürzend für Computer-Algebra-System.
[2] Aus Gründen der besseren Lesbarkeit verwende ich in diesem Buch (überwiegend) das generische Maskulinum. Dies impliziert immer beide Formen, schließt also die weibliche Form mit ein.

werden müssen. Haben sich Lernende verrechnet, so vergrößert sich der Lernfrust, wenn die mit negativen Bewertungen versehenen Lösungen zurückgegeben werden. Das ist besonders hart, wenn der Lösungsweg selbst weitgehend korrekt ist, ein übermäßig bestrafter Flüchtigkeits- oder Rechenfehler aber eine positive Bewertung zunichte macht.

Bei der praktischen Lösung verschiedenster Aufgaben stellen Lehrende immer wieder fest, dass nicht wenige Studierende häufig keine Vorstellung davon haben, was sie eigentlich berechnen oder beweisen sollen. Nicht selten wird dann irgendetwas gerechnet, ohne auch nur einen Gedanken an den Sinn (oder Unsinn) einer Rechnung zu verschwenden. Auch mangelt es oft an der notwendigen Selbstkritik und Möglichkeiten zur Selbstkontrolle.

Dabei gibt es sinnvolle computergestützte Helfer zur Unterstützung beim Verständnis der Lerninhalte und zur Selbstkontrolle von eigenen Lösungen, die über die eingeschränkten Möglichkeiten eines CAS-Taschenrechners weit hinausgehen, dessen Grenzen Studierende spätestens dann erfahren müssen, wenn sie damit Aufgabenstellungen zur numerischen Mathematik oder Optimierung lösen wollen.

Für den Hausgebrauch im Studium bietet sich dabei besonders das derzeit kostenfreie Softwarepaket GNU Octave an, nachfolgend kurz als Octave bezeichnet. Damit lernen Studierende nicht nur ein Werkzeug zur Lernunterstützung kennen, sondern auch ein Werkzeug, das sie später zur Lösung mannigfaltiger Probleme verwenden können. Das ergibt sich aus der Tatsache, dass Octave zu dem in wissenschaftlichen und technischen Anwendungen weit verbreiteten, jedoch kostenpflichtigen Softwarepaket MATLAB ähnlich ist.

Im Gegensatz zur besonders umständlichen Handhabung einiger CAS-Taschenrechner ist die Anwendung von Octave leicht zu erlernen. Für den Einstieg werden relativ wenige Vorkenntnisse aus den Bereichen Informatik und Mathematik benötigt.

- Vorkenntnisse aus der Informatik: Fast keine. Man sollte einen Computer hochfahren können, wissen, wie man eine Software im Internet findet und automatisch installieren lässt und das installierte Programm starten können.
- Vorkenntnisse aus der Mathematik: Man sollte die Grundrechenarten über den reellen Zahlen kennen, wissen was eine Funktion ist und im Idealfall sollte der Begriff Matrix kein Fremdwort mehr sein.

Ansonsten sollte man Neugier und Experimentierfreude mitbringen. Octave lernen ist keine Zauberei, sondern bedeutet Lernen durch Erfahrung. Selbstverständlich muss man bereit sein, etwas Zeit zu investieren und gerade am Anfang geduldig auch den einen oder anderen Misserfolg hinnehmen.

Lernende werden sich jetzt fragen, ob es wirklich sinnvoll ist, in einem zeitlich ohnehin anstrengendem Arbeits- und Lebensrhythmus noch mehr Zeit aufzubringen, um zum Beispiel zuvor mit Zettel, Stift und dem eigenen Kopf durchgerechnete Aufgaben noch einmal mit Octave durchzugehen oder sich gewisse Sachverhalte mit Octave zu verdeutlichen. Ich kann dies nur empfehlen, denn die investierte Zeit lohnt sich in vielerlei Hinsicht, etwa zur Fehleraufdeckung bei komplexeren Rechnungen und langen Lösungswegen, zum Begreifen von Definitionen und Algorithmen oder zum Entdecken von Zusammenhängen.

Nicht zuletzt ist die zu Beginn des Studiums an Octave vergebene Zeit langfristig gesehen definitiv nicht umsonst aufgebracht, denn in einer sich immer schneller weiterentwickelnden Arbeitswelt mit immer komplexeren Anforderungen wird vielen der Studierenden von heute in ihrem späteren Berufsleben mit Sicherheit das eine oder andere Problem mit mathematischem Hintergrund begegnen, das sich ausschließlich mit der Hilfe eines Computers lösen lässt. Das Lösungswerkzeug muss dann natürlich nicht zwangsläufig Octave heißen. Dennoch lässt sich auch für andere Softwarepakete oder selbst für die Nutzung beliebiger Programmiersprachen von den im Studium erworbenen Kenntnissen und Fertigkeiten aus dem Umgang mit Octave langfristig zehren.

Dieses Buch entstand auf der Grundlage von Lehrveranstaltungen, die ich zwischen 2009 und 2016 an der BTU Cottbus-Senftenberg betreut habe. Octave und MATLAB haben dabei regelmäßig in Programmierpraktika für Studierende der Mathematik, in Praktika zur mathematischen Modellierung und in Übungen zur numerischen Mathematik für diverse Studiengänge eine wesentliche Rolle gespielt. Interessierte Studierende haben von mir zudem Tipps zur Nutzung von Octave als Lernunterstützer erhalten, beispielsweise in Übungsstunden zur Analysis oder Linearen Algebra. Für das vorliegende Lehrbuch habe ich die damals mit den Studierenden gemachten Erfahrungen und zahlreiche selbst erstellte Lehrunterlagen aufgearbeitet und ergänzt, in der Hoffnung, dass das Ergebnis möglichst vielen Studierenden das Lernen und die Anwendung von Mathematik erleichtert wird. Vor diesem Hintergrund hat das Buch unter anderem die folgenden Zielsetzungen:

- Die Leser sollen in die Lage versetzt werden, kleine und große mathematische Probleme mithilfe von Octave zu lösen.
- Lernenden soll aufgezeigt werden, dass Octave nicht nur als erweiterter Taschenrechner genutzt werden kann, sondern mithilfe der Rechen-, Visualisierungs- und Programmiermöglichkeiten als Lernbegleiter verwendet werden kann, was nicht nur die bloße Überprüfung von mit Zettel und Stift erhaltenen Lösungen ermöglicht, sondern grundsätzlich beim Verstehen von Mathematik hilft. Dabei ist klar, dass in diesem Buch zu dieser Thematik nur an der Oberfläche gekratzt werden kann, denn so verschieden die individuellen Anforderungen und Zielsetzungen jedes Lernenden sind, so verschieden sind auch die Möglichkeiten, die Octave dazu anbietet.
- Lernende sollen erkennen, dass sie mit Octave größere Probleme in Sekundenschnelle lösen können und sich im Gegensatz zu einem Taschenrechner Rechnungen schnell mit veränderten Zahlenwerten wiederholen lassen, wenn man dazu die leicht zu erlernenden Programmiermöglichkeiten nutzt.
- Es soll aufgezeigt werden, dass beliebige mathematische Funktionen auch ohne das für ein CAS typische symbolische Rechnen definiert und verwendet werden können.[3]
- Lernende sollen erkennen, dass der begleitende Einsatz von Octave im Studium zu mehr Selbstständigkeit und mehr Selbstsicherheit im Lernprozess führen kann.

---

[3] Man beachte, dass Octave und MATLAB keine Computer-Algebra-Systeme sind. Folglich kann man mit Octave nicht symbolisch rechnen, sodass man beispielsweise Ableitungen komplexerer Funktionen im Kopf selbst durchführen und in geeigneter Weise in die Sprache von Octave übersetzen muss. Das ist jedoch kein Nachteil, zwingt Anwender und insbesondere Lernende einmal mehr zum Mitdenken und erzieht nebenbei zu einer sorgfältigen Arbeitsweise. Es sei erwähnt, dass Octave bzw. MATLAB mit einem als Ergänzung installierbaren Programmpaket (Symbolic Package bzw. Symbolic Toolbox) symbolisches Rechnen trotzdem ermöglichen.

- Lehrende können hier Anregungen zum Einsatz von Octave in ihren Lehrveranstaltungen zur Mathematik finden.
- An zahlreichen Beispielen wird aufgezeigt, wie Octave-Funktionen korrekt benutzt werden.[4] Dabei werden auch die Grenzen bei der Lösung mathematischer Probleme mit dem Computer aufgezeigt.

Es ist natürlich schön, dass sich mit dem Computer allgemein und speziell mit Octave große und schwierige Probleme lösen lassen, die entweder aufgrund der zu verarbeitenden Datenmenge oder wegen eines komplizierten Lösungsalgorithmus per Hand kaum lösbar wären. Verlockend ist dabei auch, dass man sich als Anwender um die genaue Programmierung von Lösungsroutinen keine Gedanken machen muss. Wichtig ist aus Anwendersicht häufig lediglich, dass ein Problem gelöst wird, sodass das „wie" zur Nebensache wird. Doch genau diese Denkweise kann zu Problemen führen, die bereits bei der Auswahl eines passenden Lösungsverfahrens beginnen, über die Eingabe einer Aufgabenstellung in den Computer weiterführen und bei der Interpretation von Berechnungsergebnissen enden. Auch wenn es aus Anwendersicht schwer fallen mag, so gilt bei der Lösung mathematischer Probleme mit dem Computer der folgende Grundsatz:

Das mathematische Grundverständnis ist von zentraler Bedeutung!

Das gilt für jede Aufgabenstellung an sich, aber auch für mögliche Lösungsansätze, deren theoretische Basis natürlich von Nichtmathematikern nicht bis ins allerkleinste Detail verstanden werden muss. Anwender sollten jedoch zumindest wissen, was sie von einem Lösungsalgorithmus erwarten können und was nicht. Das gilt in analoger Weise auch für den Einsatz von Octave oder anderen Softwareprodukten zur Lernunterstützung, sodass man die folgende Warnung nicht oft genug aussprechen kann:

Die Verwendung von Computersoftware kann und soll eine Unterstützung beim Lernen und Verstehen von Mathematik sein, kann aber keinesfalls eine intensive Auseinandersetzung mit den Inhalten des Lernstoffs ersetzen!

In diesem Zusammenhang seien die folgenden Empfehlungen an Lernende ausgesprochen:

- Sehen Sie Octave oder andere Software ausschließlich als Werkzeug, das Sie beim Lernen unterstützt und mit dem Sie illustrierende Beispielrechnungen bequem durchführen können.
- Sehen Sie Octave oder andere Software nicht als Ersatz für den eigenen Kopf, d. h., vertrauen Sie sich Berechnungsergebnissen niemals blind an, sondern denken Sie stets mit und (noch besser) stets voraus. In diesem Zusammenhang sei an die alte Weisheit erinnert, dass jeder Computer nur so schlau ist, wie derjenige, der ihn bedient. Wenn also Ergebnisse irgendwie „komisch" aussehen oder eine Rechnung mit einer Fehlermeldung abgebrochen wird, dann suchen Sie die Schuld nicht zuerst bei Octave, sondern bei sich selbst und überprüfen Sie Ihre Eingaben und Befehle.

---

[4] Das ist ein nicht zu unterschätzendes Anliegen, denn viele an der Softwarenutzung Interessierte scheuen letztendlich vor einer Verwendung trotzdem zurück und geben als Begründung dafür an, dass ihnen Funktionsaufrufe und die Werteübergabe anhand von englischsprachigen und eher allgemein gehaltenen Hilfetexten nicht klar geworden sind. Hier kann eine ausführliche und deutschsprachige Beschreibung als Anleitung sicher helfen, die (verbleibenden) Berührungsängste abzubauen.

- Versuchen Sie stets zu verstehen, wie verwendete Lösungsroutinen in ihren Grundzügen arbeiten. Auf diese Weise werden Sie in die Lage versetzt, Ergebnisse sinnvoll zu interpretieren und mögliche Fehler schnell zu erkennen und zu beheben.

Im Zusammenhang mit dem letzten Hinweis werden in diesem Buch zu ausgewählten Octave-Funktionen die wichtigsten mathematischen Hintergründe genannt, sofern sie sich in einer kompakten Weise darstellen lassen. Auf Beweise oder die detaillierte Erklärung von komplexeren Algorithmen muss dabei aus Platzgründen verzichtet werden. Zum Weiterlesen und zur Vertiefung von mathematischen Details wird auf die weiterführende Literatur verwiesen, wobei die im Literaturverzeichnis getroffene Auswahl natürlich nur die Spitze des berühmten Eisbergs ist.

Dieses Lehrbuch ist in fünf Kapitel eingeteilt:

- In Kapitel 1 werden die wichtigsten Grundlagen zur Arbeit mit Octave vorgestellt. Das umfasst die bekannten Rechenoperationen, den Umgang mit Matrizen und Vektoren, die Arbeit mit Zeichenketten, die Definition und Verwendung mathematischer Funktionen und Grundlagen zur grafischen Darstellung von Daten und Funktionen. Dabei wird nicht der Anspruch auf Vollständigkeit erhoben, sondern die angesprochenen Grundlagen haben einen für Anfänger erträglichen Umfang.
- Kapitel 2 widmet sich den Programmiermöglichkeiten von Octave. Nach einer allgemeinen Betrachtung von Octave-Skripts und Octave-Funktionen wird eine Auswahl wichtiger Hilfsmittel zur Programmierung vorgestellt. Bewusst wird dabei nicht auf den Begriff des Datentyps eingegangen, was für Octave-Anfänger praktisch auch keine Rolle spielt, denn es zeigt sich, dass man sich zum Schreiben selbst komplexerer Programme keine Gedanken um Datentypen machen muss und im Unterschied zu „richtigen" Programmiersprachen auch keine Gedanken dazu, ob Variablen lokal oder global definiert sind. Trotzdem lassen sich Datentypen sowie lokale und globale Variablen natürlich auch in Octave definieren und verwenden. Zu solchen Fragestellungen sei ebenso wie zur Vertiefung der Thematik selbst geschriebener Octave-Programme auf die in der Literaturliste genannten Lehrbücher verwiesen.
- In Kapitel 3 wird aufgezeigt, wie sich Octave als Lernbegleiter verwenden lässt. Wie bereits gesagt wurde, soll und kann das nur an wenigen ausgewählten Beispielen erfolgen, denn es ist nicht möglich, die gesamte Bandbreite an Anwendungsmöglichkeiten vorzustellen. Das scheitert einerseits an der Vielfalt möglicher mathematischer Themen, andererseits an den verschiedenen Bedürfnissen von Lernenden. Die behandelten Beispiele sollen die Leser jedoch dazu ermuntern, sich mit Octave auch an das Lernen, Üben und Verstehen von anderen Themen heranzuwagen. Der Kreativität bei möglichen Vorgehensweisen sind dabei kaum Grenzen gesetzt. Es sei darauf hingewiesen, dass die im Kapitel 4 behandelten Octave-Funktionen und damit zusammenhängende Problemstellungen auch zur Lernunterstützung genutzt werden können und sollen. Die Grundgedanken von Kapitel 3 enden also nicht abrupt mit dem Ende des Kapitels, sondern finden in gewisser Weise im Folgekapitel ihre Fortsetzung. Aufmerksame Leser werden außerdem bereits in den Kapiteln 1 und 2 Anregungen finden.
- In Kapitel 4 werden ausgewählte mathematische Probleme und Möglichkeiten zu ihrer Lösung mit Octave vorgestellt. Daran soll aufgezeigt werden, dass man mit Octave

tatsächlich (reale) Probleme lösen kann. Auch hier muss natürlich eine Einschränkung erfolgen und für weitere Anwendungsmöglichkeiten, insbesondere auch im Rahmen der mathematischen Modellierung, sei auf die weiterführende Literatur verwiesen. Um nicht das eine oder andere Anwendungsfach zu bevorzugen, sind die Beispielprobleme eher von allgemeiner Natur. „Real" bezieht sich also darauf, dass Anwender „ihre" Probleme bereits in die Sprache der Mathematik übersetzt haben. Ist das erfolgt, dann kann der Computer ansetzen und eine abschließende Lösung anbieten.

Zu (fast) jedem Abschnitt in den Kapiteln 1 bis 4 gibt es Übungsaufgaben, die mehrere Ziele verfolgen. Einerseits sollen sie Lernende natürlich dabei unterstützen, sich an das Arbeiten und Problemlösen mit Octave heranzuwagen. Dabei wird immer mindestens auf das im jeweiligen Abschnitt behandelte Thema Bezug genommen, die Kenntnis von Inhalten vorangegangener Abschnitte wird vorausgesetzt. Einige Aufgaben blicken auch etwas über den Tellerrand des jeweiligen Abschnitts hinaus. Lernende sollten nicht verzweifeln, wenn sie die Lösung einer Aufgabe nicht auf Anhieb schaffen. Dann hilft zum Verstehen ein Blick in die zu allen Aufgaben bereitgestellten Musterlösungen, die in Kapitel 5 zusammengefasst sind. Die Aufgaben und Lösungen haben deshalb nicht nur eine Mitmachfunktion, sondern auch die Funktion einer erweiterten Beispielsammlung.

Zu vielen Aufgaben gibt es in Kapitel 5 nur grundsätzliche, knappe Lösungshinweise oder es wird zur Lösung auf von mir selbst geschriebene Octave-Skripts oder Octave-Funktionen verwiesen. Das elektronische Zusatzmaterial findet man frei zugänglich bei Kapitel 1 in Gestalt eines zip-Archivs, siehe dazu die Notiz zu Beginn dieses Kapitels. Im zip-Archiv selbst sind alle Skripte, Funktionen und sonstige Dateien zum Buch zusammengefasst, wobei es zu jedem der Kapitel 1 bis 4 ein separates Verzeichnis gibt. Es sei empfohlen, dieses Archiv komplett in ein Verzeichnis zu entpacken und auch die (vorerst) nicht benötigten Dateien nicht gleich wieder zu löschen. Auf diese Weise bleibt sichergestellt, dass vor allem diejenigen Skripte und Funktionen korrekt funktionieren, die zur Ausführung andere im selben Verzeichnis liegende Dateien benötigen. Wird im Text auf eigens für dieses Lehrbuch programmierte Skripte und Funktionen verwiesen, so sind diese im genannten zip-Archiv zu finden, auf das im Text außerdem sprachlich auch durch das Schlüsselwort „Programmpaket" verwiesen wird.

Skripte und Funktionen sind grundsätzlich lediglich als ein Programmiervorschlag zu verstehen. Jeder Octave-Anwender kann und soll seinen eigenen Programmierstil entwickeln. Deshalb sei vorab darauf hingewiesen, dass insbesondere auch die zu den Aufgaben angebotenen Musterlösungen sowohl programmiertechnisch als auch in Bezug auf den Lösungsweg der jeweiligen Aufgabenstellung nicht der Weisheit letzter Schluss sind. Octave-Skripte wurden außerdem in der Regel so angelegt, dass sie bei ihrer Ausführung in geeigneter Weise mit dem Anwender kommunizieren, d. h., entweder werden im Octave-Befehlsfenster kommentierte Ergebnisse angezeigt oder es öffnet sich (mindestens) ein Grafikfenster, in dem (Teile) eine(r) Lösung grafisch präsentiert werden.

Grundsätzlich sei empfohlen, dieses Buch vor einem geöffneten Octave-Befehlsfenster zu lesen und die präsentierten Eingaben und Anweisungen aktiv nachzuvollziehen. Das kann durch Abtippen (oder in der E-Book-Variante des Buchs durch Kopieren) von Anweisungen erfolgen. Zu einigen Abschnitten werden die wichtigsten der dort behandelten Befehle bzw. Befehlsketten ergänzend in einem Octave-Skript zusammengestellt, sodass Lernende nicht alles mühsam abtippen müssen. Diese Skripte sind ebenfalls im oben genannten `zip`-Archiv zu finden und ihre Dateinamen beginnen mit dem Schlüsselwort `abschnitt`. Auf Skripte und ihre Verwendung wird zwar erst in Kapitel 2 eingegangen, was zur Nutzung der Skripte für Kapitel 1 nicht zuerst gelesen werden muss. Vielmehr genügt vorab der Hinweis, dass man die Dateien `abschnitt***.m` und entsprechend auch einige als Dateien mit dem Namen `loesung***.m` angebotene Lösungsvorschläge zu einzelnen Aufgaben aus Kapitel 1 mit jedem beliebigen Texteditor öffnen kann.

Eingefleischte Informatiker seien grundsätzlich vorgewarnt, dass so manche in diesem Lehrbuch benutzte Formulierung nicht ihren Vorstellungen, Erwartungen oder Idealen entsprechen dürfte. Es kann und soll aber auch nicht die Aufgabe dieses Buchs sein, besenrein die Formalismen der Informatik zu bedienen. Vielmehr soll es Durchschnittsinteressenten (in der Regel sind das eben Nichtinformatiker) einen Zugang zur Nutzung von Octave verschaffen und das gelingt hier und da mit anschaulichen oder umgangssprachlichen Formulierungen besser, zumal dabei die Mathematik und ihre Anwendung im Vordergrund steht und Fragenstellungen der Informatik nur „nebenbei" bedient werden.

Es bleibt die Hoffnung, dass Lernende nach dem Studium dieses Buchs den Einsatz von Octave tatsächlich als Bereicherung des Lernprozesses erleben werden und nicht als zusätzliche Belastung ansehen. In diesem Zusammenhang habe ich eine Bitte an die Leser: Die theoretischen Abhandlungen, Beispiele, Aufgaben und Lösungen wurden von mir mehrfach durchgesehen. Trotzdem schleichen sich in längere Texte in aller Regel einige Fehler ein. Aus Tipp- und Flüchtigkeitsfehlern werden dabei ungewollt inhaltliche Fehler, die selbst nach mehrfachem Korrekturlesen unentdeckt bleiben. Ich bitte alle Leser, die auf Fehler aller Art, unklare Formulierungen, falsche Lösungshinweise oder Ähnliches stoßen, diese dem Springer-Verlag mitzuteilen. Vielen Dank dafür.

Abschließend möchte ich allen fleißigen Mitarbeitern beim Springer-Verlag und dessen Dienstleistern danken, die zum Erscheinen dieses Buchs ihren Beitrag geleistet haben. Ein ganz besonderes Dankeschön richte ich dabei an Frau Dr. Annika Denkert für ihr Interesse an meinem Buchprojekt, die von ihr bis zur Abgabe bewiesene Geduld mit mir sowie die von ihr in der zuständigen Fachabteilung geführte Verteidigung und Durchsetzung meiner Bitte, Satz und Layout bis hin zur Druckreife auch bei diesem Werk wieder mithilfe von L^AT_EX komplett selbst durchführen zu können.

Senftenberg, November 2021   *Jens Kunath*

Inhaltsverzeichnis

Grundlagen

1

1.1 Download von Octave

GNU-Octave, nachfolgend einfach Octave genannt, ist ein kostenfrei nutzbares Software-paket zur Berechnung, Visualisierung und Programmierung technisch-wissenschaftlicher, insbesondere mathematischer Ausdrücke. Die Entwickler versprechen eine plattformun-abhängige Nutzbarkeit und tatsächlich kann Octave unter den gängigen Betriebssystemen genutzt werden. Die Grundausstattung kann über die Internetseite

```
http://www.gnu.org/software/octave/
```

bezogen werden. Für dieses Lehrbuch wurden die Octave-Version 4.2.1 aus dem Jahr 2017, die Version 5.2.0 aus dem Jahr 2020 und die Version 6.4.0 aus dem Jahr 2021 unter den Betriebssystemen Windows 7 und Windows 10 genutzt.

Standardmäßig werden bei allen neueren Octave-Versionen nach dem Download zwei Va-rianten zur Nutzung auf den Rechnern installiert. Bei einer Variante kann ausschließlich mit einem einzigen Kommandozeilenfenster gearbeitet werden. Als Alternative wird ei-ne benutzerfreundlichere Variante mit grafischer Benutzeroberfläche angeboten, die neben zahlreichen Arbeitsfenstern auch einen Editor zur Programmierung anbietet.

Viele Kommandos und Funktionalitäten von Octave zeigen unübersehbar Ähnlichkei-ten zum kostenpflichtigen, in Wissenschaft und Technik weit verbreiteten Softwarepaket MATLAB auf, das durch die Firma „The Mathworks" (`www.mathworks.com`) vertrie-ben und weiterentwickelt wird. Man beachte aber ausdrücklich, dass Octave bei weitem nicht alle Funktionalitäten und damit verbundene Möglichkeiten bietet, die MATLAB leis-ten kann. Die Entwickler von Octave arbeiten jedoch ständig daran, diese Lücken in ge-eigneter Weise zu schließen.

Im Folgenden wird ausschließlich auf Octave Bezug genommen. Viele (aber nicht al-le) der nachfolgend besprochenen Funktionalitäten und Vorgehensweisen lassen sich Eins zu Eins auch unter MATLAB verwenden. Für Octave gibt es eine Reihe von zu-sätzlich installierbaren Programmpaketen, die Funktionen zur Lösung spezieller Proble-me bereitstellen. Einige dieser Programmpakete werden beim Download der Octave-Grundausrüstung sofort mitgeliefert, andere können zum Beispiel von der Internetseite `http://octave.sourceforge.net` bezogen werden.

Ergänzende Information Die elektronische Version dieses Kapitels enthält Zusatzmaterial, auf das über folgenden Link zugegriffen werden kann https://doi.org/10.1007/978-3-658-64782-0_1.

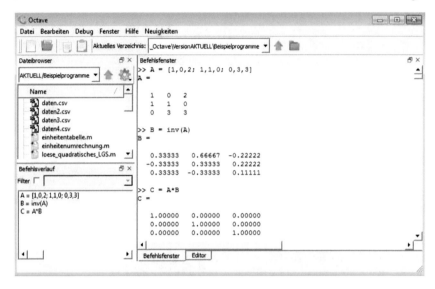

Abb. 1: Arbeitsumgebung der grafischen Octave-Version mit Befehlsfenster (rechts), Dateibrowser (links oben) und Fenster für den Befehlsverlauf (links unten)

1.2 Erste Schritte

Nach erfolgreicher Installation von Octave unter dem Betriebssystem Windows sind auf dem Desktop zwei Verknüpfungen zu Octave vorhanden, eine für die rein auf der Kommandozeile arbeitende Version und eine für die Version mit grafischer Benutzeroberfläche. Beide Versionen lassen sich mit einem Doppelklick auf die jeweilige Verknüpfung starten. Octave-Anfänger vertrauen sich für die ersten Schritte am besten der grafischen Variante an, bei der sich nach dem Start ein Programmfenster öffnet (siehe Abb. 1), das neben einer Menü- und Symbolleiste folgende Bestandteile aufweist:

- Ein *Befehlsfenster*[1] zur interaktiven Eingabe von Befehlen.
- Ein *Dateibrowser*[1] zur Auswahl und Anzeige des aktuellen Arbeitsverzeichnisses.
- Ein Browser für den *Befehlsverlauf,*[1] der zurückliegende Befehle auflistet, wobei die erneute Ausführung durch einen Doppelklick auf den jeweiligen Befehl gelingt.

Sollte das Befehlsfenster oder die beiden Browser nicht sichtbar sein, so können sie über die Menüleiste am oberen Rand des Programmfensters und dort über das Menü *Fenster*[1] einzeln aufgerufen werden.

---

[1] Deutschsprachige Bezeichnungen sind natürlich nur dann nutzbar, wenn man bei der Installation von Octave Deutsch als Sprache ausgewählt hat. Mit einer anderen Spracheinstellung ergeben sich eben andere Bezeichnungen, etwa *Command Window* für das Befehlsfenster, wenn Englisch als Sprache eingestellt wird.

Im Befehlsfenster können hinter dem Eingabezeichen

```
>>
```

Kommandos eingegeben werden, wobei auf weiter zurückliegende Eingaben mit den „Auf/Ab"-Pfeiltasten zugegriffen werden kann. Wie jede andere Software zur Lösung mathematischer Probleme unterstützt auch Octave die normalen Operatoren $(+, -, *, /, \char`^)$ für die Addition, Subtraktion, Multiplikation, Division bzw. das Potenzieren von Zahlen. Jede Eingabe ist mit dem Drücken der ENTER-Taste abzuschließen, woraufhin das Ergebnis der Rechnung in der nächsten Zeile angezeigt wird.

Man kann Berechnungsergebnisse an Variablen mit beliebigen Namen zuweisen. Die Zuweisung erfolgt mithilfe des Gleichheitszeichens. Hier ein Beispiel:

```
>> a = 1 + 2
```

Nach Druck auf die ENTER-Taste wird in der nächsten Zeile das Ergebnis angezeigt:

```
a = 3
```

Mit dem der Variable a zugewiesenen Wert kann jetzt gerechnet werden:

```
>> b = a - 5
```

Die ENTER-Taste liefert:

```
b = -2
```

Selbstverständlich kann man den Wert von Variablen auch überschreiben:

```
>> a = 2*7
a = 14
>> b = b + 1
b = -1
```

Um den Wert einer Variable anzuzeigen, gibt man einfach ihren Namen ein und drückt die ENTER-Taste:

```
>> a
a = 14
```

Sollte eine Variable mit dem eingegebenen Namen nicht definiert worden sein, dann weist Octave mit einer Fehlermeldung darauf hin:

```
>> d = c + 1
error: 'c' undefined near line 1 column 1
```

So ganz frei bei der Vergabe von Variablennamen ist man natürlich doch nicht, denn die Verwendung von Operatoren und vielen Sonderzeichen ist dabei tabu. Auch darf ein Variablenname nicht nur aus Zahlen bestehen, sondern sollte mindestens einen Buchstaben enthalten, der außerdem am Anfang des Variablennamens stehen muss. Ein Unterstrich, also das Zeichen _, ist als Sonderzeichen ausdrücklich erlaubt:

```
>> a_1 = 2*3
a_1 = 6
```

Eine Fehlermeldung erhält man zum Beispiel für die folgende Eingabe:

```
>> a?1 = 2
parse error: syntax error
```

Folgendes endet ebenfalls mit einer Fehlermeldung:

```
>> u%1 = 2
error: 'u' undefined near line 1 column 1
```

Das ist kein Wunder, denn alle Zeichen hinter dem Prozentzeichen % bis zum nächsten ENTER werden als Kommentar interpretiert und können nicht für Rechnungen genutzt werden. Eine Variable u wurde dagegen bei den vorhergehenden Eingaben nicht definiert.

Grundsätzlich muss bei Variablennamen streng zwischen Groß- und Kleinschreibung von Buchstaben unterschieden werden. Zum Beispiel handelt es sich bei

```
>> abcd = 1
```

und

```
>> AbCd = 1
```

um zwei *verschiedene* Variablen, denen eben der gleiche Zahlenwert zugewiesen wird, sodass es in Folgerechnungen egal wäre, mit welcher Variable wir rechnen. Weisen wir jedoch einer der Variablen einen anderen Zahlenwert zu, etwa

```
>> AbCd = 2
```

dann müssen wir genau darauf achten, welche Variable in Folgerechnungen benötigt wird.

Wird übrigens keine Wertzuweisung an eine Variable vorgenommen, dann generiert Octave eine Allerweltsvariable mit dem Namen ans und weist dieser das Ergebnis zu, das für genau eine Folgerechnung genutzt werden kann. Hier ein Beispiel:

```
>> 2+3
ans = 5
>> ans*5
ans = 25
```

Bei den vorhergehenden Beispieleingaben werden Berechnungsergebnisse nach dem Drücken der ENTER-Taste stets angezeigt. Die Ausgabe von Ergebnissen kann jedoch unterdrückt werden, wenn man am Ende einer Anweisung ein Semikolon anhängt:

```
>> a = 5;
>> b = a*3;
>> c = b-7
c = 8
```

Selbstverständlich nutzt Octave die übliche Konvention, dass Punkt- vor Strichrechnung gilt. So können Rechnungen kompakter durchgeführt werden:

```
>> a = 2+3*3+24/4
a = 17
```

Dabei kommt man zwangsläufig wie beim handschriftlichen (Kopf-) Rechnen nicht um die Verwendung von Klammerausdrücken herum, wobei ausschließlich runde oder eckige Klammern verwendet werden dürfen, denn geschweifte Klammern haben eine andere Bedeutung:

```
>> a = ((2+3)*3+24)/3          >> a = ([2+3]*3+24)/3
a = 13                         a = 13
```

Zu jeder sich öffnenden Klammer muss es eine schließende Klammer geben. Ist das nicht der Fall, dann wartet man nach dem Drücken der ENTER-Taste vergeblich auf ein Ergebnis und im Befehlsfenster können auch keine weiteren Rechnungen durchgeführt werden. Octave wartet auf die Eingabe der fehlenden schließenden Klammer:

```
>> a = ((2+3*3+24)/3                         ← ENTER-Taste drücken
)                           ← zusätzliche Eingabe, Abschluss mit der ENTER-Taste
a = 11.667
```

Das Ergebnis, die auf drei Nachkommastellen gerundete Dezimalzahl 11.667, ist aber nicht das Ziel gewesen, denn eigentlich sollte $((2+3) \cdot 3 + 24)/3$ berechnet werden und das ergibt eine natürliche Zahl. Mit anderen Worten haben Anwender sorgfältig darauf zu achten, wann und wo Klammern gesetzt, geöffnet und geschlossen werden. Eine verspätet gesetzte schließende Klammer führt nicht zwangsläufig zum gewünschten Ergebnis. Das eigentlich nicht beabsichtigte Resultat, die Berechnung von $(2+3 \cdot 3 + 24)/3$, hätten wir übrigens auch mit einer der folgenden Eingaben erhalten:

```
>> a = ((2+3*3+24)/3)          >> a = (2+3*3+24)/3
a = 11.667                     a = 11.667
```

Nebenbei lässt sich am Ergebnis 11.667 aufzeigen, wie Octave mit der Dezimaldarstellung reeller Zahlen umgeht. Diese werden im voreingestellten Ausgabeformat (falls erforderlich) gerundet angezeigt. Dazu einige weitere Beispielrechnungen:

```
>> 5/2                         >> 1/7
ans = 2.5000                   ans = 0.14286
>> 5/3                         >> 12/7
ans = 1.6667                   ans = 1.7143
>> 5/4                         >> 123/7
ans = 1.2500                   ans = 17.571
>> 5/6                         >> 1234/7
ans = 0.83333                  ans = 176.29
>> 5/7                         >> 12345/7
ans = 0.71429                  ans = 1763.6
>> 5/57                        >> 12345/(-7)
ans = 0.087719                 ans = -1763.6
>> 5/1007                      >> 0.12345 + 1.234567
ans = 0.0049652                ans = 1.3580
>> -5/1007                     >> 1234.56 - 1.23456
ans = -0.0049652               ans = 1233.3
```

Als natürlich nicht immer geltende Faustregel kann man sagen, dass bei den im Befehlsfenster im voreingestellten Ausgabeformat *angezeigten* Ergebnissen (mindestens) die ersten fünf signifikanten Stellen einer Dezimalzahl notiert werden (falls es überhaupt so viele Stellen gibt und falls gerundet werden muss). Die signifikanten Stellen werden dabei ab der ersten von null verschiedenen Stelle gezählt, d. h., sie beziehen sich nicht nur auf mögliche Nachkommastellen, sondern stehen in Bezug zu den Stellen vor *und* nach dem Komma. Bei den Nachkommastellen werden in der Anzeige nach dem Komma gegebenenfalls Nullen aufgefüllt (wie bei 5/2 und 5/4), wenn die Dezimaldarstellung weniger als fünf von null verschiedene Stellen hat. Falls die erste von null verschiedene Stelle nach dem Komma zu finden ist, wird unter Umständen eine Schreibweise mit Zehnerpotenzen genutzt. Dies erfolgt auch, wenn eine Zahl betragsmäßig größer als 10000 und keine ganze Zahl ist. Konkret sieht das im Befehlsfenster folgendermaßen aus:

```
>> a = 123456/7              >> b = -12345*10.1
a = 1.7637e+004              b = -1.2468e+005
```

Die angezeigten Näherungswerte sind als Vielfache von Zehnerpotenzen zu interpretieren, d. h., e+004 steht für 10^4 und e+005 steht für 10^5. Die Variable a hat demnach gerundet den Wert $1.7637 \cdot 10^4$, die Variable b gerundet den Wert $-1.2468 \cdot 10^5$. Analoges gilt für Dezimalzahlen, die gerundet betragsmäßig kleiner als 10^{-3} sind:

```
>> c = 1/1234                >> d = -1/123456
c = 8.1037e-004              d = -8.1001e-006
```

Die Variable c hat demnach gerundet den Wert $8.1037 \cdot 10^{-4}$, die Variable d gerundet den Wert $-8.1001 \cdot 10^{-6}$. Ganze Zahlen, die betragsmäßig kleiner als 10^9 sind, werden vollständig angezeigt. Sind sie betragsmäßig größer oder gleich 10^9, dann werden die (gerundeten) Ergebnisse im Befehlsfenster im voreingestellten Ausgabeformat ebenfalls in der Schreibweise als Zehnerpotenz angezeigt:

```
>> 10000*23                  >> 10^9-1
ans = 230000                 ans = 999999999
>> 100001*1010               >> 10^9
ans = 101001010              ans = 1.0000e+009
```

Ausdrücklich sei noch einmal darauf hingewiesen, dass das Runden und die damit verbundene Schreibweise als abgeschnittene Zehnerpotenz nur die automatische Anzeige von Rechnungsergebnissen im Befehlsfenster betrifft. Selbstverständlich wird der Wert einer Variable intern nicht gerundet, sondern im Arbeitsspeicher ist der exakte Zahlenwert hinterlegt, jedenfalls so exakt, wie ein Computer eben rechnen kann.[2] Von einer betragsmäßig sehr großen Zahl oder von Dezimalzahlen mit vielen Nachkommastellen kann man sich übrigens mehr als nur fünf Stellen im Befehlsfenster anzeigen lassen. In den Abschnitten 1.4 und 1.8 werden dazu zwei verschiedene Vorgehensweisen vorgestellt.

---

[2] Das ist intuitiv klar, denn von einer Dezimalzahl mit unendlich vielen Nachkommastellen lässt sich auf dem Computer nur eine endliche Anzahl von Nachkommastellen darstellen und nutzen, d. h., es muss zwangsläufig gerundet werden, was zu kleineren Ungenauigkeiten führen kann. Dieses wichtige Thema wird in Abschnitt 1.8 angeschnitten. Anwendern sei jedoch nahegelegt, sich zu gegebener Zeit detaillierter damit auseinanderzusetzen.

Besondere Sorgfalt erfordert die Berechnung von Potenzen, deren Exponent selbst eine Potenz ist. Das wird häufig in der Gestalt $a^{(b^c)}$ geschrieben. Dabei werden in handschriftlichen Rechnungen und in Lehrbüchern die Klammern auch weggelassen, d. h. a^{b^c}, was die Vereinbarung einschließt, dass bei mehrfachen Exponenten stets *von oben nach unten* gerechnet wird. So berechnen wir beispielsweise $3^{2^3} = 3^8 = 6561$. Diese Regel wird in vielen Softwarepaketen und auch in Octave nicht automatisch angewendet und so kann es zu falschen Ergebnissen kommen. Octave berechnet durch die Eingabe 3^2^3 den Zahlenwert 729, was im Widerspruch zum handschriftlichen Ergebnis 6561 steht. Octave rechnet bei der Eingabe 3^2^3 also von unten nach oben, d. h., zuerst wird $3^2 = 9$ berechnet und dann $9^3 = 729$. Octave interpretiert die Eingabe 3^2^3 also gemäß der Klammerung $\left(3^2\right)^3 = 9^3 = 729$. Folglich muss die allgemein übliche Regel bei der Rechnung mit mehrfachen Exponenten in Octave durch den Anwender selbst erzwungen werden. Das erfolgt für die Beispielrechnung durch die Eingabe 3^(2^3), die auf den korrekten Zahlenwert 6561 führt.

Wichtige Konstanten sind zum Beispiel die Kreiszahl π und die Eulersche Zahl e. Näherungswerte für diese irrationalen Zahlen können folgendermaßen eingegeben werden:

```
>> kreiszahl = pi              >> eulerschezahl = exp(1)
kreiszahl = 3.1416             eulerschezahl = 2.7183
```

Für den unbestimmten Ausdruck ∞ gibt es die Konstante Inf. Für andere unbestimmte Ausdrücke gibt es den Wert NaN, eine Abkürzung für Not-a-number.

```
>> 1/0                         >> 0/0
warning: division by zero      warning: division by zero
ans = Inf                      ans = NaN
```

In vielen Studiengängen spielen komplexe Zahlen eine Rolle, die natürlich auch in Octave genutzt werden können. Die als imaginäre Einheit bezeichnete Quadratwurzel aus minus Eins wird standardmäßig durch den Kleinbuchstaben i ausgedrückt. Gibt man diesen im Befehlsfenster ein und drückt ENTER, dann erhält man die folgende Ausgabe:

```
ans = 0 + 1i
```

Dies zeigt, dass komplexe Zahlen allgemeiner in der Form $a + bi$ angezeigt werden, wobei a der Realteil und b der Imaginärteil ist. Es ist nicht erforderlich, bei Eingaben den Imaginärteil und die imaginäre Einheit mit einem Multiplikationszeichen zu verbinden, aber auch nicht verboten. Die Zuweisungen

```
>> a = 2 + 3i                  >> a = 2 + 3*i
```

führen zum gleichen Ergebnis, nämlich a = 2 + 3i. Alle gängigen Rechenoperationen auf der Menge der komplexen Zahlen können in Octave genutzt werden. Für die Anzeige von Rechnungsergebnissen im Befehlsfenster im voreingestellten Ausgabeformat gelten die oben für reelle Zahlen genannten Regeln, die auf Real- und Imaginärteil angewendet werden. Hier einige Beispieleingaben und ihre Ergebnisse:

```
>> 2+3i + 5-7i                    >> (2+3i)/(5-7i)
ans = 7 - 4i                      ans = -0.14865 + 0.39189i
>> (2+3i)*(5-7i)                  >> (2+3i)^2
ans = 31 + 1i                     ans = -5 + 12i
```

Mit den üblichen Operationen auf der Menge der reellen und komplexen Zahlen und den Hinweisen zur Interpretation von im Befehlsfenster angezeigten Ergebnissen ist man bereits gut gerüstet, um komplexere Rechnungen mit Octave (näherungsweise) durchzuführen. Zum Abschluss dieses Abschnitts sei auf zwei besondere Befehle hingewiesen. Einerseits der help-Befehl, mit dem sich englischsprachige Erklärungen und weitere Hilfe zu Operatoren oder Funktionen im Befehlsfenster anzeigen lassen. Dazu wird der Operator oder ein Funktionsname einfach hinter das Schlüsselwert help geschrieben und die ENTER-Taste gedrückt. Probieren Sie das mit den folgenden Eingaben selbst aus:

```
>> help *                         >> help NaN
>> help Inf                       >> help help
```

In Englisch verfasste Hilfe bekommt man alternativ auch über das gleichnamige Menü in der Menüleiste oberhalb des Befehlsfensters. Das ist sogar etwas übersichtlicher, denn darüber öffnet sich ein separates Fenster für die auf der Festplatte des eigenen Rechners hinterlegten Informationen oder ein Internetbrowser. Dagegen verstopft die Nutzung des help-Befehls in der oben genannten Weise das Befehlsfenster mit Informationen. Schnell verliert man den Überblick. Mithilfe des clc-Befehls lässt sich das Befehlsfenster aber restlos leeren, wozu einfach clc eingegeben und ENTER gedrückt werden muss. Dabei gehen natürlich alle angezeigten Ein- und Ausgaben verloren, nicht jedoch Variablennamen und die ihnen zuletzt zugewiesenen Werte, die für Folgerechnungen der aktuellen Octave-Sitzung weiter genutzt werden können. Über das Menü *Fenster* bzw. das Untermenü *Befehlshistorie anzeigen* kann man sich die zuletzt genutzten Variablen auch nach dem Leeren des Befehlsfensters wieder in das Gedächtnis zurückholen.

Aufgaben zum Abschnitt 1.2

Aufgabe 1.2.1: Berechnen Sie im Kopf und anschließend mithilfe von Octave:

a) $1+2+3+4+5$

b) $1+2\cdot3+4\cdot5$

c) $((1+2)\cdot3+4)\cdot5$

d) $-(-(1-2)\cdot3-4)\cdot\frac{1}{5}$

e) 2^{2^3}

f) $(2^2)^3$

g) $3^{(2^2)}$

h) $(2-2^3)^3+(5^2-3^4)/4$

Aufgabe 1.2.2: Berechnen Sie mithilfe von Octave und runden Sie die erhaltene Dezimaldarstellung auf zwei Nachkommastellen:

a) $3\cdot\frac{27}{13}+\frac{7}{3}\cdot\frac{111}{31}+\left(\frac{1}{3}-\frac{33}{4}\right)\cdot\frac{2}{9}$

b) $-\frac{7}{9}+\frac{9}{11}/\frac{13}{15}-2+\left(\frac{2}{3}+\frac{3}{8}\right)^{\frac{3}{7}}$

c) $0.123+1.2345+2.3456-3.456$

d) $3\pi-e-e^2+\pi^2$

Aufgabe 1.2.3:

a) Weisen Sie im Octave-Befehlsfenster einer Variable a den Wert 2, einer Variable b den Wert 3 und einer Variable c den Wert $\pi - 2$ zu.

b) Weisen Sie im Octave-Befehlsfenster einer Variable x den Wert a+b, einer Variable y den Wert a-b und einer Variable z den Wert a*c zu.

c) Berechnen Sie x*y+z, ohne diesen Wert einer Variable zuzuweisen.

d) Weisen Sie das Zehnfache des Ergebnisses aus c) einer Variable u zu.

e) Weisen Sie der Variable b den Wert $a - 3$ zu und der Variable c den Wert 4.

f) Aktualisieren Sie nacheinander die Werte von x, y, z, x*y+z und u gemäß den in b) bis d) gegebenen Berechnungsvorschriften.

1.3 Matrizen und Vektoren

1.3.1 Definition und Wertezugriff

Grundlegend für die Arbeit mit Octave ist die Verwendung von Matrizen, die auf verschiedene Art und Weise erzeugt werden können. Die quadratische Matrix

$$A = \begin{pmatrix} 1 & 2 & 3 \\ 4 & 5 & 6 \\ 7 & 8 & 9 \end{pmatrix}$$

kann im Befehlsfenster zum Beispiel folgendermaßen eingegeben werden, wobei nach der schließenden eckigen Klammer die ENTER-Taste gedrückt wird, was zur Anzeige der Matrix im Befehlsfenster führt:

```
>> A = [1 2 3; 4 5 6; 7 8 9]
A =

   1   2   3
   4   5   6
   7   8   9
```

Das Semikolon hinter den Zahlen 3 und 6 zeigt einen Zeilenumbruch an, also einen Wechsel zur nächsten Zeile der Matrix. Wichtig ist auch das Leerzeichen zwischen den Matrixeinträgen, das einen Wechsel von einer Spalte der Matrix zur nächsten Spalte anzeigt. Während wir A als Matrix interpretieren, ist das für Octave nichts anderes als eine Variable, der ein gewisser Wert oder allgemeiner ein Objekt zugewiesen wurde. Das Objekt ist in diesem Fall eben eine Matrix mit drei Zeilen und drei Spalten. Jederzeit kann A mit anderen Werten oder Objekten überschrieben werden. Wir erinnern daran, dass sich die Ausgabe im Befehlsfenster unterdrücken lässt, wenn vor dem Drücken der ENTER-Taste ein Semikolon gesetzt wird:

```
>> A = [1 2 3; 4 5 6; 7 8 9];
```

Alternativ können zwischen den Matrixeinträgen einer Zeile Kommas statt Leerzeichen gesetzt werden:

```
>> A = [1,2,3; 4,5,6; 7,8,9];
```

Die Zeilen der Matrix lassen sich bereits bei der Eingabe besser hervorheben, wenn wir die folgende Eingabevariante nutzen:

```
>> A = [1,2,3; ...
4,5,6; ...
7,8,9];
```

Die drei Punkte am Ende einer Zeile bewirken, dass nach Druck auf die ENTER-Taste die Eingabe in der folgenden Zeile des Befehlsfensters fortgesetzt werden kann. Die schließende eckige Klammer beendet die Eingabe der Matrix. Diese übersichtliche Vorgehensweise schafft bei der Eingabe von Matrizen eine gewisse Sicherheit, denn die Zeilen einer Matrix können auf diese Weise auch tatsächlich zeilenweise eingegeben werden. Auch bei der folgenden Alternative zur Eingabe der Matrix A sind die einzelnen Zeilen zusätzlich besonders hervorgehoben:

```
>> A = [[1,2,3];[4,5,6];[7,8,9]];
```

Im Vergleich zur ersten Eingabevariante wird deutlich, dass die inneren eckigen Klammern zur Definition der Matrix nicht erforderlich sind. Zwingend erforderlich sind die äußeren eckigen Klammern zur Eingabe von $(m \times n)$-Matrizen mit mindestens $m = 2$ Zeilen oder mindestens $n = 2$ Spalten. Damit ist klar, wie Vektoren erzeugt werden können, die ein Spezialfall einer Matrix sind ($m = 1$ oder $n = 1$). Einzelne Zahlen sind streng genommen (1×1)-Matrizen, bei denen die eckigen Klammern natürlich nicht mit eingegeben werden müssen. Bei der Eingabe von Zeilenvektoren ($m = 1$ und $n \geq 2$) ist es egal, ob zwischen den Zahlen Leerzeichen oder Kommas als Trennzeichen gesetzt werden:

```
>> a = [1 2 3];          >> a = [1,2,3];
>> b = [4 5 6];          >> b = [4,5,6];
>> c = [7 8 9];          >> c = [7,8,9];
```

Die Vektoren a, b und c können genutzt werden, um die Matrix A zu definieren:

```
>> A = [a;b;c]
```

Alternativ können wir die Matrix aus Spaltenvektoren erzeugen, wobei wir zwingend ein Semikolon zwischen die Vektoreinträge schreiben müssen:

```
>> u = [1;4;7];
>> v = [2;5;8];
>> w = [3;6;9];
```

Bei der Definition von A setzt man zwischen die Vektoren Leerzeichen oder Kommas:

```
>> A = [u v w];          >> A = [u,v,w];
```

Die Konstruktion einer Matrix aus Zeilen- oder Spaltenvektoren kann verallgemeinert werden, denn eine Matrix lässt sich auch aus zwei oder mehreren kleineren Matrizen zusammensetzen. Unsere Beispielmatrix A kann etwa aus der (2×3)-Matrix

$$A_1 = \begin{pmatrix} 1 & 2 & 3 \\ 4 & 5 & 6 \end{pmatrix}$$

und der (1×3)-Matrix (= Zeilenvektor)

$$A_2 = \begin{pmatrix} 7 & 8 & 9 \end{pmatrix}$$

konstruiert werden. In der Literatur schreibt man damit $A = \begin{pmatrix} A_1 \\ A_2 \end{pmatrix}$. Bei der Arbeit mit Octave lassen sich Matrizen auf ähnliche Weise flexibel erzeugen:

```
>> A_1 = [1 2 3; 4 5 6]
A_1 =
    1   2   3
    4   5   6
>> A_2 = [7 8 9]
A_2 =
    7   8   9
>> A = [A_1 ; A_2]
A =
    1   2   3
    4   5   6
    7   8   9
```

Wichtig bei der Definition von Matrizen ist eine zueinander passende Zeilen- und Spaltenanzahl. Ist das nicht der Fall, dann gibt Octave wie im folgenden Beispiel eine Fehlermeldung aus:

```
>> a = [1,2;3]
error: vertical dimensions mismatch (1x2 vs 1x1)
```

Bei dieser Eingabe mit einem Komma und einem Semikolon als Trennzeichen ist nicht klar, ob ein Zeilen- oder ein Spaltenvektor erzeugt werden soll. Komma oder Semikolon können in diesem Fall ein Tippfehler gewesen sein. Alternativ kann unterstellt werden, dass eine (2×2)-Matrix eingegeben werden sollte, wobei dann der zweite Eintrag für die zweite Zeile vergessen wurde. So oder so, die Fehlermeldung unterstützt den Anwender bei der Vermeidung von Fehlern, denn spätestens dann muss man genauer über seine Eingaben und damit verbundene Absichten nachdenken.

In Lehrbüchern wird eine allgemeine $(m \times n)$-Matrix häufig folgendermaßen notiert:

$$A = \begin{pmatrix} a_{11} & a_{12} & \dots & a_{1n} \\ a_{21} & a_{22} & \dots & a_{2n} \\ \vdots & \vdots & \ddots & \vdots \\ a_{m1} & a_{m2} & \dots & a_{mn} \end{pmatrix}$$

Dabei ist a_{ij} der Matrixeintrag, der in Zeile i und Spalte j steht. Ganz analog ist in Octave der Zugriff auf den ij-ten Matrixeintrag geregelt, wozu der Zeilenindex i und der Spaltenindex j durch ein Komma voneinander getrennt und in runden Klammern hinter den Variablennamen geschrieben werden. Das folgende Beispiel verdeutlicht dies:

```
>> A = [1 2 3; 4 5 6; 7 8 9];
>> A(2,3)
ans = 6
>> A(3,2)
ans = 8
```

Auf die gleiche Weise kann man den Wert des ij-ten Eintrags überschreiben, d. h., die Variable a_{ij} erhält einen neuen Wert:

```
>> A(2,3) = 0              >> A(3,2) = -1
A =                       A =

   1   2   3                 1   2   3
   4   5   0                 4   5   0
   7   8   9                 7  -1   9
```

Noch einfacher ist der Wertezugriff bei Vektoren, denn hier genügt es, den Index eines Eintrags in runden Klammern hinter den Variablennamen zu schreiben:

```
>> a = [1 4 3 2 9];
>> a(2)
ans = 4
>> a(3) = 5
a =

   1   4   5   2   9
```

Da Vektoren ein Spezialfall einer Matrix sind, können (falls dies aus welchen Gründen auch immer erforderlich sein sollte) Einträge mit einem Doppelindex referenziert werden, wobei der zusätzliche Spalten- bzw. Zeilenindex gleich eins gesetzt wird. Bei dieser Vorgehensweise muss natürlich sorgfältig unterschieden werden, ob es sich um einen Zeilen- oder Spaltenvektor handelt:

```
>> a = [1 4 3 2 9];          >> b = [1;4;3];
>> a(1,2)                    >> b(2,1)
ans = 4                      ans = 4
>> a(1,3) = 5                >> b(3,1) = 5
a =                          a =

   1   4   5   2   9            1
                               4
>> a(2,2)                      5
error: a(2,_): but a has    >> b(1,2)
size 1x5                    error: b(_,2): but b has
                            size 3x1
```

In Rechnungen werden häufig ganze Zeilen oder Spalten einer Matrix benötigt. Für die i-te Zeile schreibt man in Lehrbüchern zum Beispiel $a_{i\bullet}$, für die j-te Spalte entsprechend $a_{\bullet j}$. Diese Vorgehensweise wird in Octave ebenfalls direkt umgesetzt, wobei der symbolische dicke Punkt, der alle Einträge einer Zeile oder Spalte referenziert, durch einen Doppelpunkt ausgedrückt wird:

```
>> A = [1 2 3; 4 5 6; 7 8 9];
```

```
>> A(1,:)          >> A(:,1)          >> A(:,2)
ans =              ans =              ans =
    1   2   3          1                  2
>> A(2,:)              4                  5
ans =                  7                  8
    4   5   6
```

In ähnlicher Weise kann eine ganze Zeile oder Spalte überschrieben werden, wozu A(i,:) oder A(:,j) als Variable betrachtet wird und darauf geachtet werden muss, dass bei der Wertezuweisung die Dimensionen zueinander passen:

```
>> A = [1 2 3; 4 5 6; 7 8 9];
>> A(2,:) = [-1 0 -2]
A =
    1   2   3
   -1   0  -2
    7   8   9
>> A(:,2) = [0;-5;0]
A =
    1   0   3
   -1  -5  -2
    7   0   9
```

Man muss nicht zwangsläufig eine ganze Zeile oder eine ganze Spalte auslesen, sondern nur Teile davon. Dazu übergibt man die gewünschten Spalten- oder Zeilenindizes in Form eines (Zeilen-) Vektors. Wir illustrieren dies am Beispiel der folgenden (4×5)-Matrix:

```
>> B = [1 2 3 4 5; 0 6 7 8 -1; ...
-2 9 0 0 -3 ; 10 11 12 13 14]
B =
    1    2    3    4    5
    0    6    7    8   -1
   -2    9    0    0   -3
   10   11   12   13   14
```

Die folgende Eingabe liest aus der zweiten Zeile die ersten vier Einträge aus:

```
>> B(2,[1,2,3,4])
ans =
    0    6    7    8
```

Das Ergebnis ist eine (1×4)-Matrix, also ein Zeilenvektor. Analog lassen sich die letzten vier Einträge der zweiten Zeile auslesen:

```
>> B(2,[2,3,4,5])
ans =
     6   7   8  -1
```

In beiden Beispielen gibt es keine Lücken zwischen dem ersten und letzten Spaltenindex. Das können wir folgendermaßen vereinfachen:

```
>> B(2,1:4)                    >> B(2,2:5)
ans =                          ans =
     0   6   7   8                  6   7   8  -1
```

Die Anweisungen 1:4 und 2:5 erzeugen also spezielle Zeilenvektoren, auf die ab Seite 16 näher eingegangen wird. Es folgt ein Beispiel dafür, wie aus der zweiten bzw. vierten Zeile der Matrix B jeweils der erste, vierte und fünfte Eintrag ausgelesen und zu einem Vektor zusammengefasst werden:

```
>> B(2,[1,4,5])                >> B(4,[1,4,5])
ans =                          ans =
     0   8  -1                     10  13  14
```

Es folgen zwei Beispiele zum Auslesen von ausgewählten Einträgen aus der ersten und dritten Spalte der Matrix B, wobei die Ergebnisse jeweils Spaltenvektoren sind:

```
>> B([1,3,4],1)      >> B([2,4],1)      >> B([1,2,4],3)
ans =                ans =              ans =
     1                    0                  3
    -2                   10                  7
    10                                      12
```

Man beachte, dass die Matrixeinträge im Ergebnisvektor ans in der Reihenfolge sortiert werden, in der die Indizes eingegeben wurden. Mit anderen Worten liefern zum Beispiel die Eingaben B(4,[1,2,4,5]) und B(4,[5,2,4,1]) verschiedene Ergebnisse:

```
>> B(4,[1,2,4,5])              >> B(4,[5,2,4,1])
ans =                          ans =
    10  11  13  14                 14  11  13  10
```

Durch die kombinierte Auswahl von Zeilen- und Spaltenindizes lassen sich aus einer Matrix neue Matrizen erzeugen oder die entsprechenden Matrixeinträge mit neuen Werten überschreiben. Das ist beispielsweise dann wichtig, wenn Untermatrizen einer Matrix betrachtet werden müssen. Dazu zwei Beispiele mit Bezug zur obigen Matrix B. Zuerst das Auslesen einer Untermatrix:

```
>> B(1:2,1:3)
ans =
    1    2    3
    0    6    7
```

Jetzt zum Überschreiben von Matrixeinträgen in einer Untermatrix. Will man mit den alten Werten später weiterrechnen, dann muss man natürlich zuvor eine geeignete Kopie davon erstellen, d. h., entweder von der betreffenden Untermatrix oder von der gesamten alten Matrix B. Letzteres kann folgendermaßen aussehen:

```
>> C = B;
>> B(1:2,1:3) = [20 21 22 ; 23 24 25]
B =
   20   21   22    4    5
   23   24   25    8   -1
   -2    9    0    0   -3
   10   11   12   13   14
```

C ist dabei eine Kopie der alten Matrix B, die durch die zweite Eingabe in Teilen überschrieben wurde.

Eine weitere Möglichkeit zur Eingabe einer Matrix ergibt sich durch die Verwendung einer $(m \times n)$-Nullmatrix, zu deren Erzeugung es die Octave-Funktion zeros(m,n) gibt. Dabei ist m die Zeilenanzahl und n die Spaltenanzahl:

```
>> A = zeros(3,2)            >> A = zeros(3,5)
A =                          A =
    0    0                       0    0    0    0    0
    0    0                       0    0    0    0    0
    0    0                       0    0    0    0    0
```

Die Nutzung einer Nullmatrix als Ausgangspunkt zur Erzeugung einer beliebigen Matrix A ist zum Beispiel dann sinnvoll, wenn A viele Nulleinträge besitzt. Von null verschiedene Einträge einer solchen auch als dünn besetzt bezeichneten Matrix lassen sich durch Überschreibung von Nulleinträgen eingeben.

Zu den dünn besetzten Matrizen gehören Diagonalmatrizen. Das sind quadratische Matrizen, die nur auf ihrer Hauptdiagonale von null verschiedene Einträge haben. Sie lassen sich mithilfe der diag-Funktion erzeugen:

```
>> A = diag([1,2,3])         >> A = diag([4,-5,6])
A =                          A =
    1    0    0                   4    0    0
    0    2    0                   0   -5    0
    0    0    3                   0    0    6
```

Eine spezielle Diagonalmatrix ist die Einheitsmatrix, die entweder mithilfe der `diag`-Funktion oder alternativ mit der Funktion `eye` erzeugt werden kann:

```
>> A = diag([1,1,1])           >> A = eye(3)
A =                            A =
    1   0   0                      1   0   0
    0   1   0                      0   1   0
    0   0   1                      0   0   1
```

Enthält eine $(m \times n)$-Matrix viele Einsen, dann kann zu ihrer Erzeugung die Octave-Funktion `ones` als Grundlage genutzt werden, die eine $(m \times n)$-Matrix erzeugt, deren Einträge alle gleich eins sind:

```
>> A = ones(3,2)               >> A = ones(3,5)
A =                            A =
    1   1                          1   1   1   1   1
    1   1                          1   1   1   1   1
    1   1                          1   1   1   1   1
```

Für die dynamische Erzeugung von Matrizen, aber auch für viele Anwendungen wichtig ist die leere Matrix. Sie wird mithilfe der Anweisung `[]` erzeugt:

```
>> A = []
A = [](0x0)
```

1.3.2 Vektoren mit äquidistanten Einträgen

Jetzt sollen die Zeilenvektoren genauer erläutert werden, die mit einer Anweisung der Gestalt `1:n` erzeugt werden, wobei der Wert der Variable `n` eine natürliche Zahl ist. Streng genommen ist das eine abkürzende Schreibweise für die Anweisung `1:1:n`, deren Ergebnis ein Zeilenvektor mit `n` Einträgen ist, und das sind die aufsteigend angeordneten natürlichen Zahlen von 1 bis `n`. Hier einige konkrete Beispiele:

```
>> a = 1:4                     >> a = 1:1:4
a =                            a =
    1   2   3   4                  1   2   3   4
>> b = 1:8                     >> b = 1:1:8
b =                            b =
    1   2   3   4   5   6   7   8      1   2   3   4   5   6   7   8
```

Die mittlere Eins in `1:1:n` steht also für die Differenz eins zwischen je zwei benachbarten Vektoreinträgen. Das lässt sich mit einer natürlichen Zahl `k` verallgemeinern zu `1:k:n`, wobei diese Anweisung einen Zeilenvektor erzeugt, dessen Länge von `k` und `n` abhängt und bei dem je zwei benachbarte Einträge die Differenz `k` haben, wobei der erste Eintrag stets gleich eins ist:

```
>> a = 1:2:4
a =
     1   3
>> b = 1:2:5
b =
     1   3   5
```

```
>> c = 1:3:18
c =
     1   4   7  10  13  16
>> d = 1:3:19
d =
     1   4   7  10  13  16  19
```

Die Erzeugung von Zeilenvektoren mit gleichabständigen (man sagt auch äquidistanten) Einträgen kann verallgemeinert werden zu m:k:n, wobei m, k und n beliebige, aber *sinnvoll(!)* gewählte reelle Zahlen sein können. Dabei gibt es einiges zu beachten:

Ist k positiv, dann muss n-k größer oder gleich m sein. Der durch m:k:n erzeugte Vektor enthält dann aufsteigend sortierte Einträge und beginnt mit m. Beispiele:

```
>> a = -8:3:7
c =
    -8  -5  -2   1   4   7
>> d = 3.2:0.3:4
d =
    3.2000  3.5000  3.8000
```

Ist k negativ, dann muss n-k kleiner oder gleich m sein. Der durch m:k:n erzeugte Vektor enthält dann absteigend sortierte Einträge und beginnt mit m. Beispiele:

```
>> a = 5:-2:-5
c =
     5   3   1  -1  -3  -5
>> d = 8.25:-0.25:7.75
d =
    8.2500  8.0000  7.7500
```

Sind die genannten Bedingungen nicht erfüllt, dann ergibt sich der leere Vektor:

```
>> a = 8:3:6
a = [](1x0)
```

```
>> b = 2.1:-0.2:3.5
b = [](1x0)
```

1.3.3 Ausgewählte Operationen und Funktionen für Matrizen

Die Addition, Subtraktion und Multiplikation von Matrizen

$$A = \begin{pmatrix} a_{11} & \dots & a_{1n} \\ \vdots & \ddots & \vdots \\ a_{m1} & \dots & a_{mn} \end{pmatrix} \in \mathbb{R}^{m \times n} \quad \text{und} \quad B = \begin{pmatrix} b_{11} & \dots & b_{1s} \\ \vdots & \ddots & \vdots \\ b_{r1} & \dots & b_{rs} \end{pmatrix} \in \mathbb{R}^{r \times s} \quad (\#)$$

ist natürlich nur möglich, wenn die Zeilenanzahl und die Spaltenanzahl für die jeweilige Verknüpfungsoperation zueinander passen. Dies ist für die Addition und die Subtraktion der Fall, wenn in (#) $m = r$ und $n = s$ gilt. Dann ergibt sich:

$$C := A \pm B = \begin{pmatrix} a_{11} \pm b_{11} & \dots & a_{1n} \pm b_{1n} \\ \vdots & \ddots & \vdots \\ a_{m1} \pm b_{m1} & \dots & a_{mn} \pm b_{mn} \end{pmatrix}$$

Die Rechnung geht in Octave genauso einfach:

```
>> A = [1 2 3; ...              >> A = [1 2 3; ...
4 5 6; 7 8 9];                  4 5 6; 7 8 9];
>> B = diag([-1,-4,-8])         >> B = diag([-1,-4,-8])
B =                             B =

    -1    0    0                    -1    0    0
     0   -4    0                     0   -4    0
     0    0   -8                     0    0   -8

>> C = A+B                      >> C = A-B
C =                             C =

     0    2    3                     2    2    3
     4    1    6                     4    9    6
     7    8    1                     7    8   17
```

Das Matrizenprodukt

$$C := A \cdot B = \begin{pmatrix} c_{11} & \dots & c_{1s} \\ \vdots & \ddots & \dots \\ c_{m1} & \dots & c_{ms} \end{pmatrix}$$

mit

$$c_{ij} = \sum_{l=1}^{n} a_{il} \cdot b_{lj}, \ i = 1, \dots, m, \ j = 1, \dots, s,$$

ist definiert, wenn in (#) $n = r$ gilt. Dieses Produkt wird in Octave mithilfe des Multiplikationsoperators * berechnet, d. h. C = A*B. Gilt $A = B$ und ist A eine quadratische Matrix, dann kann statt C= A*A alternativ C = A^2 eingegeben werden. Hier zwei Beispielrechnungen:

```
>> A = [1 1 1; 1 0 1]          >> A = [1 1 1 1; ...
A =                            1 0 1 0; 0 1 0 1; 0 1 1 0]
                              A =
     1    1    1
     1    0    1                    1    1    1    1
                                    1    0    1    0
>> B = [1 2; 2 3; 3 4]              0    1    0    1
B =                                 0    1    1    0

     1    2                   >> C = A^2
     2    3                   C =
     3    4
                                    2    3    3    2
>> C = A*B                          1    2    1    2
C =                                 1    1    2    0
                                    1    1    1    1
     6    9
     4    6
```

Passen Zeilen- oder Spaltenanzahl nicht zu den Anforderungen für die jeweilige Verknüpfungsoperation, kommt es wie im folgenden Beispiel zu einer Fehlermeldung:

```
>> A = [1 1 1; 1 1 1];
>> B = [2 3 ; 4 5];
>> C = A+B
error: operator +: nonconformant arguments (op1 is 2x3, op2 is 2x2)
>> C = A*B
error: operator *: nonconformant arguments (op1 is 2x3, op2 is 2x2)
```

Addition und Subtraktion von Matrizen werden *elementweise* durchgeführt. Dies bedeutet, dass die Matrixeinträge mit gleichen Indizes miteinander addiert bzw. subtrahiert werden, d. h. $c_{ij} = a_{ij} + b_{ij}$. In analoger Weise lässt sich eine multiplikative Verknüpfung der Matrizen A und B definieren, wenn in (#) $m = r$ und $n = s$ gilt. Im Unterschied zur „normalen" Multiplikation spricht man dabei von der *elementweisen Multiplikation* von A und B, deren Ergebnis die Matrix

$$C = A \odot B := \begin{pmatrix} a_{11} \cdot b_{11} & \ldots & a_{1n} \cdot b_{1n} \\ \vdots & \ddots & \vdots \\ a_{m1} \cdot b_{m1} & \ldots & a_{mn} \cdot b_{mn} \end{pmatrix}$$

ist. Die elementweise Multiplikation wird in Octave durch den Operator . * realisiert, also C = A.*B. Man beachte dabei ausdrücklich den Punkt vor dem (normalen) Multiplikationszeichen! Analog sind die elementweise Division (C = A./B) und das elementweise Potenzieren (z. B. C = A.^2, C = A.^3) durchführbar. Hier ein Zahlenbeispiel zu jeder der elementweisen Operationen:

```
>> A = [2 9 3; -2 0 8]
A =

    2   9   3
   -2   0   8
>> B = [2 3 -1; 2 1 4]
B =

    2   3  -1
    2   1   4
```

```
>> A.*B
ans =

    4  27  -3
   -4   0  32
>> A./B
ans =

    1   3  -3
   -1   0   2
```

```
>> A.^2
ans =

    4  81   9
    4   0  64
>> A.^3
ans =

    8  729   27
   -8    0  512
```

Bei allen Verknüpfungsoperationen muss wie bereits gesagt grundsätzlich auf zueinander passende Zeilen- und Spaltenanzahlen geachtet werden. Andernfalls ist die jeweilige Verknüpfung nicht definiert. Es gibt jedoch eine Ausnahme, mit deren Hilfe unter anderem die übliche skalare Multiplikation einer Matrix realisiert werden kann: Wird zu einer beliebigen Matrix von rechts eine Konstante addiert, subtrahiert, multipliziert bzw. dividiert, dann wird diese Konstante zu jedem Eintrag der Matrix addiert, subtrahiert, multipliziert bzw. dividiert. Das ist ein Spezialfall der elementweisen Verknüpfung, wobei es keine Rolle spielt, ob wir bei der Multiplikation * oder .* bzw. bei der Division / oder ./ als Operator verwenden. Hier einige Beispiele:

```
>> a = [4,6,8];              >> A = [1,2; 3,4];
>> a+1                        >> A-1
ans =                        ans =
     5    7    9                  0    1
>> a*2                            2    3
ans =                        >> A*2
     8   12   16             ans =
>> a.*2                           2    4
ans =                             6    8
     8   12   16             >> A/2
>> a/2                       ans =
ans =                           0.50000   1.00000
     2    3    4                1.50000   2.00000
```

Analoges gilt, wenn zu einer beliebigen Matrix von links eine Konstante addiert, subtrahiert oder multipliziert werden soll. Die Division einer Konstante durch eine Matrix ist ebenfalls möglich, wobei zwingend der Operator ./ verwendet werden muss:

```
>> a = [4,6,8];              >> A = [1,2; 3,4];
>> 1+a                        >> 1+A
ans =                        ans =
     5    7    9                  2    3
>> 2*a                            4    5
ans =                        >> 2*A
     8   12   16             ans =
>> 2.*a                           2    4
ans =                             6    8
     8   12   16             >> 24./A
>> 192./a                    ans =
ans =                            24   12
    48   32   24                  8    6
```

Die skalare Multiplikation einer Matrix mit minus eins lässt sich dabei vereinfacht darstellen, genauer ist die Anweisung -1*A äquivalent zu -A.

Für die Arbeit mit Matrizen stellt Octave eine Vielzahl nützlicher Funktionen zur Verfügung. Wir stellen nachfolgend eine kleine Auswahl vor. Zur Bestimmung der Zeilen- und Spaltenanzahl gibt es die Funktion `length`. Aber Vorsicht: Die Eingabe `length(A)` gibt stets das Maximum von Zeilen- und Spaltenanzahl der Matrix A als Ergebnis aus. Zur Ermittlung der Zeilenanzahl übergibt man der Funktion einen beliebigen Zeilenvektor von A, zur Ermittlung der Spaltenanzahl entsprechend einen beliebigen Spaltenvektor. Zeilen- und Spaltenanzahl lassen sich alternativ mit der Funktion `size` ermitteln:

```
>> A = [1,2,3,4,5 ; 6,7,8,9,10];
>> length(A)
ans = 5
>> zeilenanzahl = length(A(:,1))
zeilennanzahl = 2
>> spaltenanzahl = length(A(1,:))
spaltenanzahl = 5
>> size(A)
ans =

     2   5

>> B = [A;A;A;A;A];
>> length(B)
ans = 10
>> zeilenanzahl = length(B(:,1))
zeilennanzahl = 10
>> spaltenanzahl = length(B(1,:))
spaltenanzahl = 5
>> size(B)
ans =
    10   5
```

Die Länge eines (Zeilen- oder Spalten-) Vektors muss man zum Beispiel immer dann bestimmen, wenn auf den letzten Eintrag zugegriffen werden soll. Das geht alternativ schneller mit dem Schlüsselwort `end`, bei dem automatisch die Länge des jeweiligen Vektors ermittelt wird:

```
>> A = [1,2,3,4,0 ; ...
7,6,8,10,9];
>> z_ind = length(A(:,1))
z_ind = 2
>> A(z_ind,1)
ans = 7
>> s_ind = length(A(1,:))
s_ind = 5
>> A(1,s_ind)
ans = 0
>> A(z_ind,s_ind)
ans = 9
```

```
>> A = [1,2,3,4,0 ; ...
7,6,8,10,9];
>> A(end,1)
ans = 7
>> A(1,end)
ans = 0
>> A(end,end)
ans = 9
```

Die Funktionen max und min bestimmen für einen reellen Vektor das Maximum bzw.
Minimum der Einträge. Für eine reelle Matrix A geben sie einen Vektor zurück, dessen
i-ter Eintrag das Maximum bzw. Minimum der i-ten Spalte von A ist:

```
>> a = [1,2,-3,5,-8];          >> A = [1,2,3,4,5 ; ...
>> max(a)                      0,-2,1,7,6 ; 1,0,0,-3,2];
ans = 5                        >> max(A)
>> min(a)                      ans =
ans = -8                            1    2    3    7    6

                               >> min(A)
                               ans =
                                    0   -2    0   -3    2
```

Die Funktion sum summiert die Einträge eines Vektors auf, während sie die Einträge einer Matrix spaltenweise aufsummiert. Die Funktion prod multipliziert die Einträge eines
Vektors bzw. die Einträge einer Matrix spaltenweise miteinander:

```
>> a = [1,2,3,4,5];            >> A=[6,2,3;8,4,5;9,-7,0];
>> sum(a)                      >> sum(A)
ans = 15                       ans =
>> prod(a)                          23    -1    8
ans = 120                      >> prod(A)
                               ans =
                                    432   -56    0
```

Die Funktion sort sortiert in ihrer Grundausführung die Einträge eines reellen Vektors
bzw. die Einträge einer reellen Matrix spaltenweise in aufsteigender Reihenfolge:

```
>> a = [-3,11,2,7,1,-5,-1,2,0,4,2,-1];
>> b = sort(a)
b =
    -5   -3   -1   -1    0    1    2    2    2    4    7   11
>> A = [2,3,-1; -5,-2,-9; 0,-2,2];
>> sort(A)
ans =
    -5   -2   -9
     0   -2   -1
     2    3    2
```

Zur sort-Funktion gibt es eine Reihe von optionalen Ergänzungen. Beispielsweise wird
eine Sortierung in absteigender Reihenfolge folgendermaßen erreicht:

```
>> a = [-3,11,2,7,1,-5,-1,2,0,4,2,-1];
>> b = sort(a,'descend')
b =
    11    7    4    2    2    2    1    0   -1   -1   -3   -5
```

Ein wichtige Funktion ist die Funktion `transpose`, mit deren Hilfe eine Matrix transponiert (man sagt auch gestürzt) werden kann:

```
>> A = [1 2 3 ; 1 4 -5]      >> B = transpose(A)
A =                          B =
    1   2   3                    1   1
    1   4  -5                    2   4
                                 3  -5
```

Das Transponieren kann alternativ mithilfe eines einzelnen Hochkommas durchgeführt werden, das dazu hinter die zu transponierende Matrix geschrieben wird. Die Anweisung `B = transpose(A)` ist demnach äquivalent zu:[3]

```
>> B = A'
```

Wichtig ist auch die Funktion `rank`, die den Rang einer Matrix berechnet:

```
>> A = [1 2 3; ...           >> B = [1 2 3 ; ...
1 4 -5; 0 0 1]               4 5 6; 5 7 9]
>> rank(A)                   >> rank(B)
ans = 3                      ans = 2
```

Die Funktion `cross` berechnet für Vektoren $a, b \in \mathbb{R}^3$ das Kreuzprodukt $c = a \times b$:

```
>> a = [1,2,3];              >> a = [1;-2;3];
>> b = [2,-1,-1];            >> b = [5;1;2];
>> c = cross(a,b)            >> c = cross(a,b)
c =                          c =
    1   7  -5                   -7
                               13
>> a*transpose(c)              11
ans = 0
>> b*transpose(c)            >> transpose(a)*c
ans = 0                      ans = 0
```

Die Inverse A^{-1} einer invertierbaren quadratischen Matrix A kann mit der Funktion `inv` berechnet werden:

```
>> A = [1 1; 2 1];
>> A_invers = inv(A)
A_invers =
   -1   1
    2  -1
```

---

[3] Zum Transponieren sei (insbesondere beim Programmieren) allgemein die Verwendung der Funktion `transpose` empfohlen, denn das Hochkomma erspart zwar Schreibarbeit, wird jedoch schnell übersehen und erschwert somit die Nachvollziehbarkeit und die Fehlersuche.

Die Funktion `det` berechnet die Determinante einer quadratischen Matrix:

```
>> A = [2,1,1; -1,0,1; 3,-5,1];
>> det(A)
ans = 19
```

Die Funktion `eig` berechnet die Eigenwerte einer quadratischen Matrix:

```
>> A = [1,0,0; ...          >> B = [0,1,1; ...
0,2,1; 1,0,3];              1,-1,1; -2,1,0];
>> u = eig(A)              >> v = eig(B)
u =                        v =
    2                          -1.86371 + 0.00000i
    3                           0.43185 + 1.19298i
    1                           0.43185 - 1.19298i
```

Alternativ kann die Berechnung mit der Funktion `eigs` erfolgen. Für Unterschiede zwischen den Funktionen, weitere Details und Berechnungsoptionen sei auf die mithilfe von `help eig` bzw. `help eigs` im Befehlsfenster abrufbaren Hilfeeinträge verwiesen.

1.3.4 Elementare Mengenlehre und Statistik mithilfe von Vektoren

Teilmengen reeller Zahlen können in Octave mithilfe von Vektoren dargestellt werden. Die Arbeit mit dem auf diese einfache Weise definierten Mengenbegriff wird durch Octave mit einigen Funktionen unterstützt und vereinfacht.

Die Funktion `union` bildet die Vereinigungsmenge zweier Mengen A und B, wobei in $C = A \cup B$ die Elemente in aufsteigender Reihenfolge angeordnet werden, unabhängig davon, ob in A und B eine Ordnung vorliegt. Beispiel:

```
>> A = [0,-1,2,3,7,5];
>> B = [-2,1,0,4,6,7,-3];
>> C = union(A,B)
C =
   -3  -2  -1   0   1   2   3   4   5   6   7
```

Die Funktion `intersect` bildet die Schnittmenge zweier Mengen A und B, wobei in $C = A \cap B$ die Elemente in aufsteigender Reihenfolge angeordnet werden. Beispiel:

```
>> A = [-5,-3,-1,0,2,3,5,7,10,33:3:54];
>> B = [-7,-2,-3,0,1,3,4,6,7,9,11,21,31:2:41];
>> C = intersect(A,B)
C =
   -3   0   3   7  33  39
```

Die Funktion `setdiff` bildet die Differenzmenge zweier Mengen A und B, wobei in $C = A \setminus B$ die Elemente in aufsteigender Reihenfolge angeordnet werden. Beispiel:

```
>> A = [-5,-3,-1,0,2,3,5,7,10];
>> B = [-7,-2,-3,0,1,3,4,6,7,9];

>> C1 = setdiff(A,B)              >> C2 = setdiff(B,A)
C1 =                             C2 =
   -5  -1   2   5  10               -7  -2   1   4   6   9
```

Die Funktion `ismember` überprüft, ob ein Element a in einer Menge A liegt. Ist dies der Fall, dann gibt die Funktion den Wert 1 zurück, andernfalls den Wert 0. Der Aufruf `[erg,k]=ismember(a,A)` gibt zusätzlich den *größten(!)* Index `k` des Elements aus, dessen Wert gleich a ist. Beispiele:

```
>> A = [0,2,3,5,7,10];           >> A = [0,2,3,2,5,7,2,10];
>> a = 5;                        >> [erg,k] = ismember(2,A)
>> erg = ismember(a,A)          erg = 1
erg = 1                         k = 7
>> a = -1;                       >> [erg,k] = ismember(8,A)
>> erg = ismember(a,A)          erg = 0
erg = 0                         k = 0
```

Alternativ kann die Zugehörigkeitsprüfung für mehrere Elemente $a_1, \ldots, a_n$ durchgeführt werden, die dann in einem Vektor $a = (a_1, \ldots, a_n)$ übergeben werden. Entsprechend gibt `ismember` einen Vektor gleicher Länge zurück. Beispiele:

```
>> A = [0,2,3,5,7,10];           >> A = [0,2,3,2,5,7,2,10];
>> a = [-1,0,1,5];              >> a = [2,0,8];
>> erg = ismember(a,A)          >> [erg,k] = ismember(a,A)
erg =                           erg =
    0   1   0   1                   1   1   0
                                k =
                                    7   1   0
```

Für die Durchführung elementarer statistischer Betrachtungen gibt es die Funktion `mean`, die den arithmetischen Mittelwert aus $n \in \mathbb{N}$ reellen Zahlen berechnet. Die Funktion `median` ermittelt den Median zu $n \in \mathbb{N}$ reellen Zahlen. Beiden Funktionen werden die n Zahlen als Vektor übergeben:

```
>> a = [-3,-1,1,3,7,10,11,12,15,20,30,32];
>> b = mean(a)
b = 11.417
>> c = median(a)
c = 10.500
```

1.3.5 Norm und Kondition einer Matrix

Unter anderem für Methoden der numerischen Mathematik wichtig ist der Begriff der
Norm einer Matrix bzw. eines Vektors. Dafür stellt Octave die Funktion norm bereit, mit
der die p-Norm einer (nicht notwendig quadratischen) Matrix berechnet werden kann.
Standardmäßig wird dabei $p = 2$ angesetzt, also die euklidische Norm:

```
>> A = [1,0,0; 0,2,1; 1,0,3];
>> norm(A)
ans = 3.3887
>> a = [1,2,3];
>> norm(a)
ans = 3.7417
```

Durch die optionale Übergabe eines weiteren Parameters können andere Normen berechnet werden, wie zum Beispiel die Maximumnorm:

```
>> A = [1,0,0; 0,2,1; 1,0,3];
>> norm(A,'inf')
ans = 4
>> a = [1,2,3];
>> norm(a,'inf')
ans = 3
```

Eine Übersicht über die zur Verfügung stehenden Berechnungsoptionen erhält man zum
Beispiel durch die Eingabe von help norm im Befehlsfenster.

Eng verbunden mit dem Normbegriff ist die Kondition einer invertierbaren Matrix, zu
deren Berechnung Octave die Funktion cond bereitstellt. Standardmäßig wird dabei die
euklidische Norm ($p = 2$) zugrunde gelegt:

```
>> A = [1,0,0; 0,2,1; 1,0,3];
>> cond(A)
ans = 3.6615
>> norm(A)*norm(inv(A))
ans = 3.6615
```

Durch die optionale Übergabe eines weiteren Parameters können andere Normen für die
Berechnung der Kondition angesetzt werden:

```
>> A = [1,0,0; 0,2,1; 1,0,3];
>> cond(A,'inf')
ans = 4
```

Eine Übersicht über die zur Verfügung stehenden Berechnungsoptionen erhält man zum
Beispiel durch die Eingabe von help cond im Befehlsfenster.

1.3.6 Lineare Gleichungssysteme (Teil 1)

Mit Octave kann auch die Untersuchung der Lösbarkeit linearer Gleichungssysteme der Gestalt $A \cdot x = b$ durchgeführt werden, wobei A eine $(m \times n)$-Matrix und b ein Spaltenvektor mit m Einträgen ist. Der Spaltenvektor x enthält die n Unbekannten $x_1, \ldots, x_n$ des Systems. Bekanntlich ist ein lineares Gleichungssystem $A \cdot x = b$ genau dann lösbar, wenn der Rang der Koeffizientenmatrix A gleich dem Rang der erweiterten Koeffizientenmatrix $(A|b)$ ist. Das lässt sich mithilfe der Funktion rank leicht überprüfen, wie die folgenden beiden Beispiele demonstrieren:

```
>> A = [1 1 1; ...            >> A = [1 1 1; ...
0 1 1; 1 0 1];               0 1 1; 1 2 2];
>> b = [1; 2; 3];            >> b = [1; 2; 0];
>> rank(A)                   >> rank(A)
ans = 3                      ans = 2
>> rank([A,b])              >> rank([A,b])
ans = 3                      ans = 3
```

Die Koeffizientenmatrix und die erweiterte Koeffizientenmatrix des ersten (linken) Gleichungssystems $A \cdot x = b$ haben den gleichen Rang, woraus die Lösbarkeit des linearen Gleichungssystems folgt. Die Koeffizientenmatrix und die erweiterte Koeffizientenmatrix des zweiten Gleichungssystems $A \cdot x = b$ haben unterschiedliche Ränge, woraus die Nichtlösbarkeit des linearen Gleichungssystems folgt.

Eine manuelle Überprüfung mit den eigenen Augen ist sicher durchführbar, wenn ein einzelnes Gleichungssystem im Befehlsfenster gelöst werden soll. Mit dem Blick auf die Programmierung und damit verbundene allgemeinere Anwendungen muss man diesen Vergleich natürlich dem Rechner selbst überlassen. Das erfolgt mithilfe logischer Abfragen. Für die beiden Beispielsysteme sehen diese folgendermaßen aus:

```
>> A = [1 1 1; ...            >> A = [1 1 1; ...
0 1 1; 1 0 1];               0 1 1; 1 2 2];
>> b = [1; 2; 3];            >> b = [1; 2; 0];
>> rank(A) == rank([A,b])   >> rank(A) == rank([A,b])
ans = 1                      ans = 0
```

Man beachte dabei das doppelte Gleichheitszeichen zwischen den beiden Anwendungen der rank-Funktion! Das doppelte Gleichheitszeichen formuliert salopp gesagt eine Frage der Gestalt, ob die berechneten Werte rank(A) und rank([A,b]) gleich sind. Diese Frage kann mit ja oder nein beantwortet werden, wobei der Zahlenwert 1 für ja steht, der Zahlenwert 0 für nein. Diese Zahlenwerte als Ergebnis der Abfrage werden der Allerweltsvariable ans für die weitere Verarbeitung zugewiesen.

Unabhängig davon, wie die Lösbarkeit eines linearen Gleichungssystems $A \cdot x = b$ überprüft wird, ist man im Fall der Lösbarkeit an der Berechnung einer Lösung interessiert. Das demonstrieren wir zunächst für eindeutig lösbare Systeme mit quadratischer Koeffizientenmatrix, d. h. $m = n$. In diesem Fall ist die Koeffizientenmatrix A invertierbar und das

Gleichungssystem kann mithilfe der Inversen A^{-1} gelöst werden. Das bedeutet genauer:

$$A \cdot x = b \quad \Leftrightarrow \quad A^{-1} \cdot A \cdot x = A^{-1} \cdot b \quad \Leftrightarrow \quad x = A^{-1} \cdot b \tag{1.1}$$

Wie diese Rechnung mit Octave durchgeführt werden kann, demonstrieren wir am Beispiel des folgenden eindeutig lösbaren linearen Gleichungssystems:

$$\begin{aligned}
\text{I}: \quad & x_1 - 2x_2 - 3x_3 = 10 \\
\text{II}: \quad & 2x_1 + 3x_2 + 2x_3 = 8 \\
\text{III}: \quad & 3x_1 + 4x_2 + x_3 = 20
\end{aligned}$$

Die Lösung kann (ohne Überprüfung der Lösbarkeit mittels dem Rangkriterium) im Befehlsfenster folgendermaßen aussehen:

```
>> A = [1,-2,-3; 2,3,2; 3,4,1];
>> b = [10;8;20];
>> x = inv(A)*b
x =
        3
        4
       -5
```

Hieraus lesen wir die eindeutige Lösung $(x_1, x_2, x_3) = (3, 4, -5)$ des linearen Gleichungssystems ab.

Das System (I-III) kann man natürlich schnell mit Zettel, Stift und Kopf lösen, wobei man eher auf den Gauß-Algorithmus zurückgreifen wird, um den aufwändigen Weg über die Berechnung der inversen Matrix A^{-1} zu vermeiden. Zur Selbstkontrolle kann man die Werte des Lösungstripels $(x_1, x_2, x_3) = (3, 4, -5)$ in das Gleichungssystem einsetzen und nach Ausmultiplizieren und Addieren auf der linken Seite der Gleichheitszeichen muss sich die rechte Seite ergeben. Bei größeren Systemen, vor dem Hintergrund wichtiger Abschlussarbeiten mit der dort besonders gebotenen Sorgfaltspflicht oder einfach nur aus Bequemlichkeit kann man diese Proberechnung (zusätzlich) auch mit Octave durchführen. Für das kleine Beispiel mit nur drei Variablen sieht das folgendermaßen aus:

```
>> A = [1,-2,-3; 2,3,2; 3,4,1];
>> x = [3;4;-5];
>> A*x
ans =
       10
        8
       20
```

Wir erhalten den Vektor b, womit die berechnete Lösung richtig sein muss.

Unter anderem aus numerischen Gründen ist es allgemeiner auch bei der Lösung von linearen Gleichungssystemen am Computer sinnvoll, die Berechnung der inversen Matrix zu vermeiden. Eine entsprechende Alternative wird in Octave durch den hinter dem

Backslash-Operator \ stehenden Lösungsweg realisiert, der zudem bei der Lösung von
sehr großen oder sehr vielen Systemen schneller ist:

```
>> A = [1,-2,-3; 2,3,2; 3,4,1];
>> b = [10;8;20];
>> x = A\b
x =

   3
   4
  -5
```

Der Backslash-Operator kann auch zur Lösung von linearen Gleichungssystemen genutzt
werden, bei denen die Koeffizientenmatrix nicht invertierbar ist und außerdem auch zur
Lösung solcher Systeme, bei denen die Koeffizientenmatrix nicht quadratisch ist. Es sei
daran erinnert, dass solche Gleichungssysteme im Fall ihrer Lösbarkeit häufig mehrdeutig
lösbar sind, d. h., sie besitzten unendlich viele Lösungen. Aus der Lösungsmenge berechnet der Backslash-Operator allerdings nur genau *eine* Lösung. Das ist für einige Anwendungen natürlich nicht ausreichend, sodass man sich zusätzliche Gedanken machen muss,
auf die wir hier nicht näher eingehen wollen. Statt dessen demonstrieren wir die Rechnung
am Beispiel des folgenden Gleichungssystems:

$$\begin{aligned} \text{I} &: 2x_1 - 2x_3 + x_3 = 1 \\ \text{II} &: 3x_1 - 3x_2 + 2x_3 = 1 \\ \text{III} &: 4x_1 - 4x_2 - 3x_3 = 7 \end{aligned}$$

Die Koeffizientenmatrix ist nicht regulär, d. h., sie ist nicht invertierbar. Trotzdem ist das
Gleichungssystem lösbar, wie die Rechnung per Hand schnell zeigt, die auf die Lösungsmenge $L = \{ (s+1, s, -1) \mid s \in \mathbb{R} \}$ führt. Zur Berechnung einer Lösung mithilfe von Octave stellen wir jetzt die Überprüfung des Rangkriteriums voran, was einerseits die Lösbarkeit des Systems (I-III) aufzeigt, andererseits den Lösungsweg (1.1) ausschließt, da die
Koeffizientenmatrix nicht den dazu erforderlichen vollen Rang hat:

```
>> A = [2,-2,1; 3,-3,2; 4,-4,-3];
>> b = [1;1;7];
>> rank(A)
ans = 2
>> rank([A,b])
ans = 2
>> x = A\b
warning: matrix singular to machine precision
x =

    0.50000
   -0.50000
   -1.00000
```

Offenbar liegt das Tripel $(x_1, x_2, x_3) = (0.5, -0.5, -1)$ in der Lösungsmenge L, wie dort
ein Einsetzen von $s = -0.5$ zeigt. Die Rechnung mit Octave kann also auch in diesem Fall

dazu benutzt werden, um das per Hand erhaltene Ergebnis zu überprüfen, was natürlich nicht für alle Gleichungssysteme so einfach und offensichtlich gelingt. Außerdem zeigt die Anwendung des Backslash-Operators durch den ausgegebenen Warnhinweis an, dass die Koeffizientenmatrix singulär, also nicht invertierbar ist. Das bestätigt nicht nur die vorab durchgeführte Überprüfung des Rangkriteriums, sondern weist noch einmal ausdrücklich darauf hin, dass der berechnete Ergebnisvektor x nur eine Lösung von vielen ist. Die unzulässige Anwendung der inv-Funktion führt erwartungsgemäß in eine Sackgasse:

```
>> x = inv(A)*b
warning: matrix singular to machine precision
x =
     Inf
     Inf
     Inf
```

Bei einem solchen Ergebnis sollten salopp gesagt alle Alarmglocken läuten! Daraus erkennt man aber immerhin, dass das System entweder nicht lösbar ist oder zur Berechnung einer Lösung zwingend andere Wege gegangen werden müssen.

Wir betrachten ein weiteres Beispiel für ein mehrdeutig lösbares Gleichungssystem mit nichtquadratischer Koeffizientenmatrix:

$$\begin{array}{rcrcrcrcl} x_1 & + & x_2 & + & x_3 & + & x_4 & = & 1 \\ 6x_1 & + & x_2 & + & 4x_3 & + & 3x_4 & = & 4 \\ x_1 & + & 3x_2 & & & + & 4x_4 & = & 2 \end{array}$$

Die Rechnung per Hand ergibt die Lösungsmenge

$$L = \left\{ \left(\tfrac{2}{3} - t, \tfrac{4}{9} - t, -\tfrac{1}{9} + t, t \right) \,\big|\, t \in \mathbb{R} \right\}.$$

Bei der Lösung mit Octave können wir unter Verwendung des Backslash-Operators aus L genau eine Lösung berechnen:

```
>> A = [1,1,1,1; 6,1,4,3; 1,3,0,4];
>> b = [1;4;2];
>> rank(A)
ans = 3
>> rank([A,b])
ans = 3
>> x = A\b
x =
       0.36111
       0.13889
       0.19444
       0.30556
```

Bei der berechneten (Näherungs-) Lösung ist nicht auf den ersten Blick erkennbar, ob sie in L liegt. Doch das können wir schnell überprüfen, denn die frei wählbare Variable x_4 hat den Wert $x_4 = t \approx 0.30556$. Folglich muss $x_1 \approx \frac{2}{3} - t$, $x_2 \approx \frac{4}{9} - t$ und $x_3 \approx -\frac{1}{9} + t$ gelten. Dies verifizieren wir durch die folgenden Eingaben im Befehlsfenster:

```
>> t = x(4)
>> x123 = [2/3-t;4/9-t;-1/9+t]
x123 =
    0.36111
    0.13889
    0.19444
```

Dies bestätigt, dass die durch `x = A\b` berechnete (Näherungs-) Lösung in der Lösungsmenge L liegt. Selbstverständlich kann man alternativ die per Hand berechnete Lösungsmenge stichprobenartig auf ihre Richtigkeit überprüfen, indem im Lösungstupel verschiedene Werte für den Parameter t eingesetzt werden. Dazu ein Zahlenbeispiel:

```
>> t = 0;
>> A*[2/3-t ; 4/9-t ; -1/9+t ; t]
ans =
    1
    4
    2
>> t = 1;
>> A*[2/3-t ; 4/9-t ; -1/9+t ; t]
ans =
    1.00000
    4.00000
    2.00000
```

Für die beiden Parameterwerte $t = 0$ und $t = 1$ ergibt $A \cdot x$ (näherungsweise) die rechte Seite des Gleichungssystems. Damit kann man ebenso optimistisch schließen, dass die per Hand ermittelte Lösungsmenge korrekt ist.

Bei nicht lösbaren Gleichungssystemen sollte man erwarten können, dass die Anwendung des Backslash-Operators zu einer Fehlermeldung führt. Das folgende Beispiel zeigt jedoch, dass dies nicht der Fall ist:

```
>> A = [1,2,3,4; 1,2,4,3; -1,-2,-6,-1];
>> b = [18;20;10];
>> rank(A)
ans = 2
>> rank([A,b])
ans = 3
>> x = A\b
x =
    0.60291
    1.20581
   -2.96126
    7.18160
```

Der Rang der Koeffizientenmatrix A und der Rang der erweiterten Koeffizientenmatrix [A,b] sind verschieden, woraus die Nichtlösbarkeit des Gleichungssystems folgt. Trotzdem führt die Anwendung des Backslash-Operators zu einem Vektor x, der jedoch keine Lösung des Systems ist, wie eine Berechnung von A*x zur Probe zeigt, wo sich mitnichten die rechte Seite b des gegebenen Gleichungssystems ergibt:

```
>> A*x
ans =
    22.8571
    12.7143
     7.5714
```

Dieses Beispiel zeigt deutlich, dass Rechnungen am Computer das selbstständige (Mit-) Denken nicht ersetzen!

Die Lösung von linearen Gleichungssystemen mit Octave dient natürlich nicht ausschließlich der Überprüfung per Hand ermittelter Ergebnisse, was für Lernende gerade in den ersten Semestern eines Studiums eine nicht zu unterschätzende und motivierende Unterstützung ist, wenn sie auf diese Weise ihre Rechnungen selbstkritisch überprüfen oder Fehler selbst aufdecken können (siehe dazu Abschnitt 3.1.1 als Ergänzung). In Anwendungen für Fortgeschrittene wird es dagegen um die Lösung von Problemen gehen, bei denen unter Umständen beliebig große lineare Gleichungssysteme zu lösen sind. Spätestens dabei muss man sich Octave voll und ganz anvertrauen und in der Lage sein, die im Befehlsfenster angezeigten Ergebnisse selbstständig zu interpretieren und zu überprüfen. Dabei kommen Anwender auch nicht darum herum, sich zu gegebener Zeit mit dem Thema von Rechenungenauigkeiten auseinanderzusetzen, die bei der Rechnung am Computer und insbesondere bei der Lösung sogenannter schlecht konditionierter Gleichungssysteme leicht auftreten können. Darauf kann in dieser Einführung nicht eingegangen werden und es sei auf die weiterführende Literatur (z. B. [34]) verwiesen.

Aufgaben zum Abschnitt 1.3

Aufgabe 1.3.1:

a) Definieren Sie im Befehlsfenster eine (4×4)-Diagonalmatrix A, wobei die Diagonaleinträge von oben links nach unten rechts gesehen die Werte $-2, 1, 4$ bzw. 7 haben.
b) Vertauschen Sie in A die erste mit der dritten Spalte sowie die zweite mit der vierten Spalte. Die Variable A soll mit dem Ergebnis dieser Spaltenvertauschung überschrieben werden.
c) Vertauschen Sie in A die zweite mit der dritten Zeile. Die Variable A soll mit dem Ergebnis dieser Zeilenvertauschung überschrieben werden.
d) Addieren Sie zu A die (4×4)-Einheitsmatrix und weisen Sie A das Ergebnis dieser Rechnung zu.
e) Überschreiben Sie die Matrix A mit ihrer Transponierten.
f) Addieren Sie zu A die (4×4)-Matrix, deren Einträge alle den Wert 1 haben. Weisen Sie das Ergebnis dieser Rechnung einer Variable B zu.

g) Multiplizieren Sie in der Matrix B in der vierten Spalte alle Einträge mit -1, ersetzen Sie anschließend in der dritten Zeile von B die ersten drei Einträge jeweils durch den zugehörigen Spaltenindex und überschreiben Sie in der zweiten Spalte den zweiten und vierten Eintrag mit dem Wert 0. Die Ergebnismatrix soll wieder B heißen.

h) Die Matrix C ist die Summe der Matrizen A und B.

i) Summieren Sie jeweils in A bzw. B bzw. C die Einträge in jeder Spalte auf. Die Summenwerte werden in A bzw. B bzw. C gespeichert.

j) Die Matrix D entsteht aus den Vektoren A (erste Zeile von D), B (zweite Zeile von D) und C (dritte Zeile von D).

k) Weisen Sie einer Variable v die letzte Spalte von D als Wert zu. Fassen Sie anschließend die ersten drei Spalten von D als „neue" Matrix D zusammen.

l) Überschreiben Sie die Variable D durch das Produkt D*v.

m) Multiplizieren Sie in D den Eintrag mit dem größten Index mit -1 und überschreiben Sie D mit dem erhaltenen Ergebnis.

n) Welchen Zahlenwert erhält man, wenn alle Einträge aus D aufsummiert werden?

Aufgabe 1.3.2: Gegeben seien die folgenden Matrizen und Vektoren:

$$A = \begin{pmatrix} 3 & -1 & 4 & 2 \\ -5 & 6 & 2 & 7 \end{pmatrix}, \ B = \begin{pmatrix} 6 & -1 \\ 0 & 2 \\ 1 & -3 \\ 2 & 0 \end{pmatrix}, \ c = \begin{pmatrix} 1 & 0 & 1 & 0 \end{pmatrix}, \ d = \begin{pmatrix} 1 \\ 1 \\ 2 \\ -1 \end{pmatrix}$$

Berechnen Sie die Produkte

$$A \cdot B, \ A \cdot c, \ A \cdot d, \ B^T \cdot d, \ B^T \cdot A^T, \ B \cdot d, \ c \cdot d, \ d \cdot c, \ c \cdot B \text{ und } d^T \cdot B,$$

falls das möglich ist. Rechnen Sie dabei zuerst im Kopf und kontrollieren Sie Ihr Ergebnis anschließend selbst, indem Sie die Produkte mit Octave berechnen. Mit dem Symbol A^T ist übrigens die Transponierte der Matrix A gemeint.

Aufgabe 1.3.3: Gegeben seien die Matrizen

$$A = \begin{pmatrix} 3 & 9 & -3 \\ 1 & 7 & 3 \\ 5 & -1 & 3 \end{pmatrix} \quad \text{und} \quad B = \begin{pmatrix} 1 & -1 & 1 \\ -1 & 0 & -1 \\ 1 & -1 & 1 \end{pmatrix}.$$

Lösen Sie die folgenden Teilaufgaben mithilfe von Octave:

a) Ermitteln Sie den Rang, die Determinante und (falls möglich) die Inverse von A und B.

b) Berechnen Sie $A + B$, $A - B$, $A \cdot B$, $B \cdot A$, $A \cdot A^{-1}$ und $A^2 + B^T \cdot A$.

c) Berechnen Sie die elementweise definierten Produkte $A \odot B$, $B \odot A$, $A \odot A^{-1}$ und $B \odot B$.

d) Berechnen Sie (falls möglich) die elementweise definierten Quotienten A / A^{-1}, A / B und B / A.

Aufgabe 1.3.4: Gegeben seien die Mengen

$$M = \{-15, -12, -8, -7, -2, 0, 2, 4, 6, \ldots, 40, 42, 44, 49, 50, 52, 80\}$$

und

$$N = \{-40, -35, -17, -8, -5, -2, 1, 4, 7, 10, \ldots, 25, 28, 31, 38, 40, 73, 76, 77\}.$$

a) Definieren Sie die Mengen M und N im Octave-Befehlsfenster.
b) Wie viele Elemente hat die Menge M, wie viele Elemente hat N?
c) Bestimmen Sie mithilfe von Octave die Schnittmenge $M \cap N$, die Differenzmengen $M \backslash N$ bzw. $N \backslash M$ und jeweils ihre Elementanzahl.
d) Berechnen Sie jeweils den Mittelwert und den Median der Mengen M, N und $(N \backslash M) \cup \{-35, -17, 25, 28, 100, 102, 111\}$.

Aufgabe 1.3.5: Gegeben sei das folgende lineare Gleichungssystem:

$$\begin{aligned} \text{I} &: 2x_1 + 4x_2 + 3x_3 = 1 \\ \text{II} &: 3x_1 - 6x_2 - 2x_3 = -2 \\ \text{III} &: 5x_1 - 8x_2 - 2x_3 = -4 \end{aligned}$$

Lösen die folgenden Teilaufgaben mithilfe von Octave:

a) Weisen Sie durch Berechnung des Rangs der Koeffizientenmatrix A und des Rangs der erweiterten Koeffizientenmatrix $(A|b)$ nach, dass das lineare Gleichungssystem (I-III) eindeutig lösbar ist.
b) Berechnen Sie den eindeutigen Lösungsvektor x des linearen Gleichungssystems $A \cdot x = b$ mithilfe der inversen Matrix A^{-1}.
c) Bestimmen Sie den Lösungsvektor x mithilfe des Backslash-Operators.
d) Gleichung III werde durch die folgende Gleichung ersetzt:

$$\text{III}' : 5x_1 - 8x_2 - 2x_3 + \tfrac{1}{2}x_4 = -4$$

Verifizieren Sie durch Rechnung für einige Parameterwerte $s \in \mathbb{R}$ grob, dass das System (I,II,III') die Lösungsmenge $L = \left\{ \left(2 + \tfrac{5}{3}s, 3 + \tfrac{13}{6}s, -5 - 4s, 2s\right)^T \,\middle|\, s \in \mathbb{R} \right\}$ hat.
e) Berechnen Sie eine Lösung x^* des Gleichungssystems (I,II,III') mit dem Backslash-Operator. Weisen Sie außerdem nach, dass die berechnete Lösung x^* tatsächlich in der Lösungsmenge L liegt.

1.4 Zeichen(ketten)

Ein wichtiges Hilfsmittel zur Darstellung von Berechnungsergebnissen im Befehlsfenster, aber auch bei der Programmierung sind Zeichenketten. Sie werden bei der Eingabe im Befehlsfenster durch jeweils ein Hochkomma am Anfang und am Ende kenntlich gemacht, wodurch eine Zeichenkette von einem Variablennamen unterscheidbar wird. Bei der Ausgabe im Befehlsfenster werden diese Hochkommas nicht mit angezeigt. Hier ein Beispiel:

```
>> zk = 'Heute ist das Wetter schlechter als gestern'
zk = Heute ist das Wetter schlechter als gestern
```

Bei Zeichenketten handelt es sich um Vektoren, deren Einträge keine Zahlen, sondern Zeichen sind. Deshalb kann auf einzelne Vektoreinträge (das sind die Zeichen) mit den für Matrizen im vorhergehenden Abschnitt beschriebenen Methoden zugegriffen werden. Mit Bezug auf das Eingangsbeispiel zk demonstrieren wir einige Zugriffe und Wertezuweisungen. Zuerst bestimmen wir die Länge der Zeichenkette, also die Anzahl der Zeichen (einschließlich der Leerzeichen) und lassen das erste, fünfte und letzte Zeichen sowie die Zeichen 15 bis 29 im Befehlsfenster anzeigen:

```
>> length(zk)            >> length(zk)
ans = 43                 ans = 43
>> zk(1)                 >> zk(1)
ans = H                  ans = H
>> zk(5)                 >> zk(5)
ans = e                  ans = e
>> zk(length(zk))        >> zk(end)
ans = n                  ans = n
>> zk([1,5,length(zk)])  >> zk([1,5,end])
ans = Hen                ans = Hen
>> zk(15:29)             >> zk(15:29)
ans = Wetter schlecht    ans = Wetter schlecht
```

Auf das letzte Zeichen der Zeichenkette können wir dabei entweder mithilfe seines Index (das ist length(zk)) oder alternativ durch das Schlüsselwort end zugreifen. Wir ergänzen jetzt die Zeichenkette am Ende um ein Zeichen, überschreiben dies sofort wieder, ersetzen anschließend ein Wort, hängen dann eine Zeichenfolge an und überschreiben zuletzt zwei Zeichen:

```
>> zk = [zk,'.']
zk = Heute ist das Wetter schlechter als gestern.
>> zk(end) = '?'
zk = Heute ist das Wetter schlechter als gestern?
>> zk = [zk(1:21), 'besser', zk(32:end)]
zk = Heute ist das Wetter besser als gestern?
>> index = length(zk)
index = 40
```

```
>> zk = [zk, ' Sicher?']
zk = Heute ist das Wetter besser als gestern? Sicher?
>> zk([index,end]) = '!'
zk = Heute ist das Wetter besser als gestern! Sicher!
```

Diese Beispiele zeigen nebenbei, dass Zeichenketten dynamisch erzeugt, verlängert und gekürzt werden können. In diesem Zusammenhang ist die leere Zeichenkette '' hilfreich, die nicht mit dem Leerzeichen ' ' verwechselt werden darf:

```
>> zk = ''                          >> zk = ' '
zk =                                zk =
>> length(zk)                       >> length(zk)
ans = 0                             ans = 1
```

Zur Arbeit mit und zur Formatierung von Zeichen(ketten) stellt Octave diverse Funktionen bereit, von denen jetzt eine Auswahl vorgestellt werden soll. Wichtig zur Anzeige von Rechnungsergebnissen sind die Funktionen num2str und disp. Die Funktion num2str wandelt einen numerischen Wert (also eine Zahl) in eine Zeichenkette um. Die einfachste Anwendung formatiert eine Zahl analog zum Standardausgabeformat von Rechnungsergebnissen im Befehlsfenster:

```
>> zahl = 1.23456789
zahl = 1.2346
>> zeichenkette = num2str(zahl)
zeichenkette = 1.2346
```

Man beachte dabei eine kleinen, aber entscheidenden Unterschied: Der Wert der Variable zahl ist eine reelle Zahl, mit der gerechnet werden kann. Mit dem Wert der Variable zeichenkette kann dagegen natürlich nicht (im normalen Sinn) gerechnet werden, denn dies ist eine Zeichenkette. Wird aus Versehen doch mit einer Zeichenkette gerechnet, dann führt das allgemein auf einen Vektor ganzer Zahlen, auf deren Bedeutung hier nicht näher eingegangen werden soll:

```
>> 2*zahl
zahl = 2.4691
>> 2*zeichenkette
ans =
    98   92  100  102  104  108
```

Der Funktion num2str kann optional ein zusätzliches Argument übergeben werden, mit dem sich eine beliebige Anzahl signifikanter Stellen sichtbar machen lässt. Bereits in Abschnitt 1.2 wurde erläutert, dass damit nicht zwangsläufig die Nachkommastellen einer Dezimalzahl gemeint sind, sondern die Zählung beginnt allgemeiner ab der ersten von null verschiedenen Stelle, egal, ob diese vor oder nach dem Komma zu finden ist. Selbstverständlich kann man damit aber auch gezielt eine beliebige Anzahl von Nachkommastellen sichtbar machen. Dazu einige Beispiele:

```
>> zahl = 1.23456789            >> zahl = pi*10000
zahl = 1.2346                   zahl = 3.1416e+004
>> zk = num2str(zahl,1)         >> zk = num2str(zahl,1)
zk = 1                          zk = 3e+004
>> zk = num2str(zahl,2)         >> zk = num2str(zahl,2)
zk = 1.2                        zk = 3.1e+004
>> zk = num2str(zahl,4)         >> zk = num2str(zahl,4)
zk = 1.235                      zk = 3.142e+004
>> zk = num2str(zahl,7)         >> zk = num2str(zahl,7)
zk = 1.234568                   zk = 31415.93
>> zk = num2str(zahl,10)        >> zk = num2str(zahl,10)
zk = 1.23456789                 zk = 31415.92654
>> zk = num2str(zahl,11)        >> zk = num2str(zahl,20)
zk = 1.23456789                 zk = 31415.926535897931899
```

Die Anwendung der num2str-Funktion oder allgemeiner die Eingabe einer Zeichenkette im Befehlsfenster ist grundsätzlich mit der Zuweisung der Zeichenkette an eine Variable verbunden, mindestens an die Allerweltsvariable ans. Das kann zu Flüchtigkeitsfehlern führen, zum Beispiel wenn auf diese Weise unabsichtlich der Wert einer für weitere Rechnungen benötigten Variable überschrieben wird. Solche Fehler können vermieden werden, wenn man für die weitere Verarbeitung nicht benötigte Zeichenketten im Befehlsfenster grundsätzlich mithilfe der disp-Funktion ausgeben lässt, die eine Zeichenkette lediglich im Befehlsfenster druckt und mit einem Zeilenumbruch abschließt:

```
>> zahl = 1980/123             >> zahl = 1980/123
zahl = 16.098                  zahl = 16.098
>> num2str(zahl,10)            >> disp(num2str(zahl,10))
ans = 16.09756098              16.09756098
```

Diese Möglichkeit zur Ausgabe von Berechnungsergebnissen kann man mit informativen Texten verbinden, was mit Blick auf selbst geschriebene Programme nützlich ist:

```
>> disp(['Das Ergebnis lautet: ', num2str(1980/123,10)])
Das Ergebnis lautet: 16.09756098
```

Die Nutzung der Funktionen num2str und disp beschränkt sich keinesfalls auf einzelne Zahlenwerte. Auch Matrizen und andere Objekte können damit zu einer Zeichenkette formatiert werden:

```
>> A = [1 2 3; 4 5 6; 7 8 9];
>> disp(num2str(A))
1  2  3
4  5  6
7  8  9
```

Das Ergebnis von num2str(A) ist eine Matrix aus Zeichen. Das wird deutlich, wenn wir absichtlich einen Fehler produzieren:

```
>> ['a' , num2str(A)]
error: horizontal dimensions mismatch (1x1 vs 3x7)
```

Dies zeigt, dass die Matrix `num2str(A)` aus drei Zeilen und sieben Spalten besteht, wobei jeder Matrixeintrag genau ein Zeichen enthält. Die Zahlen aus der Matrix A wurden dabei so formatiert, dass pro Zeile insgesamt vier Leerzeichen als Abstandshalter eingefügt wurden. Damit wird der Fehler beim Versuch des horizontalen Zusammensetzens von zwei Matrizen mit Zeichen sofort klar, denn beide müssen dazu die gleiche Zeilenanzahl haben. Nicht ganz so streng sind offenbar die Forderungen beim vertikalen Zusammensetzen von Matrizen mit Zeichen, sodass beispielsweise auch Zeichenketten mit unterschiedlicher Zeichenanzahl (= Spaltenanzahl) zusammengesetzt werden können:

```
>> disp(['a' ; num2str(A)])
a
1   2   3
4   5   6
7   8   9
```

Abschließend ein Beispiel zur horizontalen Zusammensetzung von Matrizen mit Zeichen:

```
>> str = ['Zeile I   : ';'Zeile II  : ';'Zeile III : '];
>> disp([str , num2str(A)])
Zeile I   : 1   2   3
Zeile II  : 4   5   6
Zeile III : 7   8   9
```

Aufgaben zum Abschnitt 1.4

Aufgabe 1.4.1:

a) Legen Sie den Satz „*Es regnet.*" im Befehlsfenster als Zeichenkette s an.

b) Legen Sie den Satz „*Das ist ein Mistwetter!*" im Befehlsfenster als Zeichenkette z an.

c) Ersetzen Sie in s den Punkt (.) durch die Zeichenfolge `' nicht.'`

d) Fügen Sie in der aus c) hervorgehenden Zeichenkette s zwischen den Zeichenfolgen `'Es regnet '` und `'nicht.'` die Zeichenfolge `'heute '` ein.

e) Ersetzen Sie in der Zeichenkette z das Wort *ein* durch *kein*.

f) Fassen Sie die in c) und e) erhaltenen Zeichenketten s und z zu einer durch ein Leerzeichen verbundenen Zeichenkette u zusammen. Aus wie vielen Zeichen besteht u?

g) Überzeugen Sie sich durch geeignete Eingaben davon, dass die von Matrizen bekannte Funktion `ismember` auch zur Zeichensuche in Zeichenketten verwendet werden kann.

Aufgabe 1.4.2:

a) Geben Sie von den Zahlen π, $\pi + 100$, $\pi - 3$ und $-\frac{\pi}{1000}$ im Befehlsfenster jeweils eine gerundete Dezimaldarstellung mit genau 4, 5 bzw. 10 Nachkommastellen aus.

b) Erstellen Sie für die Zahl π^4 jeweils eine Zeichenkette mit der auf genau 2, 6, 7, 8 bzw. 15 Nachkommastellen gerundeten Dezimaldarstellung. Ergänzend soll dabei der Informationstext „*gerundet auf n Nachkommastellen:*" vorangestellt werden, wobei *n* die entsprechende Anzahl der Nachkommastellen ist. Fassen Sie die fünf Zeichenketten zeilenweise in einer Matrix zusammen und geben Sie die Matrix mittels `disp` im Befehlsfenster aus.

1.5 Kontrollstrukturen: Schleifen

Das Ein- und Auslesen von Werten einer Matrix kann bei kleineren Problemen stets per Hand durchgeführt werden, so wie im folgenden Beispiel, wo die Diagonaleinträge einer nicht näher bekannten (10×10)-Matrix A überschrieben werden:

```
>> A(1,1) = 1;                        >> A(6,6)   = 36;
>> A(2,2) = 4;                        >> A(7,7)   = 49;
>> A(3,3) = 9;                        >> A(8,8)   = 64;
>> A(4,4) = 16;                       >> A(9,9)   = 81;
>> A(5,5) = 25;                       >> A(10,10) = 100;
```

Wäre das gleiche für eine (1000×1000)-Matrix durchzuführen, dann werden Anwender sicher nicht nur verzweifeln, sondern sich mit Sicherheit auch vertippen. Beides kann vermieden werden, wenn man sich bestimmten Mechanismen bedient, mit denen man einerseits Arbeit spart und andererseits die Kontrolle über mögliche Fehleingaben und ihre Auswirkungen behält. Dabei spricht man von Kontrollstrukturen, wozu unter anderem Schleifen gehören, mit denen sich häufig hintereinander auszuführende, im Grundsatz ähnliche Arbeitsschritte kompakt durchführen lassen. Besonders wichtig sind dabei die for-Schleife und die while-Schleife. Bei der for-Schleife wird vorab eine gewisse Anzahl von Wiederholungen festgelegt und entsprechende Arbeitsschritte wiederholt. Bei der while-Schleife wird die Anzahl der Wiederholungen nicht vorab festgelegt, sondern das wiederholte Abarbeiten von Anweisungen endet erst mit dem Erreichen einer vorab festgelegten Abbruchbedingung. Das Grundschema für die Schleifen sieht folgendermaßen aus, wobei das Schlüsselwort for bzw. while den Anfang der jeweiligen Schleife markiert und das Schlüsselwort end das Ende:

```
for alle k aus Menge M              while Bedingung X gilt
   führe Anweisungen aus               führe Anweisungen aus
end                                 end
```

Die im Kopf der for-Schleife genannte Menge M wird in Gestalt eines Vektors übergeben, wobei der auch als Zähler bezeichneten Variable k nacheinander alle möglichen Werte aus M zugewiesen werden. Diese Zuweisung erfolgt mithilfe eines Gleichheitszeichens, sodass wir das Grundschema wie folgt verfeinern können:

```
for k=M
   führe Anweisungen aus
end
```

Die im Inneren der Schleife ausgeführten Anweisungen können von k abhängen, müssen dies aber nicht. Aus Gründen der Übersichtlichkeit kann es hilfreich sein, die Zuweisung k=M in runde Klammern zu setzen. Das bleibt aber eine individuelle Entscheidung. Mithilfe einer for-Schleife kann das zu Beginn des Abschnitts behandelte Beispiel in der folgenden Weise kompakter durchgeführt werden:

```
>> for k=1:10
A(k,k) = k^2;
end
```

Dabei wird zum Abschluss jeder Zeile ENTER gedrückt und es sei empfohlen, die einzelnen Anweisungen im Inneren der Schleife mit einem Semikolon abzuschließen, da es andernfalls im Befehlsfenster zu einer Flut von Ausgaben kommt (sofern dies nicht ausdrücklich erwünscht ist). Man kann die Schleife natürlich auch in einer Zeile eingeben:

```
>> for k=1:10, A(k,k) = k^2; end
```

Aus Gründen der Übersichtlichkeit ist es dabei empfehlenswert, den Kopf der Schleife von den folgenden Anweisungen durch ein Komma zu trennen.

Die im Kopf der while-Schleife erforderliche Bedingung X kann auf unterschiedliche Weise formuliert werden. Das kann nach dem Muster einer logischen Abfrage erfolgen, wie sie bereits im Zusammenhang mit linearen Gleichungssystemen in Abschnitt 1.3.6 thematisiert wurde. Demnach werden zwei Variablen mit einem Vergleichsoperator zu einer „Frage" verknüpft, die eindeutig mit ja (bzw. wahr bzw. dem Zahlenwert 1) oder nein (bzw. falsch bzw. dem Zahlenwert 0) beantwortet werden kann. Bei der „Frage" handelt es sich aus mathematischer Sicht um eine Aussage, denn den Variablen sind stets konkrete (Zahlen-) Werte zugeordnet, sodass man den Wahrheitsgehalt der jeweiligen Aussage stets eindeutig feststellen kann. Sind a und b die mit Werten belegten Variablen, dann bedeutet das zum Beispiel:

* Test auf Gleichheit: a == b
* Test auf kleiner oder gleich: a <= b
* Test auf (echt) kleiner: a < b
* Test auf größer oder gleich: a >= b
* Test auf (echt) größer: a > b
* Test auf Ungleichheit mit a != b oder alternativ mit not(a == b)

Mehrere Aussagen lassen sich mithilfe des Verknüpfungsoperators & für das logische UND bzw. mithilfe der Verknüpfungsoperators | für das logische ODER miteinander verknüpfen. Alternativ kann man zur Verknüpfung von Aussagen die Funktionen and bzw. or verwenden. Hier einige Beispiele verknüpfter Aussagen, die sich auch unabhängig von einer Schleifenstruktur im Befehlsfenster eingeben lassen:

```
>> a = 2;                          >> a = 2;
>> a < 2 | a == 3                  >> or(a < 2,a == 3)
ans = 0                            ans = 0
>> a > 1 & a < 5                   >> and(a > 1,a < 5)
ans = 1                            ans = 1
```

Auch bei der while-Schleife kann es aus Gründen der Übersichtlichkeit hilfreich sein, die in der Kopfzeile notierten Bedingungen in runde Klammern zu setzen. Bei der Verwendung einer while-Schleife wird man außerdem häufig eine Variable als Zähler mitführen müssen, die im Inneren der Schleife aktualisiert und natürlich *vor(!)* dem Beginn der Schleife initialisiert werden muss. Die weiteren im Inneren der Schleife ausgeführten Anweisungen können von diesem Zähler abhängen, müssen dies aber nicht. Mithilfe einer while-Schleife kann das zu Beginn dieses Abschnitts behandelte Beispiel in der folgenden Weise kompakter durchgeführt werden:

```
>> k = 1; % Initialisierung eines Zählers
>> while k <= 10
A(k,k) = k^2;
k = k + 1; % Aktualisierung des Zählers
end
```

Nach jeder Zeile wird im Befehlsfenster die ENTER-Taste gedrückt. Besonders wichtig ist dabei die Aktualisierung des Zählers. Würde man darauf verzichten, dann würde der Wert des Zählers k unverändert gleich 1 bleiben. Auf diese Weise ist k <= 10 auch nach 1000 und mehr Wiederholungen stets wahr, d. h., die Schleife kann nicht beendet werden. Analog zur for-Schleife kann man die Anweisungen auch in eine Zeile schreiben. Das sieht für das Beispiel folgendermaßen aus:

```
>> k = 1; while k <= 10, A(k,k) = k^2; k = k + 1; end
```

Schleifen und andere Kontrollstrukturen spielen vor allem bei der Programmierung eine zentrale Rolle. Aber auch bei einfacheren Rechnungen im Befehlsfenster können sie wertvolle Dienste leisten. Schleifen werden in diesem Lehrbuch stets durch das Schlüsselwort end beendet. Ruft man im Befehlsfenster durch help for oder help while die entsprechenden Kurzbeschreibungen auf, dann werden dort die Schlüsselwörter endfor bzw. endwhile zum Abschluss der Kontrollstrukturen genannt. Davon sollte man sich nicht verwirren lassen, beide Varianten sind zulässig:

```
>> A = [];              >> A = [];
>> for (i = 1:5)        >> for (i = 1:5)
j = 1;                  j = 1;
while (j < 6)           while (j < 6)
A = [A, i*j];           A = [A, i*j];
j = j+1;                j = j+1;
end                     endwhile
end                     endfor
```

Die Schlüsselwörter endfor bzw. endwhile haben ihren Vorteil darin, dass sie bei der Programmierung eine gewisse Übersichtlichkeit schaffen. Allerdings erschwert ihre Verwendung die Übertragbarkeit von selbstgeschriebenen Skripten und Funktionen auf MATLAB, wo alle Kontrollstrukturen standardmäßig mit end beendet werden. Wer später auf MATLAB umsteigen will, sollte solche Kleinigkeiten bereits vorab beachten.

Aufgaben zum Abschnitt 1.5

Aufgabe 1.5.1:

a) Für alle Zahlen $k \in \left\{ -\frac{7}{2}, -1, -\frac{1}{2}, 0, \frac{1}{2}, \frac{2}{3}, \frac{3}{4}, 1, 2, \pi, 5, \frac{13}{2}, 8, 9, 10 \right\}$ sollen das Quadrat k^2, die dritte Potenz k^3 und die Differenz $10 - k$ berechnet und zeilenweise in einer Matrix gespeichert werden. Verwenden Sie dazu eine for-Schleife.

b) Lösen Sie das Problem aus a) alternativ mit einer while-Schleife.

c) Lässt sich das Problem aus a) ohne eine for- oder while-Schleife lösen?

Aufgabe 1.5.2:

a) Geben Sie im Befehlsfenster die folgende Matrix ein:

```
A = transpose([-25:4:53; 0:2:39; 17:-3:-40])
```

b) Die Zeile der Matrix B mit dem Zeilenindex $\frac{i+1}{2}$ entsteht durch Addition der Zeilen i und $i+1$ der Matrix A, wobei i nacheinander die Zahlen $1, 3, 5, \ldots, n-1$ durchläuft und n die Zeilenanzahl von A ist. Ermitteln Sie B mithilfe einer `for`-Schleife.

c) Die i-te Zeile der Matrix C entsteht durch Addition der Zeilen i und $\frac{n}{2}+i$ der Matrix A, wobei i nacheinander die Zahlen $1, 2, 3, \ldots, \frac{n}{2}$ durchläuft und n die Zeilenanzahl von A ist. Ermitteln Sie C mithilfe einer `while`-Schleife.

d) Die i-te Zeile der Matrix D ist gleich der $(m-i+1)$-ten Zeile der Matrix B, wobei i nacheinander die Zahlen $1, \ldots, m$ durchläuft und m die Zeilenanzahl von B ist. Ermitteln Sie D mithilfe einer `for`- oder `while`-Schleife.

e) Die i-te Zeile der Matrix E ist gleich der $(m-i+1)$-ten Zeile der Matrix C, wobei i nacheinander die Zahlen $1, \ldots, m$ durchläuft und m die Zeilenanzahl von C ist. Ermitteln Sie E *ohne* Verwendung einer `for`- oder `while`-Schleife.

f) Summieren Sie mithilfe zweier ineinander verschachtelter `for`-Schleifen die Einträge der Matrix B+E auf.

g) Summieren Sie mithilfe zweier ineinander verschachtelter `while`-Schleifen die Einträge des elementweise definierten Produkts C.*D auf.

Aufgabe 1.5.3:

a) Geben Sie den folgenden Satz im Befehlsfenster als Zeichenkette ein:

Alle Menschen verwenden direkt oder indirekt Mathematik!

b) Bestimmen Sie mithilfe einer `while`-Schleife und der Funktion `ismember` alle Indizes des Zeichens `'e'` in der Zeichenkette z.

c) Wie oft enthält z den Buchstaben `'e'`? Zählen Sie nicht selbst per Hand, sondern lassen Sie Octave zählen!

d) Wiederholen Sie die Suche nach dem Buchstaben `'e'` in der Zeichenkette z im Unterschied zu b) mit einer `for`-Schleife.

e) Worin bestehen die Unterschiede zwischen den Vorgehensweisen gemäß b) und d)? Welche Vorgehensweise ist effektiver?

f) Bestimmen Sie mithilfe einer Schleife und der Funktion `ismember` alle Indizes der Zeichen `'M'` und `'m'` in der Zeichenkette z.

Hinweis: Die Aufgabe lässt sich ohne bedingte Anweisungen lösen.

1.6 Mathematische Funktionen

1.6.1 Spezielle Funktionen mit einer Variable

Zur Berechnung der Funktionswerte von mathematischen Grundfunktionen mit einer Variable stellt Octave anwendungsbereite Funktionen zur Verfügung. In der nachfolgenden Tabelle ist eine Auswahl in alphabetischer Reihenfolge zusammengestellt:

`abs(x)`	Betrag von x
`acos(x)`	Arkuskosinus von x, berechnet den Funktionswert im Bogenmaß
`acosd(x)`	Arkuskosinus von x, berechnet den Funktionswert im Gradmaß
`acosh(x)`	Areakosinus hyperbolicus von x
`asin(x)`	Arkussinus von x, berechnet den Funktionswert im Bogenmaß
`asind(x)`	Arkussinus von x, berechnet den Funktionswert im Gradmaß
`asinh(x)`	Areasinus hyperbolicus von x
`atan(x)`	Arkustangens von x, berechnet den Funktionswert im Bogenmaß
`atand(x)`	Arkustangens von x, berechnet den Funktionswert im Gradmaß
`atanh(x)`	Areatangens hyperbolicus von x
`ceil(x)`	obere Gaußklammer, rundet x auf die nächstgrößere ganze Zahl auf
`cos(x)`	Kosinus von x, wobei x im Bogenmaß übergeben wird
`cosd(x)`	Kosinus von x, wobei x im Gradmaß übergeben wird
`cosh(x)`	Kosinus hyperbolicus von x
`cot(x)`	Kotangens von x, wobei x im Bogenmaß übergeben wird
`cotd(x)`	Kotangens von x, wobei x im Gradmaß übergeben wird
`exp(x)`	Funktionswert e^x der Exponentialfunktion
`floor(x)`	untere Gaußklammer, rundet x auf die nächstkleinere ganze Zahl ab
`log(x)`	natürlicher Logarithmus von x (Logarithmus zur Basis e)
`log2(x)`	dualer Logarithmus von x (Logarithmus zur Basis 2)
`log10(x)`	dekadischer Logarithmus von x (Logarithmus zur Basis 10)
`mod(x,y)`	Modulo-Funktion, gibt den bei der ganzzahligen Division $x : y$ verbleibenden Rest aus
`round(x)`	rundet x zur nächstgelegenen ganzen Zahl
`sign(x)`	Signum von x (Vorzeichenfunktion)
`sin(x)`	Sinus von x, wobei x im Bogenmaß übergeben wird
`sind(x)`	Sinus von x, wobei x im Gradmaß übergeben wird

`sinh(x)`	Sinus hyperbolicus von x
`sqrt(x)`	Quadratwurzel von x
`tan(x)`	Tangens von x, wobei x im Bogenmaß übergeben wird
`tand(x)`	Tangens von x, wobei x im Gradmaß übergeben wird
`tanh(x)`	Tangens hyperbolicus von x

Allen Funktionen kann ein einzelnes reelles oder komplexes Argument x übergeben werden. Alternativ können Funktionswerte für mehrere Argumente gleichzeitig berechnet werden, die dazu in einem Vektor oder in einer Matrix x übergeben werden. Wir demonstrieren die Berechnung von Funktionswerten am Beispiel der Quadratwurzelfunktion sqrt, die für negative Argumente komplexe Funktionswerte als Ergebnis zurückgibt:

```
>> sqrt(0)                      >> x = [-400;16;2401];
ans = 0                         >> y = sqrt(x)
>> sqrt(1)                      y =
ans = 1                              0 + 20i
>> y = sqrt(2)                       4 +  0i
y = 1.4142                          49 +  0i
>> y = sqrt(-2)                 >> X = [0,1,4; ...
y = 0.00000 + 1.41421i          9,16,25; ...
>> y = sqrt([81,121,2704])      36,49,64];
y =                             >> Y = sqrt(X)
      9  11  52                 Y =
>> y = sqrt([4,-16])                 0  1  2
y =                                  3  4  5
      2 + 0i     0 + 4i              6  7  8
```

Ein einzelner Funktionswert der Potenzfunktion $f(x) = x^n$ mit $n \in \mathbb{Z} \setminus \{0\}$ bzw. $n \in \mathbb{R}$ für geeignete Argumente x kann folgendermaßen berechnet werden:

```
>> x = 2;      >> x = 2;        >> x = 2;          >> x = 2;
>> x^2         >> x^1.25        >> x^(-2)          >> x^(-1.25)
ans = 4        ans = 2.3784     ans = 0.25000      ans = 0.42045
```

Sollen Funktionswerte zu mehreren Argumenten gleichzeitig berechnet werden, dann werden diese Argumente in einem Vektor oder in einer Matrix gespeichert und folglich muss elementweise potenziert werden:

```
>> x = [2,3,4];                 >> x = [2,3,4];
>> x.^2                         >> x.^1.25
ans =                           ans =
      4   9   16                   2.3784  3.9482  5.6569
```

Speziell für komplexe Zahlen bietet Octave unter anderem die folgenden Funktionen an:

`angle(x)`	Phasenwinkel der komplexen Zahl x
`conj(x)`	konjugiert komplexe Zahl zu x
`imag(x)`	Imaginärteil der komplexen Zahl x
`real(x)`	Realteil der komplexen Zahl x

1.6.2 Beliebige mathematische Funktionen mit einer Variable

Aus den mathematischen Grundfunktionen mit einer Variable lassen sich durch Verknüpfung (Addition, Subtraktion, Multiplikation, Division) und Verkettung neue Funktionen gewinnen. Einzelne Funktionswerte einer auf diese Weise konstruierten Funktion f lassen sich im Befehlsfenster natürlich durch Rückgriff auf die Funktionswerte der beteiligten Grundfunktionen berechnen. Beispielsweise kann der Funktionswert $y = f(x)$ der Funktion $f : (0,\infty) \to \mathbb{R}$ mit

$$f(x) = x^3 - \sqrt{e^x} + \left| \cos(x^2) \cdot \ln(x) \right|$$

an der Stelle $x = 2$ im Befehlsfenster wie folgt näherungsweise berechnet werden:

```
>> x = 2;
>> y = x^3 - sqrt(exp(x)) + abs(cos(x^2)*log(x))
y = 5.7348
```

Es gilt also $f(2) \approx 5.7348$. Auf analoge Weise kann man einzelne Funktionswerte von Polynomen berechnen, wie zum Beispiel von $p : \mathbb{R} \to \mathbb{R}$ mit

$$p(t) = 4t^3 - 2t^2 + 3t - 1$$

an der Stelle $t = -2$:

```
>> t = -2;
>> z = 4*t^3 - 2*t^2 + 3*t - 1
z = -47
```

Häufig wird man nicht nur den Funktionswert an einer Stelle benötigen, sondern an mehreren Stellen. Diese können in einem Vektor gespeichert werden und folglich muss darauf geachtet werden, dass alle Operationen elementweise ausgeführt werden. Vor dem Multiplikations-, Divisions- und Potenzzeichen muss folglich ein Punkt gesetzt werden. Das bedeutet für die beiden Beispielfunktionen:

```
>> x = [1,2,3];
>> y = x.^3 - sqrt(exp(x)) + abs(cos(x.^2).*log(x))
y =
    -0.6487   5.7348   23.5193
```

```
>> t = [-2,1,5];
>> z = 4*t.^3 - 2*t.^2 + 3*t - 1
z =

    -47    4   464
```

Werden Funktionswerte während einer Octave-Sitzung mehrfach benötigt, dann müssen die Anweisungen zu ihrer Berechnung entweder erneut eingetippt oder mit den Auf-/Ab-Pfeiltasten aus der Befehlshistorie herausgesucht werden, was nicht nur mit einigem Aufwand verbunden ist, sondern zu Flüchtigkeitsfehlern führen kann. Dies lässt sich vermeiden, wenn eine mathematische Funktion in geeigneter Weise als Octave-Funktion angelegt wird. Das kann mit dem @-Operator realisiert werden, zu dem stets ein in runde Klammern gesetzter Variablenname gehört. Die so definierte Variable hat die Rolle eines Platzhalters, und später können an diesem Platz konkrete Zahlenwerte eingesetzt werden. Diese Vorgehensweise folgt also dem Grundkonzept des Funktionsbegriffs in der Mathematik. Die beiden Beispielfunktionen f und p werden auf diese Weise folgendermaßen definiert, wobei das Semikolon wie üblich eine Ausgabe im Befehlsfenster unterdrückt:

```
>> f = @(x) x.^3 - sqrt(exp(x)) + abs(cos(x.^2).*log(x));
>> p = @(t) 4*t.^3 - 2*t.^2 + 3*t - 1;
```

Durch elementweises Multiplizieren und Potenzieren wurde die Möglichkeit vorgesehen, mehrere Argumente als Vektor oder Matrix x bzw. t zu übergeben. Prinzipiell ist es egal, wie man die Variable nennt. Möglich wäre zum Beispiel auch die folgende Definition:

```
>> p2 = @(hallo) 4*hallo.^3 - 2*hallo.^2 + 3*hallo - 1;
```

Hierbei ist die Zeichenfolge hallo die Variable der Funktion mit dem Namen p2. Wichtig ist also nur, dass ein Funktionsname und eine dazugehörige Variable mit irgendeinem anonymen Namen definiert werden. Die Funktionswertberechnung erfolgt, wenn der Variable Werte zugewiesen werden. Dies geht folgendermaßen:

```
>> f(4)              >> y = f([1,2])
ans = 57.939         y =
>> p(2)                     -0.6487    5.7348
ans = 29             >> z = p([-2,1,5])
>> p2(2)             z =
ans = 29                    -47    4   464
```

Eine Besonderheit gibt es bei konstanten Funktionen zu beachten, wie zum Beispiel $f : \mathbb{R} \to \mathbb{R}$ mit $f(x) = 3$. Diese kann mit dem @-Operator in der Form

```
>> f = @(x) 3
```

definiert werden, was von Octave für einige Rechnungen akzeptiert wird, aber auch zu unerwünschten Effekten oder sogar Fehlern führen kann. Konstante Funktionen sollten deshalb mit dem @-Operator besser folgendermaßen definiert werden:

```
>> f = @(x) 3+x-x
```

Das sieht zwar etwas merkwürdig aus, gibt aber bei allen Rechnungen die erforderliche Stabilität und ist gegenüber der ersten Variante auch noch schneller.

1.6.3 Mathematische Funktionen mit zwei oder mehr Variablen

Zur Definition einer Funktion $f : \mathbb{R}^n \to \mathbb{R}$ mit $n \in \mathbb{N} \setminus \{1\}$ Variablen kann ebenfalls der
@-Operator verwendet werden, mit dessen Hilfe nicht nur eine, sondern beliebig viele
anonyme Variablen festgelegt werden können. Dazu werden die Variablen durch Kommas voneinander getrennt in das runde Klammerpaar hinter @ gesetzt. Zur Definition von
$f : \mathbb{R}^2 \to \mathbb{R}$ mit $f(x,y) = x + y + \sin(xy)$ und $g : \mathbb{R}^3 \to \mathbb{R}$ mit $g(x,y,z) = (e^x - 2e^y) \cdot z$ ist
demnach im Befehlsfenster das Folgende einzugeben:

```
>> f = @(x,y) x + y + sin(x.*y);
>> g = @(x,y,z) (exp(x) - 2*exp(y)).*z;
```

Zur Berechnung von Funktionswerten werden die Argumente in Gestalt von Vektoren
übergeben, die für jede Variable die gleiche Länge haben müssen, denn die Berechnung
von Summen, Produkten und Potenzen erfolgt elementweise. Argumente können allgemeiner auch in Matrizen übergeben werden, die entsprechend für jede Variable die gleiche
Zeilenanzahl und die gleiche Spaltenanzahl haben müssen.

Sollen zum Beispiel für die Funktion f die Funktionswerte $f(x_1,y_1)$, $f(x_2,y_2)$ und $f(x_3,y_3)$
nicht einzeln, sondern gleichzeitig berechnet werden, dann werden die Argumente in den
Vektoren $X = (x_1,x_2,x_3)$ und $Y = (y_1,y_2,y_3)$ zusammengefasst und der Funktion f übergeben. Das Ergebnis von $f(X,Y)$ ist der Vektor $\left(f(x_1,y_1), f(x_2,y_2), f(x_3,y_3) \right)$.

Hier einige konkrete Zahlenbeispiele zur Berechnung von Funktionswerten:

```
>> f(0,2)                            >> g(0,1,2)
ans = 2                             ans = -8.8731
>> f(1,3)                            >> g(3,-1,4)
ans = 4.1411                         ans = 77.399
>> f(-1,4)
ans = 3.7568                         >> X = [0,2,3];
>> X = [0,1,-1];                     >> Y = [1,1,-1];
>> Y = [2,3,4];                      >> Z = [2,0,4];
>> f(X,Y)                            >> g(X,Y,Z)
ans =                               ans =
   2.0000   4.1411   3.7568            -8.873        0   77.399
```

Sollten die Dimensionen der übergebenen Vektoren bzw. Matrizen nicht zueinander
passen, weist eine Fehlermeldung darauf hin:

```
>> X = [1,2,3];
>> Y = [1,2];
>> f(X,Y)
error: operator +: nonconformant arguments (op1 is 1x3, op2 is 1x2)
error: called from
    @<anonymous> at line 1 column 18
```

1.6.4 Kurven im $\mathbb{R}^n$

Unter einer Kurve im $\mathbb{R}^n$ mit $n \in \mathbb{N}$ verstehen wir eine Funktion $f : I \to \mathbb{R}^n$, wobei $I \subseteq \mathbb{R}$ ein Intervall ist. Die Kurve f wird durch ein n-Tupel $f = (f_1, \ldots, f_n)$ von Funktionen $f_k : I \to \mathbb{R}$, $k = 1, \ldots, n$, gegeben, das als Zeilen- oder Spaltenvektor notiert werden kann. Ein Beispiel für eine solche Kurve ist $f : [0, 2\pi] \to \mathbb{R}$ mit

$$f(t) = \big(r \cdot \cos(t), \, r \cdot \sin(t)\big),$$

die in der reellen Zahlenebene einen Kreis vom Radius $r > 0$ beschreibt. Solche Kurven können in Octave ebenfalls mithilfe des @-Operators definiert werden. Statt des aus dem Fall $n = 1$ bekannten eindimensionalen Ausdrucks wird für $n \geq 2$ ein Vektor mit n Einträgen notiert. Für die obige Beispielkurve bedeutet das mit dem Radius $r = 2$:

```
>> f = @(t) [2*cos(t), 2*sin(t)];
```

Dieses Prinzip lässt sich auf Funktionen der Gestalt $g : U \to \mathbb{R}^n$ verallgemeinern, wobei $U \subset \mathbb{R}^m$ mit $m \in \mathbb{N}$ gilt. Die Funktion $g : \mathbb{R}^2 \to \mathbb{R}^3$ mit

$$g(x, y) = \big(x^2 + y^4, \, x^2, \, x^2 + y^3\big)$$

kann mithilfe des @-Operators folgendermaßen angelegt werden:

```
>> g = @(x,y) [x.^2 + y.^4, x.^2, x.^2 + y.^3];
```

1.6.5 Polynome

In Abschnitt 1.6.2 wurde eine Möglichkeit vorgestellt, Polynome mithilfe des @-Operators als Octave-Funktion zu definieren. Diese Möglichkeit bietet sich immer an, wenn lediglich die Funktionswerte eines Polynoms benötigt werden. Octave stellt jedoch eine Reihe von Funktionen zur Verfügung, die speziell auf Polynome und ihre Eigenschaften zugeschnitten sind. Damit lassen sich unter anderem schnell die Koeffizienten und Funktionswerte von Ableitungen eines Polynoms oder seine Nullstellen berechnen. Grundlage ist das Verständnis dafür, dass ein Polynom

$$p(x) = a_n x^n + a_{n-1} x^{n-1} + a_{n-2} x^{n-2} + \ldots + a_2 x^2 + a_1 x + a_0 \qquad (1.2)$$

vom Grad $n \in \mathbb{N}_0$ eindeutig durch seine Koeffizienten $a_n, a_{n-1}, a_{n-2}, \ldots, a_2, a_1, a_0 \in \mathbb{R}$ festgelegt ist. Diese Koeffizienten müssen lediglich in einem Vektor gespeichert werden, um die Octave-Funktionen für Polynome nutzen zu können. Dabei werden die Koeffizienten in Bezug auf die Potenzen der Variable x in absteigender Reihenfolge gespeichert, d. h., an erster Stelle steht stets der Koeffizient a_n zu x^n und an letzter Stelle steht stets der Koeffizient a_0 zur Potenz $x^0 = 1$:

$$a = \big(a_n, a_{n-1}, a_{n-2}, \ldots, a_2, a_1, a_0\big)$$

Wir illustrieren die Anwendung von Funktionen für Polynome am Beispiel von

$$p(x) = 2x^3 + 3x^2 - 3x - 2 \qquad (\#)$$

und definieren dazu im Befehlsfenster zuerst den Koeffizientenvektor:

```
>> a = [2,3,-3,-2];
```

Zur Berechnung von Funktionswerten eines Polynoms gibt es die Funktion polyval:

```
>> polyval(a,1)          >> polyval(a,-5)
ans = 0                  ans = -162
>> polyval(a,-1)         >> polyval(a,10)
ans = 2                  ans = 2268
```

Es gilt also $p(1) = 0$, $p(-1) = 2$, $p(-5) = -162$ und $p(10) = 2268$. Funktionswerte können auch zu mehreren Argumenten gleichzeitig berechnet werden:

```
>> x = [1,-1,-5,10]        >> X = [1,-1 ; -5,10]
>> polyval(a,x)            >> polyval(a,X)
ans =                      ans =
    0    2   -162   2268         0      2
                             -162   2268
```

Die Funktion polyder liefert die Koeffizienten der ersten Ableitung eines Polynoms und die Funktion polyint die Koeffizienten einer Stammfunktion:

```
>> polyder(a)
ans =
     6     6    -3
>> polyint(a)
ans =
   0.50000     1.00000    -1.50000    -2.00000     0.00000
```

Das Polynom (#) hat die erste Ableitung $p'(x) = 6x^2 + 6x - 3$ und die Stammfunktion

$$P(x) = \int_0^x p(t)\,dt = \tfrac{1}{2}x^4 + x^3 - \tfrac{3}{2}x^2 - 2x .$$

Mithilfe der Funktion roots können die (reellen und komplexen) Nullstellen eines Polynoms berechnet werden, die als Spaltenvektor zurückgegeben werden:

```
>> roots(a)
ans =
   -2.00000
    1.00000
   -0.50000
```

Das Polynom (#) hat die Nullstellen $x_1 = -2$, $x_2 = 1$ und $x_3 = -0.5$.

Zur Definition eines Polynoms kann man auch von seinen Nullstellen ausgehen und sich mit der Funktion `poly` seine zur Normalform gemäß (1.2) gehörigen Koeffizienten berechnen lassen. Dazu ein Beispiel:

```
>> nullstellen = [-5,-3,-1,1,2];
>> koeff = poly(nullstellen)
ans =
    1     6    -2   -36     1    30
```

Ein Polynom mit den Nullstellen $x_1 = -5$, $x_2 = -3$, $x_3 = -1$, $x_4 = 1$ und $x_5 = 2$ ist demnach $p(x) = x^5 + 6x^4 - 2x^3 - 36x^2 + x + 30$. Zur Kontrolle dieses Ergebnisses berechnen wir umgekehrt die Nullstellen (aus Platzgründen zusätzlich transponiert):

```
>> transpose(roots(koeff))
ans =
   -5.00000   -3.00000   -1.00000    2.00000    1.00000
```

Man beachte, dass es bei der Nullstellenberechnung mithilfe von `roots` zu numerischen Ungenauigkeiten kommen kann. Während es bei der letzten Beispielrechnung zu keinem sichtbaren Genauigkeitsverlust gekommen ist, ergeben sich bei den folgenden Rechnungen bereits signifikante Abweichungen von den als Ausgangspunkt genutzten Nullstellen:

```
>> roots(poly([1:5,15:25]))      >> roots(poly(1:25))
ans =                            ans =
    25.0001                          24.88289 + 0.39812i
    23.9995                          24.88289 - 0.39812i
    23.0019                          23.30187 + 1.63462i
    21.9956                          23.30187 - 1.63462i
      ...                                ...
     2.0000                           2.00000 + 0.00000i
     1.0000                           1.00000 + 0.00000i
```

Aus Platzgründen wurden nicht alle berechneten Nullstellen notiert. Das zweite Beispiel zeigt außerdem, dass zu einem Polynom aufgrund numerischer Ungenauigkeiten sogar komplexe Nullstellen berechnet werden können, obwohl das Polynom ausschließlich reelle Nullstellen besitzt. Folglich sollte man den Ergebnissen der `root`-Funktion nicht blind vertrauen.

Auch für die Multiplikation und die Division von Polynomen stellt Octave jeweils eine Funktion zur Verfügung. Die Multiplikation gelingt mit der Funktion `conv`, der als Eingangsparameter lediglich die Koeffizienten von zwei Polynomen in Gestalt von jeweils einem Vektor übergeben werden müssen. Zum Beispiel für $p_1(x) = x^3 + 2x^2 + 3x - 1$ und $p_2(x) = 3x^2 - 4x + 5$ berechnet man:

```
>> p1 = [1,2,3,-1];
>> p2 = [3,-4,5];
>> q = conv(p1,p2)
q =
    3     2     6    -5    19    -5
```

Im Ergebnisvektor q steht analog zu den Koeffizientenvektoren p1 und p2 an erster Stelle der Koeffizient zur höchsten Potenz von x und an letzter Stelle das konstante Glied. Demzufolge ergibt die Beispielrechnung folgendes Ergebnis:

$$q(x) = p_1(x) \cdot p_2(x) = 3x^5 + 2x^4 + 6x^3 - 5x^2 + 19x - 5$$

Für die Polynomdivision gibt es die Funktion deconv. Zu ihrer Nutzung müssen wir der in Abschnitt 2.2 genauer behandelten Werterückgabe von Octave-Funktionen etwas vorgreifen. Bei der Division eines Polynoms $p_1(x)$ vom Grad $m \in \mathbb{N}$ durch ein Polynom $p_2(x)$ vom Grad $n \in \mathbb{N}$ ergibt sich allgemein ein Polynom q vom Grad $k \in \mathbb{N}$ und ein Restpolynom r vom Grad l, wobei $l < k \leq n \leq m$ gilt. Dabei gilt der Zusammenhang $p_1(x) = q(x) \cdot p_2(x) + r(x)$. Grundsätzlich lässt sich der Koeffizientenvektor des Polynoms q allein berechnen, was der folgenden Aufrufvariante der Funktion deconv entspricht:

```
q = deconv(p1,p2)
```

Dabei bleibt jedoch unklar, ob bei der Division ein Rest r ungleich null verbleibt. Um Missverständnisse und Fehler auszuschließen, sei grundsätzlich die Berechnung der Koeffizienten des Restpolynoms empfohlen. Das gelingt mit der folgenden Aufrufvariante:

```
[q,r] = deconv(p1,p2)
```

Der Vektor q enthält auch hier die $k + 1$ Koeffizienten des Polynoms $q(x)$ und der Vektor r enthält die $l + 1$ Koeffizienten des Restpolynoms $r(x)$. Dabei ist zu beachten, dass r insgesamt $m + 1$ Einträge enthält, wobei die ersten $m - l$ Einträge gleich null gesetzt werden. Wir verdeutlichen die Verwendung der Funktion deconv an einem Beispiel:

```
>> p1 = [2,-1,3,5,2];
>> p2 = [1,-1,2];
>> [q,r] = deconv(p1,p2)
q =
     2     1     0

r =
     0     0     0     3     2
```

Die Division von $p_1(x) = 2x^4 - x^3 + 3x^2 + 5x + 2$ durch $p_2(x) = x^2 - x + 2$ ergibt $q(x) = 2x^2 + x$ und den Rest $r(x) = 3x + 2$.

Aufgaben zum Abschnitt 1.6

Aufgabe 1.6.1: Berechnen Sie einen Näherungswert für die folgenden Ausdrücke:

a) $\sqrt{5} + \sin(2) + \cos(3) + \tan(5)$

b) $e^2 + e^{-3} + \sinh(2) \cdot \cosh(1) - \frac{7}{4} \cdot \sqrt{\pi}$

c) $\frac{2}{3} \cdot \sin(\pi/9) \cdot \cos(\pi/7) \cdot \ln(1.234)$

d) $\ln(4) \cdot \ln(5) \cdot \ln(6) - \log_2(7)$

e) $\sqrt{|\sin(4)|} + \cos(\sqrt{e^4})$

f) $\left| \sqrt{-\ln(0.21)} - 2 \right| - \sqrt[5]{\ln(3.21)}$

g) $\arcsin(0.2) - \arccos(-0.2) \cdot \arctan(0.5)$

h) $\sqrt{e^{\arcsin(0.5) + \arccos(0.2)}} - \sqrt[3]{1.25}$

Aufgabe 1.6.2: Definieren Sie die folgenden Funktionsterme im Octave-Befehlsfenster, sodass damit grundsätzlich Funktionswerte zu beliebig vielen Argumenten gleichzeitig berechnet werden können.

a) $p(x) = 5x^6 + \frac{4}{3}x^5 - x^4 + \frac{6}{7}x^3 - 4x^2 + 39x - 80$

b) $f(x) = \sin^2(x) + \sin(x^2) - \frac{5}{3}\cos(2x) + \tan\left(\frac{7}{8}x\right)$

c) $g(x) = e^{x^2 \sin(x)} + \frac{3}{7}e^x \sinh(x)$

d) $h(x) = \dfrac{\sqrt{\left|\cos^4(x)+\sin^3(x)\right|}}{x^2 \sin(3x-\pi^2)}$

e) $k(x) = \exp\left(-\dfrac{x^2-2x+3+\left|x^3\right|}{x^4+1}\right)$

f) $w(u) = \dfrac{p(u)+f(u)\cdot g(u)}{2\cdot h(u)+k(u)}$

g) $F(x,y) = 4x^2 - 5y^2 + xy - \frac{3}{7}x^3y + \frac{7}{3}xy^4$

h) $G(x,y,z) = 2x+3y+4z - \sqrt{x}\sqrt[3]{y}\sqrt[7]{z^2}$

i) $K(x_1,x_2,x_3,x_4) = x_1^2 x_2 x_3 x_4 - 5x_2^2 x_4 + 3x_1 x_3$

j) $S(u,w) = F(u,w)\cdot G(u,w,1) + K(u,1,-1,w)\cdot G(2,3,u+w)$

k) $\Gamma(t) = \begin{pmatrix} 2t^2 - \sin(t) \\ t\cos^2(t) + 1 \end{pmatrix}$

l) $\Phi(r,s) = \begin{pmatrix} r+s-1 \\ rs+r\ln(s)+s\ln(r) \\ \sin(r+s)-\cos(r-s) \end{pmatrix}$

Aufgabe 1.6.3: Gegeben sei das Polynom $p(x) = x^5 + x^4 - 13x^3 - 13x^2 + 36x + 36$.

a) Definieren Sie p mithilfe des @-Operators im Befehlsfenster als Octave-Funktion und berechnen Sie damit die Funktionswerte $p(-4)$, $p(-2.25)$, $p(0.5)$, $p(1)$ und $p(4)$.

b) Berechnen Sie die in a) genannten Funktionswerte mit der Octave-Funktion `polyval`.

c) Ermitteln Sie mithilfe der Octave-Funktion `polyder` die Koeffizienten der Ableitungen $p'(x)$, $p''(x)$ und $p'''(x)$. Notieren Sie anschließend die Funktionsterme der ersten drei Ableitungen.

d) Ermitteln Sie ausschließlich mithilfe von Octave die Nullstellen, die Lage und die Art der lokalen Extremstellen sowie die Wendestellen von p. Überprüfen Sie dabei für die Extrem- und Wendestellen jeweils die notwendigen und hinreichenden Bedingungen.

e) Nutzen Sie die Funktion `polyint` zur Berechnung des Integrals $\int_0^2 p(x)\,dx$.

f) Bestimmen Sie Polynome q und r so, dass $p(x) = q(x)\cdot(x^2+x+1)+r(x)$ gilt.

1.7 Plotten von Daten und Funktionsgraphen

1.7.1 Zweidimensionale Daten

Hinter dem Begriff des Plottens steht vereinfacht gesagt nichts anderes als die grafische Darstellung von (nicht nur) mathematischen Daten. Zum Plotten zweidimensionaler Daten gibt es die Funktion `plot`. Jedes in einem zweidimensionalen Plot darzustellende Objekt, wie zum Beispiel eine Punktwolke oder ein Funktionsgraph, wird durch einen Datensatz repräsentiert, der aus zwei Vektoren besteht, genauer einem Vektor für die Abszissen und einem Vektor für die Ordinaten der darzustellenden Datenpunkte. Optional können einem Datensatz weitere Parameter zugeordnet werden, mit deren Hilfe sich die Darstellung der zu plottenden Datenpunkte beeinflussen lässt. Im Folgenden demonstrieren wir die Anwendung der `plot`-Funktion an Beispielen, wobei jedoch aus Platzgründen nicht alle der so erzeugten Grafiken hier abgebildet werden können. Die Leser sind deshalb dazu aufgefordert, diese Beispiele selbst am Rechner nachzuvollziehen.

Wir beginnen mit einem einfachen Beispiel zur Darstellung von einzelnen Punkten $(x|y)$:

```
>> x = [0,1,2,4,4.5,5];
>> y = [1,-1,0,-0.5,1,0.5];
>> plot(x,y)
```

Die Eingabe `plot(x,y)` wird natürlich ebenso wie jede andere Anweisung mit ENTER abgeschlossen. Danach öffnet sich ein kleines, nahezu quadratisches Fenster. Unterhalb der Menüleiste dieses Fensters ist der Ausschnitt eines kartesischen Koordinatensystems zu sehen, in dem die durch einen Polygonzug miteinander verbundenen Punkte $(0|1)$, $(1|-1)$, $(2|0)$, $(4|-0.5)$, $(4.5|1)$ und $(5|0.5)$ dargestellt werden. Die standardmäßige Darstellung als Polygonzug ist für isolierte Punkte nicht immer zweckmäßig. Bei der grafischen Darstellung der Punkte mit Zettel und Stift wird man dafür kleine (ausgefüllte) Kreise an die entsprechenden Stellen im Koordinatensystem setzen. Das kann man mit Octave ebenso erreichen und gibt dazu Folgendes ein:

```
>> plot(x,y,'o')
```

Die Zeichenkette `'o'` als optionaler Parameter der `plot`-Funktion bewirkt die Darstellung der Punkte als (nicht ausgefüllte) Kreise. Auch andere Symbole sind möglich, wie zum Beispiel `'+'` (Darstellung durch Pluszeichen), `'*'` (Sternchen), `'d'` (Raute) oder `'p'` (alternatives Sternchen/Pentagramm). Es kann zweckmäßig sein, die Punkte als solche hervorzuheben, sie zusätzlich aber durch einen Polygonzug zu verbinden. Das interpretiert die `plot`-Funktion als zwei verschiedene Vektorpaare für Abszissen und Ordinaten, die man der Funktion einfach hintereinander übergibt:

```
>> plot(x,y,x,y,'o')
```

Alternativ kann man zuerst die Darstellung der Punkte festlegen und anschließend die Darstellung des Polygonzugs:

```
>> plot(x,y,'o',x,y)
```

Standardmäßig legt die `plot`-Funktion für jedes ihr übergebene Vektorpaar aus Abszissen und Ordinaten automatisch eine Farbe fest. So wird bei `plot(x,y,x,y,'o')` der Polygonzug blau und die Punkte rot dargestellt, bei `plot(x,y,'o',x,y)` ist es genau umgekehrt. Selbstverständlich kann man auch die Farbe der dargestellten Objekte beeinflussen. Die folgende Eingabe führt dazu, dass der Polygonzug und die Punkte jeweils schwarz dargestellt werden:

```
>> plot(x,y,'k',x,y,['o','k'])
```

Das ergibt eine Grafik analog zu Abb. 2. Da `['o','k']` zu `'ok'` äquivalent ist, können wir alternativ Folgendes eingeben:

```
>> plot(x,y,'k',x,y,'ok')
```

Eine Darstellung in roter Farbe erreichen wir mit der folgenden Eingabe:

```
>> plot(x,y,'r',x,y,'or')
```

Es kann zweckmäßig sein, den Polygonzug nicht als durchgezogene Linie darzustellen, sondern gestrichelt. Dazu übergeben wir der `plot`-Funktion für die Formatierung die Zeichenfolge `'--'` (zwei Minuszeichen):

```
>> plot(x,y,'--',x,y,'o')
```

Die Farbe kann natürlich auch bei gestrichelten Linien gezielt festgelegt werden:

```
>> plot(x,y,'--r',x,y,'o')
```

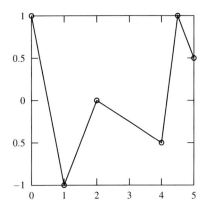

Abb. 2: Ein Polygonzug mit zusätzlich durch Markierung hervorgehobenen Punkten

Sollen weitere Datensätze dargestellt werden, dann übergeben wir diese der Funktion in der gleichen Art und Weise. Hier ein vollständiges Beispiel dazu:

```
>> x = [0,1,2,4,4.5,5];
>> y = [1,-1,0,-0.5,1,0.5];
>> x2 = 3:2:11;
>> y2 = sqrt(x2);
>> plot(x,y,'--r',x,y,'og',x2,y2,'pb')
```

Das `'g'` in der Zeichenkette `'og'` steht dabei für die Darstellung des durch `x` und `y` festgelegten Datensatzes in grüner Farbe. Entsprechend steht das `'b'` in `'pb'` für die Darstellung des durch `x2` und `y2` festgelegten Datensatzes in blauer Farbe. Weitere Darstellungsoptionen für Symbole, Linien und Farben werden später in Abschnitt 1.7.3 angesprochen.

Standardmäßig wird das kartesische Koordinatensystem nur durch seine Achsen dargestellt. Die optionale Ergänzung eines Gitternetzes kann zweckmäßig sein, muss aber manuell angefordert werden. Dazu gibt es den Befehl `grid on`, der im Anschluss an einen `plot`-Aufruf im Befehlsfenster eingegeben werden kann:

```
>> plot(x,y,'--r',x,y,'or',x2,y2,'pg')
>> grid on
```

Durch die Eingabe von `grid off` kann man das Gitternetz wieder unsichtbar machen. Alternativ kann das Gitternetz über die Symbolleiste am oberen Rand des Grafikfensters per einfachem Mausklick ein- oder ausgeschaltet werden.

Die Abszissenachse kann mit der Funktion `xlabel`, die Ordinatenachse mit der Funktion `ylabel` beschriftet werden. Beiden Funktionen wird die gewünschte Achsenbeschriftung als Zeichenkette übergeben und ihr Aufruf erfolgt im Befehlsfenster im Anschluss an einen `plot`-Aufruf:

```
>> plot(x,y,'--r',x,y,'or',x2,y2,'pg')
>> xlabel('x-Achse')
>> ylabel('y-Achse')
```

Sind mehrere Datensätze in einem Plot darzustellen, dann kann eine Legende zweckmäßig sein. Diese kann mit der Funktion `legend` in einen bestehenden Plot integriert werden. Mit Bezug zum letzten Beispiel mit drei dargestellten Datensätzen gibt man dazu im Befehlsfenster im Anschluss an einen `plot`-Aufruf beispielsweise Folgendes ein:

```
>> legend('Datensatz 1','Datensatz 2','Datensatz 3')
```

Der Funktion `legend` werden ausschließlich Zeichenketten übergeben. Jede Zeichenkette ist genau einem Datensatz zugeordnet und zwar in der gleichen Reihenfolge, in der die Datensätze der `plot`-Funktion übergeben wurden. Mithilfe der Funktion `title` kann im Grafikfenster oberhalb des Koordinatensystems ein Titel gesetzt werden:

```
>> title('Beispiel zur Darstellung von Datenpunkten')
```

Soll der Graph einer über einem Intervall $I \subset \mathbb{R}$ definierten Funktion $f : I \to \mathbb{R}$ geplottet werden, dann wird dies grundsätzlich auf die Darstellung eines Polygonzugs zurückgeführt. Genauer wird der Funktionsgraph durch einen Polygonzug approximiert (d. h. angenähert). Wie gut diese Approximation ist, hängt von der Wahl des sogenannten Approximationsgitters ab. Das sind kurz gesagt die Abszissen x_i, die zur Berechnung der „Knickpunkte" $(x_i | f(x_i))$ des Polygonzugs aus dem Intervall I ausgewählt werden. Häufig wird man diese äquidistant wählen, d. h., in gleichen Abständen zueinander. Wir betrachten zum Beispiel die durch

$$f(x) = \frac{1}{1+x^2}$$

gegebene Funktion, die im Intervall $I = [-5,5]$ grafisch dargestellt werden soll. Vorbereitend definieren wir f im Befehlsfenster mithilfe des @-Operators:

```
>> f = @(x) 1./(1+x.^2);
```

Wir wählen ein sehr feines und äquidistantes Approximationsgitter für das Intervall I:

```
>> I = -5:0.01:5;
```

Die erste bzw. letzte Zahl sind Anfang bzw.
Ende des Intervalls, in dem f dargestellt
werden soll, die mittlere Zahl 0.01 zwischen den Doppelpunkten gibt die Gitterweite an (siehe Abschnitt 1.3.2). Damit
können wir die Funktion plotten:

```
>> plot(I,f(I))
```

Das ergibt eine gute Darstellung des Funktionsgraphen, aus der alle wesentlichen Eigenschaften gut zu erkennen sind, welche
die Funktion im Intervall I besitzt. Wird
das Approximationsgitter zu grob gewählt,
dann ergibt dies eine schlechte Darstellung.
Zum Beispiel mit

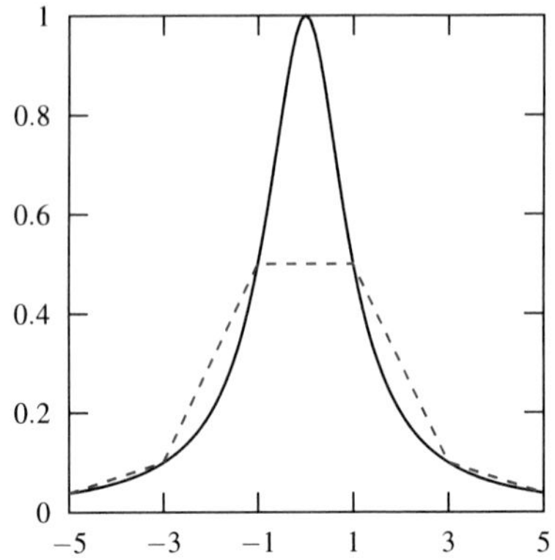

Abb. 3: Gute und schlechte Darstellung
eines Funktionsgraphen

```
>> I2 = -5:2:5;
>> plot(I2,f(I2))
```

sieht der Funktionsgraph der Beispielfunktion f sehr kantig aus, wichtige Details wie
Wendepunkte und lokale Extemwerte sind nicht zu erkennen. Das wird noch deutlicher,
wenn man die beiden Polygonzüge in einer Grafik gegenüberstellt (siehe Abb. 3, dort aus
Platzgründen ohne Legende):

```
>> plot(I,f(I),'k',I2,f(I2),'--b')
>> legend('gute Approx. von f','schlechte Approx. von f')
```

Jeder erneute Aufruf der plot-Funktion überschreibt den Inhalt des aktuell geöffneten
Grafikfensters. Soll eine Grafik nicht komplett neu geplottet werden, sondern um weitere
Inhalte ergänzt werden, muss das Überschreiben der bereits vorhandenen Inhalte verhindert werden. Das erledigt die Eingabe des Kommandos hold on im Befehlsfenster. Alle
darauf folgenden Aufrufe von plot wirken jetzt auf das aktuelle Grafikfenster. Mit der
Eingabe des Kommandos hold off wird das Grafikfenster wieder freigegeben. Mit dieser Vorgehensweise können eine gute und ein schlechte Approximation des Graphen der
obigen Funktion f auch folgendermaßen zusammen dargestellt werden:

```
>> f = @(x) 1./(1+x.^2);
>> I = -5:0.01:5;
>> plot(I,f(I),'k')
>> hold on
>> I2 = -5:2:5;
>> plot(I2,f(I2),'--b')
>> hold off
>> legend('gute Approx. von f','schlechte Approx. von f')
```

Ergebnis der plot-Funktion ist eine Grafik, die im Grafikfenster nicht weiter bearbeitet und von dort aus auch nicht in beliebige Dateiformate gespeichert oder exportiert werden kann. Ein Export von Grafiken gelingt aus dem Befehlsfenster mit der print-Funktion, deren einfachste Anwendungsweise folgendermaßen aussieht:

```
>> h = figure;
>> plot(I,f(I),'k',I2,f(I2),'--b')
>> print(h,'-dpdf','datei_als_pdf.pdf')
>> print(h,'-djpeg','datei_als_jpg.jpg')
```

Man beachte dabei die Anweisung h = figure, die dem Aufruf der plot-Funktion zwingend vorausgehen muss! Das erste an die print-Funktion übergebene Argument ist der im Grafikobjekt h hinterlegte Plot, das zweite Argument gibt das Ausgabeformat an (hier pdf bzw. jpeg) und schließlich folgt der Dateiname. Gespeichert wird im aktuellen Arbeitsverzeichnis, das man über den Dateibrowser auswählen kann. Alternativ kann in beliebige Verzeichnisse gespeichert werden, wozu dem Dateinamen der entsprechende Dateipfad vorangestellt wird:

```
>> print(h,'-dpdf','D:/Verzeichnis/datei_als_pdf.pdf')
```

Ein Überblick über weitere Formate und Optionen für den Export von Grafiken können zum Beispiel durch die Eingabe von help print im Befehlsfenster erhalten werden.

Übrigens kann man durch Zoomen in einer mit der plot-Funktion erstellten Grafik Ausschnitte davon vergrößert betrachten oder die Darstellung verkleinern. Dazu klickt man mit der linken Maustaste in der Symbolleiste des Plotfensters auf das Symbol „Z+" für eine Vergößerung bzw. auf „Z-" für eine Verkleinerung. Anschließend wird bei gedrückter linker Maustaste der Bereich ausgewählt, der vergrößert/verkleinert dargestellt werden soll. Alternativ kann das Zoomen mithilfe eines geeigneten, meist zwischen linker und rechter Maustaste montierten Rädchens erreicht werden. Mit einem Doppelklick in den Plot wird die skalierte Darstellung beendet. Ein erneuter Klick auf „Z+" bzw. „Z-" beendet den Skalierungsmodus insgesamt.

1.7.2 Dreidimensionale Daten

Zur Darstellung dreidimensionaler Daten gibt es verschiedene Octave-Funktionen, deren Auswahl einerseits von den Eigenschaften der Daten abhängt und andererseits vom Ziel und Zweck einer Grafik. Bei einer Funktion wie zum Beispiel

$$f : [-1,1] \times [0,1] \to \mathbb{R} \quad \text{mit} \quad f(x,y) = \frac{1}{1+x^2y^2} \tag{1.3}$$

kann das auf die Darstellung einer dreidimensionalen Fläche hinauslaufen. Dazu wird ein zweidimensionales Approximationsgitter des Definitionsbereichs benötigt, das mithilfe der Funktion meshgrid erzeugt werden kann. Dieser Funktion werden zwei eindimensionale Approximationsgitter a und b als Input übergeben, eines für jede Variable der Funktion. Im Befehlsfenster sieht das für die Funktion (1.3) folgendermaßen aus:

```
>> a = -1:0.05:1;
>> b = 0:0.05:1;
>> [X,Y] = meshgrid(a,b);
```

Dabei ist a ein Approximationsgitter für das Intervall $[-1,1]$ und b ein Approximations-gitter für das Intervall $[0,1]$. Als Ergebnis gibt die Funktion meshgrid Matrizen X und Y gleicher Größe zurück, die zusammen als Approximationsgitter für das kartesische Pro-dukt $[-1,1] \times [0,1]$ genutzt werden können. Das bedeutet genauer: Die Vektoren a und b enthalten endlich viele Werte, d. h.

$$a = (a_1, \ldots, a_n) \quad \text{und} \quad b = (b_1, \ldots, b_m).$$

Die Funktion meshgrid schreibt den Vektor a m-mal untereinander und den transpo-nierten Vektor b n-mal nebeneinander, d. h., Ergebnis sind die $(m \times n)$-Matrizen

$$X = \begin{pmatrix} x_{11} & x_{12} & \ldots & x_{1n} \\ \vdots & \vdots & \ddots & \vdots \\ x_{m1} & x_{m2} & \ldots & x_{mn} \end{pmatrix} = \begin{pmatrix} a_1 & a_2 & \ldots & a_n \\ \vdots & \vdots & \ddots & \vdots \\ a_1 & a_2 & \ldots & a_n \end{pmatrix}$$

und

$$Y = \begin{pmatrix} y_{11} & y_{12} & \ldots & y_{1n} \\ \vdots & \vdots & \ddots & \vdots \\ y_{m1} & y_{m2} & \ldots & y_{mn} \end{pmatrix} = \begin{pmatrix} b_1 & b_1 & \ldots & b_1 \\ \vdots & \vdots & \ddots & \vdots \\ b_m & b_m & \ldots & b_m \end{pmatrix}.$$

Zu jedem Paar (x_{ij}, y_{ij}) müssen die Funktionswerte $f(x_{ij}, y_{ij})$ berechnet werden, zum Bei-spiel folgendermaßen:

```
>> f = @(x,y) 1./(1+x.^2.*y.^2);
>> Z = f(X,Y);
```

Ergebnis dieser Rechnung ist die $(m \times n)$-Matrix

$$Z = \begin{pmatrix} f(x_{11}, y_{11}) & f(x_{12}, y_{12}) & \ldots & f(x_{1n}, y_{1n}) \\ \vdots & \vdots & \ddots & \vdots \\ f(x_{m1}, y_{m1}) & f(x_{m2}, y_{m2}) & \ldots & f(x_{mn}, y_{mn}) \end{pmatrix}.$$

Jetzt können die Punkte $(x_{ij} | y_{ij} | f(x_{ij}, y_{ij}))$ in ein dreidimensionales Koordinatensystem gezeichnet und in geeigneter Weise miteinander verbunden werden. Das erledigt die Funk-tion surf, die eine Flächendarstellung der ihr übergebenen Daten erzeugt. Alternativ kann die Funktion mesh verwendet werden, die eine Netzgrafik der Daten erzeugt. Die Beschriftung der Koordinatenachsen und das Einfügen einer Legende kann optional im Anschluss und in Analogie zu zweidimensionalen Plots erfolgen:

```
>> surf(X,Y,Z)                      >> mesh(X,Y,Z)
>> xlabel('x')                      >> xlabel('x')
>> ylabel('y')                      >> ylabel('y')
>> zlabel('z')                      >> zlabel('z')
```

Den auf diese Weise erzeugten Graph (siehe Abb. 4 für das Ergebnis von `surf`) kann man rotieren lassen und aus verschiedenen Perspektiven betrachten. Dazu klickt man in der Symbolleiste des Grafikfensters auf das Symbol „Rotieren" (das ist das Kreissegment mit dem Pfeil, das ganz links in der Symbolleiste steht). Ist „Rotieren" aktiviert, dann kann man mit der Maus in die Grafik klicken und die Grafik drehen, wobei die linke Maustaste permanent gedrückt werden muss.

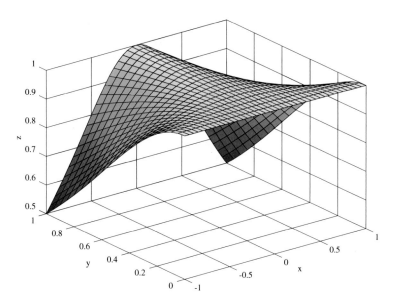

Abb. 4: Ein mit der Octave-Funktion `surf` erstellter dreidimensionaler Plot

Eine Alternative zu `surf` und `mesh` ist die Funktion `plot3`:

```
>> plot3(X,Y,Z)
>> grid on
>> xlabel('x'), ylabel('y'), zlabel('z')
```

Während `surf` und `mesh` die Daten aus den Matrizen X, Y und Z in zueinander passenden Richtungen geeignet miteinander verbinden und `surf` dabei entstehende Flächenstücke zusätzlich einfärbt, verbindet `plot3` die Daten aus den Matrizen spaltenweise zu einem Polygonzug. Das bedeutet mit Bezug zu den obigen Bezeichnungen genauer, dass für jedes $j = 1, \ldots, n$ die Punkte $(x_{1j}|y_{1j}|z_{1j})$, $(x_{2j}|y_{2j}|z_{2j})$, $\ldots$, $(x_{mj}|y_{mj}|z_{mj})$ zu einem Polygonzug verbunden werden. Zwischen den Polygonzügen verbleiben mit Bezug zu den für die obige Beispielfunktion f gewählten Approximationsgittern deutlich sichtbare „Lücken", die sich durch feinere Approximationsgitter verkleinern lassen.

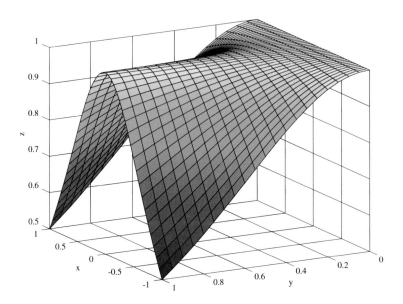

Abb. 5: Gedrehte Ansicht des Plots aus Abb. 4

Die plot3-Funktion eignet sich außerdem zur Darstellung von dreidimensionalen Kurven $g : I \to \mathbb{R}^3$ mit $I \subseteq \mathbb{R}$ und $g(t) = \big(g_1(t), g_2(t), g_3(t)\big)$, wobei g_1, g_2 und g_3 reelle Funktionen sind, die das Intervall I auf eine Teilmenge von $\mathbb{R}$ abbilden. Ein Standardbeispiel für eine solche Kurve ist die Schraubenlinie

$$g(t) = \big(r\cos(2\pi t), r\sin(2\pi t), ct\big), \; r \in \mathbb{R}_{>0}, \; c \in \mathbb{R} \setminus \{0\} \, .$$

Zur grafischen Darstellung für $r = c = 1$ gibt man im Befehlsfenster das Folgende ein:

```
>> t = 0:0.01:5;
>> plot3(cos(2*pi*t),sin(2*pi*t),t)
>> xlabel('x')
>> ylabel('y')
>> zlabel('z')
```

Die damit analog zu Abb. 6 erzeugte Darstellung wird erhalten, da cos(2*pi*t), sin(2*pi*t) und t Vektoren gleicher Länge sind, die gemäß der oben beschriebenen Vorgehensweise zu einem Polygonzug verbunden werden. Damit dieser Polygonzug „glatt" wirkt, muss das zugrunde liegende Approximationsgitter t für das Intervall $I = [0,5]$ hinreichend fein gewählt werden.

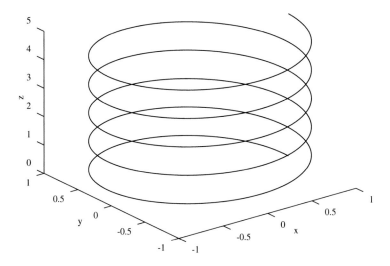

Abb. 6: Mit der Octave-Funktion `plot3` geplottete Schraubenlinie

Nicht immer ist es zweckmäßig, eine Funktion mit zwei Variablen dreidimensional als Fläche oder Netz darzustellen. Eine Alternative ergibt sich auf Basis ihrer Höhenlinien

$$H_c = \left\{ (x,y) \in \mathbb{R}^2 \mid f(x,y) = c \right\},$$

die als Schnitt des Funktionsgraphen mit der zur xy-Ebene parallelen Ebene $z = c$ für Konstanten $c \in \mathbb{R}$ erhalten werden. Eine zweidimensionale Darstellung von Höhenlinien kann mit der Funktion `contour` erzeugt werden, deren Anwendung analog zur `surf`-Funktion erfolgt. Das für die Beispielfunktion f aus (1.3) mithilfe von `meshgrid` erzeugte Approximationsgitter `[X,Y]` und die dafür berechneten Funktionswerte `Z` können also auch zur Darstellung der Höhenlinien verwendet werden. Dazu geben wir Folgendes im Befehlsfenster ein:

```
>> contour(X,Y,Z)
```

Zusätzlich können die Achsen durch Eingabe von `xlabel('x')` und `ylabel('y')` beschriftet werden. Das ergibt insgesamt die in Abb. 7 zu sehende Darstellung, wobei die Anzahl der dargestellten Höhenlinien flexibel durch Octave festgelegt wurde. Wird der Funktion `contour` optional als vierter Parameter eine natürliche Zahl n übergeben, dann werden die Höhenlinien H_c zu n verschiedenen Konstanten c dargestellt:

```
>> contour(X,Y,Z,20)
```

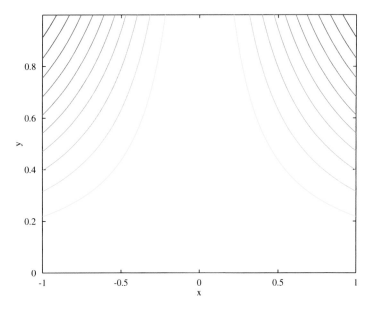

Abb. 7: Mit der Octave-Funktion `contour` erzeugtes Höhenlinienbild

Was den in beiden Fällen erzeugten Höhenlinien allerdings fehlt, ist eine Beschriftung mit den entsprechenden Funktionswerten $f(x,y) = c$. Das erreichen wir zum Beispiel mit den folgenden Eingaben im Befehlsfenster:

```
>> [C,h] = contour(X,Y,Z);
>> set(h,'ShowText','on','TextStep',get(h,'LevelStep')*2)
```

Dabei legen die der `set`-Funktion übergebenen Parameterwerte `'TextStep'` und `get(h,'LevelStep')*2` fest, in welchen Abständen Höhenlinien beschriftet werden sollen. In diesem Fall wird jede zweite Höhenlinie beschriftet. Nur jede dritte Höhenlinie lässt sich mit

```
>> [C,h] = contour(X,Y,Z);
>> set(h,'ShowText','on','TextStep',get(h,'LevelStep')*3)
```

beschriften. Soll jede Höhenlinie beschriftet werden, dann gibt man

```
>> [C,h] = contour(X,Y,Z);
>> set(h,'ShowText','on')
```

ein. Nicht immer erhält man auf diese Weise die Höhenlinien, die man aus welchen Gründen auch immer dargestellt haben möchte. Dann muss man die `contour`-Funktion zur Darstellung der gewünschten Höhenlinien zwingen. Mit den folgenden Anweisungen werden die Höhenlinien zu den im Vektor `hoehenwerte` gespeicherten Konstanten c dargestellt (siehe Abb. 8):

```
>> hoehenwerte = [0.5:0.05:0.95,0.995,0.999,1];
>> [C,h] = contour(X,Y,Z,hoehenwerte);
>> set(h,'ShowText','on')
```

Eine räumliche Darstellung der Höhenlinien erzeugt die Funktion `contour3`, die grundsätzlich analog zu `contour` aufgerufen wird (einschließlich Beschriftung mittels `set`):

```
>> contour3(X,Y,Z)        |        >> contour3(X,Y,Z,20)
```

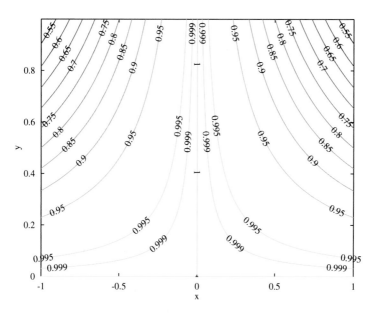

Abb. 8: Höhenlinien H_c zu fest vorgegebenen Konstanten $c \in \mathbb{R}$

1.7.3 Formatierung von Linien und Markern

Zur Darstellung eines Datensatzes durch Linien wurde bisher ausschließlich eine individuelle Auswahl des Linienstils (z. B. durchgezogen oder gestrichelt) und der Farbe vorgestellt, die der Funktion `plot` als Zeichenkette übergeben werden. Für die Hervorhebung einzelner Punkte durch sogenannte Marker (z. B. Kreis, Quadrat oder Dreieck) kann gezielt die Farbe ausgewählt werden. Dies sind aber nicht die einzigen Möglichkeiten zur Darstellung von Linien und Markern, denn ihre Eigenschaften können weitaus vielseitiger beeinflusst werden. Das erfolgt einheitlich nach dem Prinzip, dass der `plot`-Funktion hinter dem Datensatz die Eigenschaften übergeben werden. Im Unterschied zum Linienstil und der Farbe beginnt das zwingend mit einem Schlüsselwort für die Eigenschaft, dem dahinter ein Wert in Gestalt einer Zeichenkette oder einer Zahl übergeben wird:

```
plot(x,y,'eigenschaft_1',wert_1,'eigenschaft_2',wert_2)
```

Auf diese Weise kann übrigens auch der Linienstil, Markertyp und die Farbe übergeben werden, d. h., statt

```
>> plot(x,y,'b',x,y,'or')
```

ist alternativ der Funktionsaufruf

```
>> plot(x,y,'linestyle','-','color','b', ...
x,y,'marker','o','color','r')
```

möglich. Diese längere Variante kann hilfreich sein, um bei der Festlegung weiterer Eigenschaften den Überblick zu behalten. Das Schlüsselwort `'color'` kann man übrigens auch dazu nutzen, um andere als die durch einen Kleinbuchstaben wie zum Beispiel `'r'` für rot definierten Farben zu verwenden. Dazu wird das RGB-Farbsystem benutzt, sodass hinter dem Schlüsselwort `'color'` ein Vektor mit drei Einträgen übergeben wird. Jeder Eintrag des Vektors ist eine reelle Zahl aus dem Intervall $[0,1]$, wobei der erste Eintrag für den Rotanteil, der zweite Eintrag für den Grünanteil und der dritte Eintrag für den Blauanteil steht. Beispielsweise wird durch die Anweisung

```
>> plot(x,y,'color',[0.3,0.3,0.3])
```

der durch die Vektoren x und y definierte Datensatz mit einem hellen Grau dargestellt. Diese Art der Farbauswahl überträgt sich sinngemäß auf alle Formatierungen, die in Octave-Grafiken mit der Farbgestaltung zusammenhängen.

Jetzt sollen weitere Möglichkeiten zur Gestaltung von Linien und Markern vorgestellt werden. Wir stellen dazu zuerst die Funktion $f : [0,3] \to \mathbb{R}$ mit $f(x) = \sin(\pi x)$ grafisch dar. Dabei verwenden wir im Intervall $[0,1)$ die voreingestellte Linienstärke und in den Intervallen $[1,2)$ und $[2,3]$ andere Linienstärken. Gleichzeitig wird über jedem Intervall eine andere Farbe zur Darstellung verwendet. Die Linienstärke wird mit dem Schlüsselwort `'linewidth'` angesprochen, der eine reelle Zahl größer null als Wert folgen muss:

```
>> t1 = 0:0.01:1;
>> t2 = 1:0.01:2;
>> t3 = 2:0.01:3;
>> f = @(x) sin(pi*x);
>> plot(t1,f(t1),'k',t2,f(t2),'r','linewidth',10, ...
t3,f(t3),'color',[0.25,0.5,0.75],'linewidth',2)
```

Bei den Markern kann nicht nur die Linienstärke festgelegt werden, sondern auch ihre Größe. Das erfolgt über das Schlüsselwort `'markersize'`. Hier einige Beispiele für Kreise verschiedener Größe:

```
>> plot(1.25,0.9,'ko')
>> plot(1.5,0.9,'ko','markersize',10)
>> plot(1.75,0.9,'ko','markersize',20)
```

Jetzt mit stärkeren Begrenzungslinien:

```
>> plot(1.25,0.75,'ko','linewidth',1)
>> plot(1.5,0.75,'ko','markersize',10,'linewidth',1.5)
>> plot(1.75,0.75,'ko','markersize',20,'linewidth',1.75)
```

Die Farbe der Begrenzungslinien kann man auf die bekannte Art und Weise verändern:

```
>> plot(1.25,0.6,'ro')
>> plot(1.5,0.6,'go')
>> plot(1.75,0.6,'bo')
```

Alternativ kann man die Farbe der Begrenzungslinien mit dem Schlüsselwort `'markeredgecolor'` ansprechen:

```
>> plot(1.25,0.45,'o','markeredgecolor','r')
>> plot(1.5,0.45,'o','markeredgecolor','g')
>> plot(1.75,0.45,'o','markeredgecolor',[1,0,0.5])
```

Die Größe, die Linienstärke und die Farbe der Linien können natürlich auch gleichzeitig angepasst werden:

```
>> plot(1.25,0.3,'ro','linewidth',1)
>> plot(1.5,0.3,'go','markersize',10,'linewidth',1.5)
>> plot(1.75,0.3,'bo','markersize',20,'linewidth',1.75)
```

Das Innere von Markern ist standardmäßig transparent gestaltet, was jedoch mithilfe des Schlüsselworts `'markerfacecolor'` geändert werden kann:

```
>> plot(1.25,0.15,'ko','markerfacecolor','r')
>> plot(1.5,0.15,'ko','markerfacecolor','g')
>> plot(1.75,0.15,'ko','markerfacecolor',[1,0.8,0.4])
```

Selbstverständlich kann man das auch mit anderen Eigenschaften kombinieren:

```
>> plot(1.25,0,'ro','markersize',15,'linewidth',2.5,...
'markerfacecolor',[1,0.8,0.4])
>> plot(1.5,0,'bo','markersize',20,'linewidth',2, ...
'markerfacecolor','y')
>> plot(1.75,0,'mo','markersize',25,'linewidth',1.5, ...
'markerfacecolor','c')
```

Auch für andere Marker können die Eigenschaften entsprechend festgelegt werden. Hier einige Beispiele für unterschiedlich gestaltete Quadrate:

```
>> plot(0.5,0.25,'ks')
>> plot(0.5,0,'gs','markersize',10,'linewidth',1, ...
'markerfacecolor','b')
>> plot(0.5,-0.25,'bs','markersize',15,'linewidth',2, ...
'markerfacecolor','g')
>> plot(0.5,-0.5,'ms','markersize',20,'linewidth',3, ...
'markerfacecolor','y')
```

Die folgenden Anweisungen führen zu unterschiedlich gestalteten Dreiecken:

```
>> plot(2.5,0.3,'k^','markersize',10,'linewidth',1)
>> plot(2.7,0.15,'r>','markersize',15,'linewidth',2, ...
'markerfacecolor','y')
>> plot(2.3,0.15,'g<','markersize',20,'linewidth',3, ...
'markerfacecolor','g')
>> plot(2.5,0,'bv','markersize',25,'linewidth',4, ...
'markerfacecolor','y')
```

Abschließend ein Beispiel mit ineinander verschachtelten farbigen Pentagrammen:

```
>> plot(2.5,-0.5,'rp','markersize',80, ...
'markerfacecolor','r')
>> plot(2.5,-0.5,'yp','markersize',60, ...
'markerfacecolor','y')
>> plot(2.5,-0.5,'bp','markersize',40, ...
'markerfacecolor','b')
>> plot(2.5,-0.5,'p','markersize',20, ...
'markeredgecolor',[1,0.8,0.4], ...
'markerfacecolor',[1,0.8,0.4])
```

Die zuvor behandelten Beispielaufrufe der plot-Funktion zur Gestaltung von Linien und Markern ergeben zusammengefasst die Darstellung in Abb. 9.

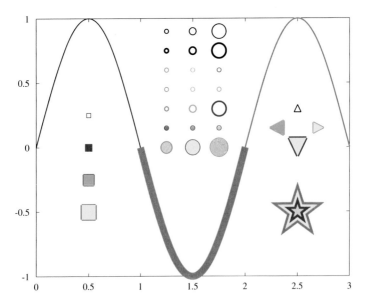

Abb. 9: Linien und Marker mit verschiedenen Eigenschaften

1.7.4 Formatierung von Koordinatenachsen

Durch den Aufruf der `plot`-Funktion werden die Achsen des zwei- bzw. dreidimensionalen Koordinatensystems automatisch formatiert. Dies betrifft einerseits Anfang und Ende der dargestellten Intervalle, die nicht zwangsläufig mit den Intervallen der Daten übereinstimmen müssen. Soll beispielsweise der Graph einer stetigen Funktion $f : [a,b] \to \mathbb{R}$ grafisch dargestellt werden, dann erwarten wir im Plot auf der x-Achse ausschließlich die Darstellung des Intervalls $[a,b]$ und entsprechend auf der y-Achse ausschließlich die Darstellung der Wertemenge $f([a,b]) = [c,d]$. Tatsächlich kann es jedoch sein, dass auf den Achsen statt $[a,b]$ bzw. $[c,d]$ größere Intervalle $[\alpha,\beta]$ bzw. $[\gamma,\delta]$ mit $\alpha \leq a$ und $\beta \geq b$ bzw. $\gamma \leq c$ und $\delta \geq d$ dargestellt werden. Diese Situation tritt zum Beispiel immer dann ein, wenn a, b, c oder d keine ganzen Zahlen sind. Die Grafikfunktionen runden zur Darstellung des Koordinatensystems automatisch auf die nächstgelegene ganze Zahl auf. Das führt dazu, dass in der Grafik viel Platz verschenkt wird.

Wir demonstrieren das genannte Problem am Beispiel der Funktion $f(x) = \frac{5}{4}x\sin(2\pi x)$, die im Intervall $[a,b] = \left[\frac{3}{4}\pi, \frac{5}{4}\pi\right]$ grafisch dargestellt werden soll. Die folgenden Anweisungen führen zu der Darstellung in Abb. 10:

```
>> f = @(x) 5*x.*sin(2*pi*x)/4;
>> I = union(0.75*pi:0.01:1.25*pi,1.25*pi);
>> plot(I,f(I),'k','linewidth',1)
>> xlabel('x'), ylabel('y')
```

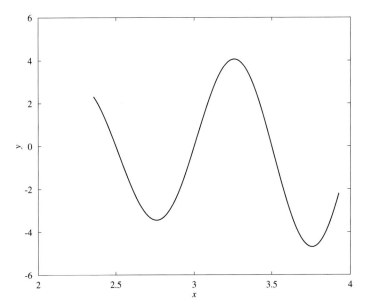

Abb. 10: Zu große Leerräume bei der Darstellung eines Funktionsgraphen

Besonders der Leerraum entlang der x-Achse für $x < \frac{3}{4}\pi$ und die Leerräume entlang der y-Achse unterhalb bzw. oberhalb der globalen Extrempunkte wirken in Abb. 10 nicht besonders schön. Man kann jedoch diese Leerräume für jede Achse durch die manuelle Festlegung von Intervallen nachträglich „entfernen". Die Einstellung des entlang der x-Achse sichtbaren Intervalls gelingt mit der Funktion xlim, der als Argument die untere bzw. obere Intervallgrenze in Gestalt eines Vektors übergeben werden:

```
>> xlim([0.75*pi,1.25*pi])
```

Analog kann das entlang der y-Achse sichtbare Intervall mit der Funktion ylim eingestellt werden:

```
>> ylim([-4.75,4.25])
```

Alternativ können die Intervalle beider Achsen mithilfe der Funktion axis gleichzeitig verändert werden. Die gewünschten Koordinaten werden zusammen in einem Vektor übergeben, wobei die ersten beiden Einträge für das Intervall der x-Achse und die letzten beiden Einträge für das Intervall der y-Achse stehen:

```
>> axis([0.75*pi,1.25*pi,-4.75,4.25])
```

Die Aufrufe der Funktionen xlim und ylim bzw. der Funktion axis erfolgen direkt im Anschluss an den Aufruf der plot-Funktion. Das führt zu der Darstellung in Abb. 11.

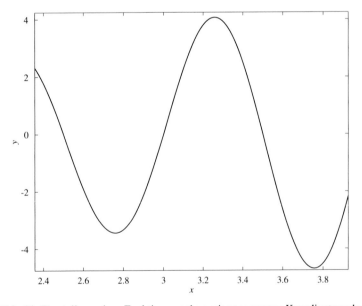

Abb. 11: Darstellung eines Funktionsgraphen mit angepassten Koordinatenachsen

Grundsätzlich legt Octave auch die Einteilung der Koordinatenachsen mit Markierungen und deren Beschriftung automatisch fest. Das ist bei den Darstellungen in den Abbildungen 10 und 11 gut zu sehen. Die Markierungen auf den Achsen lassen sich ebenfalls nachträglich an die individuellen Anforderungen anpassen. Dazu müssen in einem ersten Schritt die Markierungen festgelegt und geändert werden. Soll für das Beispiel auf der x-Achse eine Markierung der Stellen $x \in \left\{ 0.75\pi, 2.5, 3, \pi, 3.5, 1.25\pi \right\}$ vorgenommen werden, dann gelingt das mit der folgenden Anweisung, die einfach an die zu Abb. 11 führende Anweisungskette angehangen wird:

```
>> set(gca,'XTick',[0.75*pi,2.5,3,pi,3.5,1.25*pi])
```

Im hier nicht abgedruckten Ergebnisplot sind auf der x-Achse die gewünschten sechs Markierungen vorgenommen und automatisch mit den entsprechenden Werten beschriftet worden. Für $x \in \left\{ 0.75\pi, \pi, 1.25\pi \right\}$ werden dabei allerdings gerundete Dezimaldarstellungen der irrationalen Zahlen angetragen. Das ist ungenau und sieht nicht besonders schön aus. Die Beschriftung von Achsenmarkierungen lässt sich jedoch ebenfalls individuell gestalten. Dazu wird für jede Markierung eine Zeichenkette festgelegt. Die in der entsprechenden Reihenfolge in einem sogenannten `cell`-Array zusammengefassten Zeichenketten werden ebenfalls an die `set`-Funktion und im Anschluss an das Schlüsselwort `'XTickLabel'` übergeben.[4] Für das Beispiel ändern wir die Beschriftung der Markierungen auf der x-Achse folgendermaßen:[5]

```
>> set(gca,'XTickLabel', ...
{'0.75\pi','2.5','3','\pi','3.5','1.25\pi'})
```

Man beachte dabei ausdrücklich die *geschweiften(!)* Klammern, welche die durch Kommas voneinander getrennten Zeichenketten umschließen und deren Bedeutung in Abschnitt 2.5 genauer erklärt wird. Für die y-Achse ändern wir die Anzahl und die Lage der Markierungen ebenfalls:

```
>> set(gca,'YTick',-4.5:0.5:4)
```

Da die Markierungsstellen entweder ganze Zahlen oder rationale Zahlen mit genau einer Nachkommastelle in ihrer Dezimaldarstellung sind, muss man hierfür keine Anpassung der Markierungsbeschriftungen vornehmen und kann das automatisch erzeugte Ergebnis verwenden. Sollen jedoch keine numerischen Werte an die Achse notiert werden, sondern Buchstaben oder Sonderzeichen, dann muss analog zur x-Achse vorgegangen werden. Das gilt auch, wenn nur jede zweite Markierung (sichtbar) beschriftet werden soll. Die im Plot nicht beschrifteten Markierungen müssen natürlich intern trotzdem beschriftet werden, nämlich mit der leeren Zeichenkette oder einem Leerzeichen:

```
>> set(gca,'YTickLabel', {'','-4','','-3','','-2', ...
'','-1','','0','','1','','2','','3','','4'})
```

---

[4] Werden zu m Markierungen nur $n < m$ Zeichenketten übergeben, d. h., es gibt weniger Zeichenketten als Markierungen, dann werden die letzten $m - n$ Markierungen nicht beschriftet. Gilt $n > m$, d. h., es gibt mehr Zeichenketten als Markierungen, dann bleiben die letzten $n - m$ Zeichenketten automatisch unberücksichtigt.

[5] Man beachte, dass einige frühere Versionen von Octave und MATLAB den aus LaTeX übernommenen Code \pi bei der Beschriftung von Koordinatenachsen nicht unterstützen. Statt π wird dort \pi an eine Achse notiert. Das gilt auch für andere Sonderzeichen im Zusammenhang mit LaTeX-Code.

Die Zusammenfassung des `plot`-Aufrufs vom Beginn des Abschnitts mit dem obigen `axis`-Aufruf und den vier `set`-Befehlen führt auf die Darstellung in Abb. 12.

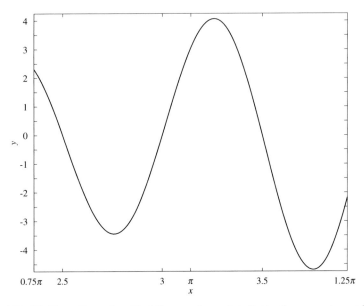

Abb. 12: Darstellung eines Funktionsgraphen mit individuell angepassten und beschrifteten Achsenmarkierungen

Analog können die Koordinatenachsen in dreidimensionalen Plots formatiert werden. Die oben für zweidimensionale Plots vorgestellten Funktionen und Vorgehensweisen werden dabei um entsprechende Anweisungen für die z-Achse ergänzt. Das bedeutet genauer:

- Das Intervall für die z-Achse lässt sich einzeln mit der Funktion `zlim` einstellen.
- Die Intervalle aller Achsen lassen sich gleichzeitig mit der `axis`-Funktion einstellen:

  ```
  axis([xmin,xmax,ymin,ymax,zmin,zmax])
  ```

  Damit wird die x-Achse auf das Intervall `[xmin,xmax]`, die y-Achse auf das Intervall `[ymin,ymax]` und die z-Achse auf das Intervall `[zmin,zmax]` eingestellt.
- Die Markierungen auf der z-Achse bzw. deren Beschriftung lassen sich über die `set`-Funktion und die Schlüsselwörter `'ZTick'` bzw. `'ZTickLabel'` anpassen.

Auch andere Eigenschaften des Koordinatensystems lassen sich in einer Grafik verändern, wie zum Beispiel die für alle Koordinatenachsen gleiche Linienstärke:

```
>> set(gca,'linewidth',3)
```

Auch eine Änderung der für alle Achsen gleichen Schriftgröße ist möglich:[6]

```
>> set(gca,'fontsize',15)
```

Es gibt eine Vielzahl weiterer Eigenschaften, zu denen man sich mit der als erstes an die
set-Funktion übergebenen Buchstabenfolge gca einen Überblick verschaffen kann, die
als Abkürzung für *get current axis* steht und gleichzeitig eine Funktion darstellt, mit der
die Eigenschaften des Koordinatensystems aus der jeweils als „aktuell" markierten Grafik
eingesehen und verändert werden können. Die Anweisung

```
>> get(gca)
```

gibt diese Eigenschaften in Gestalt einer Datenstruktur zurück (siehe dazu Abschnitt 2.6),
die alle möglichen Parameter des „Achsenobjekts" und seine aktuellen Werte in jeweils einem Feld anzeigt. Der Name eines Feldes dient zugleich als Schlüsselwort zur Abfrage und
Änderung seiner Werte, wobei durch einen Befehl der Gestalt get(gca,'feldname')
der Wert eines Feldes abgerufen werden kann, während die Änderung von Werten durch
einen Befehl der Gestalt set(gca,'feldname',wert) gelingt.

Übrigens muss die set-Funktion nicht für jede Eigenschaft einzeln aufgerufen werden,
denn man kann mehrere Eigenschaften auch als Auflistung hintereinander schreiben. Zum
Beispiel können die Anweisungen

```
>> set(gca,'XTick',[1,2,3])
>> set(gca,'XTickLabel',{'a','b','c'})
```

zu einer Anweisung zusammengefasst werden:

```
>> set(gca,'XTick',[1,2,3],'XTickLabel',{'a','b','c'})
```

1.7.5 Arbeit mit mehreren Grafikfenstern

Durch die Verwendung des figure-Befehls lassen sich mehrere, in jeweils einem Grafikfenster dargestellte Grafiken erzeugen, die solange auf dem Bildschirm sichtbar bleiben,
bis sie per Mausklick oder anderweitig geschlossen werden. Das ermöglicht unter anderem die parallele Arbeit mit mehreren Grafikfenstern, für die aus Programmiersicht alternative Bezeichnungen wie figure-Objekt oder (Grafik-) Fensterobjekt gerechtfertigt
sind. Nicht zu allen aktiven figure-Objekten können gleichzeitig Änderungen durch
Eingaben im Befehlsfenster vorgenommen werden, die sich stets ausschließlich auf das
eindeutig als „aktuell" markierte figure-Objekt auswirken. Das bedeutet genauer: Alle
Octave-Funktionen, mit denen Eigenschaften eines Grafikinhalts verändert werden, wie
zum Beispiel xlabel, xlim, axis oder legend, aber auch Befehle wie grid on
oder gca greifen ausschließlich auf genau dieses aktuelle figure-Objekt zu.

---

[6] Damit lässt sich ausschließlich die Größe der Beschriftung der Achsenmarkierungen verändern. Die
Schriftgröße der Achsenbeschriftungen muss separat erfolgen, zum Beispiel für die x-Achse mit der Anweisung xlabel('x','fontsize',15), die den Standardbefehl xlabel('x') ersetzt.

Grundsätzlich gilt nach seiner Erzeugung zunächst das zuletzt erzeugte `figure`-Objekt als „aktuell", unabhängig von weiteren aktiven, früher erstellten und (nicht notwendig) sichtbaren `figure`-Objekten. Soll ein anderes geöffnetes `figure`-Objekt als „aktuell" eingestellt werden, dann muss dieses durch eine Variable im Arbeitsspeicher identifiziert werden können. Dazu betrachten wir ein Beispiel, das mit den folgenden Anweisungen beginnt:

```
>> I = 0:0.01:2*pi;
>> fig1 = figure;
>> plot(I,sin(I)), xlabel('x'), ylabel('y')
>> fig2 = figure;
>> plot(I,cos(I)), xlabel('x'), ylabel('y')
```

Im in der Variable `fig1` hinterlegten Plot ist der Graph der Sinusfunktion und im in der Variable `fig2` hinterlegten Plot ist der Graph der Kosinusfunktion jeweils über dem Intervall $[0, 2\pi]$ dargestellt. Als aktuelles `figure`-Objekt wird `fig2` angesehen, sodass die folgenden Anweisungen genau darauf wirken:

```
>> set(gca,'YTick',-1:0.25:1)
>> set(gca,'linewidth',1)
>> title('Der Graph der Kosinusfunktion')
```

Sollen im Plot der Sinusfunktion Änderungen vorgenommen werden, dann müssen wir das zugehörige `figure`-Objekt als „aktuell" einstellen. Das erfolgt mit der folgenden Anweisung:

```
>> set(0,'currentfigure',fig1)
```

Die folgenden Anweisungen wirken jetzt auf das `figure`-Objekt `fig1`:

```
>> xlim([0,2*pi])
>> set(gca,'XTick',[0,pi/2,pi,1.5*pi,2*pi])
>> set(gca,'XTickLabel',{'a','b','c','d','e'})
>> title('Der Graph der Sinusfunktion')
```

Sollen anschließend im Plot für die Kosinusfunktion weitere Änderungen vorgenommen werden, muss zunächst das `figure`-Objekt `fig2` als „aktuell" eingestellt werden:

```
>> set(0,'currentfigure',fig2)
>> xlim([0,2*pi])
>> set(gca,'XTick',0:0.5:6)
>> grid on
```

Wurde vergessen, ein `figure`-Objekt an eine Variable zuzuweisen, dann kann das mithilfe der Anweisung `gcf` nachgeholt werden:

```
>> figure;
>> plot(I,sin(I).*cos(I)), xlabel('x'), ylabel('y')
>> fig3 = gcf;
```

Jetzt können zum Beispiel Änderungen im `figure`-Objekt `fig1` vorgenommen und anschließend die Bearbeitung des `figure`-Objekts `fig3` fortgesetzt werden:

```
>> set(0,'currentfigure',fig1)
>> set(gca,'YTickLabel',{'A','B','C','D','E'})
>> grid on
>> set(0,'currentfigure',fig3)
>> title('Graph von f(x) = sin(x)*cos(x)')
```

Die Buchstabenfolge `gcf` ist übrigens eine Abkürzung für *get current figure* und wird als Funktion zur Abfrage und Anpassung von Eigenschaften in einem als „aktuell" markierten `figure`-Objekt genutzt. Die Anweisung

```
>> get(gcf)
```

gibt diese Eigenschaften in Gestalt einer Datenstruktur zurück, die alle möglichen Parameter eines `figure`-Objekts und seine aktuellen Werte in jeweils einem Feld anzeigt. In Analogie zur Arbeit mit den Koordinatenachsen ist der Name eines Feldes zugleich das Schlüsselwort, mit dem seine Werte über die Funktionen `get` bzw. `set` abgefragt bzw. verändert werden können.

Aufgaben zum Abschnitt 1.7

Aufgabe 1.7.1: Stellen Sie mithilfe von Octave die Funktionen

- $f : [-2,3] \to \mathbb{R}$ mit $f(x) = x^3 - 2x^2 - 3x + 5$,
- $g : [-3\pi, 15\pi] \to \mathbb{R}$ mit $g(x) = 2\sin(2x) - 3\cos\left(\frac{x}{3}\right)$ und
- $h : [-40, 40] \to \mathbb{R}$ mit $h(x) = \ln(1 + x^2) \cdot \sqrt{\left|3 - x^2\right|} \cdot \cos\left(\sin(x)\right)$

jeweils *einzeln* über ihrem gesamten Definitionsbereich grafisch dar. Plotten Sie außerdem die Funktionen f, g und h *gemeinsam* über dem Intervall $[-2, 3]$.

Aufgabe 1.7.2: Stellen Sie mithilfe von Octave die durch $f(t) = \sin(\pi t) - \cos(\pi t)$ gegebene Funktion f im Intervall $[0,5]$ grafisch dar. Markieren Sie auf dem Funktionsgraph anschließend die Punkte $\left(t \middle| f(t)\right)$ für alle $t \in \{0, 1, 2, 3, 5\}$ durch blaue Kreise, die Punkte $\left(t \middle| f(t)\right)$ für alle $t \in \{0.5, 1.5, 2.25, 4.25\}$ durch grüne Quadrate und den Punkt $\left(\pi \middle| f(\pi)\right)$ durch ein mit der Spitze nach rechts zeigendes rotes Dreieck. Beschriften Sie die Achsen des Koordinatensystems und fügen Sie in die Grafik eine Legende zur Erklärung aller verwendeten Symbole ein.

Aufgabe 1.7.3: Stellen Sie das Polynom p aus Aufgabe 1.6.3 auf Seite 52 mithilfe von Octave derart über einem geeigneten Intervall I grafisch dar, dass in I die Nullstellen, die lokalen Extremstellen und die Wendestellen von p liegen. Markieren Sie auf dem Funktionsgraph dessen Schnittpunkte mit der Abszissenachse (*x*-Achse) durch blaue Pentagramme, die lokalen Maxima (Hochpunkte) durch rote und mit der Spitze nach oben zeigende Dreiecke, die lokalen Minima (Tiefpunkte) durch rote und mit der Spitze nach unten zeigende Dreiecke sowie die Wendepunkte durch magentafarbene Kreise. Beschriften Sie die Achsen des Koordinatensystems, fügen Sie in die Grafik ein Gitternetz sowie eine Legende zur Erklärung aller verwendeten Symbole ein und schreiben Sie die Gleichung von p als Titel über die Grafik.

Aufgabe 1.7.4: Gegeben sei die Funktion $f : [-2,2] \times [-3,3] \to \mathbb{R}$ mit

$$f(x,y) = \sin(2x) + \cos(2y).$$

a) Stellen Sie f mithilfe der Octave-Funktion `surf` über dem gesamten Definitionsbereich grafisch dar (einschließlich Achsenbeschriftung). Dabei sollen die Intervalle des Definitionsbereichs jeweils durch ein äquidistantes Approximationsgitter mit einer Gitterweite von `0.1` Längeneinheiten dargestellt werden.

b) Stellen Sie f mithilfe die Octave-Funktion `plot3` dar. Nutzen Sie dabei einerseits für die Approximationsgitter eine Gitterweite von `0.1` Längeneinheiten und andererseits für einen zweiten Plot eine Gitterweite von `0.05` Längeneinheiten.

c) Erstellen Sie mit der Octave-Funktion `contour` ein zweidimensionales Höhenlinienbild der Funktion f, wobei die Höhen automatisch durch Octave ausgewählt und jede zweite Höhenlinie mit dem zugehörigen Funktionswert beschriftet werden sollen.

d) In den Punkten $(x_1, y_1) = \left(\frac{\pi}{4}, 0 \right)$, $(x_2, y_2) = \left(-\frac{\pi}{4}, -\frac{\pi}{2} \right)$ und $(x_3, y_3) = \left(-\frac{\pi}{4}, -\frac{\pi}{2} \right)$ besitzt die Funktion f lokale Extrema, während sie in den Punkten $(x_4, y_4) = \left(\frac{\pi}{4}, \frac{\pi}{2} \right)$, $(x_5, y_5) = \left(\frac{\pi}{4}, -\frac{\pi}{2} \right)$ und $(x_6, y_6) = \left(-\frac{\pi}{4}, 0 \right)$ Sattelpunkte hat. Markieren Sie nachträglich im Plot aus c) die Punkte (x_1, y_1), (x_2, y_2) und (x_3, y_3) durch schwarze Pentagramme sowie die Punkte (x_4, y_4), (x_5, y_5) und (x_6, y_6) durch rote Quadrate.

e) Erstellen Sie ein Höhenlinienbild der Funktion f, das ausschließlich die Höhen $H_c = \left\{ (x,y) \in \mathbb{R}^2 \mid f(x,y) = c \right\}$ für alle $c \in \left\{ 0, \pm\frac{1}{2}, \pm\frac{3}{2}, \pm 1, \pm\frac{5}{4} \right\}$ zeigt. Außerdem soll jede Höhenlinie mit dem zugehörigen Funktionswert c beschriftet werden.

f) Markieren Sie die in d) genannten sechs Punkte (x_1, y_1), ..., (x_6, y_6) mit den entsprechenden Symbolen nachträglich im Plot aus e).

Aufgabe 1.7.5:

a) Stellen Sie die Kurven $f, g, h : [0, 2\pi] \to \mathbb{R}^2$ mit

$$f(t) = \left(4\cos(t), 2\sin(t) \right),$$
$$g(t) = \left(4\cos(t), 4\sin(t) \right) \text{ und}$$
$$h(t) = \left(2\cos(t), 2\sin(t) \right)$$

in einem Koordinatensystem gemeinsam grafisch dar. Erstellen Sie außerdem eine Legende, in der zugleich die geometrische Bedeutung der Kurven und die zwischen ihnen bestehenden Zusammenhänge erklärt werden.

b) Stellen Sie die Kurve $f : [0, 10] \to \mathbb{R}^3$ mit

$$f(t) = \left(\sin(t) - t, t - \sin^2(t), \sin^2(t) \right)$$

grafisch dar. Heben Sie außerdem die auf der Kurve liegenden Punkte für $t \in \{0, 5, 10\}$ durch eine Markierung mit verschiedenen Symbolen hervor.

1.8 Underflow, Overflow und Rundungsfehler

Beim Rechnen auf dem Computer kann es immer zu kleineren Ungenauigkeiten kommen. Anwender von Octave sollten sich deshalb nicht wundern, wenn sie per Hand etwa als Ergebnis einen Zahlenwert gleich null erhalten, eine mit Octave durchgeführte Kontrollrechnung jedoch nur näherungsweise null ergibt. Das wird zum Beispiel bei der Berechnung des Funktionswerts $\sin(\pi) = 0$ deutlich. Dazu berechnet Octave:

```
>> sin(pi)
ans = 1.2246e-016
```

Statt des exakten Werts erhalten wir nur den Näherungswert $\sin(\pi) \approx 1.2246 \cdot 10^{-16}$. *Eine* Ursache für diese Ungenauigkeit besteht in der Tatsache, dass bereits die Kreiszahl π nicht exakt dargestellt werden kann. Das ist klar, denn es lassen sich nur endlich viele Stellen einer Zahl im Computer darstellen, sodass die irrationale Zahl π nach endlich vielen Stellen „abgeschnitten" und zwangsläufig gerundet werden muss. Auch bei einfacheren Rechnungen, wie zum Beispiel

$$\tfrac{7}{10} : \tfrac{1}{10} = 7 \quad \text{bzw.} \quad 0.7 : 0.1 = 7$$

kann sich bei der Rechnung mit Octave ein kleiner Fehler ergeben:

```
>> x = (7/10)/(1/10)          >> y = 0.7/0.1
x = 7.0000                     y = 7.0000
```

Das angezeigte Ergebnis scheint mit der Rechnung per Hand übereinzustimmen. Der Dezimalpunkt und die Nullen als Nachkommastellen sind jedoch ein Hinweis darauf, dass ein Rundungsprozess stattgefunden haben muss. Denn wäre gemäß den Rechenregeln über den reellen Zahlen korrekt gerechnet worden, dann wäre als Ergebnis x=7 angezeigt worden. Mithilfe der num2str-Funktion lässt sich der Fehler verdeutlichen:

```
>> disp(num2str(x,16))        >> disp(num2str(y,16))
6.999999999999999             6.999999999999999
```

Bei der Dezimaldarstellung von Brüchen mit unendlich vielen Nachkommastellen können sich ebenfalls Rundungsfehler ergeben, denn in Analogie zur Darstellung irrationaler Zahlen muss die Dezimaldarstellung auf dem Rechner zwangsläufig nach $m \in \mathbb{N}$ Stellen abgeschnitten und gerundet werden. Es lässt sich zeigen, dass die Dezimaldarstellung jeder rationalen Zahl aus dem Intervall $(0, 1)$ periodisch ist. So berechnen wir beispielsweise exakt:

$$\tfrac{3}{7} = 0.\overline{428571} = 0.428571\,428571\,428571\,428571\,428571\ldots$$

Bei der Rechnung mit Octave ergeben sich (Rundungs-) Fehler in den hinteren Nachkommastellen, die sich mit der num2str-Funktion sichtbar machen lassen:

```
>> disp(num2str(3/7,25))
0.4285714285714285476380078
```

Alternativ lässt sich die Anzahl der im Befehlsfenster angezeigten Stellen durch die Einstellung des Ausgabeformats beeinflussen. Bei den Formaten `long` und `long e` werden 15 signifikante Stellen angezeigt:[7]

```
>> format long                    >> format long e
>> z = 3/7                        >> z = 3/7
z = 0.428571428571429             z = 4.28571428571429e-001
```

Auch diese beiden Ausgabeformate stimmen nicht hundertprozentig mit der computerinternen Darstellung reeller Zahlen überein. Sie zeigen jedoch deutlich, dass der Computer mit einer endlichen Anzahl von Stellen arbeit und zwangsläufig gerundet werden muss.

Das Ergebnis beim Format `long e` wird als Vielfaches einer Zehnerpotenz ausgegeben, d. h., der ausgegebene Zahlenwert lautet:

$$z = 4.28571428571429 \cdot 10^{-1}$$

Dieses Ausgabeformat erinnert an die computerinterne Darstellung reeller Zahlen mithilfe von Gleitpunktzahlen. Jede Zahl $x \in \mathbb{R} \setminus \{0\}$ besitzt eine Gleitpunktdarstellung, d. h., sie lässt sich in der Form

$$x = (-1)^s \cdot \left(\sum_{k=1}^{\infty} a_k b^{-k} \right) \cdot b^e , \ a_1 \neq 0 \tag{1.4}$$

schreiben. Die Basis $b \in \mathbb{N} \setminus \{1\}$ kann dabei beliebig gewählt werden. Durch $s \in \{0, 1\}$ wird das Vorzeichen von x festgelegt, der Exponent $e \in \mathbb{Z}$ steuert die genaue Lage des Dezimalpunkts und die Koeffizienten $a_k \in \{0, 1, \ldots, b-1\}$ stehen für die Ziffer der k-ten Nachkommastelle. Durch die Forderung $a_1 \neq 0$ erfolgt eine Normalisierung der Gleitpunktdarstellung, wodurch die Eindeutigkeit der Darstellung gelingt. Durch die in der Klammer stehende Summe

$$\sum_{k=1}^{\infty} a_k b^{-k} \tag{1.5}$$

wird eine reelle Zahl $y \in (0, 1)$ beschrieben. Es ist klar, dass von der konvergenten Reihe (1.5) auf dem Computer nur die ersten $m \in \mathbb{N}$ Summanden berücksichtigt werden können. Die normalisierte Gleitpunktdarstellung reduziert sich deshalb auf die folgende Gestalt:

$$x \approx (-1)^s \cdot \left(\sum_{k=1}^{m} a_k b^{-k} \right) \cdot b^e , \ a_1 \neq 0 \tag{1.6}$$

Eine alternative, jedoch nicht für jede beliebige Basis b geeignete Schreibweise ist:

$$x \approx (-1)^s \cdot (0.a_1 a_2 \ldots a_m) \cdot b^e$$

---

[7] Wurde bei einer Octave-Sitzung einmal das Ausgabeformat verändert, dann wird dieses bis zur Einstellung eines anderen Formats verwendet. Die Standardeinstellung entspricht dabei dem Format `short`. Soll nach der Verwendung anderer Ausgabeformate zum Standardformat zurückgekehrt werden, dann muss im Befehlsfenster die Anweisung `format short` eingegeben werden. Weitere Ausgabeformate können im Hilfetext zum `format`-Befehl eingesehen werden (`help format`).

Dabei wurde das Rundungszeichen statt des Gleichheitszeichens benutzt, denn obwohl sich auch mit (1.6) einige reelle Zahlen wie beispielsweise ganze Zahlen exakt darstellen lassen, ergibt sich für Dezimalbrüche mit unendlich vielen Nachkommastellen zwangsläufig ein Genauigkeitsverlust, der durch runden oder abschneiden von über m hinausgehenden Stellen entsteht. Das Rundungszeichen soll also daran erinnern, dass sich viele reelle Zahlen durch (1.6) nur näherungsweise darstellen lassen. Trotzdem gilt die Faustregel, dass die Genauigkeit umso größer ist, je größer m gewählt wird.

Zu jeder gemäß (1.6) definierten Gleitpunktzahl bezeichnet $(-1)^s$ mit $s \in \{0,1\}$ das Vorzeichen, die Summe $\sum_{k=1}^{m} a_k b^{-k}$ bzw. die Ziffernfolge $a_1 a_2 \dots a_m$ heißt Mantisse und e heißt Exponent. Der Exponent e legt nicht nur die genaue Position des Dezimalpunkts fest, sondern über ihn lässt sich außerdem die kleinste positive bzw. die größte darstellbare Zahl festlegen. Dazu legt man eine untere Schranke $e_{\min} \in \mathbb{Z} \setminus \mathbb{N}_0$ und eine obere Schranke $e_{\max} \in \mathbb{N}$ für den Exponenten fest, d. h., es gilt $e_{\min} \leq e \leq e_{\max}$. Diese ergänzen (1.6) zu einem Gleitpunktzahlensystem:[8]

$$\mathbb{F}(b,m,e_{\min},e_{\max}) = \left\{ (-1)^s \cdot \left(\sum_{k=1}^{m} a_k b^{-k} \right) \cdot b^e \;\middle|\; \begin{array}{l} a_1, \dots, a_m \in \{0,1,\dots,b-1\} \\ a_1 \neq 0 , \; s \in \{0,1\} \\ e \in \mathbb{Z} , \; e_{\min} \leq e \leq e_{\max} \end{array} \right\} \cup \{0\}$$

Da die Schranken $e_{\min}$ und $e_{\max}$ endlich sind, können auf dem Computer keine Zahlen mit beliebig kleinem oder großem Absolutbetrag dargestellt werden. Die kleinste positive bzw. die größte positive Zahl aus dem System $\mathbb{F}(b,m,e_{\min},e_{\max})$ sind

$$x_{\min} = b^{e_{\min}-1} \quad \text{bzw.} \quad x_{\max} = b^{e_{\max}} \cdot \left(1 - b^{-m}\right).$$

Durch das unvermeidbare Runden oder Abschneiden der unendlichen Gleitpunktentwicklung (1.4) auf die m-stellige Gleitpunktdarstellung (1.6) ist außerdem zu beachten, dass durch $\mathbb{F}(b,m,e_{\min},e_{\max})$ nicht alle reelle Zahlen erfasst werden, die in der Menge

$$M = \left\{ x \in \mathbb{R} \mid x_{\min} \leq |x| \leq x_{\max} \right\} \tag{1.7}$$

liegen. Genauer besteht $\mathbb{F}(b,m,e_{\min},e_{\max})$ aus voneinander isolierten Zahlen, d. h., zwischen je zwei aufeinanderfolgenden Elementen gibt es eine „Lücke". Die Zahlen aus M, die in diesen Lücken liegen, lassen sich demzufolge durch $\mathbb{F}(b,m,e_{\min},e_{\max})$ nicht darstellen. Die Größe dieser Lücken lässt sich durch den maximalen relativen Abstand der Zahlen aus $x \in M$ zum jeweils nächstgelegenen Element nach oben abschätzen:

$$\min_{z \in \mathbb{F}(b,m,e_{\min},e_{\max})} \frac{|x-z|}{|x|} \leq \mathbf{eps} := \frac{1}{2} b^{1-m}$$

Die von b und m abhängige Konstante **eps** heißt Maschinengenauigkeit. Die durch Runden oder Abschneiden entstehenden Fehler lassen sich mithilfe von **eps** betragsmäßig nach oben abschätzen, worauf hier jedoch nicht näher eingegangen werden soll.

---

[8] Es sei erwähnt, dass sich nicht alle reellen Zahlen auf diese Weise näherungsweise darstellen lassen. So gibt es in einer Umgebung der Null Zahlen, zu deren Darstellung auf die Forderung $a_1 \neq 0$ verzichtet werden muss. Auch nimmt die Darstellung der Null eine Sonderstellung ein.

Octave und MATLAB nutzen für Rechnungen als internen Standard das Gleitpunktsystem $\mathbb{F}(2, 53, -1021, 1024)$, das sogenannte doppelte Grundformat (Datentyp double). Dabei entsprechen die 53 signifikanten Stellen zur Basis $b = 2$ den 15 in den Ausgabeformaten `long` und `long e` im Befehlsfenster angezeigten signifikanten Stellen zur Basis $b = 10$. Die Maschinengenauigkeit **eps** sowie die betragsmäßig kleinste und größte darstellbare reelle Zahl kann man sich ausgeben lassen und natürlich auch in Rechnungen verwenden:

```
>> format long e
>> eps
ans = 2.22044604925031e-016
>> x_min = realmin
x_min = 2.22507385850720e-308
>> x_max = realmax
x_max = 1.79769313486232e+308
```

Eine Zahl, die betragsmäßig kleiner als $x_{\min} \approx 2.2 \cdot 10^{-308}$ ist, erzeugt einen *Underflow* (auf gut Deutsch sagt man *Zahlenunterlauf*) und kann wie null behandelt werden. Eine Zahl, die betragsmäßig größer als $x_{\max} \approx 1.8 \cdot 10^{308}$ ist, erzeugt einen *Overflow* (*Zahlenüberlauf*) und wird je nach Vorzeichen durch `-Inf` oder `Inf` dargestellt.

Die Phänomene Underflow und Overflow lassen sich zum Beispiel an der Berechnung von

$$\left(10^{-200}\right)^2 = 10^{-400} > 0 \quad \text{und} \quad \left(10^{200}\right)^2 = 10^{400} < \infty$$

studieren. Octave berechnet dazu:

```
>> format long e
>> (1.0e-200)^2
>> ans = 0.00000000000000e+000
>> (1.0e+200)^2
>> ans = Inf
```

Das Ergebnis der Berechnung von `(1.0e-200)^2` ist offenbar gleich null, was jedoch nicht überrascht, denn wegen $10^{-400} < x_{\min}$ muss zwangsläufig gerundet werden. In diesem Fall bleibt keine signifikante Stelle übrig, denn die gehen durch Abschneiden verloren. Ebenso liegt 10^{400} oberhalb der maximal darstellbaren Zahl $x_{\max}$.

Der maximale Abstand **eps** $\approx 2.2 \cdot 10^{-16}$ zwischen je zwei Gleitpunktzahlen ist relativ klein und bei vielen Anwendungen wird man deshalb flüchtig betrachtet von Rundungsfehlern oder einem Genauigkeitsverlust gar nichts bemerken. Es sei jedoch noch einmal betont, dass **eps** lediglich eine obere Schranke für den Abstand zwischen den Zahlen aus $\mathbb{F}(2, 53, -1021, 1024)$ ist. Tatsächlich variiert dieser Abstand derart, dass die Gleitpunktzahlen aus $\mathbb{F}(2, 53, -1021, 1024)$ in der Nähe von $\pm x_{\min}$ sehr dicht liegen (d. h., der tatsächliche Abstand zwischen je zwei Zahlen ist hier deutlich kleiner als **eps**), während sie in der Nähe von $\pm x_{\max}$ wesentlich dünner gestreut liegen (d. h., hier kommt der Abstand sehr viel näher an die obere Schranke **eps** heran.)

Da die Menge $\mathbb{F}(2, 53, -1021, 1024)$ nur eine Teilmenge von (1.7) ist, besitzt sie nicht alle Eigenschaften der über $\mathbb{R}$ definierten Rechenoperationen. Genauer bleibt die Kommutativität der Addition und der Multiplikation erhalten. Das Assoziativgesetz und das Distributivgesetz gelten in $\mathbb{F}(2, 53, -1021, 1024)$ allgemein nicht. Die folgende Beispielrechnung zeigt, dass außerdem die Null nicht die einzige Zahl ist, die sich bei der Addition neutral verhält:

```
>> format long e
>> a = 1;
>> b = 1;
>> z = 0;
>> while not(a+b == a), b = b/2; z = z + 1; end
>> disp(b)
   1.11022302462516e-016
>> disp(z)
   5.30000000000000e+001
```

Innerhalb der `while`-Schleife wird die Variable b in jedem Schritt halbiert, solange die Summe a+b ungleich a ist. Bei der exakten Rechnung über den reellen Zahlen würde das Abbruchkriterium der Schleife niemals erreicht werden. Bei der Rechnung über dem Gleitpunktzahlensystem wird die Schleife nach nur 53 (also endlich vielen) Schritten beendet und liefert den Wert $b \approx 1.1102 \cdot 10^{-16} \approx \frac{1}{2}\mathbf{eps}$. Das bedeutet, dass es in $\mathbb{F}(2, 53, -1021, 1024)$ mindestens eine Zahl b ungleich null gibt, sodass a+b $=$ a gilt. Diese Beobachtung lässt sich verallgemeinern: Werden bei der Rechnung mit Octave zwei Zahlen a und b mit $b < a$ und $b < \mathbf{eps}$ miteinander addiert, so erhalten wir stets $a + b = a$.

Das Assoziativgesetz wird unter anderem dann verletzt, wenn es zu einem Underflow oder Overflow kommt, wie das folgende Beispiel zeigt:

```
>> format short
>> a = 1.0e+308;
>> b = 1.01e+308;
>> c = -1.001e+308;
>> a+(b+c)
ans = 1.0090e+308
>> (a+b)+c
ans = Inf
```

Zu einem Underflow oder Overflow kann es also immer dann kommen, wenn zwei betragsmäßig annähernd gleich große Zahlen mit verschiedenen Vorzeichen addiert werden.

Rechnungsergebnisse können sogar so ungenau werden, dass sie als falsch interpretiert werden müssen. Dazu betrachten wir die durch äquivalente Termumformungen erhaltene Gleichungskette

$$\frac{(1+x)-1}{x} = \frac{1+(x-1)}{x} = \frac{1+x-1}{x} = \frac{x}{x} = 1,$$

die für alle $x \in \mathbb{R} \setminus \{0\}$ gilt. Für betragsmäßig sehr kleine Zahlenwerte x berechnet Octave für die ersten beiden Ausdrücke aus der Gleichungskette sehr ungenaue Ergebnisse:

```
>> format short
>> x = 1.0e-015;
>> ((1+x)-1)/x
ans = 1.1102
>> (1+(x-1))/x
ans = 0.99920
```

Der absolute Fehler mit rund $|1 - 1.1102| = 0.1102$ bzw. $|1 - 0.9992| = 0.0008$ ist in diesem Fall relativ groß. Im Zusammenhang mit dem dahinter stehenden Rundungsfehler spricht man auch von der *Auslöschung signifikanter Stellen*. Darunter versteht man den Effekt, dass bei der Subtraktion annähernd gleich großer Gleitkommazahlen die Anzahl korrekter Stellen verkleinert wird, sodass das Ergebnis der Rechnung falsch ist. Falls möglich sollte man deshalb auf die Subtraktion gleich großer Zahlen verzichten und zum Beispiel versuchen, durch Termumformungen zum Ausgangsausdruck äquivalente Ausdrücke zu finden, mit denen das Problem der Stellenauslöschung umgangen werden kann.

Dass die Anwendung des Distributivgesetzes in $\mathbb{F}(2, 53, -1021, 1024)$ nicht fehlerfrei abläuft, zeigt das folgende Beispiel:

```
>> a = 1.3333;
>> b = -1.3332;
>> c = 1.0001;
>> format short
>> (a+b)*c
ans = 1.0001e-004
>> a*c+b*c
ans = 1.0001e-004
>> format long e
>> (a+b)*c
ans = 1.00009999999989e-004
>> a*c+b*c
ans = 1.00009999999928e-004
```

Während das Ausgabeformat short das korrekte Ergebnis vermuten lässt, deckt die Verwendung des Ausgabeformats long e einen Rundungsfehler auf.

Die vorhergehenden Beispiele haben gezeigt, dass bei Rechnungen über der Menge $\mathbb{F}(2, 53, -1021, 1024)$ das Assoziativgesetz und das Distributivgesetz der reellen Zahlen allgemein nicht gelten. Aus diesen Tatsachen folgt weiter, dass sich über $\mathbb{R}$ zueinander äquivalente Ausdrücke bei der Berechnung mit Octave nicht gleich verhalten. Dazu ein weiteres Beispiel:

$$\frac{1}{\sqrt{a+b}-\sqrt{a}} = \frac{\sqrt{a+b}+\sqrt{a}}{(\sqrt{a+b}-\sqrt{a})\cdot(\sqrt{a+b}+\sqrt{a})} = \frac{\sqrt{a+b}+\sqrt{a}}{b} \qquad (*)$$

Dies gilt für alle $a, b \in \mathbb{R}$, die gleichzeitig die drei Forderungen $a \geq 0$, $a + b \geq 0$ und $\sqrt{a+b} - \sqrt{a} \neq 0$ erfüllen. Selbst wenn $a, b \in \mathbb{F}(2, 53, -1021, 1024)$ diese drei Forderungen erfüllen, bedeutet das bei der Rechnung mit Octave nicht automatisch, dass der erste und letzte Ausdruck in $(*)$ gleich sind:

```
>> format long e                    >> format long e

>> a = 2;                           >> a = 1.2345;
>> b = 3;                           >> b = 0.0001;
>> 1/(sqrt(a+b)-sqrt(a))            >> 1/(sqrt(a+b)-sqrt(a))
ans = 1.21676051329096e+000         ans = 2.22220611059250e+004
>> (sqrt(a+b)+sqrt(a))/b            >> (sqrt(a+b)+sqrt(a))/b
ans = 1.21676051329096e+000         ans = 2.22220611059707e+004

>> a = 2;                           >> a = 1.e+006;
>> b = 2.01;                        >> b = 1.0-005;
>> 1/(sqrt(a+b)-sqrt(a))            >> 1/(sqrt(a+b)-sqrt(a))
ans = 1.69985671732496e+000         ans = 2.00002115102501e+008
>> (sqrt(a+b)+sqrt(a))/b            >> (sqrt(a+b)+sqrt(a))/b
ans = 1.69985671732496e+000         ans = 2.00000000000500e+008
```

Während bei den ersten beiden Paaren für Zahlenwerte der Variablen a und b aus den angezeigten Berechnungsergebnissen flüchtig betrachtet auf die Gleichheit der beiden Ausdrücke geschlossen werden kann, zeigen die Rechnungen für die eigentlich „harmlos" aussehenden Wertepaare $(a, b) = (1.2345, 0.0001)$ und $(a, b) = (10^6, 10^{-5})$, dass dies allgemein doch nicht der Fall ist. Die entstehenden Unterschiede sind auf Rundungsfehler und hierbei insbesondere auf eine Auslöschung von Stellen zurückzuführen.

Vorsicht ist geboten, wenn mit fehlerbehafteten Ergebnissen weitergerechnet werden soll. Im Fall der zu Beginn des Abschnitts behandelten Berechnung von $\sin(\pi)$ kann man bei dem Ergebnis von gerundet 10^{-16} gemäß den Eigenschaften der Sinusfunktion davon ausgehen, dass dies in Wahrheit gleich null bedeutet. Damit ist weiter klar, dass zum Beispiel eine Kehrwertbildung von $\sin(\pi)$ nicht möglich ist, denn die Division durch null ist nicht erklärt. Das wird man im Einzelfall trotz des von null verschiedenen Octave-Ergebnisses per Prüfung mit den eigenen Augen erkennen und eine entsprechende Rechnung folglich auch nicht durchführen. Mit Blick auf die im Kapitel 2 behandelte Programmierung können solche Zwischenergebnisse jedoch schnell zu Problemen führen, denn man muss dem Programm mit geeigneten Kontrollmechanismen beibringen, dass `sin(pi)` genau gleich null ist und folglich eine Division durch `sin(pi)` nicht durchgeführt werden kann. Verzichtet man auf eine automatisch durchgeführte Interpretation erhaltener Ergebnisse und rechnet damit einfach weiter, dann ergibt sich:

```
>> 1/sin(pi)
ans = 8.1659e+015
```

Das ist offenbar falsch und wird in Folgerechnungen zu weiteren falschen Ergebnissen führen, d. h., durch einen Rundungsfehler verursachte Folgefehler schaukeln sich immer weiter auf. Werden Rundungsfehler und ihre Folgen nicht beachtet, so kann dies fatale

Auswirkungen haben, die bei realen Anwendungen im schlimmsten Fall sogar Menschen-
leben kosten können.

Trotz der aufgezeigten Probleme bei der Rechnung auf dem Computer sind die mit kleineren Rundungsfehlern einhergehenden Ungenauigkeiten in der Praxis häufig kein Problem, wenn Anwender konsequent mitdenken und Ergebnisse kritisch hinterfragen. Beim
Einsatz von Octave oder anderer Software zur Lernunterstützung sollte man das Thema
der Rundungsfehler insgesamt auch nicht überbewerten. Bei vielen der in diesem Buch
nachfolgend behandelten Beispielrechnungen spielen Rundungsfehler und ihre Folgen nur
eine untergeordnete Rolle. Das liegt auch daran, dass in Rechnungen Zahlenwerte häufig
nicht die kritischen Größen x_{min}, x_{max} und **eps** tangieren, sondern im Bereich „normaler"
Gleitpunktzahlen liegen, die seltener Probleme bereiten. Außerdem ergeben sich in den
nachfolgend behandelten Beispielen nur wenige Situationen, die zu einer Auslöschung
von Stellen führen können.

Vielfach werden Rundungsfehler auch gar nicht auffallen, denn relativ selten muss man
sich in Anwendungen viele (Nachkomma-) Stellen eines Ergebnisses anzeigen lassen.
Die Betrachtung von Ergebnissen im Standardausgabeformat `short` ist vielfach ausreichend und wie an einigen Beispielen in diesem Abschnitt gezeigt wurde, lässt dieses Format sehr kleine und in der Praxis vernachlässigbare Rundungsfehler nicht so offensichtlich erkennen. Diese Argumentation ist natürlich andererseits gefährlich, denn
dadurch wird die Problematik der Rundungsfehler zum Teil durch einen Gewöhnungs-
effekt unsichtbar. Einmal mehr gilt also die Empfehlung, genau hinzusehen und mitzuden-
ken. Mit etwas Übung lassen sich kleinere und erst recht größere Rundungsfehler auch im
Ausgabeformat `short` leicht erkennen und entsprechend korrigieren.

Nicht so offensichtlich betrachtet wurden in diesem Abschnitt ganze Zahlen. Dazu sei bemerkt, dass ganze Zahlen bei Octave exakt dargestellt werden und auch bei der Addition,
Subtraktion und Multiplikation von ganzen Zahlen keine Fehler entstehen, solange es dabei zu keiner „Grenzüberschreitung" kommt, die Octave zu einer Umschaltung auf eine
Gleitpunktdarstellung zwingt.

Zur Darstellung von Zahlen auf dem Computer und der damit verbundenen Problematik von Rundungsfehlern wurden in diesem Abschnitt die zum Verständnis wichtigsten
Aussagen zusammengetragen und mit Beispielen illustriert. Wer tiefer in diese Themen
einsteigen möchte, sei auf die weiterführende Literatur verwiesen. Dabei bietet sich für
besonders interessierte Leser das Lehrbuch [38] an, das neben den Beweisen zu den hier
vorgestellten Aussagen detailliert auch auf weitere Themen wie zum Beispiel die Fehler-
abschätzung und die Fehlerfortpflanzung eingeht. Eine etwas knappere und ebenfalls mit
Beweisen zu den obigen Aussagen versehene Darstellung findet man in [34].

Aufgaben zum Abschnitt 1.8

Aufgabe 1.8.1:

a) Ermitteln Sie die größtmögliche natürliche Zahl $n \in \mathbb{N}$, für die mit Octave die Fakultät $n! = 1 \cdot 2 \cdot 3 \cdot \ldots \cdot n$ berechnet werden kann. Sei $n^* \in \mathbb{N}$ diese Zahl. Was ergibt sich bei dem Versuch, $(n^* + 1)!$ zu berechnen?

b) Bestimmen Sie eine Zahl $b < 0$, sodass bei der Rechnung mit Octave $15 + b = 15$ gilt.

c) Berechnen Sie mit Octave die Zahlenwerte

$$1 - 1 \ , \ 1 - 1 + 10^{-14} \ , \ 1 + 10^{-14} - 1 \ , \ \sqrt{3}^2 - 3 \ \text{und} \ \cos\left(\sqrt{3}^2 - 3\right)$$

in der angegebenen Art und Weise. Rechnet Octave korrekt?

Aufgabe 1.8.2: Der Binomialkoeffizient $\binom{n}{k}$ ist für natürliche Zahlen $n, k \in \mathbb{N}_0$ mit $n \geq k$ folgendermaßen definiert:

$$\binom{n}{k} := \underbrace{\frac{n!}{(n-k)! \cdot k!}}_{(*)} = \underbrace{\frac{(n-k+1) \cdot \ldots \cdot (n-1) \cdot n}{k!}}_{(\#)} = \underbrace{\frac{(k+1) \cdot \ldots \cdot (n-1) \cdot n}{(n-k)!}}_{(\#\#)}$$

Dabei ergeben sich (#) und (##) aus (∗) durch Anwendung der Definition der Fakultät $n!$. (siehe Aufgabe 1.8.1 bzw. $0! = 1$) und Kürzen gleicher Faktoren. Berechnen Sie falls möglich mit Octave die Binomialkoeffizienten $\binom{100}{95}, \binom{200}{150}$ und $\binom{200}{192}$ jeweils gemäß den Darstellungen (∗), (#) und (##).

Aufgabe 1.8.3: Mit Octave soll

$$2 + \sum_{n=1}^{100000} 10^{-17}$$

berechnet werden. Führen Sie diese Rechnung auf unterschiedliche Art und Weise durch:

a) Nach Initialisierung einer Variable summe mit dem Wert 2 soll mithilfe einer for-Schleife zu summe nacheinander 100000-mal die Konstante 10^{-17} addiert werden.

b) Die Berechnung erfolgt unter Verwendung der Octave-Funktionen sum und ones.

c) Nach Initialisierung einer Variable summe mit dem Wert 0 soll mithilfe einer for-Schleife zu summe nacheinander 100000-mal die Konstante 10^{-17} addiert werden. Anschließend wird zu summe der Wert 2 addiert.

Vergleichen Sie mit dem exakten Ergebnis und interpretieren Sie die Octave-Ergebnisse hinsichtlich ihrer Genauigkeit.

1.9 Nutzung verschiedener Octave-Versionen

Octave wird ständig weiterentwickelt, erweitert und an neuere Anforderungen angepasst, was auch die Behebung eventueller Fehler einschließt. Zwischen dem Erscheinen von neueren Octave-Versionen können unterschiedlich lange Zeiträume liegen und häufig werden Nutzer zwischen unmittelbar aufeinander folgenden Versionen auf den ersten Blick keine Unterschiede bemerken. Natürlich entscheidet jeder Nutzer selbst, ob auf dem eigenen Rechner stets die neueste Version installiert werden muss. Wer etwa die bei der Erarbeitung dieses Buchs im Herbst 2020 aktuelle Version 5.2.0 genutzt hat, war und ist damit zur Lösung diverser Probleme gut ausgerüstet und es gibt für viele Nutzer dieser sehr stabilen Version eigentlich keine Notwendigkeit, die nur ein Jahr später erschienene Version 6.4.0 zu nutzen, die nur kleinere Unterschiede zur Version 5.2.0 aufweist. Andererseits kann es sich lohnen, hin und wieder doch eine neuere Version auf dem Rechner zu installieren, wenn seit dem letzten Download bereits mehrere Jahre vergangen sind. Nutzer der Version 4.2.1 aus dem Jahr 2017 sind gut beraten, heute auf eine neuere Version umzusteigen, bei der unter anderem die grafische Benutzeroberfläche stabiler läuft und zahlreiche weitere Funktionen neu hinzugekommen sind. Man kann übrigens auf einem Rechner verschiedene Octave-Versionen parallel verwenden.

Grundsätzlich kann man davon ausgehen, dass die Octave-Versionen aufwärtskompatibel sind, d. h., Octave-Funktionen aus älteren Versionen sind in der Regel auch unter neueren Versionen nutzbar. Die im Kapitel 1 besprochenen Grundlagen sind davon ohnehin unberührt und unter jeder Version identisch einsetzbar. Bei komplexeren Funktionen (wie beispielsweise zur Lösung von Optimierungsproblemen) kann es jedoch passieren, dass die eine oder andere Funktion durch die Octave-Entwickler geringfügig angepasst wird. Das kann die für die Nutzer meist nicht sichtbare Programmierung betreffen, erweiterte Funktionalitäten umfassen oder das Format der Ein- und Ausgangsparameter. In diesem Zusammenhang kann nicht ausgeschlossen werden, dass bei der einen oder anderen Funktion zum Beispiel Warnmeldungen im Befehlsfenster ausgegeben werden, während dies bei der Nutzung der gleichen Funktion unter einer älteren Octave-Version nicht erfolgt. Hier sollten Nutzer nicht gleich in Panik geraten, sondern sich die Warnmeldung und vor allem auch die Berechnungsergebnisse zunächst genauer anschauen. In der Regel erweisen sich solche Warnmeldungen als belanglos, d. h., die Funktion rechnet trotzdem korrekt. Kritischer ist jedoch mit Fehlermeldungen umzugehen, die unter einer neueren Version auftreten, unter einer älteren jedoch nicht, was jedoch sehr selten vorkommt.

Alle in diesem Lehrbuch vorgestellten Beispielrechnungen und die Lösungen zu den Aufgaben wurden entweder unter der Octave-Version 5.2.0 erarbeitet oder aus der Beispielsammlung des Autors übernommen, denen ältere Octave- bzw. MATLAB-Versionen zugrunde liegen. Unmittelbar vor dem Druck des Buchs wurden alle Beispiele und die Lösungen zu den Aufgaben jedoch zusätzlich unter der Octave-Version 6.4.0 getestet. Dabei kam es zu keinen Problemen, lediglich bei den im Abschnitt 4.1 vorgestellten Octave-Funktionen `qp` und `sqp` werden unter der Version 6.4.0 Warnmeldungen ausgegeben, die sich jedoch bezüglich der damit gelösten Probleme als belanglos erweisen.

Programmierung mit Octave

2

Nicht alle Probleme mit mathematischem Hintergrund lassen sich unter alleiniger Nutzung der von Octave bereitgestellten Funktionen lösen. Außerdem ist die Lösung größerer Probleme im Befehlsfenster unübersichtlich. Für komplexere Probleme oder solche Aufgabenstellungen, zu denen Octave keine Lösungsroutinen zur Verfügung stellt, können sich Anwender geeignete Programme selbst schreiben. Ein Programm besteht dabei in der Regel aus einem Hauptprogramm, das in einer gewissen zeitlichen Reihenfolge Unterprogramme aufruft, die ihrerseits weitere Unterprogramme aufrufen können. Entgegen dem Konzept herkömmlicher Programmiersprachen gibt es in Octave streng genommen keine Hauptprogramme, auch wenn wir beispielsweise eine Funktion zum Start von Rechnungen so nennen. Das Programmieren mit Octave ist relativ leicht zu lernen, denn es muss nur zwischen den folgenden zwei Typen von Unterprogrammen unterschieden werden, die beliebig miteinander verknüpft werden können:

- **Skripte** bestehen aus einer Aneinanderreihung von Octave-Befehlen, die nach dem Aufruf eines Skripts hintereinander ausgeführt werden.
- **Funktionen** werden unter anderem zur Programmierung komplexerer Algorithmen genutzt. Dazu können einer Funktion Parameter als Input übergeben werden. Zur Interaktion mit anderen Funktionen kann eine Funktion Ergebnisse als Output zurückgeben.

Das Programmieren ist auch deshalb besonders leicht zu lernen, da man sich häufig keine Gedanken um Datentypen machen muss. Das entbindet natürlich nicht von einer gewissen Sorgfalt bei der Definition und Nutzung von Variablen und ihrer Bedeutung.

2.1 Octave-Skripte

Skripte bestehen wie bereits gesagt aus einer Aneinanderreihung von Octave-Befehlen. Das können Variablendefinitionen einschließlich Wertzuweisungen, einfache Rechnungen oder der Aufruf von Funktionen sein. Skripte können zum Beispiel als „Hauptprogramm" genutzt werden, das eine Berechnung bzw. Lösung zu einem Problem startet, durchführt und entsprechende Unterprogramme (also andere Skripte oder Funktionen) miteinander verknüpft. Skripte können aber auch dazu verwendet werden, um einen identischen Programmcode an verschiedenen Stellen eines Programms zu ersetzen. Das spart einerseits Schreibarbeit und reduziert andererseits das Auftreten von Fehlern.

Ergänzende Information Die elektronische Version dieses Kapitels enthält Zusatzmaterial, auf das über folgenden Link zugegriffen werden kann https://doi.org/10.1007/978-3-658-64782-0_2.

Die Anweisungen für ein Skript können im Prinzip mit jedem beliebigen Texteditor geschrieben werden. Einen speziellen Editor stellt die Grafikversion von Octave bereit. Man öffnet ihn über das Menü *Fenster* und klickt dort auf das Untermenü *Editor*. Der Vorteil dieses Editors ist, dass spezielle Octave-Schlüsselwörter, Zahlenwerte, Klammern und Zeichenketten farbig hervorgehoben werden, was unter anderem die Fehlersuche erleichtert. Natürlich hält der Editor auch diverse weitere Hilfe und Unterstützung für Programmierer bereit, auf die wir hier nicht näher eingehen wollen.

Als Beispiel für ein Skript geben wir im Octave-Editor die Vorsätze wichtiger Einheiten ein. Zusätzlich versehen wir die Programmzeilen des Skripts mit Kommentaren, die mit dem Prozentzeichen % beginnen und hinter einer Anweisung oder in einer eigenen Zeile stehen können.[1] Die links zur Orientierung notierten Zeilennummern finden sich am linken Rand des Editors wieder:

```
01  % Umrechnungsfaktoren wichtiger Einheiten
02  tera = 10^12;     % Billion
03  giga = 10^9;      % Milliarde
04  mega = 10^6;      % Million
05  kilo = 10^3;      % Tausend
06  dezi = 10^(-1);   % Zehntel
07  zenti = 10^(-2);  % Hunderstel
08  milli = 10^(-3);  % Tausendstel
09  mikro = 10^(-6);  % Millionstel
10  nano = 10^(-9);   % Milliardstel
```

Zum Speichern des Skripts legen wir an einem beliebigem Ort auf der Festplatte des Computers ein Verzeichnis an, das zum Beispiel den Namen Programme erhält. Dieses Verzeichnis wählen wir im Octave-Arbeitsfenster über das Feld *Aktuelles Verzeichnis* in der Werkzeugleiste[2] oder über den Dateibrowser[3] als aktuelles Arbeitsverzeichnis aus. Dort speichern wir das Skript als m-Datei unter dem Namen einheitentabelle.m.

Der Aufruf des Skripts erfolgt durch die Eingabe des Dateinamens (ohne die Dateierweiterung m!) im Befehlsfenster. Die im Skript hinterlegten Befehle und Anweisungen werden nach Druck auf die ENTER-Taste ausgeführt. Das bedeutet im Fall des Beispielskripts, dass für die weitere Arbeit jetzt Variablen mit den Namen tera, giga, ..., nano mit den entsprechenden Werten zur Verfügung stehen. Hier ein Anwendungsbeispiel:

```
>> einheitentabelle
>> masse = 123;
>> disp(['Masse in Gramm: ',num2str(masse)])
>> disp(['Masse in Kilogramm: ',num2str(masse/kilo)])
>> disp(['Masse in Milligramm: ',num2str(masse/milli)])
```

---

[1] Kommentare sind allgemeiner im Code von Skripten und Funktionen für die spätere Nachvollziehbarkeit, aber auch zum Austausch mit anderen Programmierern und Anwendern unerlässlich.

[2] Die Werkzeugleiste (Symbolleiste) befindet sich in der Grundeinstellung des Arbeitsfensters direkt unter der Menüleiste, siehe Abb. 1 auf Seite 2.

[3] Sollte der Dateibrowser nicht sichtbar sein, dann kann er in der Menüleiste über das Menü *Fenster* und dort über das Untermenü *Dateibrowser anzeigen* aktiviert werden.

Auf die gleiche Weise kann ein Skript in ein beliebiges Unterprogramm eingebunden werden. Das demonstrieren wir am Beispiel des folgenden Skripts:[4]

```
01  % Aufruf des Skripts einheitentabelle.m
02  einheitentabelle
03
04  masse = 123; % in Gramm
05  disp(['Eine Masse von ',num2str(masse), ...
06  ' g entspricht ',num2str(masse/kilo), ...
07  ' kg bzw. ',num2str(masse/milli),' mg.'])
08
09  laenge = 500; % in Zentimeter
10  disp(['Laengenumrechnung: ',num2str(laenge), ...
11  ' cm = ',num2str(laenge*zenti), ...
12  ' m = ',num2str(laenge*zenti/dezi), ...
13  ' dm = ',num2str(laenge*zenti/kilo),' km'])
```

Wir speichern dieses Skript unter dem Dateinamen `einheitenumrechnung.m` im gleichen Verzeichnis, in dem auch das Skript `einheitentabelle.m` liegt, also im Verzeichnis `Programme`. Dieses wählen wir abermals als aktuelles Arbeitsverzeichnis und geben im Befehlsfenster das Kommando `einheitenumrechung` ein und drücken die ENTER-Taste:

```
>> einheitenumrechnung
Eine Masse von 123 g entspricht 0.123 kg bzw. 123000 mg.
Laengenumrechnung: 500 cm = 5 m = 50 dm = 0.005 km
```

Ein Skript kann grundsätzlich auf alle Variablen des aufrufenden Programms zurückgreifen, die vor dem Aufruf des Skripts definiert wurden. Gleiches gilt für alle aktiven Variablen im Befehlsfenster, wenn ein Skript dort angewendet werden soll. Das verdeutlichen wir am Beispiel des folgenden Skripts, das wir im Arbeitsverzeichnis unter dem Namen `plot_math_funktion.m` speichern:

```
01  % I = [a,b] ist ein Intervall
02  schrittweite = (b-a)/100;
03  approxgitter = union(a:schrittweite:b,b);
04
05  % f ist eine mathematische Funktion,
06  % die ueber den @-Operator definiert wird
07  plot(approxgitter,f(approxgitter))
08  xlabel('x')
09  ylabel('y')
10  title('Plot einer Funktion')
```

---

[4] Aus Platzgründen muss die an die `disp`-Funktion übergebene Zeichenkette hier im Lehrbuch über mehrere Zeilen verteilt werden. Das realisieren die drei Punkte am Ende der Zeilen, die Octave mitteilen, dass eine Anweisung(skette) noch nicht abgeschlossen ist, sondern in der folgenden Zeile fortgesetzt wird. Natürlich kann man den `disp`-Aufruf komplett in einer Zeile schreiben.

Wird das Skript aufgerufen, ohne das zuvor die Variablen a, b und f definiert und mit zur Anwendung des Skripts passenden Werten belegt wurden, kommt es natürlich zu einer Fehlermeldung:

```
>> plot_math_funktion
error: 'b' undefined near line 2 column 17
error: called from
    plot_math_funktion at line 2 column 14
```

Eine korrekte Anwendung des Skripts ergibt sich zum Beispiel folgendermaßen:

```
>> a = 0;
>> b = 5;
>> f = @(x) sqrt(x).*exp(-x);
>> plot_math_funktion
```

Ein weiterer Unterschied zu Funktionen besteht darin, dass die innerhalb von Skripts definierten Variablen und ihre Werte auch nach der Ausführung des Skripts dem aufrufenden Unterprogramm zur Verfügung stehen. Mit Bezug auf das letzte Beispielskript können wir nach dessen Aufruf den Vektor approxgitter verwenden, auch wenn dieser zuvor im Befehlsfenster nicht definiert wurde. Wurde approxgitter jedoch *vor* Aufruf des Skripts definiert, dann werden die alten Werte mit Ablaufen des Skripts überschrieben. Das kann aus Anwendersicht beabsichtigt sein, kann aber auch zu ernsthaften Problemen führen. Anders als bei Funktionen gibt es bei Skripten keine automatisch ablaufende Möglichkeit, die Kontrolle über (globale) Variablen und ihre Werte zu behalten. Dies kann zu unerwünschten Effekten und im schlimmsten Fall zu Fehlern führen. Skripte sollten deshalb nur mit Augenmaß bei der Programmierung eingesetzt werden.

Aufgaben zum Abschnitt 2.1

Aufgabe 2.1.1: Fassen Sie die beispielhaft gegebenen Anweisungen in Abschnitt 1.7.3 zur Gestaltung von Linien und Markern in einem Skript markerfarbe.m derart zusammen, dass bei der Ausführung des Skripts eine Grafik analog zu der Darstellung in Abb. 9 erhalten wird.

Aufgabe 2.1.2:
a) Bei der Programmierung zur Lösung eines Problems werden in verschiedenen Octave-Funktionen die Funktionswerte der durch die folgenden Gleichungen gegebenen Funktionen benötigt:

$$f(x) = e^x \sin(x) + e^{-x} \cos(x) + 1 \qquad h(x) = \exp(1 - x^2)$$
$$g(x) = \ln^2(x+1) + 2\ln(x+1) - 2 \qquad k(x) = 4\sin^2(x) - 7\sin(2x) + 5$$

Schreiben Sie ein Skript wichtige_Funktionen.m, nach dessen Aufruf dem Programm die Funktionsterme von f, g, h und k zur Verfügung stehen.

b) Führen Sie das Skript wichtige_Funktionen.m im Octave-Befehlsfenster aus. Berechnen Sie anschließend die Funktionswerte $f(2)$, $g(3)$ und $k\big(h\big(g\big(f(2)\big)\big)\big)$.

2.2 Selbst programmierte Octave-Funktionen

Eine Octave-Funktion besteht aus dem Funktionskopf und dem darunter stehenden Funktionsrumpf. Der Funktionskopf wird stets durch das Schlüsselwort `function` eingeleitet, der Funktionsname kann nahezu beliebig gewählt werden. Einer Funktion können beliebig viele Eingangsparameter übergeben werden, die innerhalb des Funktionsrumpfs als Variable genutzt werden. Mehrere Eingangsparameter werden in runden Klammern hinter dem Funktionsnamen durch Kommas getrennt als Auflistung notiert. Analog kann eine Funktion beliebig viele Ausgangsparameter haben, die in eckigen Klammern hinter dem Schlüsselwort `function` durch Kommas getrennt als Auflistung notiert werden. Hat eine Funktion beispielsweise drei Eingangsparameter E1, E2 und E3 und außerdem zwei Ausgangsparameter A1 und A2, dann sieht ihr Kopf folgendermaßen aus:

```
function[A1,A2] = funkt_name(E1,E2,E3)
```

Hat eine Funktion keine Eingangsparameter, dann schreibt man hinter dem Funktionsnamen ein leeres rundes Klammerpaar:

```
function[ausgangsparameter] = funkt_name()
```

Hat eine Funktion keine Ausgangsparameter, dann kann man dies durch ein leeres eckiges Klammerpaar ausdrücken:

```
function[] = funkt_name(eingangsparameter)
```

Soll es keinen oder genau einen Ausgangsparameter geben, dann kann man das eckige Klammerpaar auch weglassen. Es sei jedoch aus Gründen einer gewissen Einheitlichkeit empfohlen, das eckige Klammerpaar auch dann zu setzen.

Der Funktionsrumpf beginnt optional mit einer Beschreibung der Funktion für die Online-Hilfe. Diese lässt sich später im Befehlsfenster mittels `help funkt_name` abrufen. Dann folgt der Hauptteil des Funktionsrumpfs, der aus allen möglichen ausführbaren Octave-Anweisungen aufgebaut sein kann. Dabei sollte sichergestellt sein, dass den im Funktionskopf aufgelisteten Ausgangsparametern auch tatsächlich ein Wert zugewiesen wird, da es sonst beim Aufruf der Funktion zu Fehlern kommen kann. Eine Octave-Funktion hat also insgesamt die folgende Struktur:

```
function[ausgangsparam] = funkt_name(eingangsparam)
% Beschreibung der Funktion

ausführbare Anweisungen
ausgabeparam = berechnete Werte
```

Alle ausführbaren Anweisungen einschließlich Wertezuweisungen im Funktionsrumpf sollten mit einem Semikolon abgeschlossen werden, denn sonst werden in der Regel nicht benötigte Berechnungsergebnisse im Befehlsfenster ausgegeben. Weiter ist zu beachten, dass alle innerhalb der Funktion definierten und verwendeten Variablen nur während der Ausführung der Funktion gültig sind. Das bedeutet, dass mit jedem neuen Aufruf der Funktion eine lokale Arbeitsumgebung festgelegt wird, zu deren Beginn nur die

Eingangsparameter der Funktion definiert sind. Von den Eingangsparametern wird außerdem lediglich eine lokale Kopie angefertigt, d. h., werden die Werte der Eingangsvariablen während der Ausführung der Funktion verändert, dann hat das in dem die Funktion funkt_name aufrufenden Unterprogramm keine Auswirkungen. Das bedeutet außerdem, dass nach der Abarbeitung einer Funktion für das aufrufende Unterprogramm nur die Werte der als Ergebnis zurückgegebenen Ausgangsparameter sichtbar sind.

Jede Funktion, die von außen, d. h., für den Anwender selbst als auch für andere Funktionen oder Skripte sichtbar sein soll, muss in einer eigenen Datei stehen. Der Dateiname muss mit dem Funktionsnamen übereinstimmen und die Dateierweiterung m tragen. Die obige allgemeine Funktion muss also unter dem Namen funkt_name.m gespeichert werden. Soll ein Programm aus mehreren selbst geschriebenen Octave-Funktionen bestehen, die sich untereinander in beliebiger Weise gegenseitig aufrufen, dann müssen alle Funktionen im gleichen Verzeichnis gespeichert werden.

Die folgende Beispielfunktion berechnet den Flächeninhalt eines Rechtecks, gibt das Berechnungsergebnis zurück und im Befehlsfenster einen Informationstext aus:

```
01  function[flaeche] = rechteck(a,b,einheit)
02  % Funktion rechteck(a,b,einheit) zur
03  % Berechnung des Flächeninhalts eines Rechtecks
04  %
04  % Eingangsparameter:
05  %     a,b ... Seitenlängen (reelle Zahlen)
06  %     einheit ... Maßeinheit (Zeichenkette)
07  %
08  % Ausgangsparameter:
09  %     flaeche ... Flächeninhalt (reelle Zahl)
10
11  flaeche = a*b;
12  disp(['Das Rechteck mit den Seitenlängen a = ',...
13     num2str(a),' ',einheit,' und b = ',...
14     num2str(b),' ',einheit,' hat den Flächeninhalt ',...
15     num2str(flaeche),' ',einheit,'^2.'])
```

Wir speichern diese Funktion im aktuellen Arbeitsverzeichnis unter dem Namen rechteck.m. Ist das erledigt, dann können wir die Funktion zum Beispiel im Befehlsfenster verwenden:

```
>> A = rechteck(3,4,'cm')
Das Rechteck mit den Seitenlängen a = 3 cm und b = 4 cm
hat den Flächeninhalt 12 cm^2.
A = 12
```

Das von der Funktion zurückgegebene Ergebnis wurde der Variable A zugewiesen, die für weitere Rechnungen genutzt werden kann. Durch die Anweisung

```
>> help rechteck
```

kann der Hilfetext im Befehlsfenster abgerufen werden. Es sei nochmals darauf hingewiesen, dass der Hilfetext *optional* ist, d. h., er muss nicht zwangsläufig in einer Funktion notiert werden. Das gilt zum Beispiel für die kleineren Programmierbeispiele und -aufgaben, die in diesem Lehrbuch behandelt werden. Bei größeren Programmierprojekten sollte *jede* Funktion mit einem Hilfetext beginnen, der zugleich eine Kommentarfunktion für alle beteiligten Programmierer hat.

Optional *kann* man das Ende einer in einer m-Datei gespeicherten Funktion mit dem Schlüsselwort `endfunction` beenden, womit die Funktion jedoch von vornherein nicht mehr zu MATLAB kompatibel ist, wo das Schlüsselwort `endfunction` unbekannt ist. Das Ende einer in einer m-Datei gespeicherten Funktion muss auch nicht gesondert gekennzeichnet werden, denn Octave interpretiert eine Funktion spätestens dann als beendet, wenn während ihrer Ausführung das Ende der m-Datei erreicht wird.

Nicht zwangsläufig muss eine selbst geschriebene Octave-Funktion in einer m-Datei gespeichert werden. Das ist bei größeren Programmierprojekten zwingend erforderlich und allgemein sinnvoll, wenn eine Funktion aus vielen Zeilen Programmcode besteht oder in verschiedenen Octave-Sitzungen wiederverwendet werden soll. Wird dagegen eine aus wenigen Codezeilen bestehende Funktion nur während einer einzigen Octave-Sitzung benötigt, dann kann man diese auch einfach im Befehlsfenster definieren und verwenden. In diesem Fall muss das Ende einer Funktion jedoch zwingend mit einem der Schlüsselwörter `end` oder `endfunction` beendet werden. Eine reduzierte Variante der obigen Funktion zur Berechnung des Flächeninhalts eines Rechtecks kann also im Befehlsfenster auch folgendermaßen definiert und verwendet werden:

```
>> function[flaeche] = rechteck(a,b)
flaeche = a*b;
end
>> A = rechteck(3,4)
A = 12
```

Dabei wird die Definition und Programmierung der Funktion `rechteck` abgeschlossen, wenn nach dem end-Befehl die ENTER-Taste gedrückt wird. Die Funktion `rechteck` kann danach im Befehlsfenster genutzt werden, steht aber nach dem Ende der Octave-Sitzung nicht mehr zur Verfügung.

Die folgende im Octave-Editor geschriebene Funktion berechnet nicht nur den Flächeninhalt eines Rechtecks, sondern außerdem seinen Umfang. Sie gibt beides zusammengefasst in einem Vektor zurück:

```
1  function[ergebnis] = rechteck2(a,b)
2  flaeche = a*b;
3  umfang = 2*(a+b);
4  ergebnis = [flaeche, umfang];
```

Entsprechend ihrem Namen speichern wir die Funktion im aktuellen Arbeitsverzeichnis als `rechteck2.m` und können damit im Befehlsfenster arbeiten:

```
>> M = rechteck2(3,4)
M =
    12    14
```

Der Nachteil bei dieser Art der Ergebnisrückgabe besteht darin, dass der Anwender wissen muss, wofür die erste und zweite Zahl im der Variable M zugewiesenen Ergebnisvektor steht. Dies kann leicht zu Verwechslungen und damit verbundenen Fehlern führen, die sich vermeiden lassen, wenn wir in der Funktion den Flächeninhalt und den Umfang getrennt voneinander zurückgeben. Eine solche Funktion hat zwei Ausgangsparameter:

```
1  function[flaeche,umfang] = rechteck3(a,b)
2  flaeche = a*b;
3  umfang = 2*(a+b);
```

Die Anwendung der Funktion erfolgt im Befehlsfenster folgendermaßen:

```
>> [A,u] = rechteck3(3,4)
A = 12
u = 14
```

Für jeden der beiden Ausgangsparameter flaeche bzw. umfang haben wir im Befehlsfenster eine Variable vorgesehen, denen wir die durch die Funktion zurückgegebenen Ergebniswerte zuweisen. Das sind die Variablen A bzw. u, die wir dazu durch ein Komma voneinander getrennt in eckige Klammern setzen müssen. Wird in Folgerechnungen nur der Flächeninhalt benötigt, dann können wir Folgendes eingeben:

```
>> A = rechteck3(3,4)
A = 12
```

Wird dagegen in Folgerechnungen nur der Umfang benötigt, dann müssen wir zwangsweise auch den Flächeninhalt einer (womöglich nicht benötigten) Variable zuweisen, was wie oben erfolgt. Der Aufruf einer Funktion bewirkt also, dass von ihren Ausgangsparametern grundsätzlich nur der erste zurückgegeben wird, wenn die Wertezuweisung nur an genau eine Variable erfolgt und nicht an eine in eckige Klammern gesetzte Liste mit passender Variablenanzahl. Das wird auch bei dem folgenden Funktionsaufruf deutlich:

```
>> rechteck3(3,4)
ans = 12
```

Bei dieser und der vorhergenden Variante des Funktionsaufrufs wurde bei der Ausführung der Funktion rechteck3 der Umfang berechnet, obwohl das in der Variable umfang gespeicherte Ergebnis nicht benötigt wird. Dieser Mehraufwand lässt sich vermeiden, siehe dazu später in Abschnitt 2.8.

Die folgende Funktion berechnet nicht nur den Flächeninhalt und den Umfang eines Rechtecks, sondern zusätzlich die Länge seiner Diagonalen. Die drei Berechnungsergebnisse geben wir separat zurück, d. h., die Funktion hat drei Ausgangsparameter:

```
1  function[flaeche,umfang,diaglaenge] = rechteck4(a,b)
2  flaeche = a*b;
3  umfang = 2*(a+b);
4  diaglaenge = sqrt(a^2+b^2);
```

Auch am Beispiel dieser Funktion demonstrieren wir die Abarbeitung der Reihenfolge bei der Werteübergabe der Ausgangsparameter. Zuerst die Zuweisung an eine Variable:

```
>> A = rechteck4(3,4)
A = 12
```

Jetzt übergeben wir den Flächeninhalt und den Umfang an jeweils eine Variable:

```
>> [A,u] = rechteck4(3,4)
A = 12
u = 14
```

So müssen wir auch vorgehen, wenn in Folgerechnungen lediglich der an die Variable u übergebene Umfang benötigt wird. Schließlich übergeben wir die Werte aller drei Ausgangsparameter an eine Variable im Befehlsfenster:

```
>> [A,u,d] = rechteck4(3,4)
A = 12
u = 14
d = 5
```

So müssen wir auch vorgehen, wenn in Folgerechnungen lediglich die an die Variable d übergebene Diagonalenlänge benötigt wird.

Selbstverständlich können im Funktionsrumpf beliebige Octave-Funktionen genutzt werden, sowohl die standardmäßig im Octave-Paket mitgelieferten als auch die selbstgeschriebenen. Die Funktion rechteck4 können wir alternativ zum Beispiel folgendermaßen unter Verwendung der Funktion rechteck3 konstruieren:

```
1 function[flaeche,umfang,diaglaenge] = rechteck42(a,b)
2 [flaeche,umfang] = rechteck3(a,b);
3 diaglaenge = sqrt(a^2+b^2);
```

Die Dateien rechteck42.m und rechteck3.m müssen dazu im gleichen Verzeichnis gespeichert werden.

In den folgenden Abschnitten 2.3 bis 2.7 wird eine Auswahl von hilfreichen Werkzeugen zur Programmierung vorgestellt. Die Abschnitte 2.8 und 2.9 beschäftigen sich eingehender mit der Übergabe von Eingangs- und Ausgangsparametern einer Funktion. Das alles erfolgt nicht bis ins allerkleinste Detail, sondern in einem für Programmieranfänger verträglichen Umfang.

Aufgaben zum Abschnitt 2.2

Aufgabe 2.2.1: Schreiben Sie eine Octave-Funktion `trigplot.m`, welche die Sinus-und die Konsinusfunktion im Intervall $[0, 2\pi]$ gemeinsam grafisch darstellt. Dabei soll der Graph der Sinusfunktion rot, der Graph der Kosinusfunktion blau dargestellt werden. Außerdem sollen die jeweils an den Stellen $x \in \{0, \pi, 2\pi\}$ auf den Funktionsgraphen liegenden Punkte $(x \mid \sin(x))$ bzw. $(x \mid \cos(x))$ durch ausgefüllte Kreise in der jeweiligen Farbe (rot bzw. blau) markiert werden. Die an den Stellen $x \in \left\{\frac{\pi}{2}, \frac{3}{2}\pi\right\}$ auf den Funktionsgraphen liegenden Punkte sollen in der gleichen Weise durch mit der Spitze nach unten zeigende Dreiecke hervorgehoben werden. Eine Beschriftung der Achsen, eine unter der Grafik platzierte Legende und eine geeignete Überschrift sollen die Darstellung abrunden. Die Funktion hat keine Eingangs- und keine Ausgangsparameter.

Aufgabe 2.2.2: Schreiben Sie eine Funktion `haus_vom_nikolaus.m`, welche ausgehend von einem Punkt P das sogenannte Haus vom Nikolaus plottet. Der Punkt P soll dabei die untere linke Ecke des Hauses darstellen. Die Koordinaten des Punkts P sollen dabei als Eingangsparameter übergeben werden. Das Haus vom Nikolaus soll vier Längeneinheiten breit und acht Längeneinheiten hoch sein, wobei der Dachfußboden sechs Längeneinheiten über dem Boden liegt. Die Funktion hat keine Ausgangsparameter.

Aufgabe 2.2.3: Schreiben Sie eine Funktion `vektorverknuepfung.m`, die aus den Vektoren $a = (1, 2, 3, 4, \ldots, n)$ und $b = (1, 4, 7, 10, \ldots, 3n - 2)$ mithilfe einer `for`-Schleife einen Vektor $c = (c_1, \ldots, c_n)$ mit $c_k = \frac{a_k + (-1)^k \cdot b_k}{a_k \cdot b_k}$ für $k = 1, \ldots, n$ erzeugt. Dabei ist a_k, b_k bzw. c_k jeweils der k-te Eintrag im Vektor a, b bzw. c. Die Anzahl $n \in \mathbb{N}$ der Vektoreinträge soll der einzige Eingangsparameter und der Ergebnisvektor c der einzige Ausgangsparameter der Funktion sein.

Aufgabe 2.2.4:
a) Schreiben Sie eine Funktion `dreieck90a.m`, der als Eingangsparameter die Länge der Hypotenuse eines rechtwicklingen Dreiecks und ein daran anliegender Innenwinkel in Gradmaß übergeben wird. Die Funktion hat als Ausgangsparameter einen Vektor, der die Länge der Katheten des rechtwinkligen Dreiecks enthält.

b) Schreiben Sie eine Funktion `dreieck90b.m`, welche die gleiche Funktionalität wie die Funktion `dreieck90a.m` aus a) hat, im Unterschied dazu jedoch die berechneten Kathetenlängen nicht in einem Vektor zusammengefasst zurückgibt, sondern in jeweils einem einzelnen Ausgangsparameter.

c) Erweitern Sie die Funktion aus b) zu einer Funktion `dreieck90c.m`, die zusätzlich die Länge der Dreieckshöhe berechnet und bei Bedarf zurückgibt. Die Länge der Höhe soll dabei an letzter Stelle in der Liste der Ausgangsparameter stehen.

2.3 Kontrollstrukturen: Bedingte Anweisungen

Bei der Programmierung besonders wichtig sind Kontrollstrukturen, die es ermöglichen, auf vielseitige Weise Programmabläufe zu kontrollieren und zu koordinieren. Eine einfache Anwendung ist dabei die Kontrolle über Variablen und ihre Werte. Bereits in Abschnitt 1.5 wurden mit der `for`- und der `while`-Schleife zwei Kontrollstrukturen vorgestellt. In diesem Abschnitt sollen als weiteres Beispiel bedingte Anweisungen behandelt werden, die eine zentrale Rolle bei der Programmierung spielen. Mit bedingten Anweisungen kann allgemein eine Fallunterscheidung durchgeführt werden. Dies wird beispielsweise dann erforderlich, wenn Arbeitsschritte im Funktionsrumpf von Variablenwerten abhängen. Erfüllen Variablenwerte eine Bedingung X_1, dann muss häufig anders weiter gerechnet werden, als beim Eintreten einer Bedingung X_2.

Die einfachste Fallunterscheidung besteht darin, dass eine Bedingung X erfüllt ist oder nicht erfüllt ist. Das lässt sich mit dem Standardtyp einer bedingten Anweisung realisieren, der sogenannten *zweiseitig bedingten Anweisung*. Ihr Grundaufbau besteht aus den Schlüsselwörtern `if`, `else` und `end` und hat die folgende Gestalt:

```
if Bedingung X erfüllt
   Anweisungsblock 1
else
   Anweisungsblock 2
end
```

Die Anweisungen im Anweisungsblock 1 werden ausgeführt, wenn die Bedingung X erfüllt ist. Man spricht dabei auch vom `if`-Zweig der bedingten Anweisung. Die im `else`-Zweig stehenden Anweisungen im Anweisungsblock 2 werden alternativ ausgeführt, wenn Bedingung X *nicht* erfüllt ist. Man bezeichnet den `else`-Zweig deshalb auch als *Alternative*. Es wird grundsätzlich nur genau einer der Anweisungsblöcke ausgeführt, dessen Auswahl durch die Bedingung X erfolgt. Gibt es keine Alternative, dann kann der `else`-Zweig entweder leer bleiben oder ganz weggelassen werden, sodass sich die bedingte Anweisung auf die folgende Gestalt reduziert, die auch als *einseitig bedingte Anweisung* bezeichnet wird:

```
if Bedingung X erfüllt
   Anweisungsblock 1
end
```

Zur Formulierung einer logischen Bedingung X gelten die gleichen Grundsätze, die in Abschnitt 1.5 für `while`-Schleifen genannt wurden.

Wir demonstrieren die Anwendung einer bedingten Anweisung an einem Beispiel. Innerhalb von zwei ineinander verschachtelten `for`-Schleifen sollen die Einträge einer (10×10)-Matrix $A = (a_{ij})$ überschrieben werden. Die Diagonaleinträge a_{ii} werden gleich null gesetzt, alle anderen Einträge a_{ij} in Zeile i ergeben sich als Summe der in der gleichen Zeile stehenden aktuellen Einträge a_{i1} bis a_{ij}. Im Befehlsfenster kann das folgendermaßen eingegeben werden, wobei jeder Zeilenumbruch mit ENTER erreicht wird und die An-

weisungen ausgeführt werden, sobald nach dem die äußere `for`-Schleife abschließenden
end die ENTER-Taste gedrückt wird:

```
>> for (i=1:10)
for (j=1:10)
if (i == j)
A(i,i) = 0;
else
A(i,j) = sum(A(i,1:j));
end
end
end
```

Gelegentlich steht man vor dem Problem, dass es mehr als eine Bedingung gibt, d. h., zu
verschiedenen Bedingungen sollen entsprechende Anweisungen ausgeführt werden. Das
kann man derart realisieren, dass innerhalb des `else`-Zweigs einer zweiseitig bedingten
Anweisung eine weitere zweiseitig bedingte Anweisung integriert wird:

```
if Bedingung X1 erfüllt
  Anweisungsblock 1
else
  if Bedingung X2 erfüllt
    Anweisungsblock 2
  else
    Anweisungsblock 3
  end
end
```

Derart ineinander verschachtelte bedingte Anweisungen können sinnvoll oder sogar erforderlich sein. Andererseits kann eine solche Konstruktion schnell unübersichtlich werden.
Das vermeidet man mithilfe der folgenden *mehrseitig bedingten Anweisung*:

```
if Bedingung X1 erfüllt
  Anweisungsblock 1
elseif Bedingung X2 erfüllt
  Anweisungsblock 2
else
  Anweisungsblock 3
end
```

Selbstverständlich kann man auf diese Weise auch mehr als zwei Bedingungsblöcke hintereinander schalten, die ebenfalls durch das Schlüsselwort `elseif` eingeleitet werden.

Wir demonstrieren die Anwendung der mehrseitig bedingten Anweisung an einem Bei-
spiel. In einer (10×10)-Matrix $A = (a_{ij})$ setzen wir $a_{ii} = 0$, a_{ij} wird durch $a_{i1} + \ldots + a_{ij}$
überschrieben, falls $j < i$ gilt und a_{ij} wird durch $a_{ij} + \ldots + a_{i,10}$ überschrieben, falls $j > i$
gilt. Dazu geben wir zwei alternative und zueinander äquivalente Vorgehensweisen zur
Durchführung im Befehlsfenster an:

```
>> for (i=1:10)
for (j=1:10)
if (i == j)
A(i,i) = 0;
else
if (j < i)
A(i,j) = sum(A(i,1:j));
else
A(i,j) = sum(A(i,j:10));
end
end
end
end
```

```
>> for (i=1:10)
for (j=1:10)
if (i == j)
A(i,i) = 0;
elseif (j < i)
A(i,j) = sum(A(i,1:j));
else
A(i,j) = sum(A(i,j:10));
end
end
end
```

Analog zu den in Abschnitt 1.5 vorgestellten `for`- und `while`-Schleifen werden in diesem Lehrbuch bedingte Anweisungen stets durch das Schlüsselwort end beendet. Ruft man im Befehlsfenster durch `help if` den zugehörigen Hilfetext auf, dann wird dort das Schlüsselwort endif zum Abschluss der bedingten Anweisung genannt. Davon sollte man sich nicht verwirren lassen, beide Varianten sind zulässig. Das Schlüsselwort endif hat seinen Vorteil darin, dass bei der Programmierung eine gewisse Übersichtlichkeit geschaffen wird. Allerdings erschwert seine Verwendung die Übertragbarkeit von selbstgeschriebenen Skripten und Funktionen auf MATLAB, wo alle Kontrollstrukturen standardmäßig mit end beendet werden. Wer später auf MATLAB umsteigen will, sollte das bereits vorab beachten. Man kann übrigens mit einem Kommentar das Ende einer bedingten Anweisung ebenfalls gut hervorheben, zum Beispiel folgendermaßen:

```
if Bedingung X erfüllt
  Anweisungsblock 1
else
  Anweisungsblock 2
end % ENDE if-else
```

Eng mit bedingten Anweisungen verbunden ist die Anwendung der Octave-Funktionen `error` und `warning`. Beiden Funktionen wird eine Zeichenkette übergeben, die bei Vorliegen gewisser Bedingungen im Befehlsfenster angezeigt werden:

```
if (x == 0)
  error('Fehler! Division durch null ist unzulässig!'
elseif (x < 0)
  warning('Es werden positive Werte erwartet!')
else
  disp('Vorzeichen ist korrekt.')
end
```

Die `error`-Funktion wird genutzt, um auf einen Fehler hinzuweisen, zum Beispiel auf unzulässige Variablenwerte. Mit solchen Fehlern ist die Fortführung eines Programms in der

Regel nicht sinnvoll, sodass die `error`-Funktion ein Programm abbricht. Die `warning`-Funktion wird verwendet, um vor möglichen Fehlern oder Widersprüchen zu warnen. Es kann in diesem Fall nicht ausgeschlossen werden, dass ein Programm zum Beispiel auch mit fehlerhaften Werten sinnvoll fortgeführt werden kann, sodass die `warning`-Funktion das Programm nicht abbricht.

Bei Anwendungen von Kontrollstrukturen im Befehlsfenster wird man die ausführbaren Anweisungen häufig wie oben einfach untereinander oder alternativ nebeneinander schreiben. Das ist für kleinere Probleme, wie sie typischerweise im Befehlsfenster gelöst werden, eine übliche Vorgehensweise. Werden Kontrollstrukturen beim Programmieren verwendet, dann sollten sie dort nicht einfach halbherzig untereinander oder nebeneinander notiert werden, sondern aus Gründen der Übersichtlichkeit in einer strukturierten Art und Weise. Diesem Grundsatz widerspricht das Erscheinungsbild der folgenden Funktion, die zu gegebener Matrix A und zu gegebenem Vektor b die Lösung x des linearen Gleichungssystems $A \cdot x = b$ bestimmt, falls die Matrix A quadratisch ist und falls das System eindeutig lösbar ist:

```
01  function[x] = loese_quadratisches_LGS(A,b)
02  zeilen = length(A(:,1));
03  spalten = length(A(1,:));
04  if (zeilen == spalten)
05  if (zeilen == length(b(:,1)))
06  rechteSeite = b(:,1);
07  elseif (zeilen == length(b(1,:)))
08  warning('Der Vektor b ist kein Spaltenvektor!')
09  warning('Der Zeilenvektor b wird transponiert!')
10  rechteSeite = transpose(b(1,:));
11  else
12  error(['Der Vektor b muss ', ...
13  num2str(zeilen),' Elemente haben!'])
14  end
15  else
16  error('Die Matrix A muss quadratisch sein!')
17  end
18  koeffRang = rank(A);
19  if (koeffRang == rank([A,rechteSeite]))
20  if (koeffRang == spalten)
21  x = A\b;
22  else
23  warning('Das LGS ist nicht eindeutig lösbar!')
24  x = [];
25  end
26  else
27  warning('Das LGS ist nicht lösbar!')
28  x = [];
29  end
```

Übersichtlicher und damit leichter nachvollziehbar ist der folgende Programmierstil:

```
01 function[x] = loese_quadratisches_LGS(A,b)
02 zeilen = length(A(:,1));
03 spalten = length(A(1,:));
04 if (zeilen == spalten)
05   if (zeilen == length(b(:,1)))
06     rechteSeite = b(:,1);
07   elseif (zeilen == length(b(1,:)))
08     warning('Der Vektor b ist kein Spaltenvektor!')
09     warning('Der Zeilenvektor b wird transponiert!')
10     rechteSeite = transpose(b(1,:));
11   else
12     error(['Der Vektor b muss ', ...
13             num2str(zeilen),' Elemente haben!'])
14   end
15 else
16   error('Die Matrix A muss quadratisch sein!')
17 end
18 koeffRang = rank(A);
19 if (koeffRang == rank([A,rechteSeite]))
20   if (koeffRang == spalten)
21     x = A\b;
22   else
23     warning('Das LGS ist nicht eindeutig lösbar!')
24     x = [];
25   end
26 else
27   warning('Das LGS ist nicht lösbar!')
28   x = [];
29 end
```

In den logischen Bedingungen hinter den Schlüsselwörtern if und elseif können auch Zeichenketten verwendet werden. Das läuft häufig auf die Überprüfung hinaus, ob zwei Zeichenketten gleich sind oder nicht gleich sind. Ist in einer Variable zeichen eine Zeichenkette gespeichert, dann ist der vom Vergleich reeller Zahlen als naheliegend anzusehende Ansatz der Gestalt

```
if (zeichen == 'abc')
```

nur in wenigen Fällen nutzbar, allgemeiner jedoch unzulässig! Das doppelte Gleichheitszeichen kann nur zum Vergleich von zwei Zeichenketten gleicher Länge verwendet werden und liefert dann einen Vektor entsprechender Länge, wobei der k-te Vektoreintrag für den Vergleich des k-ten Zeichens aus beiden Zeichenketten steht:

```
>> 'abc' == 'abc'          |    >> 'abc' == 'abd'
ans =                      |    ans =
    1   1   1              |        1   1   0
```

Dass im Beispiel `'abc'=='abc'` der Vektor `ans` nur Einsen enthält bedeutet, dass die beiden Zeichenketten gleich sind. Im zweiten Beispiel `'abc'=='abd'` enthält der Ergebnisvektor `ans` Nullen und Einsen und folglich sind die beiden Zeichenketten nicht gleich. Beide Vergleiche mithilfe des doppelten Gleichheitszeichens könnte man eingeschränkt in einer bedingten Anweisung nutzen:

```
if 'abc' == 'abc'          |    if 'abc' == 'abd'
```

Da der aus `'abc'=='abc'` hervorgehende Vektor als „wahr" interpretiert wird, werden die zum `if`-Zweig gehörenden Kommandos ausgeführt. Die zweite bedingte Anweisung ist überflüssig, denn der aus `'abc'=='abd'` hervorgehende Vektor wird als „falsch" interpretiert und folglich werden die anschließenden Kommandos niemals ausgeführt.

Zeichenketten unterschiedlicher Länge können mithilfe des doppelten Gleichheitszeichens nicht verglichen werden:

```
>> 'abc'=='abcd'
error: mx_el_eq: nonconformant arguments (op1 is 1x3, op2 is 1x4)
```

Da bei der Ausführung von Programmen vorab die Länge von Zeichenketten oft nicht genau bekannt ist, sollte auf das doppelte Gleichheitszeichen für den Vergleich verzichtet und statt dessen die Octave-Funktion `isequal` verwendet werden. Sie gibt den Wert 1 („wahr") zurück, falls zwei Zeichenketten gleich sind, andernfalls den Wert 0 („falsch"):

```
>> isequal('abc','abc')    |    >> isequal('abc','abd')
ans = 1                    |    ans = 0
```

Bei einem Vergleich zweier Zeichenketten `z1` und `z2` als Bedingung in einer bedingten Anweisung sind die folgenden beiden Vorgehensweisen zueinander äquivalent:

```
if isequal(z1,z2) == 1     |    if isequal(z1,z2)
```

Das ist klar, denn `isequal(z1,z2) == 1` liefert den Wert 1, falls `isequal` den Wert 1 zurückgibt, andernfalls den Wert 0. Folglich muss im Fall gleicher Zeichenketten keine zusätzliche Überprüfung des Ergebniswerts von `isequal` durchgeführt werden, wenn die Gleichheit zweier Zeichenketten zur Ausführung eines `if`-Zweigs führen soll. Soll die Ausführung eines `if`-Zweigs erfolgen, wenn zwei Zeichenketten verschieden sind, dann kann man ebenfalls auf die Verwendung des doppelten Gleichheitszeichens verzichten, denn auch die folgenden beiden Anweisungen sind zueinander äquivalent:

```
if isequal(z1,z2) == 0     |    if not(isequal(z1,z2))
```

Der Vergleich von zwei Zeichenketten ist nur eine Anwendung der Octave-Funktion `isequal`. Allgemeiner lassen sich damit beliebig viele Objekte miteinander vergleichen, also insbesondere auch Matrizen und Vektoren. Dazu einige Beispiele:

```
>> A = diag([1,2,3]);
>> B = zeros(3,3);
>> C = ones(3,4);
>> isequal(A,A)              >> isequal(A,A,B)
ans = 1                      ans = 0
>> isequal(A,B)              >> isequal(A,B,C)
ans = 0                      ans = 0
>> isequal(B,C)              >> isequal([1,2,3],A)
ans = 0                      ans = 0
>> isequal(A,A,A)            >> isequal('abc',A)
ans = 1                      ans = 0
```

Hilfreich bei der Arbeit mit bedingten Anweisungen sind die Octave-Funktionen `isnan` und `isinf`. Die Funktion `isnan` überprüft die Einträge einer $(m \times n)$-Matrix $A = (a_{ij})$ daraufhin, ob sie den Wert NaN haben und gibt als Ergebnis eine $(m \times n)$-Matrix $B = (b_{ij})$ zurück, die das Ergebnis der Überprüfung für jeden Eintrag enthält, d. h., es gilt $b_{ij} = 1$, falls a_{ij} den Wert NaN hat bzw. $b_{ij} = 0$, falls a_{ij} nicht den Wert NaN hat. In analoger Weise überprüft die Funktion `isinf`, ob eine Matrix den Wert `inf` enthält:

```
>> A = ones(2,3);            >> A = ones(2,3);
>> A(1,1) = NaN;             >> A(1,3) = inf;
>> A(2,3) = NaN;             >> A(2,2) = -inf;
>> B = isnan(A)              >> B = isinf(A)
B =                          B =

   1   0   0                    0   0   1
   0   0   1                    0   1   0
```

Die Verwendung der Funktionen `isnan` und `isinf` in bedingten Anweisungen hängt einerseits von der Gestalt der Matrix A ab, andererseits vom Ziel des Vergleichs. Ist A eine (1×1)-Matrix, also eine einzelne Zahl, dann kann das zum Beispiel folgendermaßen aussehen:

```
    if isnan(A)                   if isinf(A)
```

Ist A eine $(m \times n)$-Matrix mit $m \geq 2$ oder $n \geq 2$, dann ist zu beachten, dass `isnan(A)` bzw. `isinf(A)` ebenfalls eine Matrix in entsprechender Größe ist. Soll der `if`-Zweig einer bedingten Anweisung beispielsweise ausgeführt werden, wenn alle Einträge von A den Wert NaN haben, dann kann das für eine (2×3)-Matrix zum Beispiel folgendermaßen formuliert werden:

```
    if isequal(isnan(A),ones(2,3))
```

Dabei wurde ausgenutzt, dass das Ergebnis von `isnan(A)` die (2×3)-Matrix `ones(2,3)` ist, falls die Bedingung erfüllt ist. Die logische Bedingung wird damit abschließend durch einen Vergleich der Matrizen `isnan(A)` und `ones(2,3)` mithilfe der Funktion `isequal` durchgeführt. Analog kann man vorgehen, wenn beispielsweise in einer (2×3)-Matrix A nur der Eintrag a_{21} den Wert `NaN` haben soll. Zum Vergleich benötigt man dazu die zu erwartende Ergebnismatrix des Aufrufs von `isnan`, die vorab definiert wird:

```
vergleichsmatrix = zeros(2,3);
vergleichsmatrix(2,1) = 1;
```

Damit wird die Bedingung formuliert, die zur Ausführung des `if`-Zweigs führt:

```
if isequal(isnan(A),vergleichsmatrix)
```

Das ist natürlich etwas umständlich und einfacher ist die folgende Formulierung:

```
if isnan(A(2,1))
```

Aufgaben zum Abschnitt 2.3

Aufgabe 2.3.1: Die Funktion `dreieck90c.m` aus Aufgabe 2.2.4 soll zu einer stabileren Variante modifiziert werden. Dazu sollen mithilfe von bedingten Anweisungen ihre Eingangsparameter überprüft werden.

a) Modifizieren Sie die Funktion `dreieck90c.m` folgendermaßen zu einer Funktion `dreieck90d.m`:

- Falls für die Länge der Hypotenuse ein Wert kleiner oder gleich null übergeben wird, dann soll mit einer geeigneten Fehlermeldung abgebrochen werden.
- Falls für den an der Hypotenuse anliegenden Innenwinkel ein Wert kleiner oder gleich $0°$ oder ein Wert größer oder gleich $90°$ eingegeben wird, dann soll im Befehlsfenster auf die Unzulässigkeit dieses Werts hingewiesen werden. Die Funktion soll in diesem Fall nicht abbrechen, sondern mit einem Winkel von $45°$ rechnen.

b) Modifizieren Sie die Funktion `dreieck90c.m` folgendermaßen zu einer Funktion `dreieck90e.m`:

- Falls für die Länge der Hypotenuse ein Wert kleiner oder gleich null übergeben wird, dann soll mit einer geeigneten Fehlermeldung abgebrochen werden.
- Falls für den an der Hypotenuse anliegenden Innenwinkel ein Wert größer oder gleich $90°$ eingegeben wird, dann soll im Befehlsfenster auf die Unzulässigkeit dieses Werts hingewiesen werden. Die Funktion soll in diesem Fall nicht abbrechen, sondern mit einem Winkel von $45°$ rechnen.
- Falls für den an der Hypotenuse anliegenden Innenwinkel ein Wert kleiner oder gleich $0°$ eingegeben wird, dann soll im Befehlsfenster auf die Unzulässigkeit dieses Werts hingewiesen werden. Die Funktion soll in diesem Fall nicht abbrechen, sondern prüfen, ob mit dem Betrag des eingegebenen Werts eine sinnvolle Rechnung möglich ist. Falls das nicht möglich ist, dann soll mit einem Winkel von $45°$ gerechnet werden.

Aufgabe 2.3.2: Die Funktion `dreieck90c.m` aus Aufgabe 2.2.4 soll zu einer Funktion `dreieck90m.m` modifiziert werden. Bei dieser Funktion soll es möglich sein, den an der Hypotenuse des rechtwinkligen Dreiecks anliegenden Innenwinkel entweder in Gradmaß oder in Bogenmaß zu übergeben. Dies soll mithilfe eines dritten Eingangsparameters eindeutig festgelegt werden. Die Funktion `dreieck90m.m` soll außerdem für alle Eingangsparameter eine Überprüfung durchführen. Für die Länge der Hypotenuse und den Innenwinkel soll das analog zu Aufgabe 2.3.1 a) erfolgen.

2.4 Logische Indizierung

Ein sehr effizientes Hilfsmittel bei der Programmierung eigener Funktionen stellt die logische Indizierung dar, mit der schnell die Indizes aller Einträge von Vektoren ermittelt werden können, die bestimmte Eigenschaften erfüllen. Diese Eigenschaften werden durch logische Ausdrücke definiert, was analog zur Formulierung von Bedingungen bei `while`-Schleifen und bedingten Anweisungen erfolgt.

Wir motivieren und demonstrieren die Vorgehensweise an einem Beispiel. Aus einem Vektor v, wie zum Beispiel

```
>> v = [1:2:47,53:1:66,72:3:105];
```

sollen alle durch fünf teilbaren Zahlen ermittelt und einer Variable v2 zugewiesen werden. Mithilfe einer `for`-Schleife und einer einseitig bedingten Anweisung kann man dies zum Beispiel folgendermaßen durchführen, wobei `mod(v(i),5)` der bei der Division des i-ten Vektoreintrags `v(i)` durch 5 verbleibende Rest ist:

```
v2 = [];
for i=1:length(v)
   if mod(v(i),5) == 0
      v2 = [v2 , v(i)];
   end
end
```

Die elementweise Abfrage, ob der i-te Eintrag von v ohne Rest durch 5 teilbar ist, und die Aktualisierung des Vektors v2 sind zeitintensiv. Dies ist bei diesem Beispiel zwar sicherlich am Rechner kaum messbar, spielt aber bei größeren Programmen mit längeren Vektoren oder häufigen Abfragen eine Rolle. Schneller und außerdem auch kompakter wird ein Programm unter Verwendung der logischen Indizierung. Für das Beispiel beginnen wir dazu mit der Erzeugung eines Vektors `indizes`, der, wie sein Name bereits sagt, alle Indizies der Einträge von v enthält:

```
>> indizes = 1:length(v);
```

Jetzt bestimmen wir mithilfe eines logischen Ausdrucks alle Indizes der Einträge aus v, die ohne Rest durch 5 teilbar sind:

```
>> ind = indizes(mod(v,5) == 0)
```

Abschließend weisen wir einer Variable v2 alle durch 5 teilbaren Einträge aus v zu:

```
>> v2 = v(ind)
```

Falls kein Eintrag des Vektors v die geforderte logische Bedingung erfüllen würde, dann
würde ind = [] als Ergebnis zurückgegeben, woraus weiter v(ind) = [] folgen
würde. Das ist für den obigen Beispielvektor v natürlich nicht der Fall, denn wir erhalten
dafür bei der Durchführung im Befehlsfenster die folgenden Ergebnisse:

```
ind =
     3    8   13   18   23   27   32   37   40   45   50
v2 =
     5   15   25   35   45   55   60   65   75   90  105
```

Kombinationen von logischen Ausdrücken lassen sich mithilfe der Funktionen and, or
und not realisieren. Alle Einträge aus v, die durch 5 und gleichzeitig durch 3 teilbar sind,
lassen sich auf diese Weise im Befehlsfenster folgendermaßen bestimmen:

```
>> v = [1:2:47,53:1:66,72:3:105];
>> indizes = 1:length(v);
>> ind = indizes(and( mod(v,5) == 0 , mod(v,3) == 0 ))
ind =
     8   23   32   40   45   50
>> v2 = v(ind)
v2 =
    15   45   60   75   90  105
```

Die gewünschten Indizes kann man auch ohne die and-Funktion bestimmen und nutzt
statt dessen den Verknüpfungsoperator &:

```
>> ind = indizes(mod(v,5) == 0 & mod(v,3) == 0)
```

Die Indizes aller Einträge aus v, die ohne Rest durch 10 oder ohne Rest durch 11 teilbar
sind, lassen sich durch Eingabe von

```
>> ind = indizes(or( mod(v,10) == 0 , mod(v,11) == 0 ))
```

oder alternativ

```
>> ind = indizes(mod(v,10) == 0 | mod(v,11) == 0)
```

bestimmen. Für den obigen Beispielvektor v ergibt sich dabei

```
ind =
     6   17   27   32   38   45   48
```

und weiter:

```
>> v2 = v(ind)
v2 =
    11   33   55   60   66   90   99
```

Aufgaben zum Abschnitt 2.4

Aufgabe 2.4.1:

a) Geben Sie im Befehlsfenster den folgenden Vektor ein:

$$A = [-5:5,-11:4:33,-37:7:61,15:-3:-18]$$

b) Bestimmen Sie die Indizes aller negativen Einträge in A.

c) Bestimmen Sie die Indizes aller nichtnegativen Einträge in A.

d) Wie viele Einträge aus A sind ohne Rest durch 3 teilbar?

e) Wie viele Einträge aus A sind ohne Rest durch 3 und gleichzeitig ohne Rest durch 5 teilbar?

f) Wie viele der positiven Einträge aus A sind ohne Rest durch 7 teilbar? Geben Sie die Indizes und die Werte dieser Einträge konkret an.

g) Welche Summe ergeben die Einträge aus A, die ohne Rest durch 11 oder durch 13 teilbar sind?

h) Gibt es einen von null verschiedenen Eintrag in A, der ohne Rest durch 38 oder durch 39 teilbar ist?

i) Welche Summe ergeben die positiven Einträge aus A, bei denen die ganzzahlige Division durch 5 oder durch 6 einen Rest größer oder gleich 2 lässt?

j) Welche Summe ergeben die positiven und geraden Einträge aus A, bei denen die ganzzahlige Division durch 5 oder durch 6 einen Rest größer oder gleich 2 lässt?

Aufgabe 2.4.2:

a) Geben Sie im Befehlsfenster den folgenden Satz als Zeichenkette Z ein:

Nach dem Essen sollst du ruhen oder tausend Schritte tun.

b) Bestimmen Sie die Positionen (Indizes) des Kleinbuchstaben 'e' in Z.

c) Bestimmen Sie die Positionen (Indizes) des Kleinbuchstaben 'u' in Z.

d) Bestimmen Sie die Indizes i der Zeichenkette Z, sodass Z(i) entweder der Kleinbuchstabe 's' oder der Großbuchstabe 'S' ist.

e) Weisen Sie mithilfe der logischen Indizierung nach, dass in Z weder der Kleinbuchstabe 'b', noch der Großbuchstabe 'B' enthalten ist.

Aufgabe 2.4.3: Schreiben Sie eine Funktion wortsuche.m, die in einer Zeichenkette Z mithilfe der logischen Indizierung gezielt nach einer anderen Zeichenkette wort beliebiger Länge sucht. Die Funktion soll den Index des ersten Zeichens von wort in der Zeichenkette Z zurückgeben. Testen Sie Ihre Funktion am Beispiel der Zeichenkette Z aus Aufgabe 2.4.2, in der nach den Wörtern 'tausend' und 'tun' sowie der Zeichenfolge 'en' gesucht werden soll.

2.5 Cell-Arrays

Die Realisierung des mathematischen Matrizenbegriffs wird aus der Sicht der Informatik durch spezielle Felder erreicht. Felder zeichnen sich dadurch aus, dass ihre Elemente *alle* vom gleichen Datentyp sind. Das sind zum Beispiel numerische Werte bei mathematischen Matrizen oder einzelne Zeichen bei Zeichenketten. Bei der Programmierung kann die Festlegung auf genau einen Datentyp eine zu große Einschränkung darstellen, weshalb Felder nicht immer als Datencontainer geeignet sind.

Gelegentlich ist es erforderlich, in einem Datencontainer Objekte unterschiedlicher Datentypen abzulegen. Dazu können in Octave die sogenannten `cell`-Arrays verwendet werden. Dabei handelt es sich anschaulich um eine Verallgemeinerung eines Feldes, wobei die Elemente eines `cell`-Arrays unterschiedliche Größen und unterschiedliche Datentypen haben können. Hauptsächlich werden sie bei der Programmierung benutzt und bleiben dort für Anwender in der Regel unsichtbar. Die nachfolgend demonstrierte Erzeugung und Verwendung von `cell`-Arrays im Befehlsfenster hat aber trotzdem ihre Berechtigung, denn `cell`-Arrays werden beispielsweise auch bei der Formatierung von Grafiken genutzt, die häufig direkt im Befehlsfenster konstruiert und gestaltet werden.

Ein leeres $(m \times n)$-`cell`-Array, das aus m Zeilen und n Spalten besteht, wird mit der folgenden Anweisung erzeugt:

```
C = cell(m,n)
```

Im Befehlsfenster zeigt Octave für m=2 und n=3 das folgende Ergebnis an:

```
>> C = cell(2,3)
C =
{
  [1,1] = [](0x0)
  [2,1] = [](0x0)
  [1,2] = [](0x0)
  [2,2] = [](0x0)
  [1,3] = [](0x0)
  [2,3] = [](0x0)
}
```

Das in eckigen Klammern gesetze Klammerpaar `[i,j]` steht für den Doppelindex eines Elements des `cell`-Arrays C, wobei i der Zeilenindex und j der Spaltenindex ist. Die hinter dem Indexpaar stehende Zuweisung = `[](0x0)` zeigt an, dass das jeweilige Element leer ist.

Der Zugriff auf einzelne Elemente, also das Auslesen und Überschreiben, erfolgt mithilfe von *geschweiften* Klammern. Wir setzen dazu unser Beispiel fort:

```
>> C{1,1} = [1,2,3];
>> C{1,2} = [1,2,3 ; 4,5,6; 7,8,9];
>> C{1,3} = 'zeichenkette';
```

```
>> C{2,1} = @(x) sin(x).*cos(x);
>> C{2,3} = cell(1,3)
C =
{
  [1,1] =

    1   2   3

  [2,1] =

@(x) sin (x) .* cos (x)

  [1,2] =

    1   2   3
    4   5   6
    7   8   9

  [2,2] = [](0x0)
  [1,3] = zeichenkette
  [2,3] =
  {
    [1,1] = [](0x0)
    [1,2] = [](0x0)
    [1,3] = [](0x0)
  }
}
```

Das im Befehlsfenster angezeigte Ergebnis erfordert etwas Aufmerksamkeit, um die Inhalte der einzelnen Elemente des cell-Arrays C zu erkennen. Alternativ können wir ein cell-Array analog zu Matrizen konstruieren (mit geschweiften statt eckigen Klammern), wobei ein Leerzeichen oder ein Komma den Übergang zum nächsten Element in einer Zeile anzeigt, während ein Semikolon den Übergang zum ersten Element in der nächsten Zeile vorgibt. Das Beispiel C kann auf diese Weise alternativ wie folgt erzeugt werden:

```
>> C = { [1,2,3] , [1,2,3 ; 4,5,6; 7,8,9] , ...
'zeichenkette' ; @(x) sin(x).*cos(x) , [] , cell(1,3) }
```

Das Element mit dem Index [2,3] ist selbst ein cell-Array, auf das wir ebenfalls mit geschweiften Klammern zugreifen können:

```
>> C{2,3}{1,1} = 'Mathe';
>> C{2,3}{1,2} = 'ist';
>> C{2,3}{1,3} = 'wichtig!';
>> disp([C{2,3}{1,1},' ',C{2,3}{1,2},' ',C{2,3}{1,3}])
Mathe ist wichtig!
```

Die Tatsache, dass die Elemente eines cell-Arrays selbst cell-Arrays sein können, ermöglicht die Erzeugung von drei- und höherdimensionalen Datenobjekten.

Das Auslesen ganzer Zeilen oder Spalten ist ebenfalls möglich. Sollen beispielsweise alle drei Objekte der ersten Zeile des `cell`-Arrays C an drei Variablen a1, a2 und a3 zugewiesen werden, dann geht das natürlich einzeln:

```
>> a1 = C{1,1};
>> a2 = C{1,2};
>> a3 = C{1,3};
```

Alternativ kann die ganze Zeile auf einmal ausgelesen und ihre Inhalte an Variablen zugewiesen werden. Die Zuweisung von Werten an Variablen erfolgt dabei in Analogie zur Zuweisung von Ausgangsparameterwerten einer Funktion an Variablen:

```
>> [a1,a2,a3] = C{1,:}          >> [a1,a2] = C{1,:}
a1 =                            a1 =

   1   2   3                       1   2   3

a2 =                            a2 =

   1   2   3                       1   2   3
   4   5   6                       4   5   6
   7   8   9                       7   8   9

a3 = zeichenkette
```

Besteht ein `cell`-Array aus nur einer Zeile oder einer Spalte, dann kann beim Wertezugriff die Indizierung der einzigen Zeile bzw. Spalte weggelassen werden. Das bedeutet zum Beispiel, dass die folgenden Eingaben zum gleichen Ergebnis führen:

```
>> D = cell(1,4);               >> D = cell(1,4);
>> D{1,1} = [1,2 ; 3,4];        >> D{1} = [1,2 ; 3,4];
>> D{1,2} = 'zeichen';          >> D{2} = 'zeichen';
>> D{1,3} = @(t) exp(t);        >> D{3} = @(t) exp(t);
>> D{1,4} = 5;                  >> D{4} = 5;
```

Ist die Länge eines `cell`-Arrays vorab nicht bekannt, dann kann es dynamisch konstruiert werden. Ausgangspunkt dazu ist das leere `cell`-Array, das durch das Symbol `{}` erzeugt wird. Mit dessen Hilfe kann das zuletzt behandelte Beispiel D alternativ durch die folgenden Eingaben erzeugt werden:

```
>> D = {};
>> D = [D , {[1,2 ; 3,4]}];
>> D = [D , {'zeichen'}];
>> D = [D , {@(t) exp(t)}, {5}];
```

Man beachte dabei, dass die Verlängerung des `cell`-Arrays D durch *eckige* Klammern erfolgt, die Inhalte der einzelnen Elemente aber zwischen *geschweiften* Klammern stehen müssen! Würde man die eckigen durch geschweifte Klammern ersetzen, dann wird das `cell`-Array zwar ebenfalls verlängert, aber seine Elemente sind selbst wieder vom Datentyp `cell`, die außerdem auf später kaum noch nachvollziehbare Weise ineinander verschachtelt sind.

Der Zugriff auf Elemente eines `cell`-Arrays mit *runden* statt geschweiften Klammern bewirkt, dass lediglich eine Kopie von dem entsprechend referenzierten Teil des `cell`-Arrays angefertigt wird. Während bezogen auf das obige Beispiel C durch die Zuweisung

```
>> M = C{1,1}
M =
   1  2  3
```

der im Element mit dem Index [1,1] gespeicherte Vektor ausgelesen wird, erhalten wir durch die Eingabe

```
>> K = C(1,1)
K =
{
  [1,1] =
    1  2  3
}
```

ein `cell`-Array mit einer Zeile und einer Spalte. Der Zugriff auf seinen Inhalt erfolgt über geschweifte Klammern:

```
>> K{1}
ans =
   1  2  3
```

Unnötig kompliziert ist der folgende formal korrekte Wertezugriff:

```
>> C(1,1){1}
ans =
   1  2  3
```

Etwas inkonsequent ist in diesem Zusammenhang das Überschreiben von Inhalten einzelner `cell`-Array Elemente geregelt. Das kann nämlich alternativ auch mithilfe runder Klammern erfolgen, d. h., die folgenden Eingaben zum Überschreiben des Elements mit dem Doppelindex [1,3] sind äquivalent:

```
>> C{1,3} = 'Hallo!';      |   >> C(1,3) = 'Hallo!';
```

Für eine fehlerfreie Arbeit mit `cell`-Arrays müssen sich Octave-Programmierer zunächst die unterschiedliche Bedeutung von runden, eckigen und geschweiften Klammern klar machen. Ist das erledigt, dann können `cell`-Arrays als sehr flexibles und effektives Programmierwerkzeug eingesetzt werden.

Aufgaben zum Abschnitt 2.5

Aufgabe 2.5.1:

a) In einem Programm werden in mehreren selbst geschriebenen Octave-Funktionen die mathematischen Funktionen $f : (0,2] \rightarrow \mathbb{R}$, $g : [-1,1] \rightarrow \mathbb{R}$ und $h : [0,5) \rightarrow \mathbb{R}$ mit

$$f(x) = \sin(2\pi x) - \ln(x), \quad g(x) = \frac{x+1}{x^2+1} \quad \text{und} \quad h(x) = \ln(25 - x^2)$$

benötigt. Dazu sollen in einem `cell`-Array C die Funktionsgleichung, der Definitionsbereich einschließlich einem Hinweis auf geschlossene oder offene Intervallgrenzen und für die grafische Darstellung mithilfe der `plot`-Funktion vordefinierte Eigenschaften gespeichert werden. Dabei soll der Graph von f als durchgezogene rote Linie, der Graph von g als gestrichelte grüne Linie und der Graph von h als durchgezogene blaue Linie dargestellt werden. Legen Sie C im Befehlsfenster an.

b) Eine Octave-Funktion bekommt als Eingangsparameter das `cell`-Array C übergeben und soll unter anderem $f(1) + g(1) + h(1)$ berechnen. Welche Anweisungen sind dazu erforderlich?

c) Die Funktion g soll geplottet werden. Es sei angenommen, dass das Programm durch Auslesen der im `cell`-Array C gespeicherten Informationen bereits festgestellt hat, dass der Definitionsbereich von g ein beidseitig abgeschlossenes Intervall ist. Welche Octave-Anweisungen führen auf Basis von C zur grafischen Darstellung der Funktion g über ihren gesamten Definitionsbereich? Führen Sie dies im Befehlsfenster durch.

d) In einigen Programmteilen muss die Funktion g gegen die Funktion $k : (-2,2) \rightarrow \mathbb{R}$ mit $k(x) = \frac{x+1}{x^2-4}$ ausgetauscht werden, die außerdem als durchgezogene magentafarbene Linie grafisch dargestellt werden soll. Die entsprechenden Einträge zur Funktion g im `cell`-Array C sollen dazu mit den neuen Informationen zur Funktion k überschrieben werden. Führen Sie die dazu erforderlichen Anweisungen im Befehlsfenster durch.

Aufgabe 2.5.2: Geben Sie das folgende `cell`-Array im Befehlsfenster ein:

```
D = {{ones(3,3),[1;2;3] ; 'LGS','leer'} , zeros(5,5) ;...
{ {'abc', diag([1,2,4,10])} ; [3,3,0] } , []};
```

Welche Anweisungen führen zu den folgenden Ergebnissen?

a) In der Matrix `ones(3,3)` werden die Einträge auf der Hauptdiagonale von oben links nach unten rechts gesehen durch die Werte 2, 4 und 6 überschrieben.

b) Im Vektor `[1;2;3]` wird der Wert 3 durch den Wert 0 überschrieben.

c) Der Wert `'leer'` wird durch `'eindeutig loesbar'` ersetzt.

d) In der in D gespeicherten Nullmatrix werden den Einträgen auf der Hauptdiagonale von oben links nach unten rechts gesehen die Werte 1, 2, 3, 4 und 5 zugewiesen.

e) Die in D gespeicherte Matrix `diag([1,2,4,10])` wird durch die Matrix `2*ones(4,4) - diag([1,0,-2,0])` überschrieben.

f) Dem leeren Feld in D wird der Wert `'Aufgabe geloest!'` zugewiesen.

2.6 Datenstrukturen

Eine weitere Möglichkeit, Daten unterschiedlichen Typs und unterschiedlicher Größe in einem Datenobjekt zusammenzufassen besteht in der Verwendung von Datenstrukturen. Eine Datenstruktur wird durch einen beliebigen Variablennamen definiert, dem beliebig viele Felder (Objekte) mit fest gewählten Variablennamen zugeordnet werden können. Allgemein sieht das folgendermaßen aus:

```
objekt.feld1 = ...
objekt.feld2 = ...
...
```

Der Inhalt des im vorhergehenden Abschnitt als Beispiel behandelten cell-Arrays C kann auf diese Weise alternativ als Datenstruktur angelegt werden:

```
K.vektor = [1,2,3];
K.matrix = [1,2,3 ; 4,5,6; 7,8,9];
K.zeichen = 'zeichenkette';
K.funktion = @(x) sin(x).*cos(x);
K.cellarray = cell(2,3);
K.platzhalter = [];
```

Die Datenstruktur K besteht aus sechs Feldern mit den Namen vektor, matrix, zeichen, funktion, cellarray und platzhalter, die im Sinne einer Variable zu interpretieren sind. Der Zugriff auf die Felder der Datenstruktur K erfolgt analog zu ihrer Definition mithilfe eines Punkts und durch die Angabe des Feldnamens:

```
a = K.vektor;
M = K.matrix;
f = K.funktion;
```

Das Überschreiben von Werten erfolgt auf die gleiche Weise:

```
K.vektor = [0,-1,2,-3,4,-5];
K.funktion = @(t) 3*t.^2 + 2*t - 5;
K.platzhalter = NaN;
```

Im Unterschied zu vielen Programmiersprachen muss in Octave eine Datenstruktur einschließlich ihrer Felder nicht vorab fest definiert werden. Vielmehr können Datenstrukturen dynamisch erzeugt, verlängert und verkürzt werden. Das bedeutet zum Beispiel, dass bei der Zuweisung eines Werts an ein noch nicht existierendes Feld die jeweilige Datenstruktur automatisch einfach um dieses Feld erweitert wird. Das ist bei der Erzeugung der obigen Datenstruktur K ausgenutzt worden, denn durch die erste Anweisung

```
K.vektor = [1,2,3];
```

wurde einerseits festgelegt, dass K eine Datenstruktur ist und andererseits wurde ihr erstes Feld vektor definiert. Das funktioniert natürlich bei der Arbeit im Befehlsfenster nur, wenn bei der aktuellen Octave-Sitzung zuvor noch keine Variable K definiert wurde bzw. wenn eine zuvor definierte Variable K bereits eine Datenstruktur ist.

Eine leere Datenstruktur wird mit dem Befehl `struct` erzeugt und hat keine Felder. In ihr können nachträglich beliebige Felder und deren Inhalte hinzugefügt werden:

```
rechteck = struct();
rechteck.laenge = 20;
rechteck.breite = 5;
rechteck.position = struct();
rechteck.position.xpos = -3;
rechteck.position.ypos = 2;
rechteck.farbe = 'r';
rechteck.marker = 'o';
```

Während sich ein Feld leicht hinzufügen lässt, benötigt man zur Entfernung eines Feldes die Funktion `rmfield`, die eine *Kopie(!)* einer Datenstruktur erstellt, wobei jedoch im Unterschied zum Original ein bestimmtes Feld entfernt wird:

```
kopie = rmfield(rechteck,'marker');
```

Nach dieser Anweisung steht die Datenstruktur `rechteck` unverändert zur Verfügung, also einschließlich dem Feld `marker`. Dagegen enthält die Datenstruktur `kopie` kein Feld mit dem Namen `marker`. Gibt man dagegen

```
rechteck = rmfield(rechteck,'marker');
```

ein, dann wird `rechteck` durch die mit `rmfield` erstellte Kopie überschrieben, d. h., die „neue" Datenstruktur `rechteck` enthält kein Feld `marker`.

Zur Arbeit mit Datenstrukturen stellt Octave weitere Funktionen bereit. Für die Programmierung wichtig ist die Funktion `numfields`, welche die Anzahl der Felder als Ergebnis zurückgibt. Die Funktion `fieldnames` gibt die Namen der Felder in einem `cell`-Array zurück. Für die obigen Datenstrukturen `K` und `rechteck` ergibt sich damit:

```
>> numfields(K)              >> numfields(rechteck)
ans = 6                      ans = 5
>> fieldnames(K)             >> fieldnames(rechteck)
ans =                        ans =
{                            {
  [1,1] = vektor               [1,1] = laenge
  [2,1] = matrix               [2,1] = breite
  [3,1] = zeichen              [3,1] = position
  [4,1] = funktion             [4,1] = farbe
  [5,1] = cellarray            [5,1] = marker
  [6,1] = platzhalter        }
}
```

Für Octave-Anfänger sind die vorgestellten Möglichkeiten zur Arbeit mit Datenstrukturen mehr als ausreichend. Einen ersten Überblick über alternative Möglichkeiten zur Erzeugung von Datenstrukturen und Hinweise auf weitere nützliche Funktionen können durch die Eingabe von `help struct` im Befehlsfenster abgerufen werden.

Aufgabe 2.6.1:

a) Legen Sie im Befehlsfenster eine Datenstruktur `kreis` an, welche die folgenden Daten eines Kreises in jeweils einem Feld speichert: Koordinaten des Mittelpunkts im kartesischen Koordinatensystem, Radius, Durchmesser, Umfang, Flächeninhalt und zur grafischen Darstellung mit der Octave-Funktion `plot` Informationen zur Linienart, Linienstärke und Farbe. Weisen Sie den Feldern geeignete und zueinander passende Werte für einen Kreis mit einem Radius von 5 Längeneinheiten zu.

b) Setzen Sie den Radius des Kreises auf 6 Längeneinheiten und aktualisieren Sie die Werte aller vom Kreisradius abhängigen Felder.

c) Entfernen Sie das Feld für den Durchmesser aus der Struktur `kreis`, wobei in nachfolgenden Anwendungen ausschließlich auf die um das entsprechende Feld reduzierte Datenstruktur mit dem Variablennamen `kreis` zugegriffen werden soll.

d) Ergänzen Sie die Struktur `kreis` nachträglich um das für die grafische Darstellung gedachte Feld `mittelpunktmarker` und weisen Sie diesem den Wert `'o'` zu.

Aufgabe 2.6.2: Führen Sie das Skript `aufgabe262.m` aus. Worin besteht der Fehler? Verbessern Sie das Skript so, dass es fehlerfrei läuft.

2.7 Ein- und Ausgabe von Daten

Die Kommunikation zwischen einem Programm und seiner Umgebung wird maßgeblich durch die Ein- und Ausgabe von Daten mitbestimmt. Zur Ausgabe von Daten und allgemeiner von Zeichenketten im Befehlsfenster wurde in Abschnitt 1.4 die Funktion `disp` vorgestellt. Die Funktion `disp` kann zum Beispiel genutzt werden, um während des Ablaufs eines Programms Informationen verschiedenster Art zu geben.

Ist ein Programm einmal gestartet, dann können für die Zeit seiner Ausführung in der Regel keine Eingaben im Befehlsfenster vorgenommen werden. Eingaben sind nur dann möglich, wenn dies ein Bestandteil des Programms ist. Auf diese Weise können Anwender über die Tastatur nicht nur Daten an ein Programm übergeben, sondern interaktiv die Ausführung und Gestaltung des Programmablaufs beeinflussen. Diese Möglichkeit wird dem Programmierer durch die Verwendung der Funktion `input` eingeräumt, der im Standardfall eine Zeichenkette als Eingangsparameter übergeben wird, die im Befehlsfenster angezeigt wird:

```
>> z = input('Eingabe = ')
Eingabe =
```

Die Funktion wertet die vom Anwender im Befehlsfenster eingegebene Zeichenkette aus
und gibt das Ergebnis als Ausgangsparameter zurück. Im Beispiel wird das ausgewertete
Ergebnis der Variable z zugewiesen.

Die input-Funktion versucht vereinfacht gesagt, jede eingegebene Zeichenkette automatisch in numerische Werte zu konvertieren, falls das möglich ist. Dabei können einzelne reelle oder komplexe Zahlen eingegeben werden, aber mithilfe der []-Notation
zum Beispiel auch Vektoren oder Matrizen. Falls eine Konvertierung in numerische Werte nicht möglich ist, werden Alternativen geprüft. Ist die Eingabe durch den Anwender
korrekt erfolgt, dann kann eine eingegebene Zeichenkette zum Beispiel auch als cell-
Array erkannt werden. Zeichenketten müssen analog zur üblichen Eingabe im Befehlsfenster mit Hochkommas umschlossen werden. Ist keine Konvertierung in bekannte Octave-
Datentypen und Objekte möglich, wird mit einer Fehlermeldung abgebrochen. Gibt der
Anwender kein Zeichen ein, d. h., es wurde einfach die ENTER-Taste gedrückt, dann gibt
input die leere Matrix [] als Ergebnis zurück.

Die Leser seien hiermit aufgefordert, sich von den Ergebnissen der Funktion input zu
überzeugen, und dazu im Anschluss an einen analog zu oben durchgeführten Aufruf von
input die folgenden Zeichenfolgen einzugeben:

- `123`
- `123 - 23`
- `(123 - 23)*5`
- `(123 - 23)/5`
- `2.3`
- `2,3`
- `'2,3'`

- `20 + 3*i`
- `5 - 3*i + 5 + 23i`
- `[1,2,3]`
- `[1,2,3;4,5,6;7,8,9]`
- `abc`
- `'abc'`
- `{1,'abc';cell(2,3),[2;3]}`

Möchte ein Programmierer dem Anwender die Eingabe nicht ganz von selbst überlassen
und durch Tippfehler verursachte Programmabbrüche vermeiden, dann kann an input
als optionaler Eingangsparameter das Argument 's' übergeben werden:

```
>> z = input('Eingabe = ','s')
Eingabe =
```

Damit verzichtet input auf die Auswertung und Konvertierung der eingetippten Zeichen und gibt sie unverändert als Zeichenkette zurück. Jetzt muss das Programm selbst
versuchen, ob eine Konvertierung der eingelesenen Zeichenfolge in den für den weiteren
Programmablauf erforderlichen Datentyp möglich ist. Das erfolgt mithilfe von bedingten Anweisungen und einer Reihe von Funktionen, die Octave zur Überprüfung und zur
Konvertierung von Zeichenketten zur Verfügung stellt. Besonders wichtig sind dabei die
folgenden beiden Funktionen:

- Die Funktion isempty prüft, ob eine leere Eingabe erfolgt ist. Ist das der Fall, dann
  gibt sie den Wert 1 als Ergebnis zurück, andernfalls den Wert 0. Eingabebeispiel:

```
>> zeichenkette = input('Eingabe = ')
Eingabe =
zeichenkette = [](0x0)
>> isempty(zeichenkette)
ans = 1
```

- Mithilfe der Funktion str2num kann eine Zeichenkette in einen numerischen Wert konvertiert werden, falls das möglich ist:

```
>> zahl = str2num('1.23')
zahl = 1.23
```

Wird statt des als Dezimaltrennzeichen üblichen Punkts versehentlich ein Komma eingegeben, dann interpretiert str2num die Zeichenkette als Vektor:

```
>> zahl = str2num('1,23')
zahl =
    1  23
```

Folglich können Vektoren beliebiger Länge aus einer Zeichenkette in folgender Form konvertiert werden:

```
>> vektor = str2num('1,23,4,56')
vektor =
    1  23   4  56
```

Optional darf natürlich auch das übliche eckige Klammerpaar mit eingegeben werden, d. h., mit str2num('[1,23,4,56]') erhalten wir das gleiche Ergebnis. Matrizen können folgendermaßen aus einer Zeichenkette konvertiert werden:

```
>> matrix = str2num('[1,23,4; 5,6,78]')
matrix =
    1  23   4
    5   6  78
```

Ist die Konvertierung einer Zeichenkette in einen numerischen Wert nicht möglich, dann gibt die Funktion die leere Matrix als Ergebnis zurück:

```
>> erg = str2num('1.23abc')
erg = [](0x0)
```

Die Funktion str2num hat optional einen zweiten Ausgangsparameter, dessen Wert gleich 1 ist, falls die Konvertierung einer Zeichenkette in einen numerischen Wert erfolgreich war. Ist die Konvertierung nicht möglich, dann wird 0 zurückgegeben:

```
>> [erg,w] = str2num('8')       >> [erg,w] = str2num('a')
erg = 8                         erg = [](0x0)
w = 1                           w = 0
```

Eine weitere Möglichkeit, numerische Daten für ein Programm einzulesen, besteht durch den Import aus Dateien. Für Octave-Anfänger ist dabei zunächst eine Einschränkung auf Dateien vom Format `csv` sinnvoll, was für `comma-separated-value` steht. Das sind Dateien, die mit jedem Texteditor, aber auch mit nahezu allen gängigen Programmen zur Tabellenkalkulation erzeugt werden können. Die nicht notwendig numerischen Werte werden durch ein Komma voneinander getrennt angelegt. Man beachte jedoch, dass einige Programme zur Tabellenkalkulation ein Semikolon als Trennzeichen verwenden bzw. eine Auswahl zwischen Komma oder Semikolon anbieten. Unabhängig vom Trennzeichen zwischen einzelnen Werten werden die Inhalte von `csv`-Dateien zeilenweise angeordnet, wobei der Zeilenumbruch bei der Eingabe im Texteditor einfach mit der ENTER-Taste realisiert wird. Bei der Ansicht in einem einfachen Texteditor kann das folgendermaßen aussehen:

Inhalt einer Datei daten.csv:	Inhalt einer Datei daten2.csv:	Inhalt einer Datei daten3.csv:
1,2,3	10.2,11.3,12	-1,2
4,5,6	13,14.23,15	0,-5,3,-2
7,8,9	16,17,18.9	10,8,-5

Numerische Inhalte aus `csv`-Dateien können in Octave mit der Funktion `csvread` eingelesen werden. Dazu wird der Funktion der Dateiname als Eingangsparameter übergeben, falls die betreffende Datei im aktuellen Arbeitsverzeichnis liegt bzw. der komplette Dateipfad, falls die betreffende Datei nicht im aktuellen Arbeitsverzeichnis liegt:

```
>> A = csvread('daten.csv')        >> B = csvread('daten2.csv')
A =                                B =
    1    2    3                        10.200   11.300   12.000
    4    5    6                        13.000   14.230   15.000
    7    8    9                        16.000   17.000   18.900
```

Nicht zwangsläufig muss in jeder Zeile einer `csv`-Datei die gleiche Anzahl von Werten gespeichert werden, wie das obige Beispiel der Datei `daten3.csv` zeigt. Enthalten Zeilen eine unterschiedliche Anzahl von Werten, dann erzeugt `csvread` eine Matrix, deren Spaltenanzahl gleich der Anzahl der Werte in der längsten in der Datei gespeicherten Zeile ist. In kürzeren Zeilen werden die fehlenden Spalteneinträge automatisch mit dem Wert 0 aufgefüllt:

```
>> C = csvread('daten3.csv')
C =
   -1    2    0    0
    0   -5    3   -2
   10    8   -5    0
```

Enthält eine `csv`-Datei Inhalte, die nicht in numerische Werte konvertiert werden können, dann wird an ihrer Stelle ebenfalls der Wert 0 gesetzt:[5]

Inhalt einer Datei `daten4.csv`:

```
-1,2,a,bc
cdef,-5,3,-2
10,TEXT,8,-5
```

```
>> D = csvread('daten4.csv')
D =
    -1    2    0    0
     0   -5    3   -2
    10    0    8   -5
```

Umgekehrt lassen sich numerische Daten mithilfe der Funktion `csvwrite` in eine `csv`-Datei schreiben, der als Eingangsparameter der Dateiname (optional mit vorangestelltem Dateipfad) und die numerischen Daten als Matrix übergeben werden. Dabei muss die Datei im angegebenen Verzeichnis nicht existieren, sondern sie wird mit dem Aufruf der Funktion `csvwrite` neu angelegt. Sollte eine Datei mit dem angegebenen Namen bereits existieren, dann wird sie beim Aufruf der Funktion `csvwrite` überschrieben. Hier ein Eingabebeispiel zur Durchführung im Befehlsfenster:

```
>> A = [10,0,-10,3; 3,3,0,1; 0,90,0,7];
>> csvwrite('testdatei.csv',A)
```

Beim Einlesen von Daten aus Dateien oder beim Schreiben in Dateien kann es zu verschiedenen Fehlern kommen. Existiert zum Beispiel eine Datei nicht, dann führt ein Ausleseversuch mittels `csvread` unweigerlich zu einer Fehlermeldung, die einen Abbruch des Programms zur Folge hat. Dies lässt sich durch eine geschickte Programmierung unter Nutzung von Kontrollstrukturen vermeiden. Neben den bereits vorgestellten Schleifen und bedingten Anweisungen ist hierbei die `try-catch`-Anweisung[6] von besonderem Interesse. Sie besteht aus zwei Zweigen und hat den folgenden Grundaufbau:

```
try
    Anweisungsblock 1 (Zielstellung)
catch
    Anweisungsblock 2 (Alternative)
end
```

Im `try`-Zweig wird versucht, eine Anweisungsfolge auszuführen, falls das möglich ist. Kommt es dabei zum Fehler, wird dieser durch die Anweisung `catch` abgefangen. Im `catch`-Zweig können alternative Anweisungen formuliert werden, die dann und nur dann ausgeführt werden, wenn im `try`-Zweig ein Fehler aufgetreten ist. Auf diese Weise kann man den Anwender eines Programms dazu zwingen, fehlerhafte Eingaben zu überdenken und Alternativen anbieten. Das kann zum Beispiel folgendermaßen aussehen:

---

[5] Grundsätzlich steht die Funktion `csvread` auch in MATLAB zur Verfügung. Man beachte jedoch, dass in einigen (früheren) MATLAB-Versionen alle nicht in numerische Werte konvertierbaren Inhalte einer `csv`-Datei mit dem Wert `NaN` besetzt werden. Um Fehler zu vermeiden, sollte bei einem Umstieg auf MATLAB zunächst getestet werden, wie die `csvread`-Funktion dort mit nichtnumerischen Inhalten umgeht.

[6] engl. try = versuche, engl. catch = fange

```
weiter = 1; % Variable für die Abbruchbedingung
while (weiter == 1)
  try
    dateiname = input('Dateiname eingeben: ','s');
    daten = csvread(dateiname);
    weiter = 0;
  catch
    disp(['Eine Datei ',dateiname,' existiert nicht!'])
    disp('Bitte erneut versuchen ...')
  end % ENDE try-catch-Anweisung
end % ENDE while-Schleife
```

Die while-Schleife wird solange wiederholt, bis der Anwender eine Zeichenkette eingibt, die zu einer tatsächlich vorhandenen csv-Datei führt. Solche Endlosschleifen können jedoch problematisch sein. Alternativen bestehen in einer fest vorgegebenen Anzahl von Eingabeversuchen. Sollte ein Anwender dann immer noch keine korrekte Eingabe vornehmen, dann kann im catch-Zweig der Variable daten ein für den weiteren Programmablauf sinnvoller Standardwert (default-Wert) zugewiesen werden.

Aufgaben zum Abschnitt 2.7

Aufgabe 2.7.1: Schreiben Sie eine Funktion lottotipp.m, die mithilfe der Funktion input sechs *verschiedene* natürliche Zahlen zwischen und einschließlich 1 und 49 durch Eingabe im Befehlsfenster einliest. Dabei soll darauf geachtet werden, dass die Eingabe korrekt erfolgt ist, d. h., es wird ausschließlich die Eingabe natürlicher Zahlen akzeptiert. Ist eine Eingabe nicht korrekt, dann soll sie höchstens 10-mal wiederholt werden. Falls auch die 10-te Eingabe nicht korrekt ist, soll mithilfe der Octave-Funktion randi „zufällig" eine geeignete Zahl bestimmt werden, die alle genannten Anforderungen erfüllt. Die Funktion lottotipp soll die sechs eingelesenen Zahlen in aufsteigend geordneter Reihenfolge in einem Zeilenvektor zurückgeben.

Hinweis: Die Funktion randi berechnet ganzzahlige „Zufallszahlen". Der Funktionsaufruf randi([1,49]) garantiert, dass diese Zahlen zwischen und einschließlich 1 und 49 liegen. In der Regel ist die bestimmte Zufallszahl von der bei dem vorhergehenden Aufruf von randi erhaltenen Zahl verschieden.

Aufgabe 2.7.2:

a) Bestimmen Sie mithilfe der Funktion lottotipp aus Aufgabe 2.7.1 fünf (nicht notwendig verschiedene) „Tippreihen" und speichern Sie diese in einer Matrix A ab.

b) Speichern Sie A unter einem beliebig gewählten Dateinamen in einer csv-Datei.

c) Lesen Sie die Datei aus b) ein und weisen Sie den Inhalt einer Variable B zu.

2.8 Optionale Eingangs- und Ausgangsparameter

Aufmerksamen Lesern wird bereits aufgefallen sein, dass vielen Octave-Funktionen eine unterschiedliche Anzahl von Eingangsparametern übergeben werden kann. Das ist kein Zufall und ermöglicht eine flexible Anwendung von Octave-Funktionen, bei denen häufig Parameter optional verwendet werden, d. h., einzelne Parameter können, müssen aber nicht zwingend beim Funktionsaufruf übergeben werden. Wird für die Ausführung einer Funktion nur eine gewisse Anzahl von Parametern benötigt, dann bleiben die im Funktionskopf definierten, aber nicht benötigten Parameter ohne Wert. Wird dagegen auf einen zwingend benötigten Parameter zugegriffen, dem beim Funktionsaufruf kein Wert zugewiesen wurde, dann wird in der Regel mit einer Fehlermeldung abgebrochen. Alternativ können sicherheitshalber jeder zwingend benötigten, aber beim Funktionsaufruf nicht definierten Variable sogenannte Default-Werte zugewiesen werden. Dazu wird die Anzahl der beim Funktionsaufruf tatsächlich übergebenen Parameterwerte benötigt, die man mithilfe der Octave-Variable `nargin` abfragen kann.

Wir demonstrieren die Anwendung von `nargin` am Beispiel der aus Abschnitt 2.2 bekannten Funktion `rechteck4.m`. Die Funktion hat zwei Eingangsparameter a und b. Wird beim Funktionsaufruf nur ein Zahlenwert übergeben, dann kommt es automatisch zum Abbruch einschließlich einer Fehlermeldung. Man kann dieser Fehlermeldung mit einem Standardtext zum Beispiel folgendermaßen durch eine selbst formulierte Fehlermeldung zuvorkommen:

```
1  function[flaeche,umfang,diaglaenge] = rechteck51(a,b)
2  if (nargin < 2)
3    error('rechteck51.m hat zwei Eingangsparameter!')
4  end
5  flaeche = a*b;
6  umfang = 2*(a+b);
7  diaglaenge = sqrt(a^2+b^2);
```

Alternativ kann man zulassen, dass beim Funktionsaufruf nur ein Eingangsparameter definiert wird. Das ist bei einer Funktion für die Berechnung des Flächeninhalts eines Rechtecks sinnvoll, denn die Übergabe nur eines Parameterwerts kann so interpretiert werden, dass Breite und Länge des Rechtecks gleich sind, d. h., es wird ein Quadrat betrachtet:

```
1  function[flaeche,umfang,diaglaenge] = rechteck52(a,b)
2  if (nargin == 1)
3    b = a;
4  end
5  flaeche = a*b;
6  umfang = 2*(a+b);
7  diaglaenge = sqrt(a^2+b^2);
```

Analoge Betrachtungen kann man für die Ausgangsparameter durchführen. Dazu wird die Octave-Variable `nargout` genutzt, welche die Anzahl der tatsächlich benötigten Ausgangsparameter beim Aufruf einer Funktion bestimmt. Werden Ausgangsparameter bei der Rückgabe von Ergebnissen nicht benötigt, dann müssen ihre Werte gar nicht erst berechnet werden. Diese Vorgehensweise ist besonders dann von Interesse, wenn der Rechenaufwand und damit verbunden der Zeitaufwand für die nicht benötigten Ausgangsparameter relativ groß ist.

Bei der Funktion `rechteck52.m` spielt das sicher keine Rolle. Wir erweitern diese Funktion trotzdem zu illustrativen Zwecken unter Verwendung von `nargout`. Dazu machen wir uns zunächst klar, dass beim Funktionsaufruf

```
>> A = rechteck52(2,3)
```

nur der Ausgangsparameter `flaeche` benötigt wird, während beim Funktionsaufruf

```
>> [A,u] = rechteck52(2,3)
```

nur die Parameter `flaeche` und `umfang` benötigt werden. Die jeweils restlichen Parameter werden nicht zurückgegeben, ihre Werte aber trotzdem berechnet. Das kann man folgendermaßen vermeiden:

```
01  function[flaeche,umfang,diaglaenge] = rechteck53(a,b)
02  if (nargin == 1)
03    b = a;
04  end
05  flaeche = a*b;
06  if (nargout >= 2)
07    umfang = 2*(a+b);
08  end
09  if (nargout == 3)
10    diaglaenge = sqrt(a^2+b^2);
11  end
```

Die Aufrufe A = `rechteck53(2,3)` bzw. [A,u] = `rechteck53(2,3)` bewirken, dass jetzt tatsächlich nur die für die Rückgabe benötigten Werte berechnet werden. Für alle drei Ausgangsparameter werden erst bei einem Funktionsaufruf der Gestalt [A,u,d] = `rechteck53(2,3)` die Werte berechnet.

Nicht immer kann bei der Programmierung vorab eine genaue Anzahl von Eingangsparametern festgelegt werden. Dann ist beim Aufruf eine flexible Parameterübergabe erforderlich, die mit der Octave-Variable `varargin` realisiert werden kann. Hinter dem Datencontainer `varargin` verbirgt sich ein einzeiliges `cell`-Array mit einer beliebigen Anzahl von Elementen. Jedes dieser Elemente kann als Eingangsparameter einer Funktion genutzt werden. Zusätzlich zu `varargin` können weitere Eingangsparameter im Kopf einer Funktion deklariert werden, die aber *vor* `varargin` gesetzt werden sollten. Dazu betrachten wir ein allgemeines Beispiel:

```
function[ergebnis] = bspfunktion(x,y,z,varargin)
```

Diese Funktion hat die festen Eingangsparameter x, y und z, weitere Parameter können in `varargin` übergeben werden. Die Zählvariable `nargin` gibt die Anzahl der bei einem

Funktionsaufruf insgesamt übergebenen Parameter zurück. Für das allgemeine Beispiel `bspfunktion` bedeutet das:

Funktionsaufruf	`varargin`	`nargin`
`erg = bspfunktion(2)`	`{}`	1
`erg = bspfunktion(2,3)`	`{}`	2
`erg = bspfunktion(2,3,4)`	`{}`	3
`erg = bspfunktion(2,3,4,5)`	`{5}`	4
`erg = bspfunktion(2,3,4,5,'a')`	`{5,'a'}`	5
`erg = bspfunktion(2,3,4,5,'a',[1,2])`	`{5,'a',[1,2]}`	6

Die dabei mittels `varargin` übergebenen Parameterwerte werden beim Funktionsaufruf wie normale Parameter durch Kommas voneinander getrennt übergeben und müssen nicht als `cell`-Array verpackt werden, denn dies erledigt Octave beim Funktionsaufruf intern und automatisch. Innerhalb der Funktion wird auf die Inhalte von `varargin` mithilfe geschweifter Klammern zugegriffen.

Als konkretes Beispiel zur Verwendung von `varargin` erweitern wir die Funktionalität der obigen Funktion `rechteck53.m`. Aus ihr geht die folgende Funktion hervor, die bei Bedarf zusätzlich das Volumen eines geraden Quaders mit rechteckiger Grundfläche berechnet. Eine Seitenlänge der Grundfläche und die Höhe werden dabei mithilfe von `varargin` übergeben:

```
01 function[flaeche,umfang,diaglaenge,volumen] = ...
                              rechteck61(a,varargin)
02
03 % a = Breite (oder Länge) eines Rechtecks
04 % b = Länge (oder Breite) eines Rechtecks
05 % c = Höhe eines Quaders mit der Grundfläche a*b
06 if (nargin >= 2)
07   b = varargin{1};
08 else
09   b = a;
10 end
11 if (nargin == 3)
12   c = varargin{2};
13 else
14   c = a;
15 end
16
17 flaeche = a*b;
18 if (nargout >= 2)
19   umfang = 2*(a+b);
20 end
```

```
21  if (nargout >= 3)
22    diaglaenge = sqrt(a^2+b^2);
23  end
24  if (nargout == 4)
25    volumen = flaeche*c;
26  end
```

Ebenso flexibel kann in Bezug auf die Ausgangsparameter einer Funktion vorgegangen werden. Dafür hält Octave die Variable varargout bereit, die analog zu varargin als cell-Array angelegt wird. Ohne weitere Erklärungen passen wir zur Demonstration der Verwendung von varargout die Funktion rechteck61.m geringfügig an:

```
01  function[flaeche,varargout] = rechteck62(a,varargin)
02
03  % a = Breite (oder Länge) eines Rechtecks
04  % b = Länge (oder Breite) eines Rechtecks
05  % c = Höhe eines Quaders mit der Grundfläche a*b
06  if (nargin >= 2)
07    b = varargin{1};
08  else
09    b = a;
10  end
11  if (nargin == 3)
12    c = varargin{2};
13  else
14    c = a;
15  end
16
17  flaeche = a*b;
18  if (nargout >= 2)
19    umfang = 2*(a+b);
20    varargout = {umfang};
21  end
22  if (nargout >= 3)
23    diaglaenge = sqrt(a^2+b^2);
24    varargout = [varargout, {diaglaenge}];
25  end
26  if (nargout == 4)
27    volumen = flaeche*c;
28    varargout = [varargout, {volumen}];
29  end
```

Analog zur Parameterübergabe mittels varargin muss bei der Übergabe der Ausgangsparameter nicht beachtet werden, dass varargout ein cell-Array ist, denn Octave entpackt dessen Inhalte automatisch. Die Verwendung der Funktion rechteck62.m unterscheidet sich damit nach außen nicht von der Verwendung der

Funktion `rechteck61.m`, wie die folgende Gegenüberstellung einiger zueinander äquivalenter Funktionsaufrufe zeigt:

```
A = rechteck61(2)                    A = rechteck62(2)
[A,u,d,v] = rechteck61(2,3)          [A,u,d,v] = rechteck62(2,3)
[A,u,d] = rechteck61(2,3,4)          [A,u,d] = rechteck62(2,3,4)
```

Aufgaben zum Abschnitt 2.8

Aufgabe 2.8.1: Gegeben sei das folgende Fragment der Funktion `hohlzylinder`:

```
01 function[v,am,ao] = hohlzylinder(radius1,radius2,hoehe)
...
29 if (radius1 < radius2)
30    r1 = radius1;
31    r2 = radius2;
32 else
33    r1 = radius2;
34    r2 = radius1;
35 end
36
37 % Berechnung der Ausgangsparameter
38 v = pi*hoehe*(r2^2 - r1^2);
39 am = 2*pi*hoehe*(r1 + r2);
40 ao = 2*pi*(r1 + r2)*(hoehe + r2 - r1);
```

Der vollständige Code der Funktion befindet sich im Programmpaket zum Buch. Programmieren Sie die folgenden Funktionen, welche die gleichen Aufgaben wie die gegebene Funktion `hohlzylinder.m` haben:

a) Die Funktion `hohlzylinder2.m` hat den folgenden Kopf:

   ```
   function[v,am,ao] = hohlzylinder2(varargin)
   ```

b) Die Funktion `hohlzylinder3.m` hat den folgenden Kopf:

   ```
   function[v,am,ao] = hohlzylinder3(radius1,varargin)
   ```

c) Die Funktion `hohlzylinder4.m` hat den folgenden Kopf:

   ```
   function[varargout] = hohlzylinder4(varargin)
   ```

Berücksichtigen Sie bei der Programmierung außerdem geeignete Maßnahmen für den Fall, dass weniger als drei Eingangsparameter übergeben werden.

2.9 Funktionen als Eingangsparameter

Bisher wurden als Eingangs- und Ausgangsparameter einer Octave-Funktion ausschließlich Datenobjekte wie einzelne Zahlen, Matrizen oder `cell`-Arrays betrachtet. Man kann einer Octave-Funktion auch eine andere Octave-Funktion als Parameter übergeben. Genauer übergibt man dabei einen Zeiger auf die auszuführende Octave-Funktion. Ein Zeiger wird mithilfe des @-Operators definiert. Zum Beispiel wird durch die Variable

```
>> zeiger = @exp
```

ein Zeiger auf die Exponentialfunktion festgelegt. Der Kopf einer Octave-Funktion, bei der ein oder mehrere Eingangsparameter Funktionszeiger sein sollen, unterscheidet sich nicht von allen anderen bisher behandelten Octave-Funktionen. Die folgende Beispielfunktion berechnet die Summe $f(x) + g(x)$ der Funktionswerte $f(x)$ und $g(x)$:

```
1  function[wert] = summefg(f,g,x)
2  wert = feval(f,x) + feval(g,x);
```

Beim Funktionsaufruf werden für die Eingangsparameter f und g Zeiger auf beliebige Funktionen übergeben, die ihrerseits als einzigen Eingangsparameter einen Vektor x haben. Die derart übergebenen Funktionen f und g werden mithilfe der Funktion `feval` ausgeführt. Hier einige Beispiele zum Aufruf der Funktion `summefg` im Befehlsfenster:

```
>> summefg(@exp,@cosh,0)
ans = 2
>> summefg(@sin,@cos,pi/4)
ans = 1.4142
>> summefg(@floor,@ceil,[-1.3,-0.2,1.1,2.8])
ans =
      -3  -1   3   5
```

Allgemeiner ruft

```
feval(funktionszeiger,E1,E2,E3,...)
```

die durch den Zeiger `funktionszeiger` eindeutig bestimmte Funktion auf und führt sie aus. Dabei werden an die auszuführende Funktion alle zu ihrer Ausführung (mindestens) erforderlichen Parameter E1, E2, E3, ... übergeben, d. h., die hinter `funktionszeiger` stehende Parameterliste muss zwingend mit der Liste der Eingangsparameter der auszuführenden Funktion übereinstimmen (bis auf optionale Parameter). Die Funktion `feval` stellt unter anderem die Kompatibilität zu älteren MATLAB-Versionen sicher, muss aber eigentlich nicht zwingend genutzt werden. Bei den aktuellen Octave-Versionen und auch bei neueren MATLAB-Versionen ist alternativ eine notationsgleiche Ausführung von Funktionen möglich, d. h., die Eingaben

```
>> feval(zeiger,2)              |    >> zeiger(2)
```

sind zueinander äquivalent, wobei `zeiger` ein Zeiger auf eine Funktion mit einem Eingangsparameter ist. Demnach können wir bei der Programmierung der obigen Beispielfunktion `summefg` auch folgendermaßen vorgehen:

```
1 function[wert] = summefg2(f,g,x)
2 wert = f(x) + g(x);
```

Der @-Operator wurde bereits in Abschnitt 1.6 zur Definition einfacher Funktionen vorgestellt, wie zum Beispiel:

```
p = @(t) t.^2 + t + 1;          u = @(r,s) r.^2.*s + r.*s;
```

Möchte man eine solche Funktion an eine andere Octave-Funktion übergeben, dann darf darauf der @-Operator nicht doppelt angewendet werden, denn durch die Anweisung @(t) bzw. @(r,s) ist bereits ein Zeiger festgelegt, nämlich auf die dahinter stehende(n) Variable(n). Das bedeutet zum Beispiel:

```
>> summefg2(p,@exp,-2)          >> feval(u,1,2)
```

Durch die Anweisung

```
fun = @(E1,E2,E3,...) ausdruck
```

ist nicht nur ein Zeiger auf die Variablen E1, E2, E3 gegeben, sondern sie stellt gleichzeitig eine Kurzform zur Definition einer Octave-Funktion fun dar. Man kann diese Funktion alternativ in einer m-Datei anlegen. Das bedeutet für die Beispielfunktionen p und u:

```
1 function[wert] = pm(t)          1 function[wert] = um(t)
2 wert = t.^2 + t + 1;            2 wert = r.^2.*s + r.*s;
```

Liegen die unter den Dateinamen pm.m bzw. um.m gespeicherten Funktionen im aktuellen Arbeitsverzeichnis, dann kann darauf folgendermaßen ein Zeiger gesetzt werden:

```
>> summefg2(@pm,@exp,-2)          >> feval(@um,1,2)
```

Besitzt eine Funktion f1 mehr als einen Eingangsparameter und ist bei der Übergabe von f1 an eine andere Funktion f2 nur ein Eingangsparameter x von f1 variabel, dann muss dazu die Variable x bei der Übergabe in runden Klammern hinter den @-Operator gesetzt werden und den restlichen Eingangsparametern müssen konkrete Zahlenwerte zugewiesen werden. Dies machen wir am Beispiel der durch

$$k_{a,b}(x) = abx^2 + b^2x + e^{ax} + a - b$$

gegebenen Funktionenschar deutlich, die wir zunächst im Befehlsfenster definieren:

```
>> k = @(a,b,x) a*b*x.^2 + b^2*x + exp(a*x) + a - b;
```

Zur Berechnung der Werte $k_{1,0}(x) + e^x$ und $k_{3,4}(x) + k_{-7,11}(x)$ an der Stelle $x = 2$ übergeben wir k folgendermaßen an die Funktion summefg2:

```
>> summefg2(@(x) k(1,0,x),@exp,2)
ans = 15.778
>> summefg2(@(x) k(3,4,x),@(x) k(-7,11,x),2)
ans = 398.43
```

Aufgaben zum Abschnitt 2.9

Aufgabe 2.9.1: Schreiben Sie eine Octave-Funktion `summiere3funktionen.m`, die zu drei beliebigen über dem Intervall $[-1,1]$ definierten Funktionen f, g und h die Funktionswerte $s(x)$ der Summenfunktion $s := f + g + h$ zu beliebigen Argumenten $x \in [-1,1]$ berechnet und als Ergebnis zurückgibt. Außerdem soll `summiere3funktionen.m` die Graphen von f, g, h und s über dem gesamten Definitionsbereich gemeinsam plotten. Testen Sie Ihre Funktion an beliebigen Beispielen.

Aufgabe 2.9.2: Schreiben Sie eine Funktion `stueckweise3.m`, die zu beliebigen Funktionen $f : (-\infty, -5) \to \mathbb{R}$, $g : [-5,5] \to \mathbb{R}$ und $h : (5,\infty) \to \mathbb{R}$ die Funktionswerte der stückweise definierten Funktion $k : \mathbb{R} \to \mathbb{R}$ mit

$$k(x) = \begin{cases} f(x) \,, x \in (-\infty, -5) \\ g(x) \,, x \in [-5,5] \\ h(x) \,, x \in (5,\infty) \end{cases}$$

berechnet. Die Berechnung der Funktionswerte $k(x)$ soll dabei für eine beliebige Anzahl von Argumenten aus $\mathbb{R}$ möglich sein.

Aufgabe 2.9.3: Die Octave-Funktion `fzero` berechnet (näherungsweise) die Nullstellen einer reellen Funktion mit einer Variable.

a) Machen Sie sich mit dem Aufruf der Funktion `fzero` vertraut.

b) Berechnen Sie mit der Funktion `fzero` *alle* Nullstellen der folgenden Funktionen:

  ○ $f : \mathbb{R} \to \mathbb{R}$, $f(x) = 3x^2 - 7x - 11$
  ○ $g : [-1,1] \to \mathbb{R}$, $g(x) = \sin^2(2\pi x) - \cos(2\pi x) - x$

c) Kann die Funktion `fzero` auch genutzt werden, um die Nullstellen einer stückweise definierten Funktion zu ermitteln, die ihrerseits mithilfe einer selbst programmierten Octave-Funktion dargestellt wird? Untersuchen Sie dies am Beispiel der folgenden Funktion:

$$h(x) = \begin{cases} \frac{1}{5} \cdot x^2 \cdot e^{x+5} - 4 & , x \in (-\infty, -5) \\ |x| \cdot \sin\left(\frac{1}{5}\pi x\right) - \cos\left(\frac{1}{5}\pi x\right) & , x \in [-5,5] \\ 2 - \frac{1}{25} \cdot x^2 \cdot e^{x-5} & , x \in (5,\infty) \end{cases}$$

2.10 Grafiken mit animierten Inhalten

Bekanntlich kann eine Grafik mehr als tausend Worte sprechen. Werden sehr viele, auf den ersten Blick nahezu identische Grafiken nebeneinander gelegt, die sich lediglich in wenigen Inhalten wie beispielsweise einzelnen hervorgehobenen Punkten oder geringfügig „verschobenen" Funktionsgraphen unterscheiden, dann muss sich daraus jedoch nicht zwangsläufig ein schlüssiges Gesamtbild ergeben. Das Verständnis kann in solchen Fällen durch Zusammenfassung aller Grafiken verbessert werden, wobei die sich verändernden Grafikinhalte nicht nur durch eine markante Gestaltung hervorgehoben werden, sondern die Änderungen in einer gewissen zeitlichen Reihenfolge nachvollziehbar gemacht werden. Mit anderen Worten werden ausgewählte (oder alle) Inhalte einer Grafik animiert, also „in Bewegung gesetzt".

Damit als Ergebnis tatsächlich ein „Film" betrachtet werden kann, müssen alle Octave-Anweisungen in einem Skript oder einer Funktion zusammengefasst werden. Wird das Skript bzw. die Funktion ausgeführt, dann läuft die Animation im Grafikfenster ab. Die Programmierung erfolgt dabei nach zwei Grundprinzipien: Erstens müssen einzelne Grafikinhalte in einer gewissen zeitlichen Reihenfolge verändert, hinzugefügt oder entfernt werden. Zweitens müssen bei der Abarbeitung von Anweisungen kleine Pausen eingelegt werden, denn nur so kann überhaupt die Illusion einer Bewegung entstehen.

Pausen im Programmablauf lassen sich mit einer Funktion erzwingen, deren Funktionsname trivial erscheint: `pause`. Gibt man beispielsweise im Befehlsfenster einfach `pause` ein, dann unterbricht Octave alle Aktivitäten solange, bis irgendeine Taste gedrückt wird. Übergibt man der Funktion eine positive reelle Zahl t, dann werden alle Aktivitäten für genau t Sekunden unterbrochen.

Als Ausgangspunkt für ein Beispiel zu einer Grafik mit animierten Inhalten sei der Graph der Sinusfunktion im Intervall $[0, 2\pi]$ betrachtet. Auf dem Graph soll ein Punkt entlangwandern. Diese Animation ergibt sich aus den folgenden Codezeilen, die als Skript `abschnitt210a.m` im Programmpaket zum Buch zu finden sind:

```
01 I = [0:0.05:2*pi,2*pi];
02 figure;
03 plot(I,sin(I),'k','linewidth',1)
04 xlim([0,2*pi])
05 title('Eine Punktbewegung auf der Sinusfunktion')
06 hold on
07 punktobjekt = plot(0,0,'ro','markersize',10, ...
08         'markerfacecolor','r','markeredgecolor','r');
09 hold off
10 for x = I
11    pause(0.1)
12    set(punktobjekt,'XData',x)
13    set(punktobjekt,'YData',sin(x))
14 end
```

Der auf dem Graph der Sinusfunktion entlangwandernde Punkt wird in Zeile 7 mit der `plot`-Funktion in die Grafik eingefügt und zunächst auf die Koordinaten $(0|0)$ gesetzt. Die `plot`-Funktion hat einen Ausgangsparameter, den wir beim „normalen" plotten von Daten bisher nicht erwähnt hatten. Hier müssen wir den Ausgangsparameter jedoch nutzen, denn nur so können wir später Eigenschaften des Punkts verändern. Das Ergebnis des in Zeile 7 durchgeführten Aufrufs der `plot`-Funktion wird der Variable `punktobjekt` zugewiesen, deren Wert vereinfacht gesagt ein Datenobjekt ist, in dem alle Eigenschaften und Parameter des einzelnen Punkts gespeichert sind. Jede Eigenschaft kann mit einem Schlüsselwort abgefragt und verändert werden. Die Abfrage von Eigenschaften erfolgt mit der `get`-Funktion. Nach dem Ablaufen des Skripts lassen sich so zum Beispiel die aktuellen Koordinaten des Punkts im Befehlsfenster abfragen:

```
>> get(punktobjekt,'XData')
ans = 6.2832
>> get(punktobjekt,'YData')
ans = -2.4492e-016
```

Die Zeichenkette `'XData'` steht dabei für die x-Koordinate des Punkts, entsprechend `'YData'` für die y-Koordinate. Die Anweisung

```
>> get(punktobjekt)
```

liefert eine Datenstruktur, die alle möglichen Parameter des Grafikobjekts `punktobjekt` und seine aktuellen Werte in jeweils einem Feld enthält. Der Name eines Feldes ist zugleich das Schlüsselwort, mit dem die Werte über die `set`-Funktion verändert werden können. Das erfolgt im obigen Beispielcode in den Zeilen 12 und 13, wo die Koordinaten des Punkts innerhalb einer `for`-Schleife verändert werden. Dabei werden als x-Koordinaten alle Werte aus dem Approximationsgitter `I` durchlaufen, das bereits zum Plotten der Sinusfunktion in Zeile 3 genutzt wurde. Durch die in Programmzeile 11 am Beginn jedes Schleifendurchlaufs eingefügte Pause von 0.1 Sekunden wird die erforderliche Verzögerung erreicht, durch die beim Ablaufen des Skripts im Grafikfenster schließlich der Eindruck einer Bewegung des Punkts erreicht wird.

Die Interpretation von einzelnen Bestandteilen einer Grafik als (Programmier-) Objekte und damit zusammenhängend die Abfrage und Neudefinition von Objekteigenschaften mit den Funktionen `get` und `set` wurde bereits in den Abschnitten 1.7.4 und 1.7.5 zur Formatierung des Koordinatensystems (Achsenobjekt) und zur Arbeit mit mehreren Grafikfenstern (`figure`-Objekt) vorgestellt. Die Vorgehensweise überträgt sich prinzipiell auf alle Objekte, die in eine Grafik eingefügt werden. Das sind neben den mit der `plot`-Funktion dargestellten Punktwolken oder Polygonzügen zum Beispiel auch der Titel (`title`), die Legende (`legend`) oder die Achsenbeschriftungen (`xlabel`, `ylabel`, `zlabel`).

Sollen die Eigenschaften mehrerer Objekte in einer Grafik nachträglich verändert werden, dann müssen sie für jedes zu ändernde Objekt in einer Variable gespeichert werden. Eine mögliche Vorgehensweise dazu demonstrieren die folgenden Programmzeilen (siehe Skript `abschnitt210b.m`), die eine Erweiterung des obigen Beispiels darstellen:

```
01 I = [0:0.05:2*pi,2*pi];
02 J = [2*pi:-0.05:0,0];
03 Ir = I(1:2);
04 Ik = I;
05 figure;
06 plotobjR = plot(Ir,sin(Ir),'r','linewidth',1);
07 hold on
08 plotobjK = plot(Ik,sin(Ik),'k','linewidth',1);
09 punktobjekt = plot(0,0,'ro','markersize',10, ...
10           'markerfacecolor','r','markeredgecolor','r');
11 text(0.2,-0.8,'Koordinaten des Punkts:')
12 textobjekt = text(2,-0.8,'(0|0)');
13 xlim([0,2*pi])
14 title('Eine Punktbewegung auf der Sinusfunktion')
15 hold off
16 for x = [I,J]
17    pause(0.1)
18    Ir = union(0:0.05:x,x);
19    Ik = union(x:0.05:2*pi,2*pi);
20    set(punktobjekt,'XData',x,'YData',sin(x))
21    set(plotobjR,'XData',Ir,'YData',sin(Ir))
22    set(plotobjK,'XData',Ik,'YData',sin(Ik))
23    set(textobjekt,'string', ...
            ['(',num2str(x),'|',num2str(sin(x)),')'])
24 end
```

Der einzelne Punkt läuft bei der Ausführung des Skripts den Graph der Sinusfunktion zweimal ab, nämlich bezogen auf die x-Koordinaten von $x = 0$ in Richtung $x = 2\pi$ und wieder zurück. Ist $x \in \mathtt{I} = [0,x]$ bzw. $x \in \mathtt{J} = (x,2\pi]$ die aktuelle x-Koordinate des Punkts, dann wird außerdem der Graph der Sinusfunktion über dem Intervall $[0,x]$ rot und über dem Intervall $(x,2\pi]$ schwarz dargestellt. Diese Färbung wird mithilfe der Grafikobjekte plotobjR und plotobjK gesteuert, deren Koordinaten in der for-Schleife fortlaufend aktualisiert werden. Zusätzlich wird mit der Funktion text ein Informationstext in die Grafik eingefügt, mit dem die jeweils aktuellen Koordinaten des Punkts angezeigt werden. Die Aktualisierung des Textes erfolgt mithilfe des Grafikobjekts textobjekt.

Das einzelne Einfügen von Punktwolken oder Polygonzügen mit der plot-Funktion und in diesem Zusammenhang die Zuweisung der Eigenschaften des Grafikobjekts an eine Variable ist zwecks Übersichtlichkeit hilfreich, jedoch nicht immer zweckmäßig. Alternativ können auch mehrere Datensätze gleichzeitig mittels plot eingefügt und verwaltet werden. Die Vorgehensweise demonstrieren wir an einem Beispiel, das mit den folgenden Anweisungen beginnt:

```
>> I = [0:0.01:2*pi,2*pi];
>> obj = plot(I,sin(I),'r',I,cos(I),'b');
```

Mit einem einzigen Aufruf der plot-Funktion wurden die Sinus- und die Kosinusfunktion im Intervall $[0,2\pi]$ grafisch dargestellt. Die Variable obj enthält die Eigenschaften der mit plot in die Grafik eingefügten Datensätze, wobei es sich hierbei anschaulich um einen Datencontainer handelt, in dem zwei Elemente abgelegt sind. Das erste Element enthält die Datenstruktur mit Eigenschaften für den ersten Datensatz (Graph der Sinusfunktion), das zweite Element die Datenstruktur für den zweiten Datensatz (Graph der Kosinusfunktion). Soll nachträglich zum Beispiel die Sinusfunktion durch eine andere Funktion ausgetauscht und ebenfalls über dem Intervall $[0, 2\pi]$ dargestellt werden, dann müssen dazu lediglich die y-Koordinaten des ersten Datensatzes ausgetauscht werden. Das wird folgendermaßen realisiert:

```
>> set(obj(1),'YData',sin(2*I))
```

Eine Änderung der y-Koordinaten des zweiten Datensatzes geht analog:

```
>> set(obj(2),'YData',0.5*cos(I))
```

Selbstverständlich müssen in animierten Grafiken nicht zwangsläufig Inhalte ausgetauscht werden, sondern es können auch Inhalte mit zeitlicher Verzögerung hinzugefügt und die bereits vorhandenen Inhalte beibehalten werden. Beim sukzessiven Hinzufügen von Inhalten müssen die Ergebnisse der dann zusätzlichen plot-Aufrufe natürlich nicht an eine Variable zugewiesen werden. Wichtig ist jedoch, dass diese plot-Aufrufe von den Kommandos hold on und hold off eingerahmt werden.

Bei einigen Animationen kann es sinnvoll sein, das Koordinatensystem unsichtbar zu machen, was mit dem Kommando axis off gelingt. Damit werden allerdings auch andere zum Koordinatensystem zugehörige Grafikelemente wie etwa Achsenbeschriftungen, ein sichtbares Gitternetz oder eine zuvor manuell eingestellte Hintergrundfarbe ausgeblendet. Mit axis on lässt sich das Koordinatensystem wieder einblenden.

Soll eine Grafik mit animierten Inhalten mehrfach ablaufen, dann hat man dazu verschiedene Möglichkeiten. Die einfachste Variante besteht natürlich darin, das jeweilige Skript mehrfach ablaufen zu lassen. Alternativ kann man den Teil der Anweisungen, die zu den sich bewegenden Inhalten führen, mit einer Schleife mehrfach ausführen. Die Anzahl der Wiederholungen kann dabei fest vorgegeben sein oder variabel gestaltet werden, wenn dazu beispielsweise ein Skript zu einer Funktion aufgewertet wird, der als Eingangsparameter die Anzahl der Wiederholungen übergeben wird. Die erste Vorgehensweise wird im Skript abschnitt210c.m vorgeführt, die zweite Vorgehensweise in Gestalt der Funktion abschnitt210d.m, die für drei Wiederholungen durch die Eingabe von abschnitt210d(3) im Befehlsfenster aufgerufen wird.

Aufgaben zum Abschnitt 2.10

Aufgabe 2.10.1: Erweitern Sie das Skript abschnitt210b.m so, dass zusätzlich auf der über dem Intervall $[0, 2\pi]$ dargestellten Kosinusfunktion ein Punkt in grüner Farbe entlangläuft, jedoch gegenüber dem roten Punkt auf der Sinuskurve in entgegengesetzter Richtung. Auf die fortlaufende Anzeige der Punktkoordinaten kann verzichtet werden.

Aufgabe 2.10.2: Verdeutlichen Sie mit einer Animation die Bedeutung des Parameters $a \in \mathbb{R}$ bei der Funktion $f_a : \mathbb{R} \to \mathbb{R}$ mit $f_a(x) = ax^2$. Erstellen Sie dazu animierte Octave-Grafiken auf zwei verschiedene Art und Weise:

a) Der Graph von f_1 soll in allen Einzelgrafiken sichtbar sein. In einer geeigneten Reihenfolge und mit einer angemessenen zeitlichen Verzögerung sollen die Graphen von f_a für $a \in \{-4, -3, -2, -1, -0.5, -0.25, 0.25, 0.5, 2, 3, 4\}$ in das Koordinatensystem geplottet werden und nach ihrem Einfügen dauerhaft sichtbar bleiben.

b) Der Graph von f_1 soll in allen Einzelgrafiken sichtbar sein. In einer geeigneten Reihenfolge und mit einer angemessenen zeitlichen Verzögerung sollen die Graphen von f_a für ausgewählte Parameterwerte $a \in [-4, 4]$ in das Koordinatensystem geplottet werden. Zu jedem Zeitpunkt sollen genau zwei Funktionsgraphen sichtbar sein, nämlich f_1 und f_a für genau ein $a \neq 1$.

Sehen Sie bei Ihren Animationen außerdem geeignete Beschriftungen der dargestellten Funktionsgraphen vor.

Aufgabe 2.10.3: Bringen Sie in einer Animation den Graphen von $f(x) = \sin(4x)$ über dem Intervall $[0, 2\pi]$ bei ausgeblendetem Koordinatensystem zum „laufen". Die Bewegung soll einige Sekunden mit für das Auge nicht wahrnehmbaren Verzögerungen andauern, in der ersten Hälfte der Laufzeit von „rechts nach links" und nach einer Pause von 5 Sekunden in der zweiten Hälfte in entgegengesetzter Richtung verlaufen. Im Titel der Grafik soll außerdem Auskunft über die Anzahl der noch verbleibenden Bewegungsiterationen gegeben werden.

Aufgabe 2.10.4: Erzeugen Sie die in Abb. 6 auf Seite 61 dargestellte Schraubenlinie $g(t) = \big(\cos(2\pi t), \sin(2\pi t), t\big)$ mithilfe einer Animation. Dazu soll ein deutlich erkennbarer Punkt anschaulich die Rolle einer Bleistiftspitze übernehmen, welche die Schraubenlinie Schritt für Schritt zeichnet. Außerdem soll deutlich werden, welches Argument $t \in [0, 5]$ zur aktuellen Position des Punkts gehört. Nach der vollständigen Darstellung der Schraubenlinie soll der Erzeugungspunkt ausgeblendet werden.

Octave als Lernbegleiter

3

3.1 Überprüfung von Ergebnissen und Rechenwegen

In vielen Lehrveranstaltungen zur Mathematik stellen bewertete Übungsaufgaben einen nicht zu vernachlässigenden Anteil der Abschlussnote dar. Deshalb lohnt es sich besonders, ihre Bearbeitung mit größtmöglicher Sorgfalt durchzuführen. Dazu gehört eine selbstkritische Überprüfung erhaltener Ergebnisse. Bei eher theoretischen Aufgaben kann das eine Diskussion mit Kommilitonen sein. Der Kontakt zu Leidensgenossen kann natürlich auch bei Aufgaben hilfreich sein, bei denen „nur" gerechnet werden muss. Die Ergebnisse solcher Aufgaben können Lernende aber auch ganz allein überprüfen, indem sie die Rechnung zur Kontrolle nicht nur ein zweites Mal per Hand durchführen, sondern wenn es sinnvoll und praktikabel erscheint zusätzlich mithilfe von Octave, was den Lernprozess unterstützt und zu mehr Selbstvertrauen und Selbstständigkeit führt. Im Fall von auf diese Weise selbst aufgedeckten Fehlern sollten Lernende nicht verzweifeln, sondern den Ehrgeiz entwickeln, eine Rechnung noch einmal zu versuchen und zu verstehen.

3.1.1 Lineare Gleichungssysteme (Teil 2)

Ein klassisches Beispiel für verschiedene Fehler ist die Lösung linearer Gleichungssysteme und der in diesem Zusammenhang behandelte Gauß-Algorithmus (siehe z. B. [31]). Mit beiden Themen werden Lernende gleich zu Beginn des Studiums konfrontiert. Häufig kommt es bei der Lösung linearer Gleichungssysteme zu Flüchtigkeitsfehlern, wie zum Beispiel „verdrehten" Vorzeichen oder „vergessenen" Zahlen, Zeilen oder Spalten. In deren Folge werden Lösungsmengen falsch bestimmt. Eine Probe per Hand kann leicht durch eine Probe mit Octave ergänzt werden. Bereits in Abschnitt 1.3.6 wurde ab Seite 27 behandelt, welche Möglichkeiten es dazu gibt. Stellt sich bei der Probe heraus, dass die berechnete Lösung offensichtlich falsch ist, dann beginnt die Fehlersuche.

Dabei muss man stets die Rechnung per Hand, aber auch die Rechnung mit Octave im Auge haben, denn auch bei Octave kann man einen Tippfehler verursacht haben. Die Fehlersuche beginnt also beim Abschreiben der Koeffizienten des linearen Gleichungssystems vom Aufgabenzettel bzw. deren Eingabe im Octave-Befehlsfenster. Stimmt alles überein, dann ist das bereits die halbe Miete zum Aufspüren des (ersten) Fehlers. Wir demonstrie-

Ergänzende Information Die elektronische Version dieses Kapitels enthält Zusatzmaterial, auf das über folgenden Link zugegriffen werden kann https://doi.org/10.1007/978-3-658-64782-0_3.

ren dies am Beispiel des folgenden überbestimmten linearen Gleichungssystems:

$$
\begin{aligned}
\text{I} &: & 3x_2 + 2x_3 &= 2 \\
\text{II} &: 2x_1 + 3x_2 + 2x_3 &= 8 \\
\text{III} &: & x_1 - 2x_2 - 3x_3 &= 10 \\
\text{IV} &: 3x_1 + 4x_2 + & x_3 &= 20
\end{aligned}
$$

Das geben wir als erweiterte Koeffizientenmatrix im Befehlsfenster ein:

```
>> A = [0,3,2,2; 2,3,2,8; 1,-2,-3,10; 3,4,1,20]
A =

   0    3    2    2
   2    3    2    8
   1   -2   -3   10
   3    4    1   20
```

Offenbar wurden alle Koeffizienten korrekt erfasst. Bevor man auf gut Glück mit der schrittweisen Durchführung des Gauß-Algorithmus beginnt, sollte mithilfe der `rank`-Funktion überprüft werden, ob das Gleichungssystem überhaupt lösbar ist. Nicht selten werden durch einen Fehler nicht lösbare Systeme doch mit einer „Lösung" versehen oder umgekehrt lösbare Systeme für nicht lösbar erklärt. Die vorab durchgeführte Überprüfung des Lösbarkeitskriteriums mittels `rank` gibt außerdem einen Hinweis darauf, welche Gestalt das bei der Durchführung des Gauß-Algorithmus durch Zeilenumformungen hergeleitete und zum Ausgangssystem äquivalente Gleichungssystem haben kann oder wie im Fall des Beispielsystems (I-IV) zwangsläufig haben muss:

```
>> rank(A(:,1:3))
ans = 3
>> rank(A)
ans = 3
```

Der Rang der Koeffizientenmatrix `A(:,1:3)` ist gleich dem Rang der erweiteren Koeffizientenmatrix `A`, d. h., das lineare Gleichungssystem ist lösbar. Da die Koeffizientenmatrix den Rang 3 hat und dies gleichzeitig die Variablenanzahl ist, folgt sogar die eindeutige Lösbarkeit. Jetzt kennen wir das allgemeine Ziel der Rechnung und können mithilfe von Octave die Durchführung des Gauß-Algorithmus Schritt für Schritt nachvollziehen. Erstes Etappenziel ist die Überführung des gegebenen Gleichungssystems in ein dazu äquivalentes Gleichungssystem in Stufenform. Dazu ist zunächst ein Tausch der Reihenfolge von Gleichungen sinnvoll, etwa wie folgt:

```
>> A = A([3,2,4,1],:)
A =

   1   -2   -3   10
   2    3    2    8
   3    4    1   20
   0    3    2    2
```

Jetzt erzeugen wir in der ersten Spalte unterhalb der 1 in der zweiten und dritten Zeile jeweils eine 0:

```
>> A(2,:) = A(2,:) - 2*A(1,:);
>> A(3,:) = A(3,:) - 3*A(1,:)
A =
     1    -2    -3    10
     0     7     8   -12
     0    10    10   -10
     0     3     2     2
```

Im nächsten Schritt werden in der zweiten Spalte unterhalb der 7 Nullen erzeugt:

```
>> A(3,:) = 7*A(3,:) - 10*A(2,:);
>> A(4,:) = 7*A(4,:) - 3*A(2,:)
A =
     1    -2    -3    10
     0     7     8   -12
     0     0   -10    50
     0     0   -10    50
```

Der letzte Umformungsschritt ist reine Formsache:

```
>> A(4,:) = A(4,:) - A(3,:)
A =
     1    -2    -3    10
     0     7     8   -12
     0     0   -10    50
     0     0     0     0
```

Die Ausgabe von Ergebnissen einzelner Zwischenschritte im Befehlsfenster ist dabei ausdrücklich erwünscht. Sie dienen einem Vergleich mit den per Hand berechneten Ergebnissen. Sollte auf diese Weise bis zur Berechnung des Systems in Stufenform kein Fehler gefunden worden sein, dann muss sich bei diesem einfachen Beispiel der Fehler beim Rückwärtseinsetzen eingeschlichen haben, also beim Aufrollen des Systems von unten. Auch dies kann mittels Octave rechnerisch Schritt für Schritt nachvollzogen werden. Die Werte der Lösungsvariablen erhalten wir dabei folgendermaßen:

```
>> x3 = A(3,4)/A(3,3)
x3 = -5
>> x2 = (A(2,4) - A(2,3)*x3)/A(2,2)
x2 = 4
>> x1 = (A(1,4) - A(1,2)*x2 - A(1,3)*x3)/A(1,1)
x1 = 3
```

Das lineare Gleichungssystem hat die eindeutige Lösung $(x_1, x_2, x_3) = (3, 4, -5)$.

Analog kann der Lösungsweg mehrdeutig lösbarer linearer Gleichungssysteme Schritt für Schritt nachvollzogen werden. Die Konstruktion der Lösungsmenge in Gestalt einer Funktion mithilfe des @-Operators ist möglich, aber nicht zweckmäßig und viel zu aufwändig. Mit wenig Aufwand lassen sich aber beliebige einzelne Lösungstupel aus der Lösungsmenge eines mehrdeutig lösbaren linearen Gleichungssystems bestimmen. Anhand dieser lässt sich ebenfalls überprüfen, ob die Lösungsmenge per Hand richtig bestimmt wurde, was bereits in Abschnitt 1.3.6 demonstriert wurde.

Bei der Lösung linearer Gleichungssysteme per Hand wird man in der Regel so genau wie möglich rechnen. Das bedeutet insbesondere, dass man nicht mit Näherungswerten für Brüche arbeiten wird, sondern eben mit Brüchen bis zum Endergebnis weiterrechnet, falls das erforderlich ist. Bei der Rechnung in Octave wird dagegen jeder Bruch als Dezimalzahl dargestellt und falls erforderlich gerundet. Die Dezimaldarstellung eignet sich trotzdem für einen Vergleich der per Hand erhaltenen (Zwischen-) Ergebnisse, denn es sollte nicht schwer fallen, zu jedem Bruch seine Dezimaldarstellung zu ermitteln.

3.1.2 Eigenschaften von reellen Funktionen mit einer Variable

Reelle Funktionen mit einer Variable spielen in vielen Mathematikvorlesungen der ersten Studiensemester eine zentrale Rolle. Dabei wird unter anderem auch die aus dem Abitur bereits bekannte Kurvenuntersuchung weitergeführt und vertieft, wobei die Eigenschaften einer Funktion bzw. ihres Graphen genauer diskutiert und häufig ausschließlich rechnerisch ermittelt werden. Während die Bestimmung von Nullstellen, lokalen und globalen Extremstellen, Wendestellen oder die Untersuchung der Stetigkeit und des asymptotischen Verhaltens einfacher Grundfunktionen vielen Studierenden in der Regel nach etwas Übung kaum Schwierigkeiten bereitet, sieht das bei auf mannigfaltige Art und Weise aus mehreren Grundfunktionen zusammengesetzten Funktionen schon schwieriger aus. Bei der Untersuchung solcher Funktionen kommt es häufig zu Flüchtigkeitsfehlern, die ihren Ursprung nicht selten in einer falschen Ableitung haben. Zu viele Studierende lösen zu bewertende Aufgaben leider sehr oberflächlich, d. h., Ergebnisse werden nicht kritisch hinterfragt oder mit geeigneten Mitteln zumindest auf Plausibilität überprüft.

Dabei hilft bereits eine einfache Skizze eines Funktionsgraphen, Rechenfehler aufzudecken. Während beim Abitur meist eine Skizze des Funktionsgraphen standardmäßiger Bestandteil von Kurvenuntersuchungen ist, verzichtet die Hochschulmathematik auf dieses nicht zu unterschätzende Lern- und Prüfwerkzeug. Sicher mag es mühsam sein, eine Skizze in traditioneller Weise mithilfe einer einfachen Wertetabelle per Hand zu zeichnen, erst recht bei komplizierteren Funktionstermen mit der Gefahr von Rechenfehlern. Diese Gefahr lässt sich jedoch leicht umgehen, wenn man diese bei Dozenten und Studierenden gleichermaßen unbeliebte Arbeit dem Computer überlässt.

Mit Octave ist der Graph einer Funktion schnell erstellt. Das können Lernende bei der Lösung von Übungsaufgaben auf zweierlei Weise nutzen:

- Einerseits zeigt eine *vor* der rechnerischen Ermittlung und Diskussion von Funktionseigenschaften erstellte Skizze, wo zum Beispiel Null-, Extrem- und Wendestellen näherungsweise liegen. Auf diese Weise erkennt man bereits während des Rechnens, ob man salopp gesagt „vollkommen daneben" liegt.

- *Nach* der Ermittlung von Eigenschaften per Hand kann ein Octave-Plot zur Kontrolle berechneter Koordinaten genutzt werden, denn Punkte lassen sich dort nachträglich bequem einfügen und markieren.

Keinesfalls kann eine Grafik eine ausführliche rechnerische Diskussion ersetzen, d. h., Lernende sollten ihre Lösungen niemals darauf reduzieren, Eigenschaften „gemäß Skizze" zu begründen, die grundsätzlich nur als ergänzendes Hilfsmittel zur Selbstkontrolle zu verstehen ist.

Wir umschreiben an einem Beispiel grob eine mögliche Vorgehensweise für den Einsatz einer Octave-Grafik bei der Kurvenuntersuchung. Dazu betrachten wir die Funktion $f : \mathbb{R} \to \mathbb{R}$ mit

$$f(x) = (x^2 - x - 1) \cdot e^{-x},$$

zu der die Nullstellen, die Wendepunkte, die Koordinaten der lokalen Extrempunkte, die Art der lokalen Extrema und die Monotoniebereiche bestimmt werden sollen. Wir nehmen weiterhin an, dass ein Student dazu die folgenden Lösungen rechnerisch ermittelt hat:

- Die Nullstellen sind $x_1 = \frac{1+\sqrt{5}}{2}$ oder $x_2 = \frac{1-\sqrt{5}}{2}$.
- Lokales Minimum in $x_2 = 0$, der zugehörige lokale Tiefpunkt ist $P_{\min}(0 \mid -1)$.
- Lokales Maximum in $x_4 = 2$, der zugehörige lokale Hochpunkt ist $P_{\max}(2 \mid e^{-2})$.
- Die Wendestellen sind $x_5 = \frac{5+\sqrt{13}}{2}$ und $x_6 = \frac{5+\sqrt{13}}{2}$, die zugehörigen Wendepunkte sind

$$W_1\left(\frac{5+\sqrt{13}}{2} \,\middle|\, (5+\sqrt{13})e^{-\sqrt{13}-11}\right) \quad \text{und} \quad W_2\left(\frac{5-\sqrt{13}}{2} \,\middle|\, (5-\sqrt{13})e^{\sqrt{13}-9}\right).$$

- f ist in den Intervallen $(-\infty, 0)$ und $(2, \infty)$ streng monoton fallend und im Intervall $(0, 2)$ streng monoton steigend.

Zur Kontrolle stellen wir die Funktion über einem Intervall $I \subset \mathbb{R}$ und die berechneten Punkte gemeinsam grafisch dar. Dazu geben wir zuerst die berechneten Stellen $x_1, \ldots, x_6$ im Befehlsfenster ein und lassen bei den irrationalen Werten ausdrücklich ihre gerundeten Dezimaldarstellungen anzeigen:

```
>> x1 = (1+sqrt(5))/2
x1 = 1.6180
>> x2 = (1-sqrt(5))/2
x2 = -0.61803
>> x3 = 0;
>> x4 = 2;
>> x5 = (5+sqrt(13))/2
x5 = 4.3028
>> x6 = (5-sqrt(13))/2
x2 = 0.69722
```

Weiter geben wir die Ordinaten der Extrem- und Wendepunkte ein, wobei wir zunächst nicht an ihrer Dezimaldarstellung interessiert sind (denn wir hoffen schließlich, dass alle Werte korrekt berechnet wurden):

```
>> y3 = -1;
>> y4 = exp(-2);
>> y5 = (5+sqrt(13))*exp(-sqrt(13)-11);
>> y6 = (5-sqrt(13))*exp(sqrt(13)-9);
```

Weiter müssen wir ein geeignetes Intervall I auswählen, das mindestens alle berechneten Stellen $x_1, \ldots, x_6$ umfasst, wobei der linke Rand von I etwas kleiner als die kleinste Stelle x_i und der rechte Rand etwas größer als die größte Stelle x_i sein sollte. Dabei helfen die obigen Dezimaldarstellungen der Stellen x_i, wonach zum Beispiel $I = [-1, 5]$ geeignet erscheint. Jetzt müssen wir im Befehlsfenster ein Approximationsgitter für das Intervall I anlegen, die Funktion f definieren und können dann den Plot erstellen:

```
>> I = -1:0.05:5;
>> f = @(x) (x.^2-x-1).*exp(-x);
>> plot(I,f(I),'k',[x1,x2],[0,0],'xb', ...
[x3,x4],[y3,y4],'or',[x5,x6],[y5,y6],'sg')
>> legend('f','Nullstellen','Extrempunkte','Wendepunkte')
```

Das ergibt eine Darstellung analog zu Abb. 13. Daraus erkennen wir, dass die Nullstellen offenbar korrekt berechnet wurden, denn die berechneten Punkte $(x_{1,2}|0)$ liegen auf dem Funktionsgraph. Gleiches gilt für die lokale Minimalstelle x_2 und den zugehörigen Tiefpunkt $P_{\min}$. Eine (grobe) Skizze ist natürlich kein Beweis für die Richtigkeit der berechneten Koordinaten. Die folgende zusätzliche Berechnung der Funktionswerte in den Nullstellen und in der lokalen Minimalstelle x_3 räumt die letzten Zweifel für diese Stellen jedoch schnell aus:

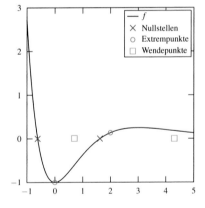

Abb. 13: Fehlerhaft berechnete Punktkoordinaten einer Funktion

```
>> f(x1)
ans = 0
>> f(x2)
ans = 0
>> f(x3)
ans = -1
```

Dagegen falsch bestimmt wurden offensichtlich der lokale Hochpunkt $P_{\max}$ und die Wendepunkte. So entnimmt man Abb. 13, dass in einer Umgebung von $x_4 = 2$ größere Funktionswerte zu finden sind, sodass $P_{\max}(2|e^{-2})$ kein lokaler Hochpunkt sein kann. Da andererseits der Punkt $P_{\max}(2|e^{-2})$ auf dem Funktionsgraph liegt, wie bei Bedarf die zusätzliche Rechnung

```
>> f(x4)                    >> exp(-2)
ans = 0.13534              ans = 0.13534
```

genauer verdeutlicht, kann der Schluss gezogen werden, dass bereits bei der Ermittlung der Extremstelle $x_4 = 2$ und folglich bei der Lösung der Gleichung $f'(x) = 0$ ein Fehler unterlaufen sein muss. Eine erneute Überprüfung und Lösung dieser Gleichung wird zur richtigen Maximalstelle $x_4 = 3$ und folglich $P_{max}(3|5e^{-3})$ führen, was außerdem eine Anpassung bei den Monotonieintervallen erforderlich macht.

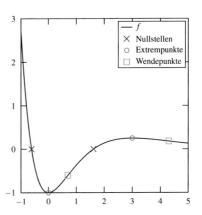

Abb. 14: Korrekt berechnete Punktkoordinaten einer Funktion

Hinsichtlich der Wendepunkte gibt es mehrere Möglichkeiten für eine Fehlerquelle. Zieht man den Verlauf des Funktionsgraphen intuitiv nach, dann scheinen die Wendestellen x_5 und x_6 als Lösung der Gleichung $f''(x) = 0$ korrekt ermittelt worden zu sein. In diesem Fall sind lediglich die Funktionswerte $f(x_5)$ und $f(x_6)$ falsch berechnet worden. Dass dies tatsächlich der Fall ist, zeigen die folgenden Ein- und Ausgaben im Octave-Befehlsfenster:

```
>> f(x5)                    >> f(x6)
ans = 0.17876              ans = -0.60309
>> y5                       >> y6
ans = 3.9054e-006          ans = 0.0063332
```

Es lohnt sich demzufolge, zunächst nur die Funktionswerte erneut zu berechnen. Das ergibt $f(x_5) = (6+2\sqrt{13})e^{-\frac{1}{2}(5-\sqrt{13})}$ und $f(x_6) = (6+2\sqrt{13})e^{-\frac{1}{2}(5-\sqrt{13})}$. Die gerundeten Dezimalwerte bestimmen wir im Befehlsfenster:

```
>> y5 = (6+2*sqrt(13))*exp(-(5+sqrt(13))/2)
ans = 0.17876
>> y6 = (6-2*sqrt(13))*exp(-(5-sqrt(13))/2)
ans = -0.60309
```

Ein Vergleich mit den immer noch im Befehlsfenster sichtbaren Werten f(x5) bzw. f(x6) zeigt, dass wir im zweiten Anlauf richtig gerechnet haben. Optional kann man zur Sicherheit natürlich noch überprüfen, dass x_5 und x_6 tatsächlich Lösungen der Gleichung $f''(x) = 0$ sind. Darauf soll hier verzichtet werden. Wir vertrauen zur Vereinfachung unseren Korrekturrechnungen und überprüfen die erhaltenen Ergebnisse erneut mithilfe eines Octave-Plots, wobei das Approximationsgitter für das Intervall I unverändert bleiben kann. Es genügt also, erneut das Folgende im Befehlsfenster einzugeben:

```
>> plot(I,f(I),'k',[x1,x2],[0,0],'xb', ...
[x3,x4],[y3,y4],'or',[x5,x6],[y5,y6],'sg')
>> legend('f','Nullstellen','Extrempunkte','Wendepunkte')
```

Das ergibt eine Darstellung analog zu Abb. 14, die insgesamt plausibel aussieht, denn alle Punkte liegen jetzt auf dem Graphen. Das schließen wir natürlich nicht allein aus der Grafik, sondern im Einklang mit den obigen Zusatzrechnungen. Bei aller Freude über „richtige" Ergebnisse sollte nicht vergessen werden, diese auch auf dem zur Bewertung abzugebenden Lösungszettel handschriftlich zu korrigieren. Das bedeutet abschließend als Zusammenfassung:

- Die Nullstellen sind $x_1 = \frac{1+\sqrt{5}}{2}$ oder $x_2 = \frac{1-\sqrt{5}}{2}$.
- Lokales Minimum in $x_3 = 0$, der zugehörige lokale Tiefpunkt ist $P_{\min}(0|-1)$.
- Lokales Maximum in $x_4 = 3$, der zugehörige lokale Hochpunkt ist $P_{\max}(3|5e^{-3})$.
- Die Wendepunkte der Funktion sind

$$W_1\left(\frac{5+\sqrt{13}}{2}\middle|(6+2\sqrt{13})e^{-\frac{1}{2}\left(5+\sqrt{13}\right)}\right) \text{ und } W_2\left(\frac{5-\sqrt{13}}{2}\middle|(6-2\sqrt{13})e^{-\frac{1}{2}\left(5-\sqrt{13}\right)}\right).$$

- f ist in den Intervallen $(-\infty, 0)$ und $(3, \infty)$ streng monoton fallend und im Intervall $(0,3)$ streng monoton steigend.

Zur Sicherheit sei noch einmal darauf hingewiesen, dass eine grafische Darstellung niemals eine Rechnung ersetzen kann, egal ob sie per Hand oder mit Octave erstellt wird. Eine Grafik stellt lediglich eine Orientierungshilfe dar, mit der grobe Fehler sofort sichtbar werden. Keinesfalls sollte versucht werden, aus einer Grafik Koordinaten von Punkten abzulesen. Mit Bezug zu den Eigenschaften einer Funktion, dem über dem Intervall I erhaltenen Wertebereich und damit einhergehenden von Octave automatisch vorgenommenen Skalierungen lässt sich streng genommen nicht einmal sagen, dass ein Punkt genau auf einem Funktionsgraph liegt. In Abhängigkeit vom Maßstab kann er auch „nur knapp daneben" liegen. Solche Zweifel können aber durch zusätzliche, meist ohne großen Aufwand durchführbare Rechnungen im Befehlsfenster ausgeräumt werden.

Für das zur Darstellung des Funktionsgraphen genutzte Approximationsgitter des gewählten Intervalls I sei die Empfehlung ausgesprochen, dieses hinreichend fein zu wählen. Häufig wird dabei eine Schrittweite von `0.05` ausreichen, so wie im obigen Beispiel für `I = -1:0.05:5`. Das stellt sicher, dass beim Hineinzoomen in die Grafik der vergrößert betrachtete Teil des Funktionsgraphen noch glatt dargestellt wird und somit wesentliche Eigenschaften erkennbar bleiben. Zum Beispiel für das Intervall $I = [0,1]$ wird diese Schrittweite allgemein nicht ausreichend sein, sodass man dort mit `I = 0:0.01:1` oder `I = 0:0.005:1` bessere Ergebnisse erhalten wird.

Keine Empfehlung lässt sich dazu geben, wie viel Zeit und Aufwand in die grafische und gegebenenfalls rechnerische Überprüfung handschriftlicher Ergebnisse in der am Beispiel skizzierten Art und Weise vorgenommen werden sollte. Das bleibt stets eine individuelle Entscheidung. Routinierten Lernenden wird vielfach ein Blick auf einen Octave-Plot ausreichen, weniger routinierte Lerntypen können (und sollen) zu ihrer Sicherheit mehr Aufwand betreiben.

3.1.3 Integralrechnung

Die Berechnung bestimmter Integrale

$$\int_a^b f(x)\, dx$$

bereitet vielen Lernenden Probleme, deren Ursachen unterschiedlich begründet sind. Das beginnt bei falsch eingesetzten Integrationsgrenzen in die Stammfunktion, geht über Vorzeichenfehler und falsch angewendete Integrationsregeln bis hin zur Verwechslung mit dem Differenzieren als Umkehrung des Integrierens. Wenig beliebt sind naturgemäß Integrationsaufgaben, bei denen mehrere verschiedene Integrationsregeln angewendet werden müssen. Erschwerend kommt hinzu, dass von Lehrenden abseits von numerischen Integrationsmethoden ausdrücklich eine exakte Rechnung erwartet wird. Viele Lernende ringen sich zwar durch entsprechende Rechenwege und erhalten ein Ergebnis, sind jedoch unsicher und bleiben im Zweifel, ob sie korrekt gerechnet haben. Auch das lässt sich mit Octave leicht überprüfen, nämlich mithilfe der Funktion quad, die ein bestimmtes Integral *näherungsweise* berechnet. Der Grundaufruf der Funktion hat die folgende Gestalt:

```
quad(f,a,b,tol)
```

Dabei ist f der Zeiger auf eine Funktion, die mit dem @-Operator definiert oder übergeben wird. Die Parameter a und b sind die Integrationsgrenzen. Besonders zu beachten ist der Parameter tol, mit dem die Genauigkeit der numerischen Integration festgelegt wird. Die stets positive Zahl tol sollte möglichst klein gewählt werden, andernfalls kann das Ergebnis sehr ungenau sein.

Wir demonstrieren die Anwendung der Funktion quad zur Überprüfung von Integrationsergebnissen am Beispiel der folgenden Rechnung:

$$\int_{-3}^{2} x^2 + 2x - 1\, dx \;=\; \left[\tfrac{1}{3}x^3 + x^2 - x\right]_{x=-3}^{x=2} \;=\; \tfrac{14}{3} - 3 \;=\; \tfrac{5}{3} \qquad (3.1)$$

Zur näherungsweisen Berechnung des bestimmten Integrals mit Octave gibt man zum Beispiel die folgenden Anweisungen im Befehlsfenster ein:

```
>> f = @(x) x^2+2*x-1;
>> quad(f,-3,2,1.0e-012)
ans = 1.6667
```

Bei der Definition von f kann auf das elementweise Potenzieren (d. h. x.^2 statt x^2) verzichtet werden, da die Funktion nur in genau einem Argument ausgewertet wird. Alternativ kann man beide Eingaben natürlich auch zusammenfassen:

```
>> quad(@(x) x^2+2*x-1,-3,2,1.0e-012)
ans = 1.6667
```

Das erhaltene Ergebnis bestätigt die Rechnung (3.1), denn es gilt $\tfrac{5}{3} \approx 1.6667$.

Wir betrachten eine weitere per Hand durchgeführte Rechnung:

$$\int_1^4 8x - 2x^2 \, dx \;=\; \underbrace{\left[4x^2 - 2x^3\right.}_{=:F(x)}\!\!\left.\right]_{x=1}^{x=4} \;=\; F(4) - F(1) = -64 - 2 \;=\; -66 \qquad (3.2)$$

Die Überprüfung des Ergebnisses erfolgt mit Octave zum Beispiel durch die folgende Eingabe im Befehlsfenster:

```
>> quad(@(x) 8*x-2*x^2,1,4,1.0e-012)
ans = 18
```

Das widerspricht dem Ergebnis der Rechnung (3.2), d. h., es muss ein Fehler gemacht worden sein. Jetzt sollte man aber nicht gleich in Panik verfallen, sondern mögliche Fehlerquellen systematisch untersuchen. Das schließt grundsätzlich auch die Eingaben im Octave-Befehlsfenster ein. Da der Integrand und die Integrationsgrenzen dort offenbar korrekt eingegeben wurden, muss der Fehler in der Rechnung (3.2) zu finden sein, wobei es bei diesem einfachen Integral zwei Hauptfehlerquellen gibt. Eine kann in der falschen Anwendung des Hauptsatzes der Differential- und Integralrechnung zu finden sein, d. h., mit anderen Worten im falschen Einsetzen der Integrationsgrenzen in die vermeintliche Stammfunktion $F(x) = 4x^2 - 2x^3$ des Integranden $f(x) = 8x - 2x^2$. Bekanntlich wird vom Funktionswert von F in der oberen Integrationsgrenze (hier 4) der Funktionswert von F in der unteren Integrationsgrenze (hier 1) abgezogen. Das ist in (3.2) korrekt erfolgt, jedoch kann dabei ein Rechenfehler unterlaufen sein. Eine erneute Rechnung im Kopf bestätigt $F(4) - F(1) = -66$ ebenso, wie eine alternativ mit Octave durchgeführte Rechnung:

```
>> F = @(x) 4*x^2 - 2*x^3;
>> F(4) - F(1)
ans = -66
```

Das lässt nur eine Schlussfolgerung zu: F ist *keine* Stammfunktion von f! Dies ist zum Beispiel schnell durch die Berechnung der Ableitung $F'(x) = 8x - 6x^2 \neq f(x)$ belegt. Es bleibt also nichts anderes übrig, als die Berechnung des bestimmten Integrals ganz von vorn zu beginnen:

$$\int_1^4 8x - 2x^2 \, dx \;=\; \underbrace{\left[4x^2 - \tfrac{2}{3}x^3\right.}_{=:G(x)}\!\!\left.\right]_{x=1}^{x=4} \;=\; G(4) - G(1) = \tfrac{64}{3} - \tfrac{10}{3} \;=\; 18$$

Das stimmt mit dem oben mit der Octave-Funktion `quad` berechneten Ergebnis überein, sodass die erneute Rechnung per Hand als korrekt und bestätigt angesehen werden kann.

Besonders hilfreich ist die Überprüfung von per Hand durchgeführten Integrationen mit der `quad`-Funktion bei komplizierteren Integranden $f(x)$, die zum Beispiel stückweise definiert sind oder die Nutzung mehrerer verschiedener Integrationsregeln und Integrationstechniken erfordern. Es sei grundsätzlich bemerkt, dass die numerische Rechnung mittels `quad` keinesfalls die Rechnung per Hand ersetzt! Lernende sollen schließlich die Integrationsregeln und Integrationstechniken an sich üben und verstehen, und dies nimmt ihnen die `quad`-Funktion selbstverständlich nicht ab.

3.1.4 Gewöhnliche Differentialgleichungen erster Ordnung

In Mathematikvorlesungen naturwissenschaftlich-technischer Studiengänge werden in den ersten Semestern gewöhnliche Differentialgleichungen behandelt. Häufig beginnt man dabei mit gewöhnlichen Differentialgleichungen erster Ordnung, die neben einer unbekannten Funktion $y : D \to \mathbb{R}$ mit $y = y(x)$ zusätzlich die erste Ableitung $y' = y'(x)$ der gesuchten Funktion y enthält, wobei $D \subseteq \mathbb{R}$ gilt und x die Variable der Funktion ist. Eine solche Differentialgleichung kann in beliebiger Form gegeben sein, zu ihrer Lösung wird man häufig von der expliziten Darstellung

$$y' = f(x, y)$$

ausgehen, wobei $f : D \times \mathbb{R} \to \mathbb{R}$ eine Funktion mit den Variablen x und $y = y(x)$ ist. Falls eine gewöhnliche Differentialgleichung erster Ordnung lösbar ist, so hat sie in der Regel unendlich viele Lösungen. Gibt man zusätzlich zu einem $x_0 \in D$ einen Anfangswert

$$y(x_0) = y_0 \in \mathbb{R}$$

vor, dann ist das so definierte Anfangswertproblem häufig eindeutig lösbar. Studierende können davon ausgehen, dass sie sich in den ersten Semestern mit gewöhnlichen Differentialgleichungen erster Ordnung auseinander setzen müssen, die mit Zettel, Stift und Kopfeinsatz exakt gelöst werden können. Liegt dabei eine Differentialgleichung mit getrennten Variablen vor, d. h., sie lässt sich in die Gestalt

$$y' = g(x) \cdot h(y)$$

mit $h(y) \neq 0$ überführen, dann kann man diese nach der Methode der *Trennung der Variablen* lösen. Das bedeutet kurz gesagt, dass alle Terme mit x auf eine Seite und alle Terme mit y auf die andere Seite des Gleichheitszeichens gebracht werden. Anschließend wird auf beiden Seiten integriert:

$$y' = g(x) \cdot h(y) \quad \Leftrightarrow \quad \tfrac{1}{h(y)} y' = g(x) \quad \Leftrightarrow \quad \tfrac{1}{h(y)} \tfrac{dy}{dx} = g(x)$$

$$\Leftrightarrow \quad \tfrac{1}{h(y)} dy = g(x) \, dx \quad \Leftrightarrow \quad \int \tfrac{1}{h(y)} \, dy = \int g(x) \, dx$$

Wir demonstrieren diese Methode am Beispiel des folgenden Anfangswertproblems:

$$y' = 2xy \, , \; y(0) = \pi \tag{3.3}$$

Hier gilt $g(x) = 2x$ und $h(y) = y$. Die Methode der Trennung der Variablen ergibt:

$$y' = 2xy \quad \Leftrightarrow \quad \int \tfrac{1}{y} dy = \int 2x \, dx \quad \Leftrightarrow \quad \ln\big(|y|\big) = x^2 + k$$

Dabei darf auf mindestens einer Seite die Integrationskonstante $k \in \mathbb{R}$ nicht vergessen werden. Weiter ist die erhaltene Gleichung nach y aufzulösen:

$$\ln\big(|y|\big) = x^2 + k \quad \Leftrightarrow \quad |y| = e^{x^2 + k} \quad \Leftrightarrow \quad |y| = e^k e^{x^2}$$

Rein formal lösen wir den Betrag durch eine Fallunterscheidung auf. Für $y \geq 0$ ergibt sich dabei $y = e^k e^{x^2}$ und für $y < 0$ ergibt sich $-y = e^k e^{x^2}$, woraus $y = -e^k e^{x^2}$ folgt. Da k eine Konstante ist, ist auch e^k eine Konstante, sodass sich die beiden Fälle $y \geq 0$ und $y < 0$ durch die Wahl einer geeigneten Konstante zusammenfassen lassen. Definieren wir $c := \pm e^k$, dann ist $y = ce^{x^2}$ die allgemeine Lösung der Differentialgleichung $y' = 2xy$. Es verbleibt die Anpassung der Konstante c, sodass damit der Anfangswert $y(0) = \pi$ erfüllt wird. Einsetzen von $x = 0$ und $y = \pi$ in die allgemeine Lösung ergibt $c = \pi$. Damit ist

$$y(x) \;=\; \pi e^{x^2}$$

die eindeutige Lösung des Anfangswertproblems (3.3). Durch Einsetzen von $y = y(x)$ und $y' = y'(x)$ kann man leicht nachrechnen, dass die ermittelte Lösung korrekt ist.

Ob eine per Hand berechnete Lösung eines Anfangswertproblems korrekt ist, kann man alternativ mit Octave überprüfen, was vor allem für komplizierte Differentialgleichungen sinnvoll sein kann. Eine exakte Berechnung des Ergebnisses ist allerdings nicht möglich, denn mit Octave kann keine Funktionsgleichung ermittelt werden. Immerhin können jedoch Anfangswertprobleme näherungsweise gelöst werden. Dazu kann die Funktion `lsode` genutzt werden, deren Grundaufruf folgendermaßen aussieht:

```
lsode(y_strich,y0,X)
```

Dabei ist der Parameter `y_strich` ein Zeiger auf die Ableitung $y' = f(x,y)$, die folglich mithilfe des @-Operators definiert oder übergeben werden muss. Der Parameter `y0` steht für den Anfangswert $y_0 = y(x_0)$ und der Parameter `X` ist ein Zeilen- oder Spaltenvektor $(x_0, x_1, x_2, \ldots, x_m)$ mit $m + 1$ Einträgen, wobei der erste Eintrag *zwingend(!)* das zum Anfangswert y_0 zugehörige Argument x_0 sein muss. Die Funktion `lsode` gibt als Ausgangsparameter den Spaltenvektor $\left(y(x_0), y(x_1), \ldots, y(x_m)\right)^T$ mit den näherungsweise berechneten Funktionswerten der Lösungsfunktion y zurück. Die Kontrolle einer per Hand berechneten Lösung kann damit entweder durch Berechnung einzelner Funktionswerte oder alternativ durch einen grafischen Vergleich vorgenommen werden.

Für das obige Beispiel (3.3) gibt man dazu im Befehlsfenster zuerst die Ableitung y' mithilfe des @-Operators als Funktion mit zwei Variablen ein:

```
>> y_strich = @(y,x) 2*x.*y;
```

Dabei ist wichtig, dass bei der Definition der Variablen hinter dem @-Operator *zuerst* die Variable `y` für die Funktion $y = y(x)$ genannt werden muss und erst *danach* deren Variable x. Weiter benötigten wir die per Hand berechnete (vermeintliche) Lösungsfunktion:

```
>> y_per_hand = @(x) pi*exp(x.^2);
```

An folgenden Stellen $x \geq x_0$ lassen wir die Funktionswerte $y(x)$ berechnen:

```
>> X = transpose(0:0.25:2);
```

Noch einmal der Hinweis, dass in `X` der erste Eintrag das Argument x_0 zum Anfangswert $y_0 = y(x_0)$ sein muss, hier also $x_0 = 0$. Ein Vergleich zwischen der per Hand ermittelten Lösungskurve und der mittels `lsode` berechneten Näherungswerte lässt sich mithilfe einer Wertetabelle übersichtlich gestalten, die wir folgendermaßen im Befehlsfenster erstellen:

```
>> disp(num2str([X,lsode(y_strich,pi,X),y_per_hand(X)]))
      0      3.141593      3.141593
   0.25      3.344209      3.344208
    0.5      4.033886      4.033885
   0.75      5.513669      5.513667
      1      8.539738      8.539734
   1.25      14.98771       14.9877
    1.5      29.80662       29.8066
   1.75      67.17028      67.17021
      2      171.5253      171.5251
```

Man beachte die kleinen Unterschiede zwischen den mit `lsode` berechneten numerischen Werten in der zweiten Spalte der Tabelle und den Funktionswerten auf Basis der exakten Lösung in der dritten Spalte. Trotz dieser kleinen Unterschiede kann man aus der Wertetabelle den Schluss ziehen, dass die per Hand berechnete Lösungsfunktion y korrekt ist. Eine grafische Kontrolle kann übrigens folgendermaßen durchgeführt werden:

```
>> y_strich = @(y,x) 2*x.*y;
>> y_per_hand = @(x) pi*exp(x.^2);
>> I = 0:0.01:2;
>> plot(I,lsode(y_strich,pi,I),'r',I,y_per_hand(I),'g')
```

Zwischen beiden (aus Platzgründen hier nicht gedruckten) Kurven sind selbst bei starker Vergrößerung mit der Zoomfunktion des Grafikfensters keine Unterschiede zu sehen. Folglich wurde per Hand richtig gerechnet.

Diese Möglichkeit zur Selbstkontrolle kann prinzipiell für beliebige gewöhnliche Differentialgleichungen erster Ordnung genutzt werden. Beim Studienbeginn spielen dabei unter anderem lineare Differentialgleichungen erster Ordnung eine Rolle, welche die Gestalt

$$y' = a(x) \cdot y + s(x) \qquad (*)$$

haben. Gilt $s(x) \equiv 0$, dann heißt die Differentialgleichung $(*)$ homogen, andernfalls inhomogen. Man nennt

$$y' = a(x) \cdot y$$

auch die zur inhomogenen Differentialgleichung gehörende homogene Differentialgleichung. Zur Lösung von Differentialgleichungen des Typs $(*)$ lässt sich die einprägsame Lösungsformel

$$y = e^{A(x)} \cdot \left(c + \int s(x) \cdot e^{-A(x)} \, dx \right), \quad c \in \mathbb{R},$$

herleiten (siehe z. B. [25] oder [30]), wobei A eine beliebige Stammfunktion von a ist. Wir demonstrieren die Anwendung dieser Formel am folgenden Anfangswertproblem:

$$y' = -2xy + 2x, \ y(0) = 3 \qquad (3.4)$$

Hier gilt $a(x) = -2x$ und $s(x) = 2x$. Eine Stammfunktion von a ist $A(x) = -x^2$. Damit ergibt sich unter Verwendung der Substitution $z = x^2$ mit $dz = 2x \, dx$ die allgemeine Lösung der linearen Differentialgleichung:

$$y \;=\; e^{-x^2} \cdot \left(c + \int 2xe^{x^2}\, dx \right) \;=\; e^{-x^2} \cdot \left(c + \int e^{z}\, dz \right) \;=\; e^{-x^2} \cdot \left(c + e^{x^2} \right) \;=\; ce^{-x^2} + 1$$

Es verbleibt die Anpassung der Konstante c, sodass damit der Anfangswert $y(0) = 2$ erfüllt wird. Einsetzen von $x = 0$ und $y = y(0) = 3$ in die allgemeine Lösung ergibt $3 = ce^{0} + 1$, woraus $c = 2$ folgt. Die eindeutige Lösung des Anfangswertproblems (3.4) ist demnach:

$$y(x) \;=\; 2e^{-x^2} + 1$$

Bei der Lösung inhomogener linearer Differentialgleichungen erster Ordnung ist die Gefahr von Flüchtigkeitsfehlern groß. Auch bei einer per Hand durchgeführten Probe, d. h., Einsetzen von y und y' in die gegebene Differentialgleichung, können sich schnell Flüchtigkeitsfehler einschleichen. Das führt bei Lernenden schnell zum Lernfrust, erst recht, wenn beispielsweise die Lösung korrekt berechnet wurde, aber ein Fehler bei der Probe einen Fehler suggeriert. Folglich bietet sich auch hier vor allem bei den ersten Schritten zur Lösung solcher Differentialgleichungen eine ergänzende Kontrolle mit Octave an. Dazu legen wir zunächst die Ableitung y' als Octave-Funktion an:

```
>> y_strich = @(y,x) -2*x.*y + 2*x;
```

Nochmals der wichtige Hinweis, dass bei der Definition der Variablen hinter dem @-Operator *zuerst* die Variable y für die Funktion $y = y(x)$ und erst *danach* deren Variable x steht.[1] Zum Vergleich definieren wir die per Hand ermittelte Lösung:

```
>> y_per_hand = @(x) 2*exp(-x.^2) + 1;
```

An folgenden Stellen $x \geq x_0$ lassen wir die Funktionswerte $y(x)$ berechnen:

```
>> X = transpose(0:0.25:2);
```

Jetzt kann folgendermaßen eine Wertetabelle erstellt werden:

```
>> disp(num2str([X,lsode(y_strich,3,X),y_per_hand(X)]))
        0          3                3
     0.25     2.8788           2.8788
      0.5     2.5576           2.5576
     0.75     2.1396           2.1396
        1     1.7358           1.7358
     1.25     1.4192           1.4192
      1.5     1.2108           1.2108
     1.75     1.0935           1.0935
        2     1.0366           1.0366
```

Alternativ ist ein grafischer Vergleich möglich, aus dem ebenso wie aus der berechneten Wertetabelle hervorgeht, dass die per Hand berechnete Lösungsfunktion y korrekt ist.

---

[1] Falsch ist die Definition y_strich = @(x,y) -2*x.*y + 2*x, denn damit wird nicht $y = y(x)$, sondern die Funktion $x = x(y)$ angesetzt.

Aufgaben zum Abschnitt 3.1

Aufgabe 3.1.1: Überprüfen Sie mithilfe von Octave die folgenden Behauptungen:

a) Das lineare Gleichungssystem

$$2x_1 + 9x_2 + 3x_3 + x_4 = 1$$
$$4x_1 + 3x_2 + x_3 + 2x_4 = 7$$
$$3x_1 + x_2 + 2x_3 + 4x_4 = 9$$
$$5x_1 + 12x_2 + 4x_3 + 5x_4 = 11$$

ist mehrdeutig lösbar und besitzt unter anderem die Lösungstupel $(-1, 2, 0, 3)$, $(1, 0, -1, 2)$ und $(3, -2, -5, 8)$.

b) Die Lösung des linearen Gleichungssystems

$$\frac{1}{2}x + \frac{1}{3}y + \frac{1}{4}z = \frac{5}{3}$$
$$\frac{3}{4}x + \frac{7}{5}y - \frac{3}{2}z = \frac{1}{4}$$
$$\frac{3}{4}x + \frac{3}{2}y - \frac{7}{4}z = 0$$

ist äquivalent zur Lösung des folgenden linearen Gleichungssystems:

$$3x + 6y - 7z = 0$$
$$2y - 5z = -5$$
$$- 3z = 0$$

Beide Systeme besitzen die eindeutige Lösung $(x, y, z) = \left(-5, \frac{5}{2}, 0\right)$.

c) Es gilt:

$$A = \begin{pmatrix} 1 & 2 & -2 \\ 4 & 0 & 1 \\ 4 & 1 & 1 \end{pmatrix} \quad \Rightarrow \quad A^{-1} = \begin{pmatrix} \frac{1}{9} & \frac{4}{9} & -\frac{2}{9} \\ 0 & -1 & 1 \\ -\frac{4}{9} & -\frac{7}{9} & -\frac{8}{9} \end{pmatrix}$$

Aufgabe 3.1.2: Berechnen Sie die Nullstellen, die Lage sowie die Art der lokalen Extremstellen und die Lage der Wendestellen der Funktion $f : D \to \mathbb{R}$ mit

$$f(x) = x^3 + 7x^2 + 7x - 15$$

Nutzen Sie die Möglichkeiten von Octave zur selbstständigen Überprüfung ihrer mittels Zettel, Stift und dem eigenen Kopf ermittelten Lösungen.

Aufgabe 3.1.3: Gegeben sei die Funktion $f : (-4, 0) \to \mathbb{R}$ mit

$$f(x) = \log\left(4 - |2x + 4|\right).$$

Im Rahmen einer Kurvendiskussion kommt ein Student zu den folgenden Ergebnissen:

a) f hat die Nullstellen $x_1 = -\frac{7}{2}$ und $x_2 = -\frac{3}{2}$.

b) Die erste Ableitung von f ist

$$f'(x) \begin{cases} \frac{1}{x+4} & , \quad -4 < x \leq -2 \\ \frac{1}{x} & , \quad -2 < x < 0 \end{cases} .$$

Insbesondere ist f in $x = -2$ differenzierbar.

c) f hat in $x_3 = -1$ ein lokales Minimum mit dem Funktionswert $f(x_3) = \ln(2)$ und in $x_4 = -3$ ein lokales Maximum mit dem Funktionswert $f(x_3) = 2$.

Überprüfen Sie mithilfe der grafischen Möglichkeiten von Octave, ob die Ergebnisse des Studenten richtig sind. Falls dies nicht der Fall ist, korrigieren Sie die Fehler durch eine korrekte Rechnung und Argumentationskette.

Aufgabe 3.1.4: Berechnen Sie die folgenden bestimmten Integrale exakt und kontrollieren Sie Ihre Ergebnisse mithilfe von Octave näherungsweise:

a) $\int_{-1}^{2} \frac{3}{2}x^2 + 2x - 5 \, dx$

b) $\int_{-3}^{4} \max\left\{x^2 + 4x - 4, 3x + 2\right\} dx$

c) $\int_{0}^{4} \frac{6\ln^2(1+2x)}{1+2x} \, dx$

d) $\int_{0}^{\frac{1}{2}} \frac{e^{2x}}{e^{2x}+1} \, dx$

e) $\int_{1}^{2} \frac{x+5}{x^2+x} \, dx$

f) $\int_{1}^{\sqrt{e}} \ln\left(x^2\right) \cdot x \, dx$

Aufgabe 3.1.5: Lösen Sie die folgenden Anfangswertaufgaben exakt und überprüfen Sie Ihre Ergebnisse mithilfe von Octave näherungsweise:

a) $y' = xy, \ y(\sqrt{2}) = e$

b) $y' = \frac{x}{y^2}, \ y(0) = 3$

c) $3y' = -2x^2y' - 4xy, \ y > 0, \ y(1) = 2$

d) $2y' + 3xy' = \frac{(2+3x)^5}{y}, \ y > 0, \ y(0) = 1$

e) $y' - y = e^x, \ y(0) = 1000$

f) $y' = -y\sin(x) + \sin^3(x), \ y\left(\frac{\pi}{2}\right) = 5$

Aufgabe 3.1.6: Diskutieren Sie mögliche Strategien, ob und wie mithilfe von Octave eine von Hand durchgeführte Berechnung von lokalen Extrem- und Sattelpunkten einer Funktion $f : \mathbb{R}^2 \to \mathbb{R}$ überprüft werden kann. Nutzen Sie Ihre Ansätze zur Überprüfung der folgenden Bahuptungen:

Die Funktion $f : \mathbb{R}^2 \to \mathbb{R}$ mit $f(x, y) = x(1-x)ye^{-y}$ hat in $P_1(0.5|1)$ ein lokales Minimum mit dem Funktionswert $f(0.5, 1) = -\frac{1}{4}e^{-1}$ und sie hat in $P_2(0|0)$ ein lokales Maximum mit dem Funktionswert $f(0, 0) = 0$. Die Funktion hat außerdem den Sattelpunkt $P_2(0|1)$ mit dem Funktionswert $f(0, 1) = 0$.

3.2 Entdeckendes und verstehendes Lernen

Lernende stellen sich bei der Nachbereitung von Mathematikvorlesungen und bei der Bearbeitung von Mathematikaufgaben häufig Fragen der folgenden Gestalt: Was passiert hier eigentlich? Welchen Lösungsansatz muss ich machen? Ist der gewählte Lösungsweg richtig? Warum komme ich nicht weiter? Leider geben viele Lernende häufig zu schnell frustriert auf, wenn sie beim Verstehen und Rechnen nicht weiterkommen. Doch das muss nicht sein, denn oft fehlt zum nächsten Denk- oder Lösungsschritt lediglich ein kleiner Anstoß. Das kann eine grafische Darstellung von diversen Sachverhalten sein, eine illustrative Rechnung oder bei komplizierteren Algorithmen ein tieferer Einblick in einzelne Schritte am konkreten Beispiel. Auch dabei kann Octave eine wertvolle Hilfe leisten, was in diesem Abschnitt an ausgewählten Beispielen aus den Bereichen Analysis und numerische Mathematik aufgezeigt werden soll.

3.2.1 Reelle Zahlenfolgen

Mit der Behandlung von reellen (Zahlen-) Folgen $(a_n)_{n \in \mathbb{N}}$ geht eine Vielzahl von Begriffen und damit verbundenen Aufgaben einher, wie zum Beispiel Konvergenz und Divergenz, ε-Umgebung, Monotonie und Grenzwert einer Folge. Nicht wenige Lernende hadern mit diesen Begriffen, nicht zuletzt deshalb, weil die Behandlung des Themas Folgen häufig sehr theoretisch bleibt. Damit Lernende nicht den Anschluss verlieren, müssen sie bei der Nachbereitung des Lehrstoffs selbst aktiv werden und den behandelten Begriffen die zum Verständnis erforderliche Anschaulichkeit geben. Vergleichsweise wenige Lernende sind in der Lage, die oben genannten Begriffe in abstrakter Weise mithilfe einer Freihandskizze oder wenigen Beispielrechnungen zu verdeutlichen. Gelingt das nicht, so kann ein Studium der Begriffe an konkreten Zahlenfolgen ein Schlüssel auf dem Weg zum allgemeinen Verständnis sein, wobei die rechnerischen und grafischen Möglichkeiten von Octave als Unterstützung eingesetzt werden können. Wir demonstrieren dies am Beispiel der folgenden drei Folgen $(a_n)_{n \in \mathbb{N}}$, $(b_n)_{n \in \mathbb{N}}$ und $(c_n)_{n \in \mathbb{N}}$ mit

$$ a_n := \frac{1}{n} \quad , \quad b_n := n \quad \text{und} \quad c_n := \frac{(-1)^n}{n} \, , $$

die in vielen Vorlesungen als einfache Standardbeispiele genutzt werden. Dabei wird unter anderem festgestellt, dass die Folge $(a_n)_{n \in \mathbb{N}}$ streng monoton fällt (d. h. $a_{n+1} < a_n$), die Folge $(b_n)_{n \in \mathbb{N}}$ streng monoton wächst (d. h. $b_{n+1} > b_n$) und die Folge $(c_n)_{n \in \mathbb{N}}$ nicht monoton ist. Das sollten sich Lernende im Selbststudium für diese und weitere Folgen grafisch klar machen. Dazu gibt man im Befehlsfenster von Octave zum Beispiel die folgenden Anweisungen ein:

```
>> an = @(n) 1./n;
>> bn = @(n) n;
>> cn = @(n) (-1).^n./n;
>> N = 1:50;
```

```
>> figure, plot(N,an(N),'ro')
>> legend('a_n')
>> figure, plot(N,an(N),'gs')
>> legend('b_n')
>> figure, plot(N,cn(N),'bp')
>> legend('c_n')
>> N = 1:10;
>> figure, plot(N,an(N),'ro',N,bn(N),'gs',N,cn(N),'bp')
>> legend('(a_n)','(b_n)','(c_n)')
>> figure, plot(N,an(N),'ro',N,cn(N),'bp')
>> legend('(a_n)','(c_n)')
```

Die ersten drei der damit erzeugten Grafiken zeigen das Monotonieverhalten jeder Folge einzeln, in der vierten Grafik werden alle drei Folgen und damit unterschiedliches Monotonieverhalten gemeinsam dargestellt. Die fünfte Grafik zeigt die Folgen $(a_n)_{n \in \mathbb{N}}$ und $(c_n)_{n \in \mathbb{N}}$ gemeinsam, woran weitere Begriffe wie Teilfolge oder alternierende Folge verdeutlicht werden können. Zweifellos erkennt man daran, dass $(c_n)_{n \in \mathbb{N}}$ eine alternierende Folge ist, denn die Vorzeichen von c_n und c_{n+1} sind für alle $n \in \mathbb{N}$ verschieden. Weiter erkennt man, dass die Teilfolgen $(a_{2k})_{k \in \mathbb{N}}$ und $(c_{2k})_{k \in \mathbb{N}}$ übereinstimmen.

Eine Folge reeller Zahlen $(a_n)_{n \in \mathbb{N}}$ konvergiert gegen den Grenzwert $a \in \mathbb{R}$ (in Zeichen $\lim_{n \to \infty} a_n = a$), falls gilt:

$$\forall \, \varepsilon > 0 \; \exists \, n_0 \in \mathbb{N} \; \forall \, n \geq n_0 : \; |a_n - a| < \varepsilon \qquad (*)$$

Bei Konvergenzbeweisen muss das Kriterium $(*)$ tatsächlich für jedes beliebige $\varepsilon > 0$ überprüft werden. Zum Verständnis des Konvergenzbegriffs genügt es jedoch, sich $(*)$ für ausgewählte ε an einigen konkreten Folgen klar zu machen. Das kann rechnerisch und auf Basis dessen grafisch erfolgen, wobei zu gegebenem $\varepsilon > 0$ das kleinste $n_0 \in \mathbb{N}$ ermittelt wird, sodass $|a_n - a| < \varepsilon$ für alle $n \geq n_0$ gilt. Die Bestimmung von n_0 gelingt rechnerisch nur für vergleichsweise einfache Folgen, wie etwa die obige Beispielfolge $(a_n)_{n \in \mathbb{N}}$, die offenbar gegen den Grenzwert $a = 0$ konvergiert, sodass gilt:

$$|a_n - a| < \varepsilon \quad \Leftrightarrow \quad \tfrac{1}{n} < \varepsilon \quad \Leftrightarrow \quad n > \tfrac{1}{\varepsilon}$$

Folglich kann hier $n_0 = \left\lceil \frac{1}{\varepsilon} \right\rceil$ angesetzt werden. Hier einige Zahlenbeispiele:

ε	$\frac{1}{2}$	$\frac{2}{3}$	$\frac{3}{4}$	$\frac{23}{95}$	$\frac{1}{10}$	$\frac{1}{1000}$	10^{-10}
n_0	2	2	2	5	10	1000	10^{10}

Alternativ kann man die Bestimmung der von $\varepsilon > 0$ abhängigen unteren Schranke n_0 von Octave durchführen lassen, was besonders für Folgen interessant ist, bei denen die Ungleichung $|a_n - a| < \varepsilon$ nicht oder nur mit großem Aufwand per Hand nach n umgestellt werden kann. Für die einfache Folge $(a_n)_{n \in \mathbb{N}}$ mit $a_n = \frac{1}{n}$ gelingt die Bestimmung einer unteren Schranke n_0 beispielsweise mit den folgenden Anweisungen im Befehlsfenster:

```
>> an = @(n) 1./n;
>> epsilon = 23/95;
>> N = 1; while an(N) > epsilon, N = N + 1; end
>> disp(num2str(N))
```

Das Hochzählen des Zählers N mithilfe einer Schleife kann dabei für sehr kleine ε einige Zeit in Anspruch nehmen, weshalb diese Methode nur für relativ große ε geeignet ist. Schneller geht es auch für kleinere ε mit der folgenden Alternative:

```
>> an = @(n) 1./n;
>> epsilon = 23/95;
>> f = @(x) an(x) - epsilon;
>> N = fzero(f,1/epsilon);
>> disp(num2str(ceil(N)))
```

Dabei wurde ausgenutzt, dass $(a_n)_{n \in \mathbb{N}}$ streng monoton fällt, weshalb die Funktion $f(n) = a_n - \varepsilon$ ebenfalls streng monoton fällt. Betrachten wir hilfsweise nicht die natürlichen Zahlen $\mathbb{N}$, sondern das Intervall $(0, \infty)$ als Definitionsbereich von f, dann hat f genau eine Nullstelle. Dies ergibt sich aus der strengen Monotonie zusammen mit der Annahme, dass die Folge tatsächlich gegen null konvergiert. Wegen der Eindeutigkeit der Nullstelle N können wir diese näherungsweise mithilfe der Octave-Funktion fzero berechnen. Abschließend müssen wir die berechnete Lösung N auf die nächstgelegene größere natürliche Zahl aufrunden und erhalten so einen geeigneten Wert für n_0.

Durch die Ermittlung von n_0 zu verschiedenen ε wird deutlich, dass n_0 allgemein größer gewählt werden muss, wenn ε klein gewählt wird. Dazu kann eine übersichtliche Wertetabelle beispielsweise folgendermaßen mit einer for-Schleife erstellt werden, in die für die Methode des Hochzählens eines Zählers eine while-Schleife integriert wird:

```
>> an = @(n) 1./n;
>> epsilon = [0.5,2/3,0.75,23/95,0.1,123/456789];
>> n0 = [];
>> for k=1:length(epsilon)
N = 1; while an(N) > epsilon(k), N = N + 1; end
n0 = [n0, N];
end
>> disp(num2str([epsilon;n0],8))
```

Schneller geht es auch für kleinere ε mit der oben vorgestellten Alternative:

```
>> an = @(n) 1./n;
>> epsilon = [2/3,23/95,0.1,123/456789,12/345678900];
>> n0 = [];
>> for k=1:length(epsilon)
f = @(x) an(x) - epsilon(k);
N = fzero(f,1/epsilon(k));
n0 = [n0, ceil(N)];
end
>> disp(num2str([epsilon;n0],8))
```

Man beachte ausdrücklich, dass die vorgestellten Berechnungsmethoden für beliebige Folgen nicht Eins zu Eins übernommen werden können. Einerseits konvergiert nicht jede Folge gegen null und nicht jede Folge ist streng monoton fallend und besitzt positive Glieder. Das bedeutet beispielsweise, dass bei der Berechnung von n_0 nach der Methode des Hochzählens die Anweisung

```
while an(N) > epsilon
```

allgemeiner durch

```
while abs(an(N)-a) > epsilon
```

ersetzt werden muss, wobei a der (vermutete oder bekannte) Grenzwert der Folge ist. Auch die Methode über die Nullstellen einer geeigneten Funktion f kann verallgemeinert werden, wozu die folgende Funktion definiert wird:

```
f = @(x) abs(an(x)-a) - epsilon;
```

Für eine beliebige Folge $(a_n)_{n \in \mathbb{N}}$ sind gegebenenfalls zusätzliche Überlegungen erforderlich, denn zum Beispiel für eine nicht monotone und gegen $a \neq 0$ konvergente Folge greift die oben geführte Argumentation nicht, d. h., $f(n) = |a_n - a| - \varepsilon$ ist im allgemeinen nicht streng monoton. Außerdem ist die Wahl eines geeigneten Startwerts x0 in fzero(f,x0) nicht immer einfach und endet bei komplizierteren Folgen mit einer Fehlermeldung. Häufig ist die Wahl eines Startintervalls besser, d. h., man nutzt den Aufruf fzero(f,[a0,b0]). Auch wenn diese Methode zur Ermittlung von n_0 manchmal etwas Experimentierfreude erfordert, so führt sie trotzdem häufig zum Ziel.

Die Veranschaulichung von Begriffen rund um das Thema Folgen ist eine Anwendung von Octave. Umgekehrt kann Octave dazu genutzt werden, um für eine konkrete Folge die Zielstellung einer Aufgabe herauszuarbeiten. Soll zum Beispiel untersucht werden, ob eine Folge konvergent oder divergent ist und im Fall der Konvergenz außerdem der Grenzwert berechnet werden, dann kann mithilfe von Octave vorab grob untersucht werden, welches Ergebnis am Ende als Lösung stehen muss.

Wir verdeutlichen dies am Beispiel der Folge $(a_n)_{n \in \mathbb{N}}$ mit

$$a_n := \sqrt{n + 3\sqrt{n}} - \sqrt{n + 3} \tag{3.5}$$

und lassen im Octave-Befehlsfenster Näherungswerte für die Folgenglieder a_n für $n \in \{50, 10^2, 10^3, 10^4, \ldots, 10^{10}\}$ berechnen:

```
>> an = @(n) sqrt(n+3*sqrt(n)) - sqrt(n+3);
>> N = [50;10.^transpose(2:10)];
>> disp(num2str(an(N),15))
1.15868169693587
1.25286268589916
1.41861938182582
1.47391677575348
1.49171583232044
```

```
1.49737668546754
1.49917007079966
1.49973751687321
1.49991699189923
1.49997375016392
```

Dies zeigt, dass die Folge offenbar streng monoton wächst und gegen einen Grenzwert a konvergiert. Weiter scheint entweder $a < 1.5$ oder sogar $a = 1.5$ zu gelten. Die näherungsweise Berechnung von einigen Folgengliedern a_n hat natürlich keine Beweiskraft, zeigt jedoch das Ergebnis an, das Konvergenzbeweise haben müssen.

Die Konvergenzuntersuchung der Folge $\left(a_n\right)_{n \in \mathbb{N}}$ gelingt nicht auf Basis der Darstellung (3.5) für die Folgenglieder, denn darauf lassen sich die bekannten Rechenregeln für konvergente Folge nicht anwenden. Damit dies möglich wird, muss (3.5) in geeigneter Weise umgeformt werden. Bei solchen Umformungen unterlaufen Lernenden eine Vielzahl von Fehlern, die ihre Ursachen häufig in unzulässigen und falschen Termumformungen haben. Ob eine Umformung richtig oder falsch ist, lässt sich ebenfalls schnell mit Octave überprüfen. Wurde ein Umformungsschritt richtig vorgenommen, dann muss sich mit der erhaltenen Darstellung des Folgenglieds a_n selbstverständlich ein zur Ausgangsdarstellung äquivalentes Konvergenzverhalten zeigen.

Wir demonstrieren dies an Fallbeispielen. Ein häufiger Fehler bei der Umformung von Folgen, deren Glieder in Gestalt einer Differenz aus zwei Wurzelausdrücken gegeben sind, besteht darin, dass die Wurzeln einfach weggelassen werden. Das bedeutet für die gemäß (3.5) definierte Folge:

$$a_n' := n + 3\sqrt{n} - (n+3) = 3\sqrt{n} - 3 \tag{3.6}$$

Dass der erhaltene Ausdruck nicht konvergiert, sondern bestimmt gegen $+\infty$ divergiert, ist bereits durch Hinsehen erkennbar. Ergänzend hilft Octave beim Hinsehen:

```
>> an1 = @(n) 3*sqrt(n) - 3;
>> N = [50;10.^transpose(2:10)];
>> disp(num2str(an1(N),15))
18.2132034355964
            27
91.8683298050514
           297
945.683298050514
          2997
9483.83298050514
         29997
94865.3298050514
        299997
```

Das widerspricht der oben für die Darstellung (3.5) durchgeführten Rechnung. Folglich kann (3.6) und die dahin führende Umformung des Folgenglieds a_n nicht richtig sein, d. h., es gilt $a_n \neq a_n'$. Folgen der Gestalt (3.5) lassen sich durch die Multiplikation mit einer geeigneten Darstellung der Zahl 1 umformen. Das bedeutet hier genauer:

$$a_n = a_n \cdot 1 = a_n \cdot \frac{\sqrt{n+3\sqrt{n}} + \sqrt{n+3}}{\sqrt{n+3\sqrt{n}} + \sqrt{n+3}}$$

$$= \frac{\left(\sqrt{n+3\sqrt{n}} - \sqrt{n+3}\right) \cdot \left(\sqrt{n+3\sqrt{n}} + \sqrt{n+3}\right)}{\sqrt{n+3\sqrt{n}} + \sqrt{n+3}}$$

Die weitere Umformung gelingt durch die Anwendung der dritten binomischen Formel im Zähler. Auch dabei können schnell Flüchtigkeitsfehler entstehen, wie zum Beispiel der folgende *Fehler(!)*:

$$a_n'' := \frac{n+3\sqrt{n} + n + 3}{\sqrt{n+3\sqrt{n}} + \sqrt{n+3}} = \frac{2n + 3\sqrt{n} + 3}{\sqrt{n+3\sqrt{n}} + \sqrt{n+3}} \tag{3.7}$$

Die Überprüfung des erhaltenen Zwischenergebnisses mit Octave ergibt:

```
>> an2 = ...
@(n) (2*n+3*sqrt(n)+3)./(sqrt(n+3*sqrt(n)) + sqrt(n+3));
>> N = [50;10.^transpose(2:10)];
>> disp(num2str(an2(N),15))
7.90215548009024
10.8117409560928
32.3950231760541
100.757347805127
316.980122335986
1000.75074845565
3163.0278971846
10000.7500749845
31623.5266253993
100000.7500075
```

Das widerspricht den für die Ausgangsdarstellung (3.5) berechneten Zahlenwerten für die Folgenglieder. Folglich kann (3.7) und die dahin führende Umformung des Folgenglieds a_n nicht richtig sein, d. h., es gilt $a_n \neq a_n''$. Mit einem zweiten Blick auf (3.7) wird die fehlerhafte Anwendung der dritten binomischen Formel schnell deutlich. Es sei angenommen, dass eine korrigierte Rechnung das folgende Ergebnis hat:

$$a_n''' := \frac{n + 3\sqrt{n} - n + 3}{\sqrt{n+3\sqrt{n}} + \sqrt{n+3}} = \frac{3\sqrt{n} + 3}{\sqrt{n+3\sqrt{n}} + \sqrt{n+3}} \tag{3.8}$$

Dass jedoch auch hier nicht alles korrekt ist, zeigt die folgende Rechnung:

```
>> an3 = ...
@(n) (3*sqrt(n)+3)./(sqrt(n+3*sqrt(n)) + sqrt(n+3));
>> N = [50;10.^transpose(2:10)];
```

```
>> disp(num2str(an3(N),15))
1.54038776013328
1.53127661609897
1.51127063943568
1.50369287223334
1.50118020058453
1.50037443658962
1.50011852913339
1.50003749437409
1.5000118579787
1.50000374994375
```

Zwar scheint die Darstellung (3.8) gegen einen Grenzwert $a \approx 1.5$ zu konvergieren. Trotzdem widersprechen die berechneten Zahlenwerte für die ausgewählten Folgenglieder nicht nur den für die Ausgangsdarstellung (3.5) berechneten Werten, sondern außerdem auch dem eingangs beobachteten Monotonieverhalten. Während für (3.5) die Folgenglieder streng monoton wachsen, ist für (3.8) ein streng monoton fallendes Verhalten zu sehen. Das ist ein Widerspruch, sodass (3.8) und die dahin führende Rechnung nicht richtig sein kann. Ein erneuter selbstkritischer Blick auf den Rechenweg zeigt, dass bei der Anwendung der binomischen Formel und genauer beim Quadrieren eines Wurzelausdrucks eine wichtige Klammer vergessen wurde. Richtig sieht die Rechnung folgendermaßen aus:

$$a_n = \frac{n+3\sqrt{n}-(n+3)}{\sqrt{n+3\sqrt{n}}+\sqrt{n+3}} = \frac{3\sqrt{n}-3}{\sqrt{n+3\sqrt{n}}+\sqrt{n+3}} \tag{3.9}$$

Zur Sicherheit überprüfen wir auch dies mit Octave:

```
>> an = ...
@(n) (3*sqrt(n)-3)./(sqrt(n+3*sqrt(n)) + sqrt(n+3));
>> N = [50;10.^transpose(2:10)];
>> disp(num2str(an(N),15))
1.15868169693587
1.25286268589916
1.41861938182582
1.47391677575348
1.49171583232047
1.49737668546757
1.49917007079979
1.49973751687296
1.49991699189886
1.49997375016875
```

Bis auf kleinere, zu vernachlässigende und durch Rundungsfehler verursachte Abweichungen in den hinteren Nachkommastellen bestätigen diese Werte die für die Ausgangsdarstellung (3.5) erhaltenen Beobachtungen. Folglich können wir davon ausgehen, dass (3.9) eine zu (3.5) äquivalente Darstellung der Folgenglieder ist. Die weitere Umformung erfolgt durch Ausklammern von $\sqrt{n}$ im Zähler und im Nenner:

$$a_n = \frac{\sqrt{n} \cdot \left(3 - \frac{3}{\sqrt{n}}\right)}{\sqrt{n} \cdot \left(\sqrt{1 + \frac{3}{\sqrt{n}}} + \sqrt{1 + \frac{3}{n}}\right)} = \frac{3 - \frac{3}{\sqrt{n}}}{\sqrt{1 + \frac{3}{\sqrt{n}}} + \sqrt{1 + \frac{3}{n}}} \qquad (3.10)$$

Bei Bedarf kann man auch dies mithilfe von Octave überprüfen, worauf hier verzichtet sei. Auf die Darstellung (3.10) können jetzt die Rechenregeln für konvergente Folgen angewendet werden:

$$\lim_{n \to \infty} a_n = \frac{\lim\limits_{n \to \infty} 3 - \lim\limits_{n \to \infty} \frac{3}{\sqrt{n}}}{\lim\limits_{n \to \infty} \sqrt{1 + \frac{3}{\sqrt{n}}} + \lim\limits_{n \to \infty} \sqrt{1 + \frac{3}{n}}} = \frac{\lim\limits_{n \to \infty} 3 - \lim\limits_{n \to \infty} \frac{3}{\sqrt{n}}}{\sqrt{\lim\limits_{n \to \infty} 1 + \lim\limits_{n \to \infty} \frac{3}{\sqrt{n}}} + \sqrt{\lim\limits_{n \to \infty} 1 + \lim\limits_{n \to \infty} \frac{3}{n}}}$$

$$= \frac{3 - 0}{\sqrt{1 + 0} + \sqrt{1 + 0}} = \frac{3}{2}$$

In analoger Weise lassen sich divergente Folgen untersuchen. Es sei aber ausdrücklich darauf hingewiesen, dass die begleitenden Rechnungen mit Octave kein Ersatz für die ausführliche Anwendung einschlägig bekannter Rechenregeln, Eigenschaften und Argumentationsketten sind. Der Einsatz von Octave gibt Lernenden jedoch die Gelegenheit, Fehler schnell aufzudecken und zu korrigieren. Das beugt unter anderem der Enttäuschung vor, die Lernende erleben, wenn sie beispielsweise den richtigen Grenzwert herausbekommen haben, aber trotzdem keine positive Bewertung für ihre Rechnungen erhalten, da die zum Ergebnis führenden Rechenwege unzulässig oder falsch sind.

3.2.2 Reihen

Die Untersuchung des Konvergenzverhaltens einer unendlichen Reihe

$$\sum_{n=1}^{\infty} a_n$$

lässt sich unter anderem auf die Untersuchung der zugrunde liegenden Folge $\left(a_n\right)_{n \in \mathbb{N}}$ der Summanden oder auf die Untersuchung der Partialsummenfolge $\left(s_k\right)_{k \in \mathbb{N}}$ mit

$$s_k := \sum_{n=1}^{k} a_n$$

zurückführen. Mit Octave lässt sich durch die Berechnung von Partialsummen s_k schnell ein Überblick gewinnen, ob eine Reihe konvergiert oder divergiert. Dabei kann das Summenzeichen $\sum$ direkt mit der Octave-Funktion sum verbunden werden, die Indizes $n = 1, \ldots, k$ werden durch den Index des n-ten Eintrags in einem Vektor mit k Einträgen indentifiziert. Wir demonstrieren dies am Beispiel der folgenden Reihe:

$$\sum_{n=1}^{\infty} \frac{(-3)^n + (-1)^{n+1} + \cos(n)}{4^n + 8} \tag{3.11}$$

Die Berechnung der Partialsummen s_k für $k \in \{1,2,3,4,5,10,20,50,100,150,200\}$ kann im Befehlsfenster von Octave folgendermaßen durchgeführt werden:

```
>> an = @(n) ((-3).^n+(-1).^(n+1)+cos(n))./(4.^n+8);
>> for k=[1:5,10,20,50,100,150,200]
disp(num2str(sum(an(1:k)),15))
end
-0.121641474510988
0.194352407299547
-0.180508599597681
0.12004578062632
-0.114175476945905
0.0114471476827668
-0.0113278019102667
-0.012686650031958
-0.0126868927411019
-0.0126868927412394
-0.0126868927412394
```

Hieraus erhält man die Vermutung, dass die Reihe gegen einen (nicht näher zu bestimmenden) Grenzwert konvergiert. Zum Konvergenzbeweis kann zum Beispiel das Majorantenkriterium verwendet werden. Dazu ist eine Majorante der gegebenen Reihe zu bestimmen, d. h., eine konvergente Reihe

$$\sum_{n=1}^{\infty} b_n$$

mit $|a_n| \le |b_n|$ für alle $n \in \mathbb{N}$. Die Bestimmung einer Majorante ist in diesem Fall mit einer Abschätzung von $|a_n|$ nach oben verbunden, wobei wegen $\cos(n) \in [-1,1]$ und $4^n + 8 \ge 0$ für alle $n \in \mathbb{N}$ Folgendes sinnvoll ist:

$$|a_n| = \frac{\left|(-1)^n \cdot 3^n + (-1)^n \cdot (-1) + \cos(n)\right|}{\left|4^n + 8\right|} = \frac{\left|(-1)^n \cdot (3^n - 1) + \cos(n)\right|}{4^n + 8}$$

$$\le \frac{\left|(-1)^n \cdot (3^n - 1)\right| + \left|\cos(n)\right|}{4^n + 8} = \underbrace{\frac{3^n - 1 + \left|\cos(n)\right|}{4^n + 8}}_{=:c_n}$$

$$\le \frac{3^n - 1 + 1}{4^n + 8} = \underbrace{\frac{3^n}{4^n + 8}}_{=:d_n} \le \frac{3^n}{4^n} = \left(\frac{3}{4}\right)^n$$

Abschätzungen bereiten im Lernprozess häufig Probleme. Selbst wenn eine Abschätzung richtig vorgenommen wurde, so berichten Lernende von Unsicherheit und Selbstzweifeln. Diese lassen sich mit Octave vielfach abmildern oder sogar ganz ausräumen, denn analog zu den Folgen lassen sich die durchgeführten Umformungen und insbesondere die Abschätzungen überprüfen. Das erste $\leq$-Zeichen gilt offenbar nach der für die Betragsfunktion gültigen Dreiecksungleichung und das daran anschließende Gleichheitszeichen durch Anwendung der Rechenregel für das Produkt von Beträgen. Die folgende Rechnung im Octave-Befehlsfenster zeigt zwar nicht, dass diese Schritte korrekt durchgeführt wurden. Sie gibt aber zumindest das „Gefühl", auf dem „richtigen Weg" zu sein:

```
>> an = @(n) ((-3).^n+(-1).^(n+1)+cos(n))./(4.^n+8);
>> cn = @(n) (3.^n-1+abs(cos(n)))./(4.^n+8);
>> for k=[1:5,10,15,20,100]
disp(num2str([abs(an(k)),cn(k)]))
end
0.12164          0.21169
0.31599          0.35067
0.37486          0.37486
0.30055          0.30551
0.23422          0.23477
0.056311         0.056313
0.013363         0.013363
0.0031712        0.0031712
3.2072e-013      3.2072e-013
```

Das zeigt, dass das erste $\leq$-Zeichen offenbar gilt. Leicht kann bei der gewählten tabellarischen Darstellung mit ausgewählten Werten $|a_n|$ in der ersten und c_n in der zweiten Spalte übersehen werden, ob $|a_n| \leq c_n$ für alle der ausgewählten Indizes $n \in \mathbb{N}$ gilt oder nicht gilt. Mehr Klarheit schafft zum Beispiel die Betrachtung der Differenzen $c_n - |a_n|$, die für alle ausgewählten Indizes $n \in \mathbb{N}$ nichtnegativ sein müssen, wenn die hergeleitete Abschätzung $|a_n| \leq c_n$ gilt. Das ist hier natürlich tatsächlich der Fall:

```
>> an = @(n) ((-3).^n+(-1).^(n+1)+cos(n))./(4.^n+8);
>> cn = @(n) (3.^n-1+abs(cos(n)))./(4.^n+8);
>> for k=[1:5,10,15,20,100]
disp(num2str([cn(k)-abs(an(k))]))
end
0.09005
0.034679
0
0.0049518
0.00054973
1.6004e-006
0
0
0
```

In analoger Weise kann getestet werden, ob die weiteren Abschätzungen gelten, wobei es sinnvoll ist, dabei nicht unmittelbar Bezug zum Ausgangsterm $|a_n|$ zu nehmen, sondern zu vorhergehenden Termen aus der Umformungs- und Abschätzungskette. Beispielsweise kann für die Folgenglieder d_n ein Bezug zu c_n hergestellt werden, womit getestet wird, dass nicht nur „zufällig" $|a_n| \leq d_n$ gilt, sondern allgemeiner die Abschätzungskette $|a_n| \leq c_n \leq d_n$. Gilt diese Abschätzung, dann muss die Differenz $d_n - c_n$ für alle ausgewählten $n \in \mathbb{N}$ nichtnegativ sein. Die folgenden Ein- und Ausgaben im Befehlsfenster bestätigen dies:

```
>> cn = @(n) (3.^n-1+abs(cos(n)))./(4.^n+8);
>> dn = @(n) 3.^n./(4.^n+8);
>> for k=[1:5,10,15,20,100]
disp(num2str([dn(k)-cn(k)]))
end
0.038308
0.024327
0.00013899
0.001312
0.00069413
1.5347e-007
2.2381e-010
5.3835e-013
0
```

Analog kann die finale Abschätzung testweise überprüft werden, also die Gültigkeit des letzten $\leq$-Zeichens in der obigen Abschätzung von $|a_n|$:

```
>> dn = @(n) 3.^n./(4.^n+8);
>> bn = @(n) 0.75.^n;
>> for k=[1:5,10,15,20,100]
disp(num2str([bn(k)-dn(k)]))
end
0.5
0.1875
0.046875
0.0095881
0.0018396
4.2963e-007
9.9566e-011
2.3074e-014
0
```

Offenbar ist die hergleitete Abschätzung korrekt, d. h., es gilt $|a_n| \leq \left(\frac{3}{4}\right)^n$ für alle $n \in \mathbb{N}$. Deshalb können wir $b_n := \left(\frac{3}{4}\right)^n$ setzen. Die um einen Summanden gekürzte geometrische Reihe

$$\sum_{n=1}^{\infty} b_n = \sum_{n=1}^{\infty} \left(\frac{3}{4}\right)^n \qquad (3.12)$$

ist konvergent, denn die vollständige geometrische Reihe

$$\sum_{n=0}^{\infty} \left(\frac{3}{4}\right)^n$$

konvergiert und das Weglassen des ersten Summanden ändert an der Konvergenz nichts. Damit ist (3.12) eine Majorante der Reihe (3.11), die somit nach dem Majorantenkriterium ebenfalls konvergiert.

Selbstverständlich lassen sich durch Testrechnungen auch Fehler aufdecken. Dazu sei angenommen, dass bei der Herleitung einer Majorante für die Reihe (3.11) die folgende Umformungs- und Abschätzungskette für beliebiges $n \in \mathbb{N}$ durchgeführt worden sei:

$$|a_n| \leq \frac{\left|(-1)^n \cdot (3^n + 1)\right| + |\cos(n)|}{4^n + 8} = \underbrace{\frac{3^n + 1 + |\cos(n)|}{4^n + 8}}_{=:c'_n} \leq \underbrace{\frac{3^n + 2}{4^n + 8}}_{=:d'_n} \leq \underbrace{\left(\frac{3}{4}\right)^n}_{=:b_n}$$

Offenbar wurde beim Ausklammern von $(-1)^n$ ein Vorzeichenfehler begangen. Da das vermutete falsche Ausklammern von $(-1)^n$ nicht als Zwischenschritt notiert wurde, würde man Lernenden dafür keine Punkte in der Bewertung abziehen, denn die Abschätzung $|a_n| \leq c'_n \leq d'_n$ ist trotzdem für alle $n \in \mathbb{N}$ richtig. Falsch hingegen ist das letzte $\leq$-Zeichen, wie die folgende Testrechnung im Octave-Befehlsfenster belegt:

```
>> dnstrich = @(n) (3.^n+2)./(4.^n+8);
>> bn = @(n) 0.75.^n;
>> for k=[1:5,10,15,20,100]
disp(num2str([bn(k)-dnstrich(k)]))
end
0.33333
0.10417
0.019097
0.0020123
-9.8413e-005
-1.4777e-006
-1.7631e-009
-1.7959e-012
```

Es zeigt sich, dass die Differenz $b_n - d'_n$ für die ausgewählten $n \in \mathbb{N}$ unterschiedliche Vorzeichen hat. Folglich gilt $d'_n \leq b_n$ nicht für alle $n \in \mathbb{N}$. Obwohl andererseits $|a_n| \leq b_n$ für alle $n \in \mathbb{N}$ gilt, werden Lernende für die falsche Herleitung zu Recht mit einem Punktabzug bestraft. Das Ergebnis der durchgeführten Testrechnung sollte also Anlass dazu sein, die obige Argumentation zu überdenken und nachzubessern.

Der Einsatz von Octave zum Auffinden oder zur testweisen Bestätigung von Lösungswegen beschränkt sich bei der Untersuchung der Konvergenz von Reihen nicht nur auf das Majorantenkriterium, sondern kann auch bei anderen Konvergenzkriterien wie dem Quotienten- oder Wurzelkriterium sinnvoll sein.

Es sei nochmals ausdrücklich darauf hingewiesen, dass mit Octave durchgeführte Testrechnungen zwar keine Begründung dafür ersetzen oder geben, warum eine Umformung oder Abschätzung von Summanden, Quotienten oder Wurzelausdrücken im Zusammenhang mit Konvergenzuntersuchungen einer Reihe gilt. Häufig werden (heute) abseits des

Studiengangs Mathematik solche Begründungen von Studierenden nicht (mehr) verlangt und viele Lehrende begnügen sich (heute) mit einer halbwegs korrekten Abschätzung, die gelegentlich auch mehr oder weniger zufällig erhalten wird.

Lernende sollten im eigenen Interesse besser nichts dem Zufall überlassen und ihre Zwischenergebnisse wenigstens in der oben beschriebenen Weise selbstkritisch überprüfen. Wird auf diese Weise die eigene Rechnung bestätigt, sollte sie damit natürlich nicht einfach abgehakt werden, sondern zeitnah auch die Frage geklärt werden, ob und warum sie richtig ist. Die nächste (Prüfungs-) Aufgabe ähnlichen Typs kann vielleicht in analoger Weise gelöst werden, wobei dann allerdings weder der Zufall noch Octave helfen können, sondern nur das Verständnis für das grundsätzliche Vorgehen.

3.2.3 Stetigkeit von Funktionen

Viele Definitionen, Sätze und Algorithmen werden besser verständlich, wenn man die jeweiligen Sachverhalte mithilfe einer Skizze grafisch darstellt. Das gilt besonders für die Lerneinheit zu stetigen Funktionen, wo es zur Einführung häufig nur um ein Grundverständnis des Stetigkeitsbegriffs geht, der sich anhand von Funktionsgraphen stetiger und unstetiger Funktionen gut erklären lässt. Funktionsgraphen können bei späteren und anspruchsvolleren Aufgabenstellungen eine wertvolle Hilfe sein, beispielsweise beim Erkennen des Ziels einer Aufgabe, in der diverse Eigenschaften einer Funktion untersucht werden sollen. Mit Octave lassen sich Funktionsgraphen schnell darstellen, wobei allerdings mit großer Sorgfalt vorgegangen werden muss, denn aus einer falschen Darstellung können schnell falsche Schlüsse gezogen werden.

Besonders gut lässt sich der Stetigkeitsbegriff an stückweise definierten Funktionen erklären und studieren. Wir betrachten als Beispiel die Funktion $f : [-2,3] \to \mathbb{R}$ mit:

$$f(x) = \begin{cases} (x+1)^2 & , x < -1 \\ (x-1)^2 - 4 & , -1 \leq x \leq 1 \\ -(x-1)^2 & , x > 1 \end{cases} \qquad (3.13)$$

Häufig werden stückweise definierte Funktionen so erklärt, dass ihre Stetigkeit insbesondere in den sogenannten Nahtstellen untersucht werden muss, hier also in den Stellen $x = -1$ und $x = 1$. Die Funktion f ist in der Stelle $x = 1$ unstetig, wie die Berechnung des links- bzw. rechtsseitigen Funktionsgrenzwerts $\lim\limits_{x \uparrow 1} f(x)$ bzw. $\lim\limits_{x \downarrow 1} f(x)$ zeigt, was anschaulich einfach einem Einsetzen von $x = 1$ in die Terme $(x-1)^2 - 4$ bzw. $-(x-1)^2$ entspricht. In den übrigen Stellen $x \in [-2,1) \cup (1,3]$ und insbesondere in $x = -1$ ist f jeweils stetig, was mit geeigneten Begründungen oder Rechnungen belegt werden kann.

Diese Argumentationen sind anfänglich für Lernende wenig verständlich. Deshalb greifen Lehrende gern auf die anschauliche Erklärung zurück, dass eine Funktion f in $x = x_0$ stetig ist, wenn beim Skizzieren des Funktionsgraphen der Stift in (einer Umgebung von)

x_0 nicht abgesetzt werden muss, d. h., in einer Umgebung von x_0 kann der Graph mit einem einzigen Zug des Stifts skizziert werden. Entsprechend ist f in x_0 unstetig, wenn der Stift in x_0 zwingend abgesetzt werden muss. Das lässt sich auch gut nachvollziehen, wenn Octave die Rolle des Stifts übernimmt und Lernende die auf diese Weise erzeugte Grafik betrachten und interpretieren können.

Der Graph der Funktion (3.13) lässt sich mit Octave folgendermaßen plotten, wobei wir jedes der Teilintervalle $I_1 = [-2, -1)$, $I_2 = [-1, 1]$ und $I_3 = (1, 3]$ einzeln anlegen:

```
>> I1 = -2:0.05:-1;
>> I2 = -1:0.05:1;
>> I3 = 1:0.05:3;
>> plot(I1,(I1+1).^2,'k',I2,(I2-1).^2-4,'k', ...
I3,-(I3-1).^2,'k')
```

Alternativ kann für jedes der Teilintervalle vorab eine eigene Octave-Funktion definiert werden, was nicht nur aus Gründen der Übersichtlichkeit sinnvoll ist:

```
>> f1 = @(x) (x+1).^2;
>> I1 = -2:0.05:-1;
>> f2 = @(x) (x-1).^2 - 4;
>> I2 = -1:0.05:1;
>> f3 = @(x) -(x-1).^2;
>> I3 = 1:0.05:3;
>> plot(I1,f1(I1),'k',I2,f2(I2),'k',I3,f3(I3),'k')
```

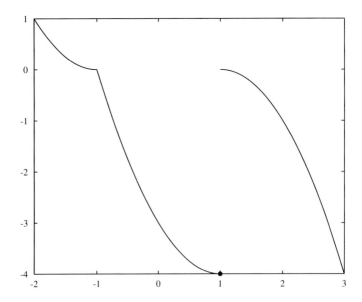

Abb. 15: Der Graph einer in $x = 1$ unstetigen Funktion

Deutlich erkennt man aus der so erhaltenen Darstellung des Funktionsgraphen, dass die Funktion f in der Nahtstelle $x = -1$ stetig ist, während der in $x = 1$ vollzogene „Sprung" in den Funktionswerten die Unstetigkeit von f in $x = 1$ verdeutlicht. Der Darstellung lässt sich jedoch nicht zweifelsfrei entnehmen, welcher Funktionswert $f(x)$ an der Stelle $x = 1$ angenommen wird. Das kann durch zusätzliche Symbole deutlich gemacht werden, wozu beispielsweise nachträglich die folgenden Eingaben im Befehlsfenster vorgenommen werden:

```
>> hold on
>> plot(1,f2(1),'ko','markerfacecolor','k')
>> hold off
```

Das ergibt insgesamt die Darstellung in Abb. 15.

Eine weitere Alternative besteht darin, die stückweise definierte Funktion f in Gestalt einer Octave-Funktion unstetig.m zu implementieren. Das kann unter Verwendung der logischen Indizierung folgendermaßen realisiert werden:

```
1  function[werte] = unstetig(x)
2  index = 1:length(x);
3  ind = index(x < -1);
4  werte = (x(ind) + 1).^2;
5  ind = index(and(-1 <= x,x <= 1));
6  werte = [werte, (x(ind) - 1).^2 - 4];
7  ind = index(x > 1);
8  werte = [werte, -(x(ind) - 1).^2];
```

Damit ist die Versuchung groß, die Funktion f geschlossen über dem gesamten Intervall $[-2,3]$ zu plotten, d. h., im Befehlsfenster wird beispielsweise Folgendes eingegeben, wobei die Nutzung der union-Funktion hilft, numerische Ungenauigkeiten zu vermeiden, die hinsichtlich der Nahtstellen entstehen können:

```
>> I = union(-2:0.05:3,[-1,1]);
>> plot(I,unstetig(I),'k', ...
1,unstetig(1),'ko','markerfacecolor','k')
```

Die so erhaltene Darstellung des Funktionsgraphen (siehe Abb. 16) suggeriert, dass f auch in $x = 1$ stetig wäre. Das ist natürlich nicht der Fall und die falsche Darstellung ergibt sich aus der Tatsache, dass die durch die Vektoren I und unstetig(I) festgelegten und an die plot-Funktion übergebenen Punkte $(x\,|\,f(x))$ des Graphen zu einem Polygonzug verbunden werden. Auf diese Weise wird natürlich die Unstetigkeitsstelle nicht berücksichtigt. Dies muss demzufolge manuell durch den Anwender erfolgen und kann folgendermaßen durchgeführt werden:

```
>> I1 = union(-2:0.05:1,[-1,1]);
>> I2 = union(1.01:0.05:3,3);
>> plot(I1,unstetig(I1),'k',I2,unstetig(I2),'k', ...
1,unstetig(1),'ko','markerfacecolor','k')
```

Das ergibt die korrekte und bereits bekannte Darstellung aus Abb. 15.

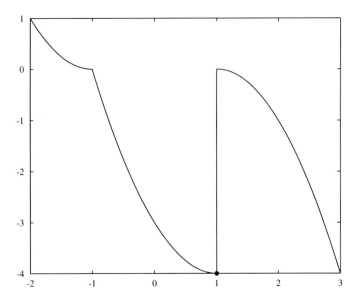

Abb. 16: Falsche Darstellung einer in $x = 1$ unstetigen Funktion

Dass eine stückweise definierte Funktion in ihren Nahtstellen stetig oder unstetig ist, lässt sich nicht immer auf den ersten Blick erkennen. Deshalb sei zur grafischen Darstellung empfohlen, dies grundsätzlich stückweise durchzuführen, womit falsche Darstellungen vermieden und die damit verbundene Gefahr von Fehlinterpretationen klein gehalten wird. Wir geben mit der folgenden Funktion $f : \mathbb{R} \to \mathbb{R}$ mit

$$f(x) \; := \; \begin{cases} (x+1) \cdot e^{2x} & , x \leq 0 \\ x \cdot \ln(2x) + 1 & , x > 0 \end{cases} \tag{3.14}$$

ein weiteres Beispiel. Die Funktion f entsteht aus zwei Teilfunktionen, die über die Naht-stelle $x = 0$ miteinander verbunden sind. Hier ist die Stetigkeit oder Unstetigkeit in $x = 0$ alles andere als offensichtlich, sodass eine grafische Darstellung des Funktionsgraphen einen ersten Eindruck verschafft. Dazu stellen wir die Funktion mithilfe von Octave zum Beispiel im Intervall $[-1,1]$ grafisch dar:

```
>> f1 = @(x) exp(2*x).*(x+1);
>> I1 = -1:0.01:0;
>> f2 = @(x) x.*(log(2*x)) + 1;
>> I2 = union(0.0001:0.01:1,1);
>> plot(I1,f1(I1),'k',I2,f2(I2),'k')
```

Die so erhaltene Darstellung (siehe Abb. 17) führt zu der Behauptung, dass die Funktion f aus (3.14) auch in $x = 0$ stetig ist. Ein geeigneter und hier nicht vorgeführter Beweis bestätigt diese Behauptung.

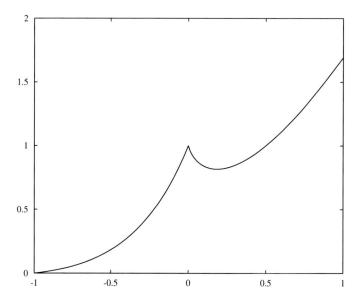

Abb. 17: Der Graph der Funktion f aus (3.14) im Intervall $[-1, 1]$

Es sei darauf hingewiesen, dass nicht zu jeder Funktion eine grafische Darstellung die Stetigkeit oder Unstetigkeit in einer Stelle ihres Definitionsbereichs zweifelsfrei aufzeigt. Das ist besonders zu beachten, wenn es um die stetige Ergänzbarkeit einer Funktion in einer Definitionslücke geht.

Die Funktion $f : \mathbb{R} \setminus \{0\} \to \mathbb{R}$ mit $f(x) = \sin\left(\frac{1}{x}\right)$ ist ein Musterbeispiel dafür, dass aus grafischen Darstellungen falsche Schlüsse gezogen werden können. Wir betrachten dazu die folgenden Eingaben im Octave-Befehlsfenster:

```
>> f = @(x) sin(1./x);
>> I1 = union(-1:0.001:-0.001,-0.001);
>> I2 = union(0.0001:0.001:1,1);
>> plot(I1,f(I1),'k',I2,f(I2),'k')
```

Flüchtig betrachtet wirkt der auf diese Weise erhaltene Funktionsgraph (siehe Abb. 18) so, als könnte die Funktion stetig zu einer Funktion $g : \mathbb{R} \to \mathbb{R}$ mit

$$g(x) := \begin{cases} f(x) & , x \neq 0 \\ 0 & , x = 0 \end{cases}$$

ergänzt werden. Ein ausführlicher Beweis zeigt jedoch, dass die Funktion f in $x = 0$ nicht stetig ergänzt werden kann. Dieses Beispiel erinnert also daran, dass grafische Darstellungen in vielerlei Hinsicht beim Lernen und allgemeiner bei der Lösung von Problemen

unterstützen können, jedoch auch zu falschen Schlüssen verleiten können. Dieses Negativ-
beispiel soll Lernende aber in keiner Weise von der ausgiebigen Nutzung selbst erzeugter
Grafiken abhalten, denn häufig lässt sich genau die Behauptung beweisen, die mithilfe
einer Grafik aufgestellt werden kann.

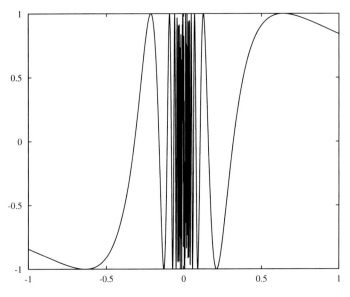

Abb. 18: Der Graph von $f(x) = \sin\left(\frac{1}{x}\right)$ im Intervall $[-1, 1]$

3.2.4 Numerische Mathematik

Methoden der numerischen Mathematik setzen dort an, wo ein exaktes Rechnen nicht mehr
möglich ist. Zahlreiche numerische Verfahren (Algorithmen) bestehen aus einer Vielzahl
von Einzelschritten, in denen es vor Variablen mit und ohne Indizierung häufig nur so wim-
melt. Spätestens dann, wenn ihr Fehlerverhalten diskutiert wird, ist eine genaue Kenntnis
der Funktionsweise solcher Verfahren unerlässlich. Mit anderen Worten ist es aus der Sicht
von Lernenden praktisch und sinnvoll, numerische Verfahren und Algorithmen nicht nur
in ihrer theoretischen Darstellung zur Kenntnis zu nehmen, sondern ein tiefes Verständnis
für die einzelnen Schritte und Variablen zu entwickeln.

In Lehrveranstaltungen zur numerischen Mathematik müssen Lernende in der Regel das
eine oder andere Verfahren selbst programmieren. Das kann nebenbei dazu genutzt werden, um einen tieferen Einblick in ein Verfahren zu bekommen. Dabei lassen sich Fragen
wie zum Beispiel die Folgenden klären: Welche Bedeutung haben bestimmte Variablen?
Wie sehen die Werte einer Variable aus und wie verändern sie sich während des Ablau-

fen des Verfahrens? Welche Bedeutung haben die Eingangsparameter auf die einzelnen Verfahrensschritte? Welche Laufzeit hat ein Algorithmus in Abhängigkeit von den Eingangsparametern? Lässt sich ein numerisches Verfahren, einzelne Schritte davon oder sein Ergebnis in geeigneter Weise geometrisch interpretieren und kann man dies grafisch darstellen? Welche Fehler macht ein numerisches Verfahren gegenüber der exakten Rechnung? Kann man diese Fehler rechnerisch ermitteln oder zumindest abschätzen?

Zur Untersuchung solcher und anderer Fragestellungen lässt sich ein zu einem Verfahren erstelltes Programm auf unterschiedliche Weise erweitern. Beispielsweise lassen sich Zwischenergebnisse im Befehlsfenster ausgeben oder in externen Dateien speichern. Gleichfalls können Zwischenergebnisse grafisch aufbereitet werden.

Wie demonstrieren ein solches Vorgehen an einem einfachen numerischen Verfahren, das Lernende nicht zwangsläufig in einer Vorlesung zur numerischen Mathematik kennenlernen, sondern oft nebenbei im Rahmen der Analysis: die Trapezregel zur näherungsweisen Berechnung eines bestimmten Integrals. Die Herleitung der Berechnungsformel

$$\int_a^b f(x)\, dx \;\approx\; \frac{b-a}{2} \cdot \big(f(a) + f(b)\big) \tag{#}$$

wird entweder auf den namensgebenden Flächeninhalt eines Trapezes zurückgeführt oder in einen allgemeineren Kontext gestellt (siehe z. B. [34]). Intuitiv ist klar, dass die damit berechnete Näherung für das bestimmte Integral $\int_a^b f(x)\, dx$ nicht besonders gut sein wird, wenn zum Beispiel die stetige Funktion $f : [a,b] \to \mathbb{R}$ eine starke Krümmung aufweist oder die Intervalllänge $b - a$ relativ groß ist. Eine Verbesserung der Approximation lässt sich durch eine Zerlegung des Intervalls $[a,b]$ in $n \in \mathbb{N}$ Teilintervalle erreichen. Dazu wählt man beliebige $n - 1$ Zerlegungspunkte $z_1, \ldots, z_{n-1}$, sodass

$$a =: z_0 < z_1 < z_2 < \ldots < z_{n-1} < z_n := b$$

gilt. Der Grundansatz (#) der Trapezregel wird auf jedes der Intervalle $[z_i, z_{i+1}]$ für $i = 0, 1, \ldots, n - 1$ angewendet:

$$\int_{z_i}^{z_{i+1}} f(x)\, dx \;\approx\; \frac{z_{i+1} - z_i}{2} \cdot \big(f(z_i) + f(z_{i+1})\big)$$

Ein verbesserter Näherungswert für das Integral $\int_a^b f(x)\, dx$ ergibt sich durch Aufsummierung der über den Intervallen $[z_i, z_{i+1}]$ berechneten Näherungswerte:

$$\int_a^b f(x)\, dx \;=\; \sum_{i=0}^{n-1} \int_{z_i}^{z_{i+1}} f(x)\, dx \;\approx\; \sum_{i=0}^{n-1} \frac{z_{i+1} - z_i}{2} \cdot \big(f(z_i) + f(z_{i+1})\big) \tag{3.15}$$

Diese auch als summierte Trapezregel bezeichnete Formel lässt sich vereinfachen, wenn die Zerlegung äquidistant gewählt wird, d. h., es gilt

$$z_i = a + i \cdot \frac{b-a}{n}\ , \ i = 0, 1, \ldots, n\ .$$

Dann ist der Abstand $h := z_{i+1} - z_i$, die sogenannte Schrittweite, für $i = 0, 1, \dots, n-1$ gleich und das führt nach einigen Rechnungen auf die überlicherweise in Formelsammlungen notierte Formel für die summierte Trapezregel:

$$\int_a^b f(x)\, dx \;\approx\; \frac{h}{2} \cdot \left(f(a) + 2 \cdot \sum_{i=1}^{n-1} f(a+ih) + f(b) \right)$$

Die summierte Trapezregel lässt sich ohne großen Aufwand als Octave-Funktion implementieren. Für die Variante (3.15) mit einer beliebigen Zerlegung des Intervalls $[a, b]$ sieht das zum Beispiel folgendermaßen aus, wobei die Zerlegungspunkte der Funktion als Vektor z übergeben werden:

```
1  function[wert] = trapezregel(f,z)
2  n = length(z);
3  wert = 0;
4  for (i = 1:n-1)
5    wert = wert + 0.5*(z(i+1)-z(i))*(f(z(i))+f(z(i+1)));
6  end
```

Mit dieser Funktion lässt sich bereits gut demonstrieren, dass eine Vergrößerung der Intervallanzahl $n \in \mathbb{N}$ zu einer Verbesserung des Näherungswerts führen kann. Dazu benötigt man natürlich zwecks Vergleich ein bestimmtes Integral, dessen Wert exakt berechnet werden kann. Wir demonstrieren dies am folgenden Beispiel:

$$\int_0^2 4x^3 - 6x^2 + 3\, dx \;=\; \left[x^4 - 2x^3 + 3x \right]_{x=0}^{x=2} \;=\; 6 \qquad (3.16)$$

Mit der Funktion trapezregel berechnen wir dieses Integral näherungsweise zu einer äquidistanten Zerlegung für verschiedene $n \in \mathbb{N}$ im Befehlsfenster:

```
>> f = @(x) 4*x.^3 - 6*x.^2 + 3;
>> integraltab = [];
>> for n = [1:5,10,50,100,500,1000,5000,10000]
integraltab = [integraltab; [n,trapezregel(f,0:2/n:2)]];
end
>> disp(num2str(integraltab,10))
       1                 14
       2                  8
       3        6.888888889
       4                6.5
       5               6.32
      10               6.08
      50             6.0032
     100             6.0008
     500           6.000032
    1000           6.000008
   10000         6.00000008
```

Die Verbesserung ist für wachsendes n deutlich sichtbar und demonstriert die unter geeigneten Voraussetzungen (Stetigkeit) an den Integranden zu beweisende Konvergenz der summierten Trapezregel gegen den exakten Wert des bestimmten Integrals für $n \to \infty$.

Dass die berechneten Näherungswerte für wachsendes $n \in \mathbb{N}$ besser werden, lässt sich auch grafisch veranschaulichen. Dazu kann die Berechnungsroutine `trapezregel` derart erweitert werden, dass sie zusätzlich die zur Approximation genutzten Trapeze und deren Flächeninhalt mit dem Graph des Integranden gemeinsam in einem Plot darstellt. Das wird von der folgenden Funktion realisiert:

```
01  function[wert,fig] = trapezregel2(f,z)
02  n = length(z);
03  wert = 0;
04  fig = figure;
05  hold on
06  for (i = 1:n-1)
07    wert = wert + 0.5*(z(i+1)-z(i))*(f(z(i))+f(z(i+1)));
08    abszissen = [z(i);z(i);z(i+1);z(i+1)];
09    ordinaten = [0;f(z(i));f(z(i+1));0];
10    fill(abszissen,ordinaten,'r', ...
11         'linestyle','--','linewidth',1)
12  end
13  I = z(1):0.05:z(end);
14  plot(I,f(I),'b','linewidth',3)
15  hold off
```

Die Octave-Funktion `fill` plottet dabei ein farbig ausgefülltes Polygon, wobei die Abszissen der Eckpunkte als Vektor `abszissen` und die zugehörigen Ordinaten als Vektor `ordinaten` übergeben werden. Das an die `fill`-Funktion übergebene Argument `'r'` legt die Farbe fest, mit der das Polygon gefüllt wird, in diesem Fall also rot. Die restlichen optionale Eingangsparameter legen die Formatierung der Begrenzungslinien fest. Es folgt ein Anwendungsbeispiel für die Funktion `trapezregel2`:

```
>> f = @(x) 4*x.^3 - 6*x.^2 + 3;
>> integralwert = trapezregel2(f,[0,2])
integralwert = 14
```

Die erzeugte Grafik analog zu Abb. 19 belegt in diesem Fall, dass die Anwendung der Trapezregel ausschließlich in Bezug auf die Integrationsgrenzen keine gute Approximation für das bestimmte Integral $\int_0^2 f(x)\,dx$ ergibt. Eine Verbesserung ergibt sich bereits durch die Zerlegung des Integrationsintervalls in zwei Teilintervalle, was die durch die Eingabe

```
>> integralwert = trapezregel2(f,[0,1,2])
```

erzeugte Grafik verdeutlicht (siehe Abb. 20). Mit einer Zerlegung des Integrationsintervalls in zehn Teilintervalle ergibt sich bereits eine gute Approximation, siehe dazu die durch

```
>> integralwert = trapezregel2(f,0:0.2:2)
```

erzeugte Grafik in Abb. 21.

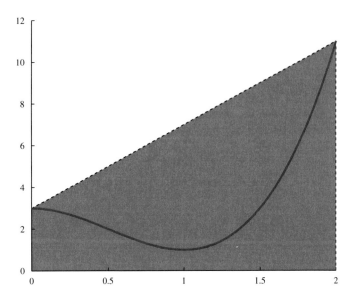

Abb. 19: Schlechte Approximation eines bestimmten Integrals nach der Trapezregel

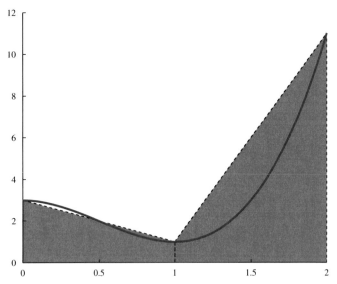

Abb. 20: Verbesserte Approximation eines bestimmten Integrals nach der summierten Trapezregel

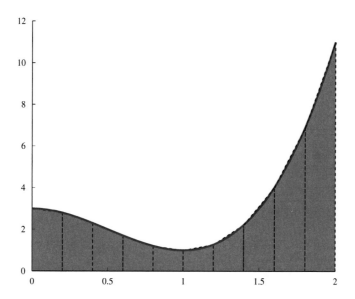

Abb. 21: Gute Approximation eines bestimmten Integrals nach
der summierten Trapezregel

Während für Verfahren zur numerischen Integration die Möglichkeiten zum Einblick in
ihre Arbeitsweise überschaubar sind, ergeben sich bei komplexeren numerischen Methoden und Algorithmen weitaus mehr Ansätze zur Nachverfolgung. Es ist kaum möglich,
dazu hier einen kompakten Überblick zu geben. Andererseits haben Lernende verschiedene Ansprüche und nicht zuletzt ist auch ihre Kreativität gefragt, damit sie sich „ihren"
Einblick in numerische Algorithmen gestalten können. Einige werden sich zum Beispiel
damit begnügen, bei einem Algorithmus die Gestalt von linearen oder nichtlinearen Gleichungssystemen zu ergründen. Andere werden grafische Möglichkeiten zum Verständnis
bevorzugen, wenn diese sinnvoll einsetzbar sind und mit überschaubarem Aufwand erzeugt werden können.

Wie auch immer Lernende ihren persönlichen Einblick in numerische Algorithmen gestalten wollen, so sei dazu bemerkt, dass dies in der Regel nur für geeignete Parameteran-
zahlen und/oder Schrittweiten sinnvoll ist. Außerdem sollte stets das Verhältnis zwischen
Aufwand und Nutzen abgewogen werden. So macht es wenig Sinn und führt außerdem
zu hohen Rechenzeiten, wenn für das Beispiel zur Trapezregel eine grafische Darstellung
für $n + 1 = 10000$ Teilintervalle erzeugt wird. Für kleinere $n \in \mathbb{N}$ lässt sich das Verhalten
dieser numerischen Integrationsmethode besser studieren.

In der numerischen Mathematik ist es außerdem von Interesse, die Komplexität von Algorithmen zu untersuchen, was allgemein sehr theoretisch erfolgt. Die Komplexität eines
Algorithmus äußert sich praktisch unter anderem in der Rechenzeit, und diese kann bei

der Nutzung von Octave mithilfe der Befehle `tic` und `toc` ermittelt werden. Der Aufruf dieser Befehle gleicht der Benutzung einer Stoppuhr, wobei `tic` die Zeitmessung startet und `toc` die Messung beendet. Bei der Arbeit im Befehlsfenster sollten die zu messenden Anweisungen einschließlich der Befehle `tic` und `toc` unbedingt so eingegeben werden, dass erst im Anschluss an `toc` die ENTER-Taste gedrückt wird. Erfolgt das zwischendurch, dann wird das Ergebnis (leicht) verfälscht. Hier ein Beispiel:

```
>> tic; integral = trapezregel(f,0:0.02:2); toc
Elapsed time is 0.017578 seconds.
```

Bei diesem Beispiel wird im Befehlsfenster die zum Aufruf und der Abarbeitung der Funktion `trapezregel` benötigte Zeit in Form eines Satzes ausgegeben. Alternativ können wir mithilfe von `tic` eine Markierung setzen, zum Beispiel `marke = tic`, auf die `toc` Beziehung nimmt, d. h., `toc(marke)` ist die seit der Definition von `marke` vergangene Zeit. Auf diese Weise wird es möglich, verschiedene Zeitintervalle innerhalb eines Anweisungsblocks oder Algorithmus zu erfassen. Dazu das folgende illustrative Beispiel:

```
>> marke1 = tic; ...
integral1 = trapezregel(f,0:0.02:2); ...
marke2 = tic; ...
integral2 = trapezregel2(f,0:0.02:2); ...
toc(marke1), toc(marke2)
Elapsed time is 1.85484 seconds.
Elapsed time is 1.83984 seconds.
```

Die erste Zeitangabe steht für den Aufruf und die Abarbeitung von `trapezregel` und `trapezregel2`, die zweite Zeitangabe nur für den Aufruf und die Arbeitung von `trapezregel2`.

Gibt man die Befehle der vorgestellten Beispiele zur `tic`-`toc`-Zeitmessung erneut ein, dann wird man mit Sicherheit andere Zeiten erhalten. Das bedeutet, dass der erhaltene Messwert nicht bis auf den kleinsten Bruchteil einer Sekunde genau ist.[2] Trotzdem ermöglicht diese Vorgehensweise eine näherungsweise Zeit- und Aufwandsmessung für Algorithmen, was die theoretischen Abhandlungen zu dieser Thematik eindrucksvoll illustrieren kann. Das demonstrieren wir abschließend am Beispiel der näherungsweisen Berechnung des bestimmten Integrals (3.16), indem wir eine analog zu oben erzeugte Wertetabelle um eine dritte Spalte mit den Rechenzeiten (in Sekunden) ergänzen:

```
>> f = @(x) 4*x.^3 - 6*x.^2 + 3;
>> integraltab = [];
>> for n = [1,10,50,100,500,1000,5000,10000]
anfang = tic;
integralwert = trapezregel(f,0:2/n:2);
zeit = toc(anfang);
integraltab = [integraltab; [n,integralwert,zeit]];
end
```

---

[2] Das kann er auch gar nicht sein, denn die Genauigkeit der Zeitmessung hängt von der computerinternen Zeitmessung ab, die ihrerseits durch verschiedene Faktoren beeinflusst wird.

```
>> disp(num2str(integraltab,10))
       1               14      0.001898089657
      10             6.08      0.001803902676
      50           6.0032      0.006663975189
     100           6.0008       0.01433493325
     500         6.000032       0.03451499424
    1000         6.000008       0.06301507435
    5000       6.00000032        0.3173981106
   10000       6.00000008         0.63809296
```

Bei einem erneuten Durchlauf werden sich geringfügig andere Rechenzeiten ergeben, die jedoch genauso wie die hier notierten Zeiten für eine wachsende Anzahl von Zerlegungspunkten eine Zunahme der Rechenzeit und damit eine Zunahme des Aufwands verdeutlichen.

Aufgaben zum Abschnitt 3.2

Aufgabe 3.2.1: Stellen Sie mithilfe von Octave eine Vermutung auf, ob die Folge $(a_n)_{n \in M}$ mit $M \subseteq \mathbb{N}_0$ konvergiert oder divergiert. Beweisen Sie ihre Behauptung anschließend.

a) $a_n = \sqrt{n + \sqrt{n+2}} - \sqrt{n+2}$

b) $a_n = \sqrt{4n^2 - n + 2} - \sqrt{3n^2 + n - 4}$

c) $a_n = \sqrt{2n^2 + 2n} - \sqrt{2n^2 + \sqrt{n^2 + 3n + 2}}$

d) $a_n = \frac{\sin(n^8 \pi - n^9)}{n}$

e) $a_n := \sin\left(\frac{\pi}{2}n\right)$

f) $a_0 := 2$, $a_{n+1} = \frac{1}{5}\left(a_n^2 + 4\right)$, $n \in \mathbb{N}_0$

Aufgabe 3.2.2: Stellen Sie mithilfe von Octave eine Vermutung auf, ob die folgenden Reihen konvergieren oder divergieren. Beweisen Sie ihre Behauptung anschließend.

a) $\sum_{n=1}^{\infty} (-1)^{n+1} \frac{3n}{4n^2 + 1}$

b) $\sum_{n=1}^{\infty} \left(\frac{5}{2} - \frac{2}{n}\right)^n$

c) $\sum_{n=0}^{\infty} \frac{2^n + 1}{8^n + \sqrt{3^n}}$

d) $\sum_{n=0}^{\infty} \frac{2^{n+2}}{3n - 2}$

e) $\sum_{n=0}^{\infty} \frac{1}{(8n-1)(8n+7)}$

f) $\sum_{n=1}^{\infty} \left(\left[1 + \frac{1}{n}\right]^n - 2\right)^n$

Aufgabe 3.2.3: Stellen Sie die Funktion $f : D \to \mathbb{R}$ über dem gesamten Definitionsbereich grafisch dar, wobei gegebenenfalls vorhandene Definitionslücken oder Unstetigkeitsstellen deutlich sichtbar sein sollen.

a) $f : [-1,0) \cup (0,1] \to \mathbb{R}$ mit $f(x) = \frac{x - |x|^3}{\sqrt{|x|}}$

b) $f : [-2,5] \to \mathbb{R}$ mit $f(x) = \begin{cases} \frac{1}{8}(x+1)^3 x^2 & , x \in [-2,1] \\ \exp\left(-\frac{1}{2}x^2 + x - \frac{1}{2}\right) & , x \in (1,5] \end{cases}$

c) $f : [-10,2] \to \mathbb{R}$ mit $f(x) = \begin{cases} (x+1)^4 \cdot e^x \,, x \in [-10,0] \\[4pt] -x \cdot \ln^2(x) \,, x \in (0,2] \end{cases}$

d) $f : [-1,2] \to \mathbb{R}$ mit $f(x) = \begin{cases} \dfrac{1}{\cos(x)} & , x \in [-1,0) \\[6pt] \dfrac{1}{2} & , x = 0 \\[6pt] \dfrac{x \sin(x)}{\ln\left(\cos(x^2)+2\right)+1} & , x \in (0,2] \end{cases}$

Aufgabe 3.2.4: Bei der Untersuchung der Differenzierbarkeit einer stetigen Funktion $f : \mathbb{R} \to \mathbb{R}$ an einer Stelle x_0 wird der Differenzenquotient $\frac{f(x)-f(x_0)}{x-x_0}$ betrachtet. Die Funktion f ist in x_0 differenzierbar, wenn der Differentialquotient $\lim\limits_{x \to x_0} \frac{f(x)-f(x_0)}{x-x_0}$ existiert. Das ist äquivalent dazu, dass der linksseitige und der rechtsseitige Grenzwert gegen x_0 übereinstimmen, d. h., es gilt $\lim\limits_{x \uparrow x_0} \frac{f(x)-f(x_0)}{x-x_0} = \lim\limits_{x \downarrow x_0} \frac{f(x)-f(x_0)}{x-x_0}$. Die genannten Grenzwerte lassen sich grafisch veranschaulichen. Dazu interpretiert man den für die Stelle x_0 betrachteten Differenzenquotienten als Funktion $g_{x_0} : \mathbb{R} \setminus \{x_0\} \to \mathbb{R}$ mit $g_{x_0}(x) = \frac{f(x)-f(x_0)}{x-x_0}$. Stellen Sie für die stetige Funktion $f : [-1,2] \to \mathbb{R}$ mit

a) $f(x) = \begin{cases} \sin(4x) & , x \in [-1,0] \\[4pt] 2\sqrt{x^4+1} & , x \in (0,2] \end{cases}$

b) $f(x) = \begin{cases} 1 - \dfrac{x+1}{\cos(x)} & , x \in [-1,0] \\[6pt] \dfrac{x \cos(x)}{1+\sqrt{x^2+1}} & , x \in (0,2] \end{cases}$

die Funktionen g_0 und g_1 im Intervall $[-1,2]$ gemeinsam mit f grafisch dar und begründen Sie anhand der grafischen Darstellung, ob die Funktion f in $x_0 = 0$ bzw. $x_0 = 1$ differenzierbar ist. Stellen Sie in der gleichen Grafik außerdem die erste Ableitung f' in den Intervallen $(-1,0)$, $(0,1)$ und $(1,2)$ dar, wobei mithilfe der Funktionen g_{x_0} eine Darstellung genutzt werden soll, die näherungsweise den Grenzübergang $f'(x_0) = \lim\limits_{x \to x_0} g_{x_0}(x)$ für alle Stellen x_0 aus den genannten offenen Intervallen verdeutlicht. Wählen Sie dazu hinreichend viele solche Stellen $x_0 \in [-1,2]$ aus und ersetzen Sie den exakten Wert $f'(x_0)$ durch $g_{x_0}(x_0 + 0.000001)$ oder $g_{x_0}(x_0 - 0.000001)$.

Hinweise: Es darf natürlich verwendet werden, dass f in $(-1,0)$, $(0,1)$ und $(1,2)$ differenzierbar ist. Im Gegensatz dazu soll die Differenzierbarkeit in $x_0 = 1$ für beide Funktionen in a) und b) begründet werden, obwohl auch das natürlich offensichtlich ist. Für die Stelle $x_0 = 0$ ist eine Begründung unumgänglich, denn $x_0 = 0$ hat die Eigenschaft einer „Nahtstelle", in der zwei verschiedene Funktionen miteinander zu einer Funktion verbunden werden, womit die Differenzierbarkeit der so erhaltenen Funktion f in $x_0 = 0$ alles andere als selbstverständlich ist.

Aufgabe 3.2.5: Zur näherungsweisen Berechnung einer Nullstelle x^* einer Funktion $f : \mathbb{R} \to \mathbb{R}$ gibt es verschiedene numerische Verfahren. Beim Bisektionsverfahren werden zwei Startwerte $x_1^{(0)}$ und $x_2^{(0)}$ gewählt, sodass $x_1^{(0)} < x^* < x_2^{(0)}$ gilt, d. h., die Startwerte schließen die Nullstelle x^* ein. Folglich gilt $f(x_1^{(0)}) \cdot f(x_2^{(0)}) < 0$, d. h., die Vorzeichen der

Funktionswerte $f(x_1^{(0)})$ und $f(x_2^{(0)})$ sind verschieden. Das Bisektionsverfahren berechnet iterativ Stellen $x_1^{(i)}$ und $x_2^{(i)}$ mit den folgenden Eigenschaften:

- $x_1^{(i)} < x^* < x_2^{(i)}$, $i = 1, 2, 3, \ldots$
- $f(x_1^{(i)}) \cdot f(x_2^{(i)}) < 0$, $i = 1, 2, 3, \ldots$
- $x_2^{(i+1)} - x_1^{(i+1)} < x_2^{(i)} - x_1^{(i)}$, $i = 0, 1, 2, 3, \ldots$
- $\lim\limits_{i \to \infty} x_1^{(i)} = \lim\limits_{i \to \infty} x_2^{(i)} = x^*$

Die Iterationsvorschrift des Verfahrens nutzt die Tatsache, dass die Mitte

$$x_0^{(i)} = \frac{1}{2} \cdot \left(x_1^{(i)} + x_2^{(i)} \right)$$

des Intervalls $\left(x_1^{(i)}, x_2^{(i)} \right)$ eine bessere Näherung für die Nullstelle x^* ist. Für die Berechnung von $x_0^{(i+1)}$ werden die Intervallgrenzen $x_1^{(i+1)}$ und $x_2^{(i+1)}$ folgendermaßen definiert:

- $x_1^{(i+1)} = x_1^{(i)}$ und $x_2^{(i+1)} = x_0^{(i)}$, falls $f(x_1^{(i)}) \cdot f(x_0^{(i)}) < 0$ gilt.
- $x_1^{(i+1)} = x_0^{(i)}$ und $x_2^{(i+1)} = x_2^{(i)}$, falls $f(x_0^{(i)}) \cdot f(x_2^{(i)}) < 0$ gilt.

Die oben genannte Konvergenz des Verfahrens ist nur von theoretischem Interesse. In der Praxis wird die Iteration beendet, wenn eine durch ein Abbruchkriterium vorgegebene Genauigkeit erreicht wird. Ein solches Kriterium lautet zum Beispiel $\left| f(x_0^{(i)}) \right| < \varepsilon$ für eine hinreichend kleine Fehlerschranke $\varepsilon > 0$. Ein alternatives Kriterium ist $x_2^{(i)} - x_1^{(i)} < \varepsilon$.

a) Programmieren Sie eine Funktion `bisektion.m`, welche die Nullstelle einer Funktion $f : \mathbb{R} \to \mathbb{R}$ nach dem Bisektionsverfahren berechnet. Die Funktion soll außerdem im Befehlsfenster eine Wertetabelle ausgeben, in der für die ersten $n \in \mathbb{N}_0$ Iterationsschritte in der i-ten Zeile der Iterationsindex i, die Intervallgrenzen $x_1^{(i)}$ und $x_2^{(i)}$, der Näherungswert $x_0^{(i)}$ und der Funktionswert $f(x_0^{(i)})$ notiert sind. Auch die Ergebnisse des letzten Iterationsschritts sollen in der genannten Weise protokolliert werden.

b) Testen Sie Ihre Funktion zur näherungsweisen Berechnung der kleinsten positiven Nullstelle von $f(x) = \sin(x) \cdot (x - 1) + 1$.

Aufgabe 3.2.6: Approximieren Sie $f(x) = xe^{2x}$ durch Taylorpolynome

$$T_n(x_0, x) = \sum_{k=0}^{n} \frac{f^{(k)}(x_0)}{k!} (x - x_0)^k$$

für $n = 3, 5, 10, 15$ zum Entwicklungspunkt $x_0 = 0$ bzw. $x_0 = \frac{1}{2}$. Stellen Sie f sowie die Polynome $T_n(x_0, x)$ im Intervall $[-1, 1]$ jeweils für $x_0 = 0$ bzw. $x_0 = \frac{1}{2}$ in einer Grafik gemeinsam dar und berechnen Sie näherungsweise den Approximationsfehler $\max\limits_{x \in [-1,1]} \left| f(x) - T_n(x_0, x) \right|$ für $n = 3, 5, 10, 15$.

Octave als Problemlösewerkzeug 4

Die von Octave bereitgestellten Funktionen ermöglichen nicht nur Rechnungen zum Verständnis von Mathematikmodulen während des Studiums. Vielmehr ermöglichen sie auch die Lösung realer Aufgabenstellungen aus der Praxis von zahlreichen Anwendungsfächern, in denen Mathematik ein wichtiges Handwerkszeug darstellt.

Die Lösung von realen Problemen ist vielfach eng mit der mathematischen Modellierung verbunden. Das schreckt viele Studierende und Anwender zunächst ab, denn die Suche nach passenden Modellen erfolgt traditionell häufig zunächst sehr theoretisch und in der Vergangenheit wurde der Einsatz des Computers darauf reduziert, ein Modell abschließend numerisch zu lösen und Ergebnisse zu visualisieren. Bei der eigentlichen Modellbildung wurde der Computer nur selten genutzt.

Diese Sichtweise hat sich gewandelt. Heute muss der Computer häufig auch bereits bei der Suche nach mathematischen Modellen eingesetzt werden. Das beginnt beispielsweise bei der Visualisierung oder statistischen Auswertung von Daten zwecks Gewinnung eines ersten Überblicks. Mathematische Modellierung hat grundsätzlich den Charakter eines entdeckenden Lernens und das wird durch den Einsatz des Computers besonders unterstrichen, der häufig und mehr „nebenbei" zum „experimentieren" eingesetzt werden muss, um Zusammenhänge aus großen Datenmengen aufdecken oder überhaupt einen Lösungsansatz finden zu können. An welcher Stelle beim mathematischen Modellieren der Computer heute auch immer eingesetzt wird, so werden unverändert die klassischen Modellierungszyklen durchlaufen.

Die Lösung eines Problems durch mathematische Modellierung kann zu bereits bekannten Modellen führen. Das können beispielsweise eine Funktion oder ein Gleichungssystem sein. Mathematische Modellierung kann auch auf bereits bekannte mathematische Problemstellungen wie beispielsweise Optimierungs- oder Approximationsprobleme führen, deren Lösung ein Schritt im Modellierungszyklus sein kann.

Es ist nicht möglich, in einem einführenden Lehrbuch zu einem Softwarepaket wie Octave die gesamte Bandbreite möglicher Anwendungen zur Lösung von Problemen zu behandeln. Dieses Kapitel beschränkt sich deshalb auf die Vorstellung ausgewählter Octave-Funktionen zur Lösung von Optimierungs- und Approximationsproblemen sowie nichtlinearen Gleichungssystemen. Das sind Lerneinheiten, mit denen viele Studierende in der ersten Hälfte ihre Studiums konfrontiert werden. Zum Abschluss des Kapitels gibt es einen kleinen Ausflug zur beschreibenden Statistik und zur Wahrscheinlichkeitsrechnung.

Ergänzende Information Die elektronische Version dieses Kapitels enthält Zusatzmaterial, auf das über folgenden Link zugegriffen werden kann https://doi.org/10.1007/978-3-658-64782-0_4.

Etwas ausführlicher wird in Abschnitt 4.2.1 auf die Methode der kleinsten Quadrate eingegangen, die häufig als Werkzeug bei der mathematischen Modellierung auftritt. An einem Beispiel werden dabei ausgewählte Schritte eines Modellierungszyklus demonstriert, ohne diese beim Namen zu nennen und auf Details einzugehen. Das ist in diesem Fall auch nicht erforderlich, denn die Suche nach einem funktionalen Zusammenhang aus gegebenen Daten erfolgt intuitiv. Zum Einstieg und zur Vertiefung der Thematik des mathematischen Modellierens sei auf die Literatur verwiesen, wie zum Beispiel [2], [21], [28] oder [33].

4.1 Optimierung

Die allgemeine Aufgabenstellung der Optimierung besteht darin, zu einer gegebenen Menge $X \subseteq \mathbb{R}^n$ mit $n \in \mathbb{N}$ und einer Funktion $f : X \to \mathbb{R}$ einen (lokalen oder globalen) Optimalpunkt $x^* \in Z \subseteq X$ zu finden, sodass $f(x^*) \leq f(x)$ für alle $x \in Z$ gilt. Statt Optimalpunkt sagt man auch Minimalpunkt. Die Funktion f wird als Zielfunktion bezeichnet, die Menge Z heißt zulässiger Bereich und der Funktionswert $f(x^*)$ wird Optimalwert (alternativ Optimum, Minimum) genannt. Für diese Aufgabenstellung ist die Kurzschreibweise

$$\begin{aligned} \min \quad & f(x) \\ \text{u. d. N.} \quad & x \in Z \end{aligned} \tag{4.1}$$

üblich, wobei u. d. N. für *unter der/den Nebenbedingung(en)* steht. Im Fall von $Z \subset X \subseteq \mathbb{R}^n$ spricht man von einem *restringierten Optimierungsproblem*, während man für $Z = \mathbb{R}^n$ von *unrestringierter Optimierung* spricht.

Der zulässige Bereich Z wird durch sogenannte Nebenbedingungen (Restriktionen) definiert, die aus einem System von Gleichungen und/oder Ungleichungen gebildet werden. Ist die Zielfunktion linear und werden die Nebenbedingungen durch ein System linearer Gleichungen und Ungleichungen definiert, so spricht man von *linearer Optimierung*. Ist dagegen entweder die Zielfunktion nichtlinear oder werden Nebenbedingungen durch nichtlineare Gleichungen und Ungleichungen definiert, dann spricht man von *nichtlinearer Optimierung*. Werden keine Gleichungen oder Ungleichungen angegeben, so kann für allgemeinere Teilmengen $Z \subset \mathbb{R}^n$, wie zum Beispiel $Z = \mathbb{R}^n_{\geq 0}$, auch kürzer

$$\min_{x \in Z} f(x)$$

geschrieben werden.

Es gibt Problemstellungen, die ohne Nebenbedingungen keine Lösung haben. Zum Beispiel hat das Problem (4.1) für die Zielfunktion $f(x) = x^3$ über dem zulässigen Bereich $Z = \mathbb{R}$ keine Lösung, während es über $Z = \{x \in \mathbb{R} \mid x \geq 1\}$ die Lösung $x^* = 1$ hat.

Allgemein genügt in der Optimierung die Diskussion von Minimierungsproblemen, denn alle Maximierungsprobleme können wegen

$$\max f(x) \; = \; \min -f(x)$$

in ein Minimierungsproblem überführt werden und umgekehrt. In Analogie dazu ist zu Ungleichungen anzumerken, dass viele Lösungsverfahren dabei ausschließlich die $\leq$-Relation zulassen. Dieser Zustand ist stets erreichbar, denn jede $\geq$-Ungleichung lässt sich durch Multiplikation mit (-1) in die gewünschte Form überführen.

Nachfolgend wird eine Auswahl von Octave-Funktionen zur Lösung von Optimierungsproblemen vorgestellt. Zu nichtlinearen Optimierungsproblemen sei vorab bemerkt, dass es praktisch (noch) keine Methoden gibt, die zu jeder beliebigen Problemstellung mit Sicherheit zu einer globalen Lösung führt. Deshalb ist auch mit den Octave-Funktionen zur Lösung solcher nichtlinearen Optimierungsprobleme oft nur die Berechnung von lokalen Lösungen möglich.

In diesem Abschnitt wird nicht auf die Methode der kleinsten Quadrate eingegangen, deren zentrale Idee auf einen wichtigen Spezialfall unter den Optimierungsproblemen führt. Diese Methode findet ihre Anwendung unter anderem bei der Approximation von Daten und Funktionen und wird später im Abschnitt 4.2.1 ab Seite 206 behandelt.

Optimierungsprobleme, Voraussetzungen zu ihrer Lösung und Lösungsverfahren lassen sich nicht mit wenigen Worten diskutieren. In den Hilfetexten zu den Funktionen sind teilweise Stichworte zu Berechnungsverfahren und Lösungsstrategien zu finden. Für die Details dazu und zur Theorie der Optimierung allgemein sei auf die weiterführende Literatur verwiesen, wie zum Beispiel [11], [17], [26], [29] und [36].

4.1.1 Lineare Optimierungsprobleme

Wir betrachten die folgende Aufgabenstellung:

> Eine Großmolkerei wird monatlich mit 24 Millionen Liter Milch beliefert, die zu Quark und Käse verarbeitet werden. Für die Herstellung von 1 kg Quark werden 4.62 Liter, für 1 kg Käse werden 11.23 Liter Milch benötigt. Aus technischen Gründen kann die produzierte Menge an Quark und Käse zusammen 4000 Tonnen nicht übersteigen. Aufgrund von Lieferverpflichtungen müssen mindestens 1000 Tonnen Quark und 500 Tonnen Käse produziert werden. Pro Kilogramm Quark verdient die Molkerei nach Abzug aller Produktionskosten 11 Cent, bei einem Kilo Käse sind es 14 Cent. Wie viele Tonnen Käse und Quark müssen pro Monat produziert werden, damit der Gewinn unter den genannten Bedingungen maximiert wird?

Bezeichnet q die monatlich produzierte Menge an Quark in kg und k die monatlich produzierte Menge an Käse in kg, dann führt eine Übersetzung der Textaufgabe in die Sprache der Mathematik auf das folgende lineare Maximierungsproblem:

$$\begin{aligned}
\max \quad & 0.11 \cdot q + \ 0.14 \cdot k \\
\text{u. d. N.} \quad & 4.62 \cdot q + 11.23 \cdot k \le 24 \cdot 10^6 \\
& q + \quad\ \ k \le 4 \cdot 10^6 \\
& q \qquad\qquad \ge 10^6 \\
& \qquad\quad\ \ k \ge 5 \cdot 10^5
\end{aligned} \qquad (4.2)$$

Wegen den Bemerkungen in der Einleitung zu Abschnitt 4.1 müssen wir dieses Problem (theoretisch) in ein Minimierungsproblem überführen und außerdem die $\ge$-Ungleichungen in $\le$-Ungleichungen überführen. Das ergibt insgesamt das folgende, zum Maximierungsproblem äquivalente Minimierungsproblem:

$$\begin{aligned}
\min \quad & -0.11 \cdot q - \ 0.14 \cdot k \\
\text{u. d. N.} \quad & 4.62 \cdot q + 11.23 \cdot k \le 24 \cdot 10^6 \\
& q + \quad\ \ k \le 4 \cdot 10^6 \\
& -q \qquad\qquad \le -10^6 \\
& \qquad\quad -k \le -5 \cdot 10^5
\end{aligned} \qquad (4.3)$$

Standardmäßig lassen sich solche Probleme mit dem Simplex-Algorithmus lösen, wobei vorbereitend unter anderem Ungleichungsnebenbedingungen durch die Einführung von Schlupfvariablen in Gleichungen überführt werden müssen. Octave stellt zur Lösung linearer Optimierungsprobleme die Funktion `glpk` zur Verfügung, die weitgehend auf dem Simplex-Algorithmus beruht. Der Funktion sind bei einem Aufruf der Gestalt

```
[XOPT,FMIN] = glpk(C,A,B,LB,UB,CTYPE,VARTYPE,S,PARAM)
```

eine Reihe von Parametern zu übergeben, die jetzt der Reihe nach und am Beispiel des Minimierungsproblems (4.3) erklärt werden sollen:

- Der Eingangsparameter `C` fasst die Koeffizienten der Zielfunktion $f(x) = C \cdot x$ mit $C, x \in \mathbb{R}^n$ in einem Spaltenvektor zusammen. Für das Problem (4.3) mit $x = \begin{pmatrix} q \\ k \end{pmatrix}$ bedeutet dies:

  ```
  >> C = [-0.11 ; -0.14];
  ```

- Die Gleichungs- oder Ungleichungsnebenbedingungen der Gestalt $A_i x = b_i$ bzw. $A_i x \le b_i$ werden mithilfe der Matrix `A` und des Spaltenvektors `B` übergeben. Das bedeutet für das Beispiel:

  ```
  >> A = [4.62,11.23; 1,1; -1,0; 0,-1];
  >> B = [24*10^6; 4*10^6; -10^6; -5*10^5];
  ```

- Untere und obere Schranken für die Variablen können in den Zeilenvektoren `LB` bzw. `UB` übergeben werden. Das Problem (4.3) hat untere Schranken, die jedoch bereits im Ungleichungssystem $Ax \le b$ berücksichtigt wurden. Das bedeutet:

  ```
  >> LB = [];
  >> UB = [];
  ```

Die leeren Matrizen werden so interpretiert, dass alle Variablen nichtnegativ sind, d. h., es gilt $0 \le q < \infty$ und $0 \le k < \infty$.

- Mit dem Eingangsparameter CTYPE wird der Funktion mitgeteilt, welche Art von Nebenbedingungen in den Matrizen A und B übergeben werden. Für jede Gleichung $A_i x = b_i$ bzw. Ungleichung $A_i x \leq b_i$ wird ein Zeichen übergeben, wobei der Großbuchstabe 'S' für eine Gleichung und der Großbuchstabe 'U' für eine Ungleichung mit dem Relationszeichen $\leq$ steht. Für das Beispiel (4.3) muss also Folgendes übergeben werden:

  ```
  >> CTYPE = 'UUUU';
  ```

  Weitere Typen von Nebenbedingungen wie zum Beispiel $\geq$-Ungleichungen können ebenfalls übergeben werden, was durch den Großbuchstaben 'L' realisiert wird. Über weitere Typen informiert der Hilfetext der Funktion (help glpk).
- Mit dem Eingangsparameter VARTYPE wird festgelegt, ob die Minimierung in Bezug auf die Variablen über den reellen oder über den ganzen Zahlen durchgeführt werden soll. Das muss für *jede* Variable mit einem Zeichen festgelegt werden, wobei der Großbuchstabe 'C' für einen reellen und der Großbuchstabe 'I' für eine ganzzahligen Definitionsbereich steht. Die im Beispiel vorhandenen Variablen q und k haben offenbar die (nichtnegativen) reellen Zahlen als Definitionsbereich und das bedeutet:

  ```
  >> VARTYPE = 'CC';
  ```

- Mit dem Eingangsparameter S wird der Funktion mitgeteilt, ob wir ein Minimierungsproblem (Parameterwert 1) oder ein Maximierungsproblem (-1) lösen wollen. Die für viele theoretische Überlegungen und auch in vielen Softwarepaketen standardmäßig erwartete Formulierung eines Minimierungsproblems ist damit nicht erforderlich. Wir lösen hier trotzdem das Minimierungsproblem (4.3) und setzen deshalb:

  ```
  >> S = 1;
  ```

- Bei dem Eingangsparameter PARAM handelt es sich um eine Datenstruktur mit verschiedenen Feldern, mit deren Hilfe verschiedene Details der numerisch durchgeführten Lösung des linearen Optimierungsproblems festgelegt werden. Darauf soll hier nicht näher eingegangen werden und für Details sei auf help glpk verwiesen. Die Funktion glpk erwartet jedoch, dass wenigstens eines der Felder manuell definiert wird. Dazu sei die Eingabe

  ```
  >> PARAM.itlim = 1000;
  ```

  empfohlen, womit die maximale Iterationsanzahl festgelegt wird. Für die restlichen Felder der Datenstruktur PARAM werden automatisch Standardwerte genutzt.

Mit den vorab gesetzten Parametern können wir jetzt das Minimierungsproblem lösen:[1]

```
>> [XOPT,FMIN] = glpk(C,A,B,LB,UB,CTYPE,VARTYPE,S,PARAM);
>> dispOptimum(XOPT,FMIN,{'q','k'})
Loesung:  (q,k) = (3164901.664,835098.3359)
Optimum: f(q,k) = -465052.9501
```

---

[1] Die Funktion dispOptimum ist kein Bestandteil von Octave, sondern eigens für dieses Buch vom Autor selbst programmiert. Sie wird genutzt, um von Octave berechnete Lösungen von Optimierungsproblemen im Befehlsfenster in geeigneter Weise darzustellen.

An den Vektor XOPT werden die optimalen Werte der Variablen zurückgegeben, in denen das Optimum FMIN der Zielfunktion f unter den gegebenen Nebenbedingungen angenommen wird.

Selbstverständlich müssen die Eingangsparameter nicht vor dem Aufruf der Funktion glpk definiert werden. Sie können auch direkt in die Parameterliste der Funktion geschrieben werden, was aber unübersichtlich ist und später die Suche nach eventuell verursachten Fehlern erschwert:

```
>> [XOPT,FMIN] = glpk([-0.11 ; -0.14], ...
[4.62,11.23; 1, 1; -1, 0; 0, -1], ...
[24*10^6; 4*10^6; -10^6; -5*10^5], ...
[], [], 'UUUU', 'CC', 1, setfield(PARAM,'itlim',1000));
```

Alternativ können wir das Maximierungsproblem (4.2) lösen und geben dazu nacheinander Folgendes ein:

```
>> C = [0.11 ; 0.14];
>> A = [4.62,11.23; 1,1; 1,0; 0,1];
>> B = [24*10^6; 4*10^6; 10^6; 5*10^5];
>> LB = [];
>> UB = [];
>> CTYPE = 'UULL';
>> VARTYPE = 'CC';
>> S = -1;
>> PARAM.itlim = 1000;
>> [XOPT,FMAX] = glpk(C,A,B,LB,UB,CTYPE,VARTYPE,S,PARAM);
>> dispOptimum(XOPT,FMAX,{'q','k'})
Loesung:  (q,k) = (3164901.664,835098.3359)
Optimum: f(q,k) = 465052.9501
```

Die letzten beiden Ungleichungen in den Nebenbedingungen des Maximierungsproblems nehmen jeweils nur auf eine Variable Bezug, sodass diese Ungleichungen untere Schranken für die Variablen darstellen. Deshalb führt alternativ folgender Lösungsweg zum Ziel:

```
>> C = [0.11 ; 0.14];
>> A = [4.62,11.23; 1,1];
>> B = [24*10^6; 4*10^6];
>> LB = [10^6; 5*10^5];
>> UB = [];
>> CTYPE = 'UU';
>> VARTYPE = 'CC';
>> S = -1;
>> PARAM.itlim = 1000;
>> [XOPT,FMAX] = glpk(C,A,B,LB,UB,CTYPE,VARTYPE,S,PARAM);
```

Eine Alternative zur Funktion glpk stellt die Funktion linprog dar. Dazu gibt sich Octave allerdings etwas schweigsam aus, denn gibt man nach dem Start von Octave sofort help linprog ein, dann erhält man darauf die folgende Antwort:

```
error: help: Octave does not currently provide linprog.
Linear programming problems may be solved using 'glpk'.
```

Man muss Octave dazu zwingen, die Existenz einer Funktion linprog etwas deutlicher offen zu legen, wozu vorab das Programmpaket optim geladen werden muss, in dem weitere Funktionen zur Lösung von Optimierungsproblemen abgelegt sind. Das erfolgt durch den folgenden Befehl:

```
>> pkg load optim
```

Anschließend wird durch die Eingabe von help linprog die entsprechende Hilfe aufgerufen. Mit der Funktion linprog lassen sich ausschließlich Minimierungsprobleme lösen, wobei diese sowohl Gleichungs- als auch Ungleichungsnebenbedingungen haben können. Ein möglicher Aufruf der Funktion sieht folgendermaßen aus:

```
[XOPT,FMIN] = linprog(C,A,B,AEQ,BEQ,LB,UB)
```

Wir erklären auch hier detailliert die Eingangsparameter und definieren sie für das Beispielproblem (4.3):

- Der Eingangsparameter C fasst analog zu glpk die Koeffizienten der Zielfunktion in einem Spaltenvektor zusammen. Für das Problem (4.3) bedeutet dies:

    ```
    >> C = [-0.11 ; -0.14];
    ```

- Ungleichungsnebenbedingungen der Gestalt $Ax \leq b$ werden mithilfe der Matrix A und des Spaltenvektors B übergeben. Das bedeutet für das Beispiel:

    ```
    >> A = [4.62,11.23; 1,1; -1,0; 0,-1];
    >> B = [24*10^6; 4*10^6; -10^6; -5*10^5];
    ```

- Gleichungsnebenbedingungen der Gestalt $Ax = b$ werden mithilfe der Matrix AEQ und des Spaltenvektors BEQ übergeben. Beim Problem (4.3) gibt es keine Gleichungsnebenbedingungen und das bedeutet:

    ```
    >> AEQ = [];
    >> BEQ = [];
    ```

- Untere und obere Schranken für die Variablen können in den Zeilenvektoren LB bzw. UB übergeben werden. Die unteren Schranken der Variablen des Problems (4.3) haben wir bereits im Ungleichungssystem $Ax \leq b$ berücksichtigt. Das bedeutet:

    ```
    >> LB = [];
    >> UB = [];
    ```

Die leeren Matrizen werden allgemein so interpretiert, dass alle Variablen beliebige reelle Zahlen sind, d. h., jede Variable ist nach oben und nach unten unbeschränkt (falls nicht wie im Beispiel durch das Ungleichungssystem $Ax \leq b$ andere Schranken festgelegt werden).

Die vorab gesetzten Eingangsparameter können wir der Funktion `linprog` übergeben:

```
>> [XOPT,FMIN] = linprog(C,A,B,AEQ,BEQ,LB,UB);
>> dispOptimum(XOPT,FMIN,{'q','k'})
Loesung:  (q,k) = (3164901.664,835098.3359)
Optimum: f(q,k) = -465052.9501
```

Das Parameterpaar AEQ und BEQ sowie das Parameterpaar LB und UB sind optional, d. h., gibt es wie im obigen Beispielproblem keine Gleichungsnebenbedingungen, keine unteren und keine oberen Schranken für die Variablen, dann führt auch der Funktionsaufruf

```
>> [XOPT,FMIN] = linprog(C,A,B,AEQ,BEQ);
```

oder noch kürzer

```
>> [XOPT,FMIN] = linprog(C,A,B);
```

zum Ziel.

Alternativ kann man von der folgenden Gestalt des Minimierungsproblems ausgehen:

$$
\begin{aligned}
\min \quad & -0.11 \cdot q - 0.14 \cdot k \\
\text{u. d. N.} \quad & 4.62 \cdot q + 11.23 \cdot k \le 24 \cdot 10^6 \\
& q + k \le 4 \cdot 10^6 \\
& q \ge 10^6 \\
& k \ge 5 \cdot 10^5
\end{aligned}
$$

Darauf kann die Funktion `linprog` folgendermaßen angewendet werden:

```
>> C = [-0.11 ; -0.14];
>> A = [4.62,11.23; 1, 1];
>> B = [24*10^6; 4*10^6];
>> LB = [10^6; 5*10^5];
>> [XOPT,FMIN] = linprog(C,A,B,[],[],LB,[]);
```

Wird für die unteren Schranken der Variablen ein (gegebenenfalls leerer) Vektor übergeben, dann muss auch für die oberen Schranken mindestens der leere Vektor übergeben werden, d. h., ein Funktionsaufruf der Gestalt

```
>> [XOPT,FMIN] = linprog(C,A,B,[],[],LB);
```

ist unzulässig und führt zu einer Fehlermeldung.

Unabhängig davon, wie und auf welches Problem die Funktionen `glpk` oder `linprog` angewendet werden, bleibt die Interpretation der Berechnungsergebnisse eine Aufgabe des Anwenders. Das bedeutet für die zu Beginn des Abschnitts gegebene Aufgabenstellung, dass die Großmolkerei einen maximalen Gewinn von rund 465052.95 Euro erzielt, wenn sie 3164901.66 kg Quark und 835098.34 kg Käse produziert.

4.1.2 Quadratische Optimierungsprobleme

Zur Lösung quadratischer Minimierungsprobleme der Gestalt

$$
\begin{aligned}
\min \quad & \tfrac{1}{2}x^T Q x + x^T q \\
\text{u. d. N. } & Ax \leq a \\
& Bx = b \\
& L \leq x \leq U
\end{aligned}
\tag{4.4}
$$

mit $x \in \mathbb{R}^n, Q \in \mathbb{R}^{n \times n}, q \in \mathbb{R}^n, A \in \mathbb{R}^{m \times n}, a \in \mathbb{R}^m, B \in \mathbb{R}^{k \times n}, b \in \mathbb{R}^k, L \in \mathbb{R}^n$ und $U \in \mathbb{R}^n$ stellt Octave unter anderem die Funktion `quadprog` bereit, zu deren Nutzung mit dem aus dem vorhergehenden Abschnitt zur linearen Optimierung bekannten Befehl

```
>> pkg load optim
```

das Programmpaket `optim` geladen werden muss. Ein möglicher Aufruf der Funktion sieht folgendermaßen aus:

```
>> [XOPT,FMIN] = quadprog(Q,q,A,a,B,b,L,U)
```

Die Bezeichnungen der Eingangsparameter stehen in Beziehung zu den gleichnamigen Matrizen und Vektoren in der allgemeinen Problemformulierung (4.4). Wir geben ein konkretes Beispiel und lösen das folgende quadratische Minimierungsproblem:

$$
\begin{aligned}
\min \quad & \tfrac{1}{2}x^T \begin{pmatrix} 2 & -2 \\ -2 & 4 \end{pmatrix} x + x^T \begin{pmatrix} 4 \\ 5 \end{pmatrix} \\
\text{u. d. N. } & \begin{pmatrix} 1 & 1 \\ 3 & -4 \\ -1 & 1 \end{pmatrix} x \leq \begin{pmatrix} 4 \\ 8 \\ 2 \end{pmatrix} \\
& \begin{pmatrix} 2 & -3 \end{pmatrix} x = 10 \\
& \begin{pmatrix} -100 \\ -200 \end{pmatrix} \leq x \leq \begin{pmatrix} 100 \\ 200 \end{pmatrix}
\end{aligned}
\tag{4.5}
$$

Man beachte, dass insbesondere die linearen Nebenbedingungen häufig nicht als Produkt von Matrizen und Vektoren gegeben sind, sondern analog zu linearen Optimierungsproblemen in der folgenden Form:

$$
\begin{aligned}
\min \quad & \tfrac{1}{2}x^T \begin{pmatrix} 2 & -2 \\ -2 & 4 \end{pmatrix} x + x^T \begin{pmatrix} 4 \\ 5 \end{pmatrix} \\
\text{u. d. N. } \quad & x_1 + x_2 \leq 4 \\
& 3x_1 - 4x_2 \leq 8 \\
& -x_1 + x_2 \leq 2 \\
& 2x_1 - 3x_2 = 10 \\
& -100 \leq x_1 \leq 100 \\
& -200 \leq x_2 \leq -200
\end{aligned}
$$

Hierbei müssen die entsprechenden Matrizen und Vektoren zunächst erkannt werden. Außerdem kann auch die Zielfunktion in einer anderen Gestalt gegeben sein:

$$\min \quad x_1^2 + 2x_2^2 - 2x_1x_2 + 4x_1 + 5x_2$$
$$\text{u. d. N.} \quad \begin{aligned} x_1 + x_2 &\leq 4 \\ 3x_1 - 4x_2 &\leq 8 \\ -x_1 + x_2 &\leq 2 \\ 2x_1 - 3x_2 &= 10 \\ -100 \leq x_1 &\leq 100 \\ -200 \leq x_2 &\leq -200 \end{aligned}$$

Während die Nebenbedingungen leicht in Produkte aus Matrizen und Vektoren umgeschrieben werden können, erfordert die Überführung der Zielfunktion in die Gestalt $f(x) = \frac{1}{2}x^T Q x + x^T q$ einen kleinen Mehraufwand.

Zur Übergabe der Matrizen und Vektoren gemäß (4.4) an die Funktion `quadprog` ist zwecks Übersichtlichkeit eine vorab durchgeführte einzelne Definition sinnvoll. Für das Problem (4.5) bedeutet dies:

```
>> Q = [2,-2; -2,4];
>> q = [4;5];
>> A = [1,1; 3,-4; -1,1];
>> a = [4;8;2];
>> B = [2,-3];
>> b = 10;
>> L = [-100;-200];
>> U = [100;200];
```

Man beachte dabei, dass q, a, b, L und U als Spaltenvektoren angelegt werden müssen. Jetzt können die Matrizen und Vektoren an die Funktion `quadprog` übergeben werden:

```
>> [XOPT,FMIN] = quadprog(Q,q,A,a,B,b,L,U);
>> dispOptimum(XOPT,FMIN)
Loesung:  (x1,x2) = (-16,-14)
Optimum: f(x1,x2) = 66
```

An den Vektor `XOPT` werden die optimalen Werte der Variablen zurückgegeben, in denen das Optimum `FMIN` der Zielfunktion f angenommen wird. Das bedeutet: Im Punkt $(x_1, x_2) = (-16, -14)$ nimmt die Funktion f unter den gegebenen Nebenbedingungen das (lokale) Minimum $f(x_1, x_2) = 66$ an.

Die Funktion `quadprog` besitzt weitere Aufrufvarianten. Zum Beispiel können für die Variablen $x_1, \ldots, x_n$ Startwerte vorgegeben werden, welche die Berechnung beschleunigen können. Die Startwerte werden in einem Spaltenvektor `X0` zusammengefasst und können für das Problem (4.5) beliebig gewählt werden:

```
>> X0 = [0;0];
>> [XOPT,FMIN] = quadprog(Q,q,A,a,B,b,L,U,X0)
```

Selbstverständlich muss man die an `quadprog` zu übergebenden Matrizen und Vektoren nicht vorab definieren, sondern kann sie direkt in die Parameterliste der Funktion schreiben. Das sieht allerdings bereits für das kleine Beispiel (4.5) unübersichtlich aus:

```
>> [XOPT,FMIN] = quadprog([2,-2; -2,4],[4;5], ...
[1,1; 3,-4; -1,1],[4;8;2],[2,-3],10,[-100;-200], ...
[100;200],[0;0]);
```

Sollte es dabei zu Tippfehlern kommen oder ein erwartetes Ergebnis nicht bestätigt werden, dann erschwert diese Variante des Funktionsaufrufs die Fehlersuche erheblich, denn die Zuordnung von Zahlenwerten, Klammern und Trennzeichen zu den einzelnen Matrizen und Vektoren ist hierbei nicht auf den ersten Blick erkennbar. Daher sei allgemeiner die Empfehlung ausgesprochen, bei Octave-Funktionen mit längeren Eingangsparameterlisten die Übergabe von Werten durch zuvor definierte Variablen zu realisieren.

Auch die Lösung quadratischer Minimierungsprobleme ohne Nebenbedingungen ist mit der Funktion `quadprog` möglich. Die Lösung von

$$\min_{x\in\mathbb{R}^2} \frac{1}{2}x^T \begin{pmatrix} 2 & -2 \\ -2 & 4 \end{pmatrix} x + x^T \begin{pmatrix} 4 \\ 5 \end{pmatrix}$$

gelingt durch die folgenden Eingaben im Befehlsfenster:

```
>> Q = [2,-2; -2,4];
>> q = [4;5];
>> [XOPT,FMIN] = quadprog(Q,q);
>> dispOptimum(XOPT,FMIN)
Loesung:  (x1,x2) = (-6.5,-4.5)
Optimum: f(x1,x2) = -24.25
```

Auch hier ist die Vorgabe von Startwerten möglich, wobei dann für die Matrizen und Vektoren der nicht vorhandenen Nebenbedingungen zwingend leere Matrizen übergeben werden müssen. Das bedeutet:

```
>> Q = [2,-2; -2,4];
>> q = [4;5];
>> X0 = [10;-10];
>> [XOPT,FMIN] = quadprog(Q,q,[],[],[],[],[],[],X0);
```

Alternativ kann zur Lösung von quadratischen Optimierungsproblemen der Gestalt (4.4) die Octave-Funktion `qp` genutzt werden, zu deren Nutzung das Programmpaket `optim` nicht geladen werden muss. Streng genommen ist `qp` keine echte Alternative, sondern *die* Lösungsroutine von Octave für quadratische Optimierungsprobleme. Genauer greift die Funktion `quadprog` intern auf die Funktion `qp` zurück, sodass `quadprog` lediglich als eine Art Eingabemaske zu verstehen ist, die unter anderem die Kompatibilität zu MATLAB sichert, wo es ebenfalls eine Funktion `quadprog`, aber keine Funktion `qp` gibt. Ein möglicher Aufruf von `qp` lautet:

```
[XOPT,FMIN] = qp(X0,Q,q,B,b,L,U)
```

Dabei ist X0 ein zwingend zu übergebender Vektor mit Startwerten für die Variablen, die restlichen Eingangsparameter stehen entsprechend ihrem Namen in Beziehung zu den gleichnamigen Matrizen und Vektoren in (4.4). Das Fehlen von Eingangsparametern A und a für die Ungleichungsnebenbedingungen $Ax \leq a$ macht deutlich, dass mit der genannten Aufrufvariante von qp ausschließlich quadratische Optimierungsprobleme der folgenden Gestalt gelöst werden können:

$$\begin{aligned} \min \quad & \tfrac{1}{2}x^T Q x + x^T q \\ \text{u. d. N.} \quad & Bx = b \\ & L \leq x \leq U \end{aligned} \qquad (4.6)$$

Möchte man quadratische Probleme mit linearen Ungleichungsnebenbedingungen lösen, dann kann dazu ein Funktionsaufruf der Gestalt

```
>> [XOPT,FMIN] = qp(X0,Q,q,B,b,L,U,a1,A,a2)
```

genutzt werden, womit quadratische Optimierungsprobleme der folgenden Gestalt gelöst werden können:

$$\begin{aligned} \min \quad & \tfrac{1}{2}x^T Q x + x^T q \\ \text{u. d. N.} \quad & Bx = b \\ & L \leq x \leq U \\ & a_1 \leq Ax \leq a_2 \end{aligned} \qquad (4.7)$$

Damit lässt sich das Beispiel (4.5) folgendermaßen lösen:

```
>> Q = [2,-2; -2,4];
>> q = [4;5];
>> A = [1,1; 3,-4; -1,1];
>> a2 = [4;8;2];
>> B = [2,-3];
>> b = 10;
>> L = [-100;-200];
>> U = [100;200];
>> X0 = [0;0];
>> [XOPT,FMIN] = qp(X0,Q,q,B,b,L,U,[],A,a2);
```

Der für a_1 übergebene leere Vektor [ ] bedeutet isoliert betrachtet und unabhängig von den anderen Nebenbedingungen, dass jeder Eintrag des Vektors Ax nach unten unbeschränkt sein darf. Damit ist das Ungleichungssystem $a_1 \leq Ax \leq a_2$ äquivalent zu $Ax \leq a_2$.

4.1.3 Nichtlineare Optimierungsprobleme ohne Nebenbedingungen

Zur Minimierung der durch

$$f(x) = (x - b)^T A(x - b) + (x - b)^T c \qquad (4.8)$$

mit

$$A = \begin{pmatrix} 1 & 1 \\ 1 & 4 \end{pmatrix}, \quad b = \begin{pmatrix} -2 \\ 1 \end{pmatrix} \quad \text{und} \quad c = \begin{pmatrix} 1 \\ 1 \end{pmatrix}$$

definierten Funktion $f : \mathbb{R}^2 \to \mathbb{R}$ kann die Octave-Funktion quadprog nicht verwendet werden. Octave stellt jedoch zur Berechnung eines lokalen Minimierers beliebiger nichtlinearer Funktionen die Berechnungsroutine fminsearch bereit. Zu ihrer Verwendung muss zunächst die Funktion f im Befehlsfenster definiert werden:

```
>> f = @(x) transpose(x-[-2;1])*[1,1; 1,4]*(x-[-2;1]) ...
+ transpose(x-[-2;1])*[1;1];
```

Weiter benötigen wir einen Vektor x0 mit Startwerten für jede Variable, von denen die näherungsweise Berechnung eines Minimierers der Funktion ausgeht:

```
>> x0 = [1;2];
```

Damit haben wir alle Eingangsparameter definiert, die zum Aufruf von fminsearch mindestens benötigt werden:

```
>> [XOPT,FMIN] = fminsearch(f,x0);
>> dispOptimum(XOPT,FMIN)
Loesung:  (x1,x2) = (-2.499913009,0.9999620031)
Optimum: f(x1,x2) = -0.2499999933
```

Alternativ kann f zunächst ohne den @-Operator als Octave-Funktion programmiert werden, entweder in einer im Arbeitsverzeichnis gespeicherten m-Datei oder einfacher wie folgt im Befehlsfenster:

```
>> function[wert] = quadf(x)
wert = transpose(x-[-2;1])*[1,1; 1,4]*(x-[-2;1]) ...
+ transpose(x-[-2;1])*[1;1];
end
```

Damit gelingt die Minimierung folgendermaßen:

```
>> [XOPT,FMIN] = fminsearch(@quadf,x0);
```

Die Funktion fminsearch besitzt Optionen zur gezielten Beeinflussung der Berechnung, die mithilfe der Funktion optimset ausgewählt und verändert werden können. Dazu betrachten wir den folgenden Aufruf und die damit erhaltenen Ergebnisse:

```
>> opt = optimset('MaxIter',1000,'TolX',1.0e-010);
>> [XOPT,FMIN] = fminsearch(@quadf,[1;2],opt);
>> dispOptimum(XOPT,FMIN)
Loesung:  (x1,x2) = (-2.5,1)
Optimum: f(x1,x2) = -0.25
```

Mittels `optimset` wurde die maximale Anzahl `'MaxIter'` der Iterationen des hinter `fminsearch` stehenden Algorithmus auf 1000 festgelegt und mit `'TolX'` ein Abbruchkriterium für die Variablen angepasst. Sofort fällt auf, dass wir mit den veränderten Berechnungsparametern genauere Ergebnisse erhalten, als mit der Standardeinstellung.

Die Funktion `optimset` kann übrigens für weitere Optimierungsfunktionen genutzt werden und listet deshalb mehr Parameter auf, als zur Durchführung von `fminsearch` erforderlich sind. Welche Optionen `fminsearch` bietet, kann mittels `help fminsearch` eingesehen werden, die Bedeutung der Optionen entsprechend mit `help optimset`.

Es besteht die Möglichkeit, parameterabhängige Funktionen zu minimieren. Sollen in der Funktion f in (4.8) die Matrix A sowie die Vektoren b und c nicht fest, sondern variabel sein, dann legen wir diese beispielsweise folgendermaßen als Octave-Funktion an:

```
>> f = @(x,A,b,c) transpose(x-b)*A*(x-b) ...
+ transpose(x-b)*c;
```

Dabei ist zu beachten, dass der Variablenvektor x stets am Anfang der Parameterliste steht. Die Funktion `fminsearch` wird damit folgendermaßen aufgerufen:

```
>> A = [4,0 ; 1,2];
>> b = [1;1];
>> c = [2;3];
>> x0 = [0;0];
>> opt = optimset('MaxIter',1000,'TolX',1.0e-010);
>> [XOPT,FMIN] = fminsearch(@(x) f(x,A,b,c),x0,opt);
>> dispOptimum(XOPT,FMIN)
Loesung:  (x1,x2) = (0.8387096781,0.2903225784)
Optimum: f(x1,x2) = -1.225806452
```

Als weiteres Beispiel zur Minimierung einer nichtlinearen Funktion ohne Nebenbedingungen betrachten wir die durch

$$f(x_1,x_2) = 2x_1^4 + x_2^4 - 2x_1^2 - 2x_2^2$$

definierte Funktion $f : \mathbb{R}^2 \to \mathbb{R}$. Das Minimierungsproblem

$$\min_{(x_1,x_2)\in\mathbb{R}^2} f(x_1,x_2)$$

lässt sich ohne Mühe mit Zettel und Stift lösen, und das führt auf die lokalen Minimierer $\left(\pm\frac{1}{\sqrt{2}},1\right)$ und $\left(\pm\frac{1}{\sqrt{2}},-1\right)$. Wir wollen untersuchen, ob und wie diese Lösungen mithilfe der Octave-Funktion `fminsearch` bestimmt werden können. Dazu definieren wir zunächst f mit dem @-Operator und passen einige Berechnungsparameter an:

```
>> f = @(x) 2*x(1)^4 + x(2)^4 - 2*x(1)^2 - 2*x(2)^2;
>> opt = optimset('MaxIter',1000,'TolX',1.0e-010);
```

Wir beginnen die Minimierung auf gut Glück mit willkürlich gewählten Startwerten:

```
>> [XOPT,FMIN] = fminsearch(f,[0;0],opt);
>> dispOptimum(XOPT,FMIN)
Loesung:  (x1,x2) = (-0.7071067819,0.999999997)
Optimum: f(x1,x2) = -1.5
```

Tatsächlich wurde eine der vorab per Hand ermittelten Lösungen näherungsweise berechnet, nämlich $\left(-\frac{1}{\sqrt{2}},1\right)$. Das scheint mehr oder weniger Zufall zu sein, denn alle vorab bekannten Lösungen haben zum Startpunkt $(0,0)$ den gleichen Abstand. Offenbar müssen wir zur Berechnung der anderen Minimierer geeignete Startpunkte in der reellen Zahlenebene wählen:

```
>> [XOPT,FMIN] = fminsearch(f,[-1;-1],opt);
>> dispOptimum(XOPT,FMIN)
Loesung: x1 = -0.7071067763, x2 = -0.9999999988
Optimum: f(x1,x2) = -1.5
```

Der Startpunkt $(-1,-1)$ führt näherungsweise zum Minimierer $\left(-\frac{1}{\sqrt{2}},-1\right)$. Wir berechnen eine weitere Lösung:

```
>> [XOPT,FMIN] = fminsearch(f,[1;1],opt);
>> dispOptimum(XOPT,FMIN)
Loesung:  (x1,x2) = (0.7071067763,0.9999999988)
Optimum: f(x1,x2) = -1.5
```

Der Startpunkt $(1,1)$ führt näherungsweise zum Minimierer $\left(\frac{1}{\sqrt{2}},1\right)$. Die noch fehlende Lösung $\left(\frac{1}{\sqrt{2}},-1\right)$ ergibt sich durch die Wahl des Startpunkts $(1,-1)$:

```
>> [XOPT,FMIN] = fminsearch(f,[1;-1],opt);
>> dispOptimum(XOPT,FMIN)
Loesung:  (x1,x2) = (0.707106782,-1.000000003)
Optimum: f(x1,x2) = -1.5
```

Besitzt eine nichtlineare Minimierungsaufgabe mehrere Lösungen, so lässt sich eine bestimmte Lösung mithilfe von `fminsearch` oft nur durch die Wahl geeigneter Startwerte gezielt berechnen, die idealerweise bereits in der Nähe einer Lösung liegen. Aber auch das ist leider keine Garantie dafür, dass `fminsearch` die gewünschte Lösung tatsächlich ermittelt. Andererseits wird man sich in der Praxis und insbesondere bei nicht mehr mit Zettel und Stift lösbaren Minimierungsaufgaben häufig damit begnügen, irgendeine lokale Lösung zu finden, sodass die Existenz weiterer lokaler Lösungen keine Rolle spielt. Ist das der Fall, dann leistet `fminsearch` gute Dienste.

Auch mit den im nachfolgenden Abschnitt in erster Linie zur Lösung von nichtlinearen Optimierungsproblemen mit Nebenbedingungen vorgesehenen Octave-Funktionen `sqp` und `fmincon` können nichtlineare Optimierungsprobleme ohne Nebenbedingungen gelöst werden.

4.1.4 Nichtlineare Optimierungsprobleme mit Nebenbedingungen

Zur Lösung nichtlinearer Optimierungsprobleme der Gestalt

$$\begin{aligned}
\min_{x \in \mathbb{R}^n} \quad & f(x) \\
\text{u. d. N.} \quad & g(x) = 0 \\
& h(x) \geq 0 \\
& L \leq x \leq U
\end{aligned} \tag{4.9}$$

mit $f : \mathbb{R}^n \to \mathbb{R}$, $g : \mathbb{R}^n \to \mathbb{R}^k$, $h : \mathbb{R}^n \to \mathbb{R}^m$ und $L, U \in \mathbb{R}^n$ stellt Octave die Funktion sqp bereit. Damit können auch Probleme gelöst werden, die keine Gleichungsnebenbedingungen oder keine Ungleichungsnebenbedingungen haben. Außerdem müssen auch keine unteren oder oberen Schranken für die Variablen definiert sein. Mithilfe von sqp lässt sich also auch ein Problem der Gestalt

$$\begin{aligned}
\min_{x \in \mathbb{R}^n} \quad & f(x) \\
\text{u. d. N.} \quad & g(x) = 0
\end{aligned}$$

lösen. Auch das unrestringierte Problem

$$\min_{x \in \mathbb{R}^n} f(x)$$

kann damit gelöst werden, d. h., sqp kann als Alternative zu fminsearch verwendet werden. Ein Aufruf der sqp-Funktion mit allen möglichen Eingangsparametern und zwei der möglichen Ausgangsparameter hat die folgende Gestalt:

```
[XOPT,FMIN] = sqp(X0,f,g,h,L,U,MAXITER,TOL)
```

Die Bedeutung der Eingangsparameter erklären wir am folgenden Problem:

$$\begin{aligned}
\min_{(x_1, x_2) \in \mathbb{R}^2} \quad & 2x_1^2 + x_2^2 \\
\text{u. d. N.} \quad & x_1 - 2x_2^2 + 1 = 0 \\
& -x_1^2 + x_2 + 1 = 0 \\
& -5 \leq x_1 \leq 10 \\
& -10 \leq x_2 \leq 20
\end{aligned} \tag{4.10}$$

- X0 ist ein Vektor mit einem Startwert für jede Variable. Wir wählen zum Beispiel:

```
>> X0 = [0;0];
```

- Im Eingangsparameter f wird die zu minimierende Funktion übergeben:

```
>> f = @(x) 2*x(1)^2 + x(2)^2;
```

- Der Parameter g ist ein Spaltenvektor, wobei jede Zeile für eine der Gleichungsnebenbedingungen steht, die durch die Funktionsterme von $k \in \mathbb{N}$ Funktionen $g_i : \mathbb{R}^n \to \mathbb{R}$ gegeben sind. Für das Problem (4.10) sieht das folgendermaßen aus:

```
>> g = @(x) [x(1) - 2*x(2)^2 + 1 ; -x(1)^2 + x(2) + 1];
```

- Für die durch den Eingangsparameter h übergebenen Ungleichungsnebenbedingungen wird grundsätzlich analog zu den Gleichungsnebenbedingungen vorgegangen. Gibt es wie im Beispielproblem (4.10) keine Ungleichungsnebenbedingung, wird das durch die leere Matrix ausgedrückt:

```
>> h = [];
```

- Die (Spalten- oder Zeilen-) Vektoren L bzw. U enthalten die unteren bzw. oberen Schranken für die Variablen:

```
>> L = [-5;-10];
>> U = [10;20];
```

- Durch den Parameter MAXITER wird die maximale Anzahl an Iterationen des hinter sqp stehenden Algorithmus festgelegt. Standardmäßig sind hier 100 Iterationen vorgesehen, eine Vergrößerung kann sinnvoll sein:

```
>> MAXITER = 1000;
```

- Der Parameter TOL hängt mit einer Abbruchbedingung für den Berechnungsalgorithmus zusammen. Als Standardwert wird hier die Quadratwurzel der relativen Maschinengenauigkeit eps genutzt. Eine kleinerer Wert kann auch hier sinnvoll sein:

```
>> TOL = 1.0e-010;
```

Mit den vorab gesetzten Eingangsparametern können wir jetzt das Problem (4.10) lösen:

```
>> [XOPT,FMIN] = sqp(X0,f,g,h,L,U,MAXITER,TOL);
>> dispOptimum(XOPT,FMIN)
Loesung: x1 = -0.8546376797, x2 = -0.2695944364
Optimum: f(x1,x2) = 1.533492287
```

An den Vektor XOPT werden die optimalen Werte der Variablen zurückgegeben, in denen das Optimum FMIN der Zielfunktion f unter den gegebenen Nebenbedingungen angenommen wird.

Auf eine Anpassung der maximalen Iterationsanzahl und des Abbruchkriteriums kann auch verzichtet werden, was jedoch zu Lasten der Genauigkeit gehen kann (aber nicht zwangsläufig gehen muss). Für das Beispielproblem (4.10) führt der Aufruf

```
>> [XOPT,FMIN] = sqp(X0,f,g,h,L,U);
```

zu den bereits bekannten Ergebnissen.

Gibt es keine Gleichungsnebenbedingungen, keine Ungleichungsnebenbedingungen oder keine Schranken für die Variablen, dann kann dafür jeweils die leere Matrix übergeben werden. Soll außerdem keine Anpassung der maximalen Iterationsanzahl und des Abbruchkriteriums vorgenommen werden, dann ist für ein nichtlineares Minimierungsproblem ohne Nebenbedingungen ein Aufruf der Gestalt

```
[XOPT,FMIN] = sqp(X0,f);
```

möglich. Eine Lösung des aus Abschnitt 4.1.3 bekannten unrestringierten und mehrdeutig
lösbaren Problems

$$\min_{(x_1,x_2)\in\mathbb{R}^2} 2x_1^4 + x_2^4 - 2x_1^2 - 2x_2^2 \qquad (4.11)$$

kann damit folgendermaßen bestimmt werden:

```
>> f = @(x) 2*x(1)^4 + x(2)^4 - 2*x(1)^2 - 2*x(2)^2;
>> [XOPT,FMIN] = sqp([1;2],f);
>> dispOptimum(XOPT,FMIN)
Loesung:  (x1,x2) = (0.7071067738,0.999999992)
Optimum:  f(x1,x2) = -1.5
```

Analog zur Lösung mit `fminsearch` ist vorab nicht hundertprozentig klar, welche der
vier lokalen Lösungen ausgehend von den Startwerten $(x_1, x_2) = (1, 2)$ berechnet wird.
Die gezielte Berechnung der weiteren Lösung $\left(-\frac{1}{\sqrt{2}}, -1\right)$ kann nicht nur durch geeignete Startwerte, sondern zusätzlich durch die Vorgabe geeigneter Schranken erzwungen
werden. Beispielsweise kann dazu das folgende Problem gelöst werden:

$$\begin{aligned} \min \quad & 2x_1^4 + x_2^4 - 2x_1^2 - 2x_2^2 \\ \text{u. d. N.} \quad & x_1 \le 0, \, x_2 \le 0 \end{aligned} \qquad (4.12)$$

Die in diesem Fall eindeutige Lösung bestimmen wir mit Octave folgendermaßen:

```
>> f = @(x) 2*x(1)^4 + x(2)^4 - 2*x(1)^2 - 2*x(2)^2;
>> [XOPT,FMIN] = sqp([-1;-2],f,[],[],[-inf,-inf],[0;0]);
>> dispOptimum(XOPT,FMIN)
Loesung:  (x1,x2) = (-0.7071067875,-1.000000003)
Optimum:  f(x1,x2) = -1.5
```

Man muss die unteren Schranken für die Variablen übrigens nicht auf minus unendlich
setzen, sondern kann alternativ den folgenden Aufruf der Funktion `sqp` nutzen:

```
>> [XOPT,FMIN] = sqp([-1;-2],f,[],[],[],[0;0]);
```

Durch die leere Matrix für den Eingangsparameter L ist automatisch festgelegt, dass beide
Variablen x_1 und x_2 nach unten unbeschränkt sind. Zur Wahl geeigneter Startwerte für
die Variablen lässt sich kein allgemein gültiges Rezept angeben. Bei dem Beispielproblem
(4.12) sollten sie jedoch nicht mit den oberen Schranken identisch sein, wie die folgende
Rechnung zeigt:

```
>> f = @(x) 2*x(1)^4 + x(2)^4 - 2*x(1)^2 - 2*x(2)^2;
>> [XOPT,FMIN] = sqp([0;0],f,[],[],[-inf,-inf],[0;0]);
>> dispOptimum(XOPT,FMIN)
Loesung:  (x1,x2) = (0,0)
Optimum:  f(x1,x2) = 0
```

Das ist offenbar keine Lösung des Minimierungsproblems. Bei der Abarbeitung des hinter
`sqp` stehenden Algorithmus kommt es salopp gesagt zu Fehlinterpretationen, die unter
anderem damit zusammenhängen, dass f in $(x_1, x_2) = (0, 0)$ ein lokales Maximum besitzt.

Die Octave-Funktion sqp nutzt zur Berechnung einer Lösung den Gradient ∇f und die Hesse-Matrix $\nabla^2 f$ der Zielfunktion f. Bei den vorgenannten Aufrufen werden ∇f und $\nabla^2 f$ mit numerischen Methoden approximiert. Alternativ kann man der Funktion sqp den Gradient und die Hesse-Matrix der Zielfunktion übergeben, was die Berechnung einerseits beschleunigen kann und andererseits für mehr Genauigkeit sorgt. Die Funktion f, ihr Gradient ∇f und bei Bedarf zusätzlich die Hesse-Matrix $\nabla^2 f$ werden über den Eingangsparameter f der Funktion sqp in Gestalt eines cell-Arrays übergeben.

Wir demonstrieren die Vorgehensweise am Minimierungsproblem (4.11). Die Zielfunktion

$$f(x_1, x_2) = 2x_1^4 + x_2^4 - 2x_1^2 - 2x_2^2$$

hat den Gradient

$$\nabla f(x_1, x_2) = \begin{pmatrix} \frac{\partial f}{\partial x_1}(x_1, x_2) \\ \frac{\partial f}{\partial x_2}(x_1, x_2) \end{pmatrix} = \begin{pmatrix} 8x_1^3 - 4x_1 \\ 4x_2^3 - 4x_2 \end{pmatrix}$$

und die Hesse-Matrix

$$\nabla^2 f(x_1, x_2) = \begin{pmatrix} \frac{\partial^2 f}{\partial x_1^2}(x_1, x_2) & \frac{\partial^2 f}{\partial x_1 x_2}(x_1, x_2) \\ \frac{\partial^2 f}{\partial x_2 x_1}(x_1, x_2) & \frac{\partial^2 f}{\partial x_2^2}(x_1, x_2) \end{pmatrix} = \begin{pmatrix} 24x_1^2 - 4 & 0 \\ 0 & 12x_2^2 - 4 \end{pmatrix}.$$

Soll zur Lösung von (4.11) beim Aufruf von sqp der Gradient übergeben werden, dann gelingt das folgendermaßen:

```
>> f = @(x) 2*x(1)^4 + x(2)^4 - 2*x(1)^2 - 2*x(2)^2;
>> gradient = @(x) [8*x(1)^3-4*x(1) ; 4*x(2)^3 - 4*x(2)];
>> fcell = {f, gradient};
>> [XOPT,FMIN] = sqp([1;2],fcell);
>> dispOptimum(XOPT,FMIN)
Loesung:  (x1,x2) = (0.7071067823,0.9999999995)
Optimum:  f(x1,x2) = -1.5
```

Im Vergleich zur obigen Rechnung mit dem näherungsweise berechneten Gradient fällt die größere Genauigkeit beim berechneten Minimierer XOPT auf. Mit den folgenden Anweisungen übergeben wir der sqp-Funktion zusätzlich die Hesse-Matrix der Zielfunktion, sodass deren Werte intern genauer berechnet werden können:

```
>> f = @(x) 2*x(1)^4 + x(2)^4 - 2*x(1)^2 - 2*x(2)^2;
>> gradient = @(x) [8*x(1)^3-4*x(1) ; 4*x(2)^3 - 4*x(2)];
>> hesse = @(x) [24*x(1)^2-4, 0 ; 0, 12*x(2)^2 - 4];
>> fcell = {f, gradient, hesse};
>> [XOPT,FMIN] = sqp([1;2],fcell);
>> dispOptimum(XOPT,FMIN)
Loesung:  (x1,x2) = (0.7071067812,1)
Optimum:  f(x1,x2) = -1.5
```

Damit wird nochmals eine größere Genauigkeit erreicht, wie ein Vergleich des x_1-Werts des berechneten Minimierers XOPT mit

```
>> num2str(1/sqrt(2),10)
ans = 0.7071067812
```

und der exakte x_2-Wert zeigen. Mit dieser Vorgehensweise wurde unter Vernachlässigung weiterer Nachkommastellen die Lösung $\left(\frac{1}{\sqrt{2}}, 1\right)$ nahezu exakt erhalten.

Beim einem Wechsel von Octave zu MATLAB ist zu beachten, dass es dort keine Funktion mit dem Namen sqp gibt. Deren Aufgaben werden durch die MATLAB-Funktion fmincon übernommen. Die Eingangsparameter und der Funktionsaufruf von fmincon unterscheiden sich in einigen Punkten von sqp. Unterschiede gibt es bereits bei der Formulierung des zu lösenden allgemeinen Minimierungsproblems, denn mit fmincon lässt sich das folgende Problem lösen:

$$
\begin{aligned}
\min_{x \in \mathbb{R}^n} \quad & f(x) \\
\text{u. d. N.} \quad & Ax \leq a \\
& Bx = b \\
& h(x) \leq 0 \\
& g(x) = 0 \\
& L \leq x \leq U
\end{aligned} \tag{4.13}
$$

Durch $Ax \leq a$ mit $A \in \mathbb{R}^{m \times n}$, $b \in \mathbb{R}^m$ und $Bx = b$ mit $B \in \mathbb{R}^{k \times n}$, $b \in \mathbb{R}^k$ sind lineare Nebenbedingungen gegeben, während durch $h(x) \leq 0$ mit $h : \mathbb{R}^n \to \mathbb{R}^p$ und $g(x) = 0$ mit $g : \mathbb{R}^n \to \mathbb{R}^q$ nichtlineare Nebenbedingungen formuliert sind. Im Unterschied zum Problem (4.9) fällt auf, dass in (4.13) lineare und nichtlineare Nebenbedingungen strikt voneinander getrennt betrachtet werden. Außerdem werden in (4.9) Ungleichungen mit dem Relationszeichen $\geq$ betrachtet, während in (4.13) Ungleichungen mit dem Relationszeichen $\leq$ verwendet werden.

Die Entwickler von Octave streben eine weitgehende Kompatibilität zu MATLAB an, die es zum Beispiel in Bezug auf die reine Octave-Funktion qp mit einem zu MATLAB kompatiblen Pendant in Gestalt der Funktion quadprog gibt. Analoges wurde seit langem auch bezüglich fmincon vorgesehen, jedoch erst vor kurzem realisiert. Während beispielsweise bei der Octave-Version 4.2.1 die Funktion fmincon lediglich angekündigt wurde und noch nicht implemetiert war, steht sie bei den für dieses Lehrbuchs getesteten aktuelleren Versionen 5.2.0 und 6.4.0 einsatzbereit zur Verfügung. Ein nach dem Laden des Programmpakets optim durchgeführter Funktionsaufruf mit allen möglichen Eingangsparametern und zwei der möglichen Ausgangsparameter hat die folgende Gestalt:

```
[XOPT,FMIN] = fmincon(f,X0,A,a,B,b,L,U,NLC,OPT)
```

Die Eingangsparameter haben die folgende Bedeutung:

- f wird zur Übergabe der Zielfunktion f genutzt.
- X0 ist ein Spaltenvektor mit geeigneten Startwerten für die Variablen $x = (x_1, \ldots, x_n)^T$.
- Die Parameter A und a gehören zu den linearen Ungleichungen $Ax \leq a$.

- Die Parameter B und b gehören zu den linearen Gleichungen $Bx = b$.
- Durch die Spaltenvektoren L bzw. U lassen sich die unteren bzw. oberen Schranken für die Variablen x übergeben.
- Über den Parameter NLC werden die nichtlinearen Nebenbedingungen übergeben, was mithilfe einer selbst geschriebenen Octave-Funktion erfolgen muss.
- Über die Datenstruktur OPT können Berechnungsdetails gesteuert und damit zusammenhängende Voreinstellungen geändert werden, wozu die bereits in Abschnitt 4.1.3 vorgestellte Octave-Funktion optimset genutzt werden kann.

Für die Eingangsparameter A, a, B, b, L, U und NLC können leere Matrizen übergeben werden, falls die entsprechenden Nebenbedingungen im zu lösenden Problem nicht vorhanden sind. Soll mit den Voreinstellungen gerechnet werden, so kann auf die Übergabe des Parameters OPT verzichtet werden. Je nach Problemstellung kann eine Reihe alternativer Funktionsaufrufe genutzt werden, wie zum Beispiel

```
[XOPT,FMIN] = fmincon(f,X0,A,a,B,b,L,U)
```

oder

```
[XOPT,FMIN] = fmincon(f,X0,A,a).
```

Es ist aus Platzgründen nicht möglich, zu jedem der mit fmincon lösbaren Probleme ein konkretes Beispiel zu notieren. Für Probleme, die ausschließlich lineare Nebenbedingungen oder Schranken für die Variablen haben, werden die Parameter A, a, B, b, L und U analog zu der in Abschnitt 4.1.2 vorgestellten Octave-Funktion quadprog definiert und übergeben.

Etwas mehr Aufmerksamkeit erfordert die Übergabe von nichtlinearen Nebenbedingungen mithilfe des Parameters NLC. Diese müssen in Form einer Octave-Funktion angelegt werden, die als Eingangsparameter (mindestens) den Variablenvektor x und genau zwei Ausgangsparameter hat, wobei

- der erste Ausgangsparameter für den Funktionswert $h(x)$ in den nichtlinearen Ungleichungsnebenbedingungen $h(x) \leq 0$ und
- der zweite Ausgangsparameter für den Funktionswert $g(x)$ in den nichtlinearen Gleichungsnebenbedingungen $g(x) = 0$ steht.

Besitzt ein Problem ausschließlich nichtlineare Ungleichungen, aber keine nichtlinearen Gleichungen, dann muss die genannte Octave-Funktion für die Gleichungen zwingend die leere Matrix als Ergebnis zurückgeben. Besitzt ein Problem ausschließlich nichtlineare Gleichungen, aber keine nichtlinearen Ungleichungen, dann muss entsprechend für die Ungleichungen zwingend die leere Matrix zurückgegeben werden.

Wir verdeutlichen die Vorgehensweise am Beispiel des folgenden Minimierungsproblems, das drei nichtlineare und keine linearen Nebenbedingungen besitzt:

$$\min_{(x_1,x_2)\in\mathbb{R}^2} x_1^2 x_2 + x_1 x_2^2$$
$$\text{u. d. N.} \quad x_1^2 \qquad\qquad \geq \quad 4$$
$$x_2^2 \geq \quad 9 \qquad (4.14)$$
$$x_1^2 + \quad x_2^2 = 100$$

Die Funktion f kann in der bekannten Weise definiert werden:

```
>> f = @(x) x(1)^2*x(2) + x(1)*x(2)^2;
```

Die Startwerte für die Variablen x_1 und x_2 wählen wir so, dass sie alle drei Nebenbedingungen erfüllen:

```
>> X0 = [sqrt(30);sqrt(70)];
```

Die nichtlinearen Nebenbedingungen müssen zunächst in die erforderliche Form gemäß (4.13) gebracht werden:

$$\begin{array}{rcl} -x_1^2 & + & 4 \leq 0 \\ & -x_2^2 + & 9 \leq 0 \\ x_1^2 + x_2^2 & - & 100 = 0 \end{array}$$

Jetzt können wir die nichtlinearen Nebenbedingungen als Octave-Funktion definieren, entweder in einer im Arbeitsverzeichnis gespeicherten m-Datei oder einfacher wie folgt im Befehlsfenster:

```
>> function[ungleichung,gleichung] = nlcdat(x)
ungleichung = [-x(1)^2+4 ; -x(2)^2+9];
gleichung = x(1)^2 + x(2)^2 - 100;
end
```

Jetzt kann das Problem (4.14) mithilfe der Funktion fmincon gelöst werden

```
>> [XOPT,FMIN] = fmincon(f,X0,[],[],[],[],[],[],@nlcdat);
>> dispOptimum(XOPT,FMIN)
Loesung:  (x1,x2) = (2,9.797958971)
Optimum: f(x1,x2) = 231.1918359
```

Die Funktion fmincon erlaubt auch die Einbeziehung des Gradienten ∇f und der Hesse-Matrix $\nabla^2 f$. Dabei wird grundsätzlich analog zur Übergabe nichtlinearer Nebenbedingungen vorgegangen. Wir demonstrieren dies am Beispiel des Minimierungsproblems (4.14). Soll der exakte Gradient übergeben werden, dann benötigen wir eine Funktion mit dem Eingangsparameter x und zwei Ausgangsparametern, wobei der erste Ausgangsparameter der Funktionswert $f(x)$ der Zielfunktion und der zweite Ausgangsparameter der Funktionswert $\nabla f(x)$ des Gradienten ist. Diese Funktion definieren wir beispielsweise im Befehlsfenster:

```
>> function[f,gradient] = fdat(x)
f = x(1)^2*x(2) + x(1)*x(2)^2;
gradient = [2*x(1)*x(2) + x(2)^2 ; x(1)^2 + 2*x(1)*x(2)];
end
```

Im Unterschied zur Funktion sqp erfolgt die Berücksichtigung des Gradienten nicht automatisch, denn dies muss mithilfe der oben genannten Datenstruktur OPT erfolgen und gelingt mit der folgenden Anweisung:

```
>> OPT = optimset('GradObj','on');
```

Jetzt können wir das Minimierungsproblem (4.14) erneut lösen und nutzen dazu die noch im Arbeitsspeicher befindliche Funktion `nlcdat`:

```
>> [XOPT,FMIN] = ...
fmincon(@fdat,X0,[],[],[],[],[],[],@nlcdat,OPT);
>> dispOptimum(XOPT,FMIN)
Loesung:  (x1,x2) = (2,9.797958971)
Optimum:  f(x1,x2) = 231.1918359
```

Im Hilfetext zur Funktion `fmincon` werden weitere Ausgangsparameter und viele weitere Möglichkeiten zur Steuerung der Rechnungen bei der Lösung eines Problems beschrieben, was für fortgeschrittene Anwender von Interesse sein kann.

4.1.5 Nicht lösbare Optimierungsprobleme

Die Anwendung der in den vorhergehenden Abschnitten vorgestellten Octave-Funktionen wurde ausschließlich an lösbaren Optimierungsproblemen demonstriert, wobei Lösungen insbesondere für nichtlineare Probleme in der Regel nur näherungsweise ermittelt werden können. Die Octave-Funktionen können aber auch für nicht lösbare oder unbeschränkte Probleme angewendet werden. Für solche Probleme geben einige Funktionen Ergebnisse in einer fest vordefinierten Gestalt zurück, geben Warnhinweise aus oder brechen die Rechnung mit einer Fehlermeldung ab. Wie bei allen Rechnungen mit Octave sind Anwender in der Pflicht, solche Ergebnisse und Ereignisse grundsätzlich kritisch und mit größter Sorgfalt zu behandeln.

Wir betrachten das folgende lineare Optimierungsproblem:

$$\begin{array}{rl} \min & -x_1 - 3x_2 + x_3 \\ \text{u. d. N.} & -2x_1 + x_2 + x_3 \leq 2 \\ & -x_1 + 2x_2 + x_3 \geq -3 \\ & x_1, x_2, x_3 \geq 0 \end{array} \qquad (4.15)$$

Die Untersuchung des Problems per Hand mit dem Simplex-Algroithmus zeigt, dass die Zielfunktion $f(x_1, x_2, x_3) = -x_1 - 3x_2 + x_3$ über dem unbeschränkten zulässigen Bereich nach unten unbeschränkt ist. Folglich hat (4.15) keine Lösung. Wir untersuchen, ob die Octave-Funktion `glpk` dieses Ergebnis bestätigt:

```
>> C = [-1;-3;1];
>> A = [-2,1,1 ; -1,2,1];
>> B = [2;-3];
>> LB = [0;0;0];
>> UB = [];
>> CTYPE = 'UL';
>> VARTYPE = 'CCC';
>> S = 1;
>> PARAM.itlim = 1000;
```

```
>> [XOPT,FMIN] = glpk(C,A,B,LB,UB,CTYPE,VARTYPE,S,PARAM)
glp_simplex:
unable to recover undefined or non-optimal solution
XOPT =

   NA
   NA
   NA

FMIN = NA
```

Die Octave-Konstante NA wird allgemeiner zur Darstellung eines „nicht definierten" Ausdrucks benutzt und speziell für dieses Optimierungsproblem ist eine Interpretation als „fehlende" bzw. „nicht ermittelbare" Lösung möglich. Die als Ergebnis erhaltenen Werte NA zusammen mit der ausgegebenen Warnung sind also ein Hinweis darauf, dass das Problem keine Lösung hat. Analoge Ergebnisse produzieren die Funktionen linprog, qp und quadprog für nicht lösbare Probleme.

Bei der Untersuchung linearer und quadratischer Optimierungsprobleme mithilfe der Funktionen glpk, linprog, qp und quadprog ist hinsichtlich der damit berechneten Ergebnisse häufig kein oder nur wenig Diskussionsbedarf erforderlich. Das bedeutet genauer: Wurde ein lineares oder quadratisches Problem gemäß den Anforderungen an die Eingangsparameter der genannten Funktionen richtig eingegeben, dann kann man den Ergebnissen weitgehend vertrauen. Das bedeutet aber nicht, dass Anwender alles unkritisch hinnehmen sollen, was als Ergebnis im Befehlsfenster präsentiert wird. Mitdenken und eine kritische Bewertung von Ergebnissen schadet bei der Lösung von Problemen mit dem Computer grundsätzlich nicht.

Bei mit den Funktionen fminsearch, sqp oder fmincon untersuchten nichtlinearen Problemen muss bereits bei der Eingabe des Problems im Befehlsfenster und erst recht bei den Ergebnissen sorgfältiger gehandelt und mitgedacht werden.

Beispielsweise wird nicht bei allen der genannten Funktionen auf den ersten Blick sichtbar, dass ein Problem keine Lösung hat. So verhält sich etwa die Funktion fminsearch widersprüchlich, was am folgenden Problem deutlich wird:

$$\min_{(x_1,x_2)\in\mathbb{R}^2} -e^{x_1 x_2} \tag{4.16}$$

Die Zielfunktion $f(x_1,x_2) = -e^{x_1 x_2}$ ist nach unten unbeschränkt und folglich hat (4.16) keine Lösung. Das wird mit der Funktion fminsearch nicht sofort klar:

```
>> [XOPT,FMIN] = fminsearch(@(x)-exp(x(1)*x(2)),[0,0])
XOPT =

   38.579    38.579

FMIN = -Inf
```

Hier wird keine Warnung ausgesprochen und Anwender bleiben mit den Ergebnissen sich selbst überlassen. Das im vermeintlichen Optimalpunkt $(x_1,x_2) = (38.579, 38.579)$ angenommene „Optimum" -Inf ist jedoch ein Hinweis darauf, dass die Zielfunktion nach unten unbeschränkt ist. Trotzdem bleiben Lernende häufig im Zweifel, denn die Tatsache, dass es keine Lösung gibt, passt nicht zu den als Ergebnis präsentierten Zahlenwerten für die Variablen x_1 und x_2, für die man im Fall der Nichtlösbarkeit des Problems Werte wie NA, NaN oder Inf erwarten würde. Dass fminsearch diesen Erwartungen nicht gerecht wird, liegt an einem Overflow bei der Berechnung von Zielfunktionswerten, auf den der Lösungsalgorithmus scheinbar nicht gesondert reagiert und einfach abbricht. Dies ist übrigens von der Wahl der Startwerte unabhängig:

```
>> [XOPT,FMIN] = fminsearch(@(x)-exp(x(1)*x(2)),[-12,34])
XOPT =

    20.841    42.800

FMIN = -Inf
```

Da sich Lernende in anwendungsbezogenen Studiengängen bei der Lösung nichtlinearer Optimierungsprobleme zu Beginn des Lernprozesses häufig zunächst keine Gedanken um die Eigenschaften der Zielfunktion machen (müssen) und einfach mit Octave oder anderen Lösungswerkzeugen auf „Entdeckungstour" gehen (sollen), ist eine wiederholte Rechnung mit anderen Startwerten durchaus sinnvoll. Unabhängig von den gewählten Startwerten ergibt sich für (4.16) stets FMIN = -Inf und das genügt in Anwendungsfächern meist als Bestätigung dafür, dass das Problem keine Lösung hat. Trotzdem sollten sich Lernende natürlich Gedanken darüber machen, ob und warum dieses Ergebnis erhalten wird. Das ist für das Problem (4.16) aber eine relativ einfache Übung.

Nichtlineare Probleme ohne Nebenbedingungen lassen sich nicht nur mit der Funktion fminsearch lösen, sondern beispielsweise auch mit der Funktion sqp, der man ebenfalls nicht blind vertrauen kann. Für das nicht lösbare Problem (4.16) ergibt sich dabei:

```
>> [XOPT,FMIN] = sqp([0;0],@(x)-exp(x(1)*x(2)))
XOPT =

     0
     0

FMIN = -1
```

Auch andere Startwerte führen zu keinem Ergebnis, das die Nichtlösbarkeit zeigt:

```
>> [XOPT,FMIN] = sqp([-12;34],@(x)-exp(x(1)*x(2)))
XOPT =

   -12
    34

FMIN = -6.4247e-178
```

Grundsätzlich sollte man hellhörig werden, wenn eine Octave-Funktion, die Startwerte als Eingangsparameter benötigt, genau diese Startwerte und den Funktionswert der Zielfunktion in den Startwerten als Ergebnis zurückgibt. Das ist häufig ein Hinweis darauf, dass dort salopp gesagt „etwas nicht stimmt". Über die Gründe kann man häufig nur spekulieren, die

sich bestenfalls mit einem tieferen Einblick in die hinter einer Octave-Funktion stehenden
Algorithmen und ihre Programmierung begründen lassen würden. Das ist jedoch bei vielen Anwendungen nicht zweckmäßig oder mit dem eigenen Wissensstand nicht möglich.
Mit etwas Glück lassen sich durch die Wahl anderer Startwerte Aussagen zur Lösbarkeit
oder Nichtlösbarkeit erhalten, wobei im schlechtesten Fall etwas Experimentierfreunde
erforderlich sein kann. Für das Problem (4.16) ergibt sich beispielsweise:

```
>> [XOPT,FMIN] = sqp([1;3],@(x)-exp(x(1)*x(2)))
XOPT =

   61.257
   23.086

FMIN = -Inf
```

Es gilt $\exp(61.257 \cdot 23.086) > \texttt{realmax}$, d. h., das Ergebnis $-\texttt{Inf}$ ist analog zu den Lö-
sungsversuchen mit `fminsearch` auf einen Overflow zurückzuführen.

Ergänzend kann man versuchen, ein Problem mit einer anderen Lösungsroutine zu untersuchen. Wer als Anwender einen solchen Irrweg mit einer Mischung aus verschiedenen
Octave-Funktionen, widersprüchlichen Ergebnissen oder im schlimmsten Fall sogar Fehlermeldungen einschlägt oder wider besseren Wissens einschlagen muss, kommt nicht um
eine theoretische Auseinandersetzung mit dem Problem und insbesondere einer Untersuchung der Zielfunktion herum. Erst dann wird es gelingen, die mit Octave erhaltenen
Ergebnisse richtig zu interpretieren.

Die genannten und andere Stolperfallen können übrigens auch bei (nichtlinearen) Optimierungsproblemen auftreten, die eine Lösung haben. Das wurde bereits bei der Lösung des
Problems (4.11) verdeutlicht. Im Zweifel hilft auch bei lösbaren (nichtlinearen) Problemen
die Wahl verschiedener Startwerte. Führen die mit verschiedenen Startwerten durchgeführten Aufrufe einer Optimierungsfunktion (näherungsweise) stets zu den gleichen Ergebnissen, dann gibt das ein Stück Sicherheit dahingehend, tatsächlich eine Lösung gefunden zu
haben.

Ist ein Problem mehrdeutig lösbar, so kann eine wiederholte Rechnung mit verschiedenen Startwerten allerdings zu verschiedenen lokalen Lösungen führen. Anwender kommen
auch in solchen Fällen nicht um zusätzliche Untersuchungen und Gedankengänge herum.

Für Probleme mit einer oder zwei Variablen sei daran erinnert, dass eine geometrische Interpretation der Zielfunktion und ihrer Nebenbedingungen mithilfe einer geeigneten Grafik möglich ist. Aus der grafischen Darstellung lässt sich häufig nicht nur die Lösbarkeit
oder Nichtlösbarkeit eines Problems erkennen, sondern im Fall der Lösbarkeit lassen sich
auch Rückschlüsse auf die Anzahl der Lösungen gewinnen. Falls erforderlich, kann eine
grafische Darstellung auch bei der Wahl geeigneter Startwerte helfen.

Aufgabe 4.1.1: Lösen Sie (falls möglich) die folgenden linearen Optimierungsprobleme jeweils mit der Octave-Funktion `glpk` und zusätzlich mit der Octave-Funktion `linprog`:

a) $\min \quad 2x_1 - 2x_2 - x_3 - x_4$
u. d. N.
$$\begin{aligned}
-x_1 + 2x_2 + x_3 - x_4 &\le 1 \\
x_1 + 4x_2 \qquad\quad - 2x_4 &\le 1 \\
-x_1 + \quad x_2 \qquad\quad - x_4 &\ge -4 \\
x_1, x_2, x_3, x_4 &\ge 0
\end{aligned}$$

b) $\max \quad 3x_1 - x_2 + x_3 + x_4$
u. d. N.
$$\begin{aligned}
2x_1 + x_2 - 3x_3 - x_4 &\le 4 \\
-x_1 + x_2 + 3x_3 - 2x_4 &\le 4 \\
-x_1 \qquad\quad + 2x_3 + x_4 &\le 4 \\
x_1, x_2, x_3, x_4 &\ge 0
\end{aligned}$$

c) $\max \quad 2x_1 - x_2 + x_3$
u. d. N.
$$\begin{aligned}
x_1 + x_2 - x_3 - x_4 &= 4 \\
2x_1 + 3x_2 - x_3 - 2x_4 &= 9 \\
x_2 + 2x_3 \qquad\quad &\ge 3 \\
x_1, x_2, x_3, x_4 &\ge 0
\end{aligned}$$

d) $\min \quad x_1 - x_2 + x_3 - x_4$
u.d.N.
$$\begin{aligned}
2x_1 - 4x_2 + x_3 - x_4 &= 6 \\
x_1 - 6x_2 - x_3 + 2x_4 &= -1 \\
x_1 + 10x_2 + 5x_3 - 8x_4 &= 15 \\
x_1, x_2, x_3, x_4 &\ge 0
\end{aligned}$$

Aufgabe 4.1.2: Bestimmen Sie mithilfe einer der Octave-Funktionen `qp` oder `quadprog` eine Lösung des quadratischen Minimierungsproblems

$$\min_{x \in \mathbb{R}^3} \quad \tfrac{1}{2} x^T Q x + x^T q$$

$$\text{u. d. N. } \begin{aligned}
x_1 \qquad\quad + x_3 &\le 4 \\
x_1 + 2x_2 + 3x_3 &= 9 \\
-x_2 + 2x_3 &\le 16
\end{aligned}$$

mit den folgenden Matrizen und Vektoren:

$$x = \begin{pmatrix} x_1 \\ x_2 \\ x_3 \end{pmatrix} \quad , \quad Q = \begin{pmatrix} 1 & 2 & 3 \\ 4 & 0 & 6 \\ 0 & 5 & 0 \end{pmatrix} \quad , \quad q = \begin{pmatrix} -1 \\ 1 \\ -1 \end{pmatrix}$$

Aufgabe 4.1.3: Bestimmen Sie mithilfe der Octave-Funktion `fminsearch` die Koordinaten aller lokalen Extrempunkte der Funktion $f : [-2,2] \times [-2,2] \to \mathbb{R}$ mit

$$f(x) = \sin(2x+y) \cdot \cos(2y-x)$$

und die darin angenommenen Funktionswerte. Nutzen Sie für die Auswahl der zur Berechnung erforderlichen Startwerte eine geeignete grafische Darstellung der Funktion f, und bestimmen Sie mithilfe dieser Grafik außerdem die Art der lokalen Extremstellen.

Aufgabe 4.1.4: Bestimmen Sie mithilfe von Octave die Koordinaten aller lokalen Extrempunkte, welche die Funktion $f : [-2,2] \times [-2,2] \to \mathbb{R}$ mit

$$f(x,y) = 2x^2 + y^2$$

unter den in a) bzw. b) bzw. c) genannten Nebenbedingungen besitzt. Berechnen Sie außerdem die Funktionswerte, die f in den Extrempunkten annimmt und entscheiden Sie, von welcher Art das lokale Extremum ist.

a) $x - y^2 + \sqrt{2} = 0$

b) $x - y^2 + \sqrt{2} = 0$
$x^2 + y^2 = 3$

c) $\frac{1}{2}x - y^2 = -1$
$x^2 + \left(y - \frac{1}{4}\right)^2 \leq 2$
$x + y \geq 0$

Aufgabe 4.1.5: Bestimmen Sie mithilfe der Octave-Funktion `sqp` eine Lösung des folgenden Minimierungsproblems, wobei der exakte Gradient und die exakte Hesse-Matrix der Zielfunktion mit in die Berechnung einbezogen werden sollen:

$$\min \quad 2x_1^2 x_2 x_3 + 3x_1 x_2^3 x_3 + 4x_1 x_2 x_3^3$$

$$\text{u.d.N.} \quad x_1^2 + x_2^2 + x_3^3 = 1$$
$$5x_1^2 - 3x_2^2 = 0$$
$$7x_1^2 - 2x_3^2 = 0$$
$$x_1 x_2 + x_2 x_3 + x_1 x_3 \geq 0$$
$$x_1, x_2, x_3 \geq 0$$
$$x_1, x_2, x_3 \leq 1$$

Führen Sie die Berechnung ausgehend von mindestens drei verschiedenen Startpunkten X0 durch und verifizieren Sie, ob die dabei erhaltenen Lösungen die Nebenbedingungen erfüllen.

4.2 Approximation von Daten und Funktionen

Ein in der Praxis verschiedener Anwendungsfächer häufig auftretendes Problem besteht darin, dass von einer Funktion f lediglich an $m \in \mathbb{N}$ Stellen x_i die Funktionswerte $y_i = f(x_i)$ bekannt sind. Die vom Graph der Funktion f bekannten Punkte (x_i, y_i) für $i = 1, 2, \ldots, m$ werden als Messpunkte oder Messdaten bezeichnet. Dies können zum Beispiel Messwerte y_i von physikalischen Experimenten oder medizinischen Versuchen zu bestimmten Zeitpunkten x_i sein. In der Regel sind die Werte y_i mit unbekannten Fehlern behaftet, wie beispielsweise Mess- oder Rundungsfehler.

Eine mögliche Aufgabe besteht darin, die (unbekannte) Funktion f aus den Messdaten (x_i, y_i) so gut wie möglich zu rekonstruieren. Dahinter steht häufig die Fragestellung, ob zwischen gegebenen Messdaten (x_i, y_i) überhaupt ein funktionaler Zusammenhang besteht. Ist dies der Fall, dann möchte man mit der Modellfunktion f einerseits Aussagen für $x \in [x_1, x_m]$ mit $x \neq x_i$ erhalten und andererseits mithilfe des Modells f Prognosen für $x > x_m$ aufstellen.

Aus mathematischer Sicht führt diese Aufgabenstellung auf ein diskretes Approximationsproblem, bei dem die Wertepaare (x_i, y_i) für $i = 1, 2, \ldots, m$ durch eine in einem Gebiet $G \subset \mathbb{R}$ mit $x_1, \ldots, x_m \in G$ definierte, stetige oder glatte Funktion p approximiert werden, die an den Stellen x_i die Werte y_i „gut" annähert, d. h., es gilt $y_i \approx p(x_i)$ für $i = 1, 2, \ldots, m$.

Genauer ist eine Funktion p aus einer geeigneten Funktionenfamilie $\mathscr{F}$ zu bestimmen, sodass der Vektor $p(X) := \big(p(x_1), \ldots, p(x_m)\big)^T$ vom Datenvektor $Y := \big(y_1, \ldots, y_m\big)^T$ in einer auf dem Vektorraum $\mathbb{R}^m$ definierten Norm $\| \cdot \|$ möglichst wenig abweicht. Das bedeutet, dass der Approximationsfehler $\|p(X) - Y\|$ minimiert werden muss.

Welche Funktionenfamilie $\mathscr{F}$ und welche Norm $\| \cdot \|$ zur Lösung gewählt werden, hängt dabei vom Hintergrund der Anwendung und vom Verwendungszweck der Approximation ab. Dabei muss jede Funktion p aus der Funktionenfamilie $\mathscr{F}$ durch $n \in \mathbb{N}$ Parameter $a_1, \ldots, a_n \in \mathbb{R}$ festgelegt sein. Die Formulierung des zu lösenden Approximationsproblems kann beispielsweise auf ein lineares oder nichtlineares Gleichungssystem führen, das die Parameter $a_1, \ldots, a_n$ als Unbekannte besitzt. Bei der Lösung des Approximationsproblems spricht man deshalb auch von der Parameteridentifizierung.

Liegt den Messdaten (x_i, y_i) ein bekanntes Modell zugrunde, dann kann dadurch die Wahl von $\mathscr{F}$ bereits festgelegt sein. Ist zum Beispiel wegen physikalischer Gesetzmäßigkeiten bekannt, dass die Messdaten (x_i, y_i) näherungsweise die Eigenschaften eines Polynoms erfüllen, dann liegt es nahe, als Funktionenfamilie $\mathscr{F}$ die Menge der Polynome zu wählen. Die Polynomkoeffizienten sind entsprechend die Parameter des Modells.

Schwieriger ist es, wenn keine konkrete Modellfunktion bekannt ist, was vor allem in der Forschung häufig auftritt, deren zentrale Fragestellung oft die Suche nach funktionalen Zusammenhängen zwischen zwei oder mehreren Größen ist. Dabei gilt der folgende Grundsatz: Die Wahl von $\mathscr{F}$ erfordert neben einer möglichst genauen Reproduktion der Werte y_i auch die Wiedergabe charakteristischer, durch die Messwerte nahegelegter Eigenschaften, wie zum Beispiel Monotonie, Krümmungsverhalten oder Differenzierbarkeit. Durch die Formulierung von solchen Anforderungen lassen sich außerdem unerwünschte Eigenschaften der Approximation wie zum Beispiel Unstetigkeitsstellen („Sprünge") vermeiden.

Eine andere in der Praxis auftretende Aufgabenstellung besteht darin, eine gegebene Funktion f zu approximieren. Die Problemformulierung und deren Lösung hängt auch hier von der zugrunde liegenden Funktionenfamilie $\mathscr{F}$ und der gewählten Norm ab. Solche Approximationsprobleme bzw. ihre Lösungen werden zum Beispiel beim Rechnen auf dem Computer zur Darstellung nichtelementarer Funktionen angewendet. Die erhaltene Approximation p wird dabei in Rechnungen als „Ersatz" für eine nicht mit vertretbaren Aufwand repräsentierbare Funktion f verwendet.

Ein besonders wichtiger Spezialfall einer Approximationsaufgabe besteht darin, beliebige Datenpunkte (x_i, y_i) für $i = 1, \dots, m$ durch die Approximierende p exakt zu reproduzieren, d. h., es gilt $y_i = p(x_i)$ für $i = 1, \dots, m$. Der Approximationfehler ist also gleich null und man spricht in diesem Fall nicht von der Approximation, sondern von der Interpolation der Daten. Die Abszissen x_i werden in diesem Zusammenhang als Stützstellen der Interpolierenden p bezeichnet.

Einige Approximationsprobleme, ihre Ziele und ihre Lösung sind sehr aufwändig und gehören nicht unmittelbar zum Standardwerkzeug bei der Problemlösung in beliebigen Anwendungsfächern. Es darf deshalb nicht verwundern, dass Octave nicht für jedes mögliche Approximationsproblem Funktionen anbietet. Wer zum Beispiel mit dem Remes-Algorithmus eine Funktion approximieren oder Daten rational interpolieren möchte, muss sich eine entsprechende Lösungsroutine selbst programmieren.

Für weit verbreitete Approximationsprobleme biete Octave jedoch entsprechende Funktionen zur Lösung an. Dazu gehören die Approximation nach der Methode der kleinsten Quadrate und die Interpolation von zweidimensionalen Daten (x_i, y_i) durch Polynome und Splinefunktionen. Auch zur Approximation und Interpolation von dreidimensionalen Daten (x_i, y_i, z_i) stellt Octave Lösungen bereit. Nachfolgend soll die Verwendung von ausgewählten Octave-Funktionen zur Approximation an Beispielen vorgestellt werden.

4.2.1 Approximation nach der Methode der kleinsten Quadrate

Die Approximation von Messdaten ist ohne den unterstützenden Einsatz eines Computers kaum möglich. Dies beginnt bereits bei der grafischen Darstellung von Messdaten, was häufig der erste Schritt bei der Suche nach Approximationskandidaten p ist. Wir demonstrieren dies am Beispiel der in Abb. 22 dargestellten Daten (x_i, y_i) eines nicht näher bekannten Anwendungshintergrundes. Die Daten können im Programmpaket zum Buch in Gestalt der Datei `messdatenreihe.csv` abgerufen werden. Liegt diese im aktuellen Arbeitsverzeichnis, dann kann die Darstellung in Abb. 22 mithilfe der folgenden Eingaben im Befehlsfenster erzeugt werden:

```
>> dat = csvread('messdatenreihe.csv');
>> plot(dat(:,1),dat(:,2),'ko', ...
   'markersize',4,'markerfacecolor','k')
>> xlabel('x'), ylabel('y')
```

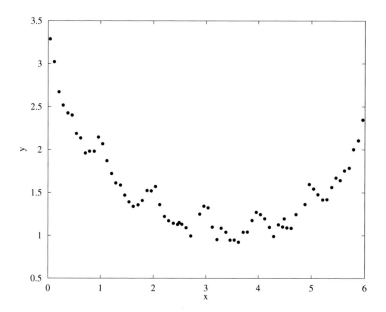

Abb. 22: Datenpunkte (x_i, y_i) eines nicht näher bekannten Anwendungshintergrundes. Die Abszissen x_i können dabei zum Beispiel als Zeit seit dem Beginn eines technischen, medizinischen oder physikalischen Vorgangs interpretiert werden, während die Ordinaten y_i eine von x_i abhängige Größe sind.

Betrachtet man den Verlauf der Messdaten (x_i, y_i) in Abb. 22 und blendet dabei mögliche Messfehler sowie Schwankungen um einen intuitiv gemittelten Verlauf aus, dann fällt ein symmetrisches Verhalten auf. Ungefähr im Intervall $[3,4]$ erreichen die Messwerte y_i ihr Minimum, links von $[3,4]$ fallen die Messwerte im Mittel monoton, rechts davon steigen sie im Mittel wieder an. Das aus der grafischen Darstellung der Daten beobachtete und durch eine grobe „Glättung" per Augenmaß vereinfacht beschriebene Verhalten ähnelt den Eigenschaften eines Polynoms

$$p_n(x) = a_0 + a_1 x + \ldots + a_{n-1} x^{n-1} + a_n x^n$$

vom Grad $n \in \mathbb{N}$. Das beobachtete Symmetrieverhalten legt dabei einen geraden Polynomgrad nahe, d. h. $n \in \{2,4,6,\ldots\}$. Das ist klar, denn für ein Polynom p_n von geradem Grad n gilt in Bezug auf die vermutete lokale Minimalstelle $x^* \in [3,4]$ die Symmetrieeigenschaft $p_n(x^* - x) = p_n(x^* + x)$.

Weiter müssen wir eine geeignete Norm $\|\cdot\|$ zur Approximation der Daten durch ein Polynom p_n festlegen. Da wir über den Anwendungshintergrund nichts wissen, bietet sich die häufig für solche Probleme genutzte euklidische Norm

$$\|v\|_2 \;=\; \sqrt{\sum_{k=1}^{m} v_k^2}$$

für einen Vektor $v = (v_1,\dots,v_m)^T \in \mathbb{R}^m$ an. Definieren wir $X = (x_1,\dots,x_m)^T$, $p_n(X) := \big(p_n(x_1),\dots,p_n(x_m)\big)^T$ und $Y := (y_1,\dots,y_m)^T$, dann sind die Koeffizienten $a_0,\dots,a_n \in \mathbb{R}$ des Polynoms p_n so zu bestimmen, dass

$$\|p_n(X) - Y\|_2 \;=\; \sqrt{\sum_{k=1}^{m} \big(p_n(x_k) - y_k\big)^2} \tag{4.17}$$

minimal ist. Dieser Ansatz ist anschaulich klar, denn die betragsmäßige Differenz $\big|p_n(x_k) - y_k\big|$ ist die vertikale Abweichung des Funktionswerts $p_n(x_k)$ vom Messwert y_k. Unter allen möglichen Polynomen vom Grad $n \in \{2,4,6,\dots\}$ modelliert dasjenige den Messwert y_k besonders gut, bei dem der Abstand $\big|p_n(x_k) - y_k\big|$ möglichst klein ist. Da bei der Approximation durch das Polynom nicht ein einzelner Messpunkt (x_k, y_k) bevorzugt werden soll, sondern alle Messpunkte gemeinsam und in gewisser Weise gleichberechtigt betrachtet werden müssen, führt das auf den Ansatz (4.17), bei dem die Summe der Quadrate aller vertikalen Abweichungen betrachtet wird. In diesem Zusammenhang wird $\|p_n(X) - Y\|_2$ als Approximationsfehler bezeichnet. Das gesuchte Polynom p_n bzw. seine Koeffizienten $a_0,\dots,a_n$ sind Lösung des Minimierungsproblems

$$\min_{a_0,\dots,a_n \in \mathbb{R}} \|p_n(X) - Y\|_2 \,.$$

Man kann leicht begründen, dass dies äquivalent zur Lösung des Minimierungsproblems

$$\min_{a_0,\dots,a_n \in \mathbb{R}} \|p_n(X) - Y\|_2^2 \;=\; \min_{a_0,\dots,a_n \in \mathbb{R}} \sum_{k=1}^{m} \big(p_n(x_k) - y_k\big)^2$$

ist. Diese Darstellung des Approximationsproblems und seine Lösung sind besser bekannt als die *Methode der kleinsten Quadrate*. Dahinter steht die Bestimmung des globalen Minimums der durch

$$z(a_0,\dots,a_n) \;:=\; \sum_{k=1}^{m} \big(p_n(x_k) - y_k\big)^2 \;=\; \sum_{k=1}^{m} \left(\sum_{j=0}^{n} a_j x_k^j - y_k \right)^2 \tag{4.18}$$

definierten Fehlerfunktion $z : \mathbb{R}^{n+1} \to \mathbb{R}_{\geq 0}$. Die notwendige Bedingung für das Vorliegen eines Extremums $a^* := (a_0^*,\dots,a_n^*)$ lautet, dass die partiellen Ableitungen $\frac{\partial z}{\partial a_i}$ von z nach a_i in a^* den Wert null haben müssen. Zur Bestimmung von a^* sind demnach die folgenden $n+1$ Gleichungen zu lösen:

$$\frac{\partial z}{\partial a_i}(a_0,\ldots,a_n) = 0 \quad \Leftrightarrow \quad 2\cdot\sum_{k=1}^{m}\left(\sum_{j=0}^{n}a_jx_k^j - y_k\right)\cdot x_k^i = 0, \quad i=0,1,\ldots,n$$

Das ist äquivalent zu den folgenden sogenannten Normalgleichungen:

$$\sum_{k=1}^{m}x_k^i\cdot\sum_{j=0}^{n}a_jx_k^j = \sum_{k=1}^{m}y_kx_k^i, \quad i=0,1,\ldots,n \tag{4.19}$$

Definieren wir

$$P = \begin{pmatrix} 1 & x_1 & \ldots & x_1^n \\ 1 & x_2 & \ldots & x_2^n \\ \vdots & \vdots & \ddots & \vdots \\ 1 & x_m & \ldots & x_m^n \end{pmatrix}, \quad a = \begin{pmatrix} a_0 \\ a_1 \\ \vdots \\ a_n \end{pmatrix} \quad \text{und } Y = \begin{pmatrix} y_1 \\ y_2 \\ \vdots \\ y_m \end{pmatrix},$$

dann ist die Lösung der $(n+1)$ Gleichungen in (4.19) äquivalent zur Lösung des folgenden linearen Gleichungssystems:

$$P^T\cdot P\cdot a = P^T\cdot Y \tag{4.20}$$

Man kann zeigen, dass das lineare Gleichungssystem (4.20) stets lösbar ist (siehe z. B. [19], [35]). Seine Aufstellung und Lösung lässt sich mit wenig Aufwand in Gestalt einer selbst programmierten Octave-Funktion realisieren. Das kann folgendermaßen aussehen:

```
01 function[koeff,fehler] = euklidApproxPoly(x,y,n)
..
11 % Eingangsparameter:
12 %    x = [x_1;...;x_m] ... Spaltenvektor
13 %    y = [y_1;...;y_m] ... Spaltenvektor
14 %    n ... Grad des Polynoms (natürliche Zahl)
15 %
16 % Ausgangsparameter:
17 %    koeff = [a_n,...,a_1,a_0] ... Zeilenvektor mit
18 %            den Koeffizienten von p
19 %    fehler = ||p(x)-y||_2 ... Approximationsfehler
20
21 P = [ones(length(x),1), x];
22 for (k = 2:n)
23   P = [P, x.^k];
24 end
25 PT = transpose(P);
26 koeff = transpose((PT*P)\(PT*y));
26 koeff = koeff(n+1:-1:1);
27 abweichungen = polyval(koeff,x) - y;
28 fehler = sqrt(sum(abweichungen.^2));
```

Der Quelltext befindet sich im Programmpaket zum Buch. Man beachte, dass bei der Herleitung der Normalgleichungen die Koeffizienten der Approximation p in der Reihenfolge $a_0, a_1, \ldots, a_n$ betrachtet wurden, während sie zur Berechnung von Funktionswerten $p(x)$ mithilfe der Octave-Funktion `polyval` in der Reihenfolge $a_n, \ldots, a_1, a_0$ benötigt werden. Deshalb erfolgt nach der Lösung des linearen Gleichungssystems mithilfe der Anweisung `koeff = koeff(n+1:-1:1)` eine Anordnung der Koeffizienten in der zur Verwendung von `polyval` erforderlichen Reihenfolge. Zur Approximation der obigen Beispieldaten durch ein Polynom vom Grad $n = 2$ gibt man im Befehlsfenster folgende Anweisungen ein:

```
>> dat = csvread('messdatenreihe.csv');
>> [ak,err] = euklidApproxPoly(dat(:,1),dat(:,2),2)
ak =
     0.16240    -1.10534    2.89536
err = 1.1594
```

Das bedeutet, dass die in Abb. 22 dargestellten Daten bezüglich der euklidischen Norm am besten durch das Polynom

$$p_2(x) = 0.1624 \cdot x^2 - 1.10534 \cdot x + 2.89536$$

approximiert werden. Der dabei gemachte Approximationsfehler ist

$$\|p_2(X) - Y\|_2 \approx 1.1594 \,.$$

Mit analogen Eingaben im Befehlsfenster approximieren wir die Daten durch ein Polynom vom Grad $n \in \{4, 6, 8\}$, wobei die folgenden Approximationsfehler erhalten werden:

n	4	6	8
$\|p_n(X) - Y\|_2$	1.0016	0.95657	0.90732

Die für die Approximation von Daten durch Polynome selbst programmierte Lösungsroutine `euklidApproxPoly` lässt sich in ähnlicher Weise auf andere geeignete Funktionenklassen übertragen. Dies sollten Lernende wenigstens einmal selbst durchgeführt haben und dabei im besten Fall auch die Grenzen solcher Lösungsroutinen sehen. Grenzen zeigen sich bei der Nutzung von `euklidApproxPoly` sehr schnell, denn bei der Approximation der Beispieldaten erhalten wir für $n = 10$ eine Warnung:

```
>> [ak,err] = euklidApproxPoly(dat(:,1),dat(:,2),10)
warning: matrix singular to machine precision
```

Die dabei berechneten Werte `ak` und `err` sind nicht korrekt. Offenbar ist die quadratische Matrix $P^T \cdot P$ singulär, was bedeutet, dass das aus den Normalgleichungen hervorgehende lineare Gleichungssystem nicht eindeutig lösbar oder sogar unlösbar ist. Das widerspricht jedoch der Tatsache, dass das aus den Normalgleichungen hervorgehende lineare Gleichungssystems stets eindeutig lösbar ist. Folglich erweist sich dieser Lösungsweg (bzw. seine numerische Probleme nicht berücksichtigende Programmierung) für größeren Polynomgrad n und eine große Anzahl von Datenpunkten als numerisch instabil.

Für die Approximation mit Polynomen in der euklidischen Norm kann man die Probleme selbst geschriebener Programme umgehen und die Octave-Funktion `polyfit` nutzen, bei der die Eingangsparameter analog zur obigen Funktion `euklidApproxPoly` angelegt sind, der zweite Ausgangsparameter jedoch eine andere Gestalt hat:

```
>> dat = csvread('messdatenreihe.csv');
>> [ak,struktur] = polyfit(dat(:,1),dat(:,2),2);
>> disp(ak)
0.16240    -1.10534     2.89536
>> disp(['Fehler: ',num2str(struktur.normr)])
Fehler: 1.1594
```

Auch für $n = 10$ gibt es damit keine Probleme:

```
>> [ak,struktur] = polyfit(dat(:,1),dat(:,2),10);
>> disp(['Fehler: ',num2str(struktur.normr)])
Fehler: 0.89904
```

Bei dem Ausgangsparameter `struktur` handelt es sich um eine Datenstruktur mit verschiedenen Feldern. Das Feld mit dem Namen `normr` enthält den Wert des Approximationsfehlers. Die Namen und die Bedeutung weiterer Felder können im Hilfetext (`help polyfit`) eingesehen werden.

Grundsätzlich erfordert jede Modellfunktion zur Approximation von Daten ihren eigenen Lösungsweg, der nicht zwangsläufig auf ein lineares Gleichungssystem führt. Octave wäre aber kein gutes Softwarepaket zur Lösung mathematischer Probleme, wenn es nicht eine Funktion zur Approximation von Daten nach der Methode der kleinsten Quadrate mitbringen würde, die für nahezu beliebige Modellfunktionen nutzbar ist. Dies ist die Funktion `lsqcurvefit`, zu deren Verwendung vorbereitend das Programmpaket `optim` geladen werden muss, was durch den bereits in Abschnitt 4.1 genutzten Befehl erfolgt, der entweder im Befehlsfenster eingegeben wird oder bei der Programmierung an geeigneter Stelle im Quelltext stehen muss:

```
>> pkg load optim
```

Die Funktion `lsqcurvefit` lässt sich folgendermaßen aufrufen:

```
ak = lsqcurvefit(FUN,A0,XDATA,YDATA)
```

Dabei ist `FUN` die Modellfunktion f zur Approximation der Daten (x_i, y_i), wobei die Abszissen x_i im Vektor `XDATA` und die Ordinaten y_i im Vektor `YDATA` übergeben werden. Die Modellfunktion `FUN` benötigt ihrerseits zwei Eingangsparameter, einerseits die in einem Vektor zusammengefassten Parameter des Modells, andererseits die Variable der Funktion. Im Vektor `A0` wird für jeden Parameter der Modellfunktion ein Startwert übergeben, von dem die Berechnung der optimalen Parameterwerte ausgeht. Wird zusätzlich der Approximationsfehler benötigt, dann gelingt dies durch den folgenden Aufruf:

```
[ak,fehlerquadrat] = lsqcurvefit(FUN,A0,XDATA,YDATA)
```

Dabei gilt `fehlerquadrat`$= \|p_n(X) - Y\|_2^2$.

Die Approximation der Beispieldaten aus Abb. 22 durch ein Polynom vom Grad $n = 2$ erfolgt mithilfe von lsqcurvefit folgendermaßen:

```
>> dat = csvread('messdatenreihe.csv');
>> FUN = @(a,x) a(1)*x.^2 + a(2)*x + a(3);
>> [ak,fq] = lsqcurvefit(FUN,[1,1,1],dat(:,1),dat(:,2));
>> disp(ak)
   0.16240
  -1.10534
   2.89536
>> disp(['Approximationsfehler: ',num2str(sqrt(fq))])
Approximationsfehler: 1.1594
```

Alternativ kann man die Modellfunktion in einer m-Datei programmieren und speichern oder wie folgt in einer dazu ähnlichen Weise im Befehlsfenster anlegen:

```
>> function[wert] = polynomGrad2(a,x)
wert = a(1)*x.^2 + a(2)*x + a(3);
end
```

Damit gelingt die Approximation der Daten durch die folgende Anweisung:

```
>> [ak,fq] = lsqcurvefit(@polynomGrad2,[1,1,1], ...
dat(:,1),dat(:,2));
```

Unabhängig davon, wie die Modellparameter bestimmt werden, bleibt die Frage zu klären, welches Polynom p_n vom Grad $n \in \{2,4,6,\ldots\}$ die Daten aus Abb. 22 geeignet approximiert. Darauf gibt es grundsätzlich keine eindeutige Antwort. Klar ist lediglich, dass bei steigendem Polynomgrad n der Approximationsfehler kleiner wird. Bei zu großer Wahl von n werden jedoch systematische wie auch zufällige Messfehler in den Daten nicht mehr ausreichend berücksichtigt. Im Fall $n \geq m - 1$ werden die Daten sogar interpoliert, d. h., der Approximationsfehler ist gleich null. Außerdem gilt die allgemeine Empfehlung, bei der Modellierung die Anzahl der Modellparameter klein und überschaubar zu halten.

Im Zweifel unterstützt eine grafische Darstellung der Daten zusammen mit den berechneten Approximationen bei der Entscheidung. Mit Bezug zu dem oben auf verschiedene Art und Weise berechneten Koeffizientenvektor ak lässt sich das Polynom p_2 beispielsweise mit den folgenden Anweisungen grafisch darstellen:

```
>> I = floor(min(dat(:,1))):0.05:ceil(max(dat(:,1)));
>> plot(I,polyval(ak,I))
```

Für weitere Polynomgrade $n \in \{4,6,8\}$ wird analog vorgegangen, wobei eine gemeinsame Darstellung der Polynome p_n für $n \in \{2,4,6,8\}$ in einer Grafik für einen Vergleich zweckmäßig ist (siehe dazu die Darstellung in Abb. 23).[2] Die Polynome vom Grad $n \in \{4,6,8\}$ erscheinen zur Modellierung der Daten gleichermaßen gut geeignet. Aus Gründen der

---

[2] Alle Anweisungen zur Erzeugung von Abb. 23 können im Skript abschnitt421.m eingesehen werden, das sich im Programmpaket zum Buch befindet.

Übersichtlichkeit entscheiden wir uns für die Verwendung des nach dem Ansatz der Methode der kleinsten Quadrate die Daten am besten approximierenden Polynoms p_4 vom Grad $n = 4$. Seine Koeffizienten werden nach einer der oben beschriebenen Vorgehensweisen berechnet und dies führt auf die folgende Funktionsgleichung:

$$p_4(x) = 0.011031 \cdot x^4 - 0.135668 \cdot x^3 + 0.702377 \cdot x^2 - 1.856012 \cdot x + 3.134348$$

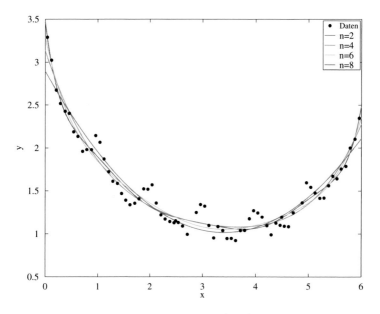

Abb. 23: Approximation der Datenpunkte (x_i, y_i) durch Polynome p_n vom Grad n nach der Methode der kleinsten Quadrate

Die grafische Darstellung der Datenpunkte zusammen mit dem Polynom p_4 (siehe Abb. 24) zeigt, dass die Datenpunkte in regelmäßigen Abständen unterhalb bzw. oberhalb des Graphen von p_4 liegen. Dies wird noch deutlicher, wenn wir für $i = 1, \ldots, m$ die Abweichung von der Datenordinate y_i zum Funktionswert $p_4(x_i)$ betrachten. Die grafische Darstellung der Differenzen $p_4(x_i) - y_i$ gemäß Abb. 25 wird durch die folgenden Anweisungen im Befehlsfenster erzeugt:

```
>> ydiff = polyval(ak,dat(:,1)) - dat(:,2);
>> plot(dat(:,1),ydiff,'ko', ...
'markersize',4,'markerfacecolor','k')
```

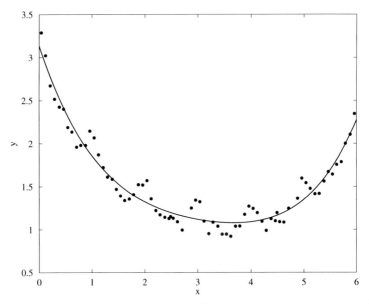

Abb. 24: Approximation von Datenpunkten (x_i, y_i) durch ein Polynom vom Grad 4

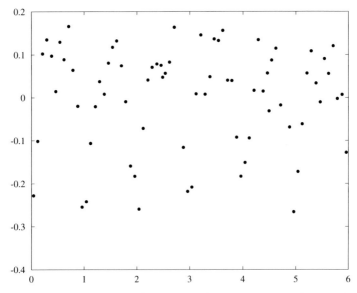

Abb. 25: Abweichungen $(x_i, p_4(x_i) - y_i)$ der Modelldaten $(x_i, p_4(x_i))$ von den Daten (x_i, y_i)

Bei genauerer Betrachtung von Abb. 25 fällt eine periodische Struktur der Fehlerpunkte

$$\left(x_i \,,\ p_4(x_i) - y_i\right) \,,\quad i = 1,\dots,m \tag{4.21}$$

auf. Zu ihrer Approximation ist deshalb als Ansatz eine Sinusfunktion der Gestalt

$$s_\alpha(x) := b_1 \cdot \sin(\alpha \cdot \pi \cdot x + b_2) + b_3 \quad \text{mit} \quad \alpha \in \mathbb{R}_{>0},\ b_1,b_2,b_3 \in \mathbb{R}$$

naheliegend. Die Frequenz $\alpha \in \mathbb{R}_{>0}$ kann ebenso wie die Werte der Parameter $b_1,b_2,b_3 \in \mathbb{R}$ mit der Methode der kleinsten Quadrate aus den Daten (4.21) ermittelt werden. Bei genauerer Betrachtung fällt jedoch auf, dass

- die lokalen Minima der Daten (4.21) etwa bei $x \in \mathbb{N}_0$ und
- die lokalen Maxima der Daten (4.21) etwa bei $x + \frac{1}{2}$ mit $x \in \mathbb{N}_0$ zu finden sind,
- und etwa an den Stellen $x \pm \frac{1}{4}$ mit $x \in \mathbb{N}_0$ liegen die Werte $p_4(x_i) - y_i$ nahe bei null.

Folglich können wir die Daten (4.21) mit $x - \frac{1}{4} \le x_i \le x + \frac{3}{4}$ für $x \in \mathbb{N}_0$ jeweils näherungsweise durch die volle Periode einer Sinusfunktion mit doppelter Frequenz approximieren, d. h., als vereinfachten Ansatz zur Approximation der Daten (4.21) verwenden wir

$$s(x) \,=\, b_1 \cdot \sin(2\pi \cdot x + b_2) + b_3 \quad \text{mit} \quad b_1,b_2,b_3 \in \mathbb{R}.$$

Die Bestimmung der Parameterwerte nach der Methode der kleinsten Quadrate führen wir mit der Octave-Funktion lsqcurvefit durch, wobei die folgenden Eingaben im Befehlsfenster Bezug zu dem oben berechneten Vektor ydiff nehmen:

```
>> s = @(b,x) b(1)*sin(2*pi*x+b(2)) + b(3);
>> [bk,fq] = lsqcurvefit(s,[1,1,1],dat(:,1),ydiff);
>> disp(bk)
   -0.1251351
    1.5584826
   -0.0042891
>> disp(['Approximationsfehler: ',num2str(sqrt(fq))])
Approximationsfehler: 0.6322
```

Alternativ kann man die Modellfunktion s in einer m-Datei programmieren und speichern oder in einer dazu ähnlichen Weise im Befehlsfenster anlegen:

```
>> function[wert] = sm(b,x)
wert = b(1)*sin(2*pi*x+b(2)) + b(3);
end
```

Damit gelingt die Approximation der Daten (4.21) folgendermaßen:

```
>> [bk,fq] = lsqcurvefit(@sm,[1,1,1],dat(:,1),ydiff);
```

Die folgenden Anweisungen stellen die Fehlerpunkte (4.21) und ihre Approximation

$$s(x) \,=\, -0.1251351 \cdot \sin(2\pi x + 1.5584826) - 0.0042891 \tag{4.22}$$

gemeinsam grafisch dar (siehe Abb. 26):

```
>> I = floor(min(dat(:,1))):0.01:ceil(max(dat(:,1)));
>> plot(dat(:,1),ydiff,'ko','markersize',4, ...
'markerfacecolor','k',I,s(bk,I),'k','linewidth',1)
```

Bei der Arbeit mit der obigen Funktion sm ist beim Aufruf der plot-Funktion der Vektor s(bk,I) entsprechend durch sm(bk,I) zu ersetzen.[3]

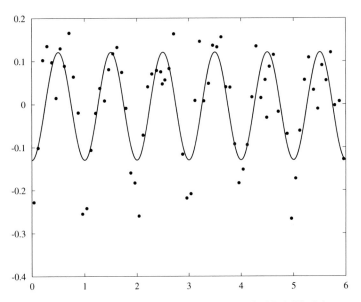

Abb. 26: Approximation der Fehlerpunkte durch die Modellfunktion s

Mithilfe der Approximation s der Fehlerpunkte $(x_i, p_4(x_i) - y_i)$ können wir die Approximation p_4 der Daten (x_i, y_i) verbessern, was durch den Ansatz

$$f(x) = p_4(x) - s(x)$$

gelingt. Den damit gemachten Approximationsfehler kennen wir bereits:

$$\|f(X) - Y\|_2 = \sqrt{\sum_{k=1}^{m} \left(f(x_i) - y_i\right)^2} = \sqrt{\sum_{k=1}^{m} \left(p_4(x_i) - s(x_i) - y_i\right)^2}$$

$$= \sqrt{\sum_{k=1}^{m} \left(s(x_i) - p_4(x_i) + y_i\right)^2} = \left\|s(X) - (p_4(X) - Y)\right\|_2 \approx 0.6322$$

---

[3] Wer die zur Parameterbestimmung benutzte Octave-Funktion s bzw. sm nicht weiternutzen möchte, kann sich für die beste Approximation der Fehlerpunkte auch eine „neue" Octave-Funktion anlegen, wie zum Beispiel sopt = @(x) bk(1)*sin(2*pi*x+bk(2)) + bk(3). Dann muss beim Plotten s(bk,I) entsprechend durch sopt(I) ersetzt werden.

Die mit Bezug zu den zuvor definierten Octave-Variablen im Befehlsfenster eingegebenen Anweisungen

```
>> f = @(x) polyval(ak,x) - s(bk,x);
>> plot(dat(:,1),dat(:,2),'ko','markersize',4, ...
'markerfacecolor','k',I,f(I),'k','linewidth',1)
>> xlabel('x')
>> ylabel('y')
```

verdeutlichen die verbesserte Approximation der Daten (x_i, y_i) durch die Funktion f anschaulich (siehe Abb. 27).

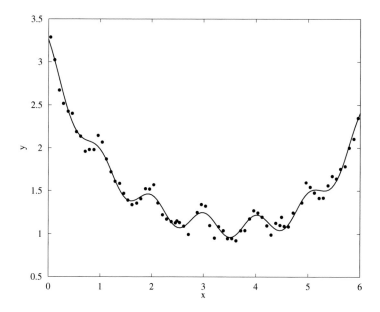

Abb. 27: Verbesserte Approximation der Daten (x_i, y_i) durch die Modellfunktion f

Man beachte, dass der Lösungsweg bei der hier nebenbei durchgeführten mathematischen Modellierung in vieler Hinsicht nicht eindeutig sein muss. Das bezieht sich nicht nur auf unterschiedliche Modellierungsansätze, sondern auch auf ein und dieselbe Modellfunktion. Zum Beispiel kann man statt der Fehlerpunkte (4.21) alternativ die Punkte

$$\left(x_i, y_i - p_4(x_i)\right), \ i = 1, \ldots, m$$

zur Beschreibung der Abweichungen zwischen den gegebenen Datenwerten und der ersten Modellfunktion p_4 betrachten, was bei den nachfolgenden Überlegungen und Rechnungen kleinere Anpassungen erfordert. Außerdem ist zu beachten, dass die Parameterwerte eines Modells nicht eindeutig sein müssen. Das ist der Fall, wenn eine Modellfunktion in Bezug auf ihre Parameter nichtlinear ist, wie zum Beispiel der Ansatz $s(x) = b_1 \sin(2\pi x + b_2) + b_3$ zur Approximation der Fehlerpunkte (4.21). Übergibt man der Octave-Funktion `lsqcurvefit` andere Startwerte, dann können sich damit andere als die oben ermittelten Parameterwerte ergeben. Dies belegt die folgende Rechnung, bei der für die Modellparameter b_2 und b_3 im Unterschied zu oben nicht der Startwert 1, sondern die Startwerte 2 bzw. 30 gewählt werden:

```
>> s = @(b,x) b(1)*sin(2*pi*x+b(2)) + b(3);
>> [bk,fq] = lsqcurvefit(s,[1,2,30],dat(:,1),ydiff);
>> disp(bk)
  -0.1251349
  -4.7247041
  -0.0042891
>> disp(['Approximationsfehler: ',num2str(sqrt(fq))])
Approximationsfehler: 0.6322
```

Während wir für b_1 und b_3 (näherungsweise) die gleichen Werte wie oben erhalten, ergibt sich für b_2 ein anderes Ergebnis, das sich mit den Eigenschaften der allgemeinen Sinusfunktion begründen lässt. Die erhaltene Funktion

$$\hat{s}(x) = -0.1251349 \cdot \sin(2\pi x - 4.7247041) - 0.0042891$$

stimmt demnach (bis auf kleinere numerische Ungenauigkeiten) mit der Funktion s in (4.22) überein. Kleinere Abweichungen zeigen sich zum Beispiel beim Modellparameter b_1. Solche Ungenauigkeiten ergeben sich durch die hinter der Octave-Funktion `lsqcurvefit` stehenden numerischen Verfahren, bei denen unter anderem mit Fehlerschranken und Toleranzen gearbeitet wird, die bei Bedarf manuell definiert werden können. Einen Überblick dazu erhält man zum Beispiel durch den Hilfetext zur Funktion im Befehlsfenster (`help lsqcurvefit`).

4.2.2 Polynominterpolation

Sollen $m \geq 2$ Datenpunkte $(x_1, y_1), \ldots, (x_m, y_m)$ durch ein Polynom

$$p_n(x) = a_n x^n + a_{n-1} x^{n-1} + \ldots + a_1 x + a_0$$

vom Grad $n \in \mathbb{N}$ interpoliert werden, dann bedeutet dies:

$$p_n(x_i) = y_i, \quad i = 1, \ldots, m \qquad (4.23)$$

In jeder der m Gleichungen sind die Koeffizienten $a_0, a_1, \ldots, a_n$ als Unbekannte enthalten, während die Potenzen x_i^k der Abszissen x_i feste Konstanten sind. Die m Gleichungen in

(4.23) sind demnach lineare Gleichungen und das bedeutet mit anderen Worten, dass die Lösung des Interpolationsproblems (4.23) zur Lösung des folgenden linearen Gleichungssystems äquivalent ist:

$$\underbrace{\begin{pmatrix} 1 & x_1 & x_1^2 & \dots & x_1^n \\ 1 & x_2 & x_2^2 & \dots & x_2^n \\ \vdots & \vdots & \vdots & \ddots & \vdots \\ 1 & x_m & x_m^2 & \dots & x_m^n \end{pmatrix}}_{=:V_n(x_1,\dots,x_m)} \cdot \begin{pmatrix} a_0 \\ a_1 \\ \vdots \\ a_n \end{pmatrix} = \begin{pmatrix} y_1 \\ y_2 \\ \vdots \\ y_m \end{pmatrix} \tag{4.24}$$

Aus der Gestalt von (4.24) wird deutlich, dass die Interpolation von $m \in \mathbb{N}$ Datenpunkten nur durch Polynome gelingt, die den Grad $n \geq m - 1$ haben:

- Für $n < m - 1$ ist (4.24) überbestimmt und unter der Voraussetzung, dass $y_i \neq y_j$ für mindestens ein Indexpaar $i \neq j$ gilt, nicht lösbar. Das lässt sich mit einer mehr oder weniger umfangreichen Rechen- und Argumentationskette für ein ausgewähltes oder für beliebiges m beweisen, wo sich stets ein Widerspruch ergibt.

- Für $n = m - 1$ ist (4.24) eindeutig lösbar. Dazu zeigt man zum Beispiel mithilfe des Beweisprinzips der vollständigen Induktion, dass die quadratische Matrix $V_{m-1}(x_1, \dots, x_m)$ für beliebiges $n \in \mathbb{N}$ die Determinante

$$\det\left(V_{m-1}(x_1, \dots, x_m)\right) = \prod_{1 \leq i < j \leq m} (x_j - x_i)$$

besitzt. Da die Stützstellen $x_1, \dots, x_m$ paarweise verschieden sind, gilt $x_i - x_j \neq 0$ für $1 \leq i < j \leq m$, woraus folgt, dass $\det(V_{m-1}(x_1, \dots, x_m)) \neq 0$ gilt. Das bedeutet, dass $V_{m-1}(x_1, \dots, x_m)$ regulär ist und folglich hat das lineare Gleichungssystem genau eine Lösung, d. h., das Interpolationsproblem ist eindeutig lösbar.

- Leicht lässt sich weiter begründen, dass (4.24) für $n > m - 1$ mehrdeutig lösbar ist.

In der Praxis wird eine Interpolation von $m \geq 2$ Datenpunkten durch ein Polynom vom Grad $n > m - 1$ allein wegen der fehlenden Eindeutigkeit der Lösung nur selten angewendet. Standardmäßig verbindet man die Interpolation von m Datenpunkten mit einem Polynom vom Grad $n = m - 1$. Zur rechnerischen Lösung mit Octave kann man dazu natürlich das Gleichungssystem (4.24) aufstellen und lösen. Diese Arbeit kann man jedoch auch der bereits in Abschnitt 4.2.1 vorgestellten Octave-Funktion `polyfit` überlassen.

Wir demonstrieren die Anwendung von `polyfit` am Beispiel der Approximation der gebrochenrationalen Funktion $f : [-2, 2] \to \mathbb{R}$ mit

$$f(x) = \frac{3x^4 - 3x^3 + 4x^2 + x - 1}{4x^4 - 3x^2 + 2} \tag{4.25}$$

mithilfe von Interpolationspolynomen. Dazu interpolieren wir die gemäß

$$x_i = -2 + (i - 1) \cdot \frac{4}{m - 1} \quad \text{und} \quad y_i = f(x_i) \tag{4.26}$$

definierten Datenpunkte (x_i, y_i) für $i = 1, \ldots, m$ durch Polynome vom Grad $m - 1$ für $m \in \{3, 6, 11\}$. Für $m = 3$ geben wir dazu folgende Anweisungen im Befehlsfenster ein:

```
>> f = @(x)(3*x.^4-3*x.^3+4*x.^2+x-1)./(4*x.^4-3*x.^2+2);
>> xi = [-2,0,2];
>> yi = f(xi);
>> ak = polyfit(xi,yi,2)
ak =
     0.41667     -0.20370     -0.50000
```

Die Interpolation der drei Punkte $\big(-2, f(-2)\big)$, $\big(0, f(0)\big)$ und $\big(2, f(2)\big)$ ergibt das Interpolationspolynom

$$p_2(x) = 0.41667 \cdot x^2 - 0.2037 \cdot x - 0.5,$$

das als Approximation der Funktion f genutzt werden kann. Mithilfe der Octave-Funktion `polyval` können beliebige Funktionswerte berechnet werden:

```
>> p2_von_1 = polyval(ak,1)
p2_von_1 = -0.28704
```

Demnach gilt $p_2(1) \approx -0.28704$. Die durch die Anweisungen

```
>> I = -2:0.01:2;
>> plot(I,f(I),'k','linewidth',1, ...
xi,yi,'ro','markersize',6,'markerfacecolor','r', ...
I,polyval(ak,I),'r','linewidth',1)
>> legend('f','(x_i,y_i)','p_2')
```

erzeugte Abb. 28 macht deutlich, dass p_2 keine gute Approximation der Funktion f ist.

Eine Verbesserung der Approximationsgüte kann durch eine Vergrößerung von m erreicht werden. Wir verdoppeln die Anzahl der Interpolationspunkte, d. h. $m = 6$, und interpolieren diese durch ein Polynom vom Grad $m - 1 = 5$:

```
>> xi = -2:4/5:2;
>> yi = f(xi);
>> ak = polyfit(xi,yi,5)
ak =

   0.21407     -0.47774     -1.02706     2.33667     0.47936     -0.53619
```

Die Interpolation der sechs Punkte $\big(x_i, f(x_i)\big)$ ergibt das Interpolationspolynom

$$p_5(x) = 0.21407 \cdot x^5 - 0.47774 \cdot x^4 - 1.02706 \cdot x^3 + 2.33667 \cdot x^2 + 0.47936 \cdot x - 0.53619.$$

Analog zur grafischen Darstellung von p_2 stellen wir f, die Punkte (x_i, y_i) und die Interpolierende p_5 gemeinsam grafisch dar (siehe Abb. 29).

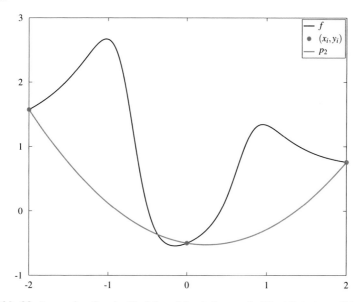

Abb. 28: Approximation der Funktion f durch das aus drei äquidistant gewählten Stützstellen x_i hervorgehende Interpolationspolynom p_2

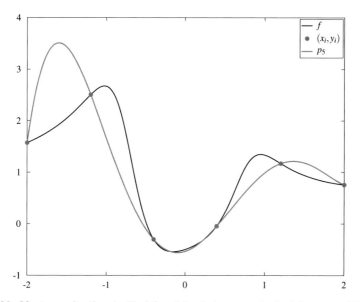

Abb. 29: Approximation der Funktion f durch das aus sechs äquidistant gewählten Stützstellen x_i hervorgehende Interpolationspolynom p_5

Es sei daran erinnert, dass es bei äquidistant gewählten Stützstellen mit steigender Stütz-stellenanzahl zu einem Oszillationsverhalten des interpolierenden Polynoms insbesondere an den Rändern des Intervalls $[x_1, x_m]$ kommen kann. Das wird bereits deutlich, wenn wir $m = 11$ Interpolationspunkte gemäß (4.26) wählen. Das aus der Rechnung

```
>> xi = -2:4/10:2;
>> yi = f(xi);
>> ak = polyfit(xi,yi,10);
```

hervorgehende Interpolationpolynom p_{10} kann etwa im Intervall $[-1, 1]$ als gute Appro-ximation der Funktion f genutzt werden. In den Teilintervallen $[-2, 1)$ und $(1, 2]$ erweist sich das Polynom p_{10} aufgrund des in Abb. 30 deutlich erkennbaren Oszillationsverhaltens als unbrauchbar.

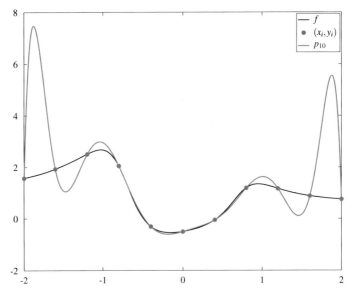

Abb. 30: Approximation der Funktion f durch das aus elf äquidistant gewählten Stützstellen x_i hervorgehende Interpolationspolynom p_{10}

Ein starkes Oszillationsverhalten lässt sich durch eine geeignete Wahl von Stützstellen vermeiden. Besonders geeignet sind dabei die Nullstellen

$$x'_{k+1} = -\cos\left(\frac{(2k+1)\pi}{2m}\right) , \; k = 0, 1, \ldots, m-1 \tag{4.27}$$

des m-ten Tschebyscheff-Polynoms $T_m : [-1, 1] \to \mathbb{R}$ mit

$$T_m(x) = \cos\left(m \cdot \arccos(x)\right) .$$

Da die Tschebyscheff-Stützstellen x'_k im Intervall $[-1,1]$ liegen, müssen sie in das zur Approximation der Funktion f genutzte Intervall $[-2,2]$ transformiert werden. Dies gelingt durch

$$x_{k+1} = 2x'_{k+1}, \quad k = 0,1,\ldots,m-1.$$

Das damit für $m = 11$ aus der Rechnung

```
>> k = 0:1:10;
>> xi = -2*cos((2*k+1)*pi/22);
>> yi = f(xi);
>> ak = polyfit(xi,yi,10);
```

hervorgehende Interpolationspolynom $\tilde{p}_{10}$ kann im gesamten Intervall $[-2,2]$ als relativ gute Approximation der Funktion f genutzt werden (siehe Abb. 31).

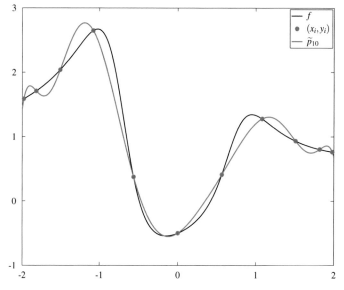

Abb. 31: Approximation der Funktion f durch das aus elf Tschebyscheff-Stützstellen x_i hervorgehende Interpolationspolynom $\tilde{p}_{10}$

Bei der Interpolation von m Punkten ist eine relativ große Anzahl von Operationen erforderlich, wenn der Lösungsweg über das lineare Gleichungssystem (4.24) führt. Wird (4.24) beispielsweise mithilfe der Inversen der Koeffizientenmatrix oder speziell in Octave mit dem Backslash-Operator gelöst, dann kann es zu numerischen Problemen und Fehlern kommen, denn für eine große Stützstellenanzahl $m \in \mathbb{N}$ oder bei sehr dicht beieinander liegenden Stützstellen x_i kann die Koeffizientenmatrix $V_{m-1}(x_1,\ldots,x_m)$ des Gleichungssystems (4.24) schlecht konditioniert sein.

Die genannten Probleme lassen sich umgehen, wenn man beispielsweise die *Lagrangesche Interpolationsformel* oder die *Newtonsche Interpolationsformel* verwendet (siehe z. B. [13], [14], [34], [37]), was nebenbei zu Gleichungen für das Interpolationspolynom führt. Häufig wird in der Praxis keine Gleichung für das Interpolationspolynom benötigt, sondern nur der Funktionswert an einer einzelnen Stelle $x \neq x_i$. Diese Aufgabe lässt sich beispielsweise mit dem *Verfahren nach Neville* schneller und stabiler lösen (siehe z. B. [13], [34], [37]). Octave und MATLAB stellen keine Funktionen bereit, die eine Interpolation von Datenpunkten nach den genannten Alternativverfahren ermöglichen. Sie lassen sich jedoch mit einem überschaubaren Aufwand selbst programmieren.

4.2.3 Interpolation mit Splinefunktionen

Gegeben seien $m \geq 2$ Interpolationsstützstellen $x_1, x_2, \ldots, x_m \in \mathbb{R}$ mit $x_1 < x_2 < \ldots < x_m$ und beliebige Werte $y_1, y_2, \ldots, y_m \in \mathbb{R}$. Eine die Punkte $(x_1, y_1), (x_2, y_2), \ldots, (x_m, y_m)$ interpolierende Funktion s heißt *interpolierender Spline* vom Grad $n + 1$ mit $n \in \mathbb{N}_0$, wenn sie die folgenden Eigenschaften besitzt:

a) s ist im Intervall $[x_1, x_m]$ stetig und n-mal stetig differenzierbar.

b) s ist stückweise aus $m - 1$ in den halboffenen Intervallen $[x_k, x_{k+1})$ definierten und in den offenen Intervallen (x_k, x_{k+1}) mindestens $(n+1)$-mal stetig differenzierbaren Funktionen s_k zusammengesetzt:

$$s(x) = \begin{cases} s_1(x) & , x \in [x_1, x_2) \\ s_2(x) & , x \in [x_2, x_3) \\ \vdots & \vdots \\ s_{m-1}(x) & , x \in [x_{m-1}, x_m] \end{cases} \tag{4.28}$$

Für $k = 1, \ldots, m - 2$ hat dabei die über dem erweiterten Definitionsbereich $[x_k, x_{k+1}]$ betrachtete Funktion s_k jeweils in $x = x_{k+1}$ den gleichen Funktionswert und die gleichen ersten n Ableitungen wie die Funktion s_{k+1}, d. h., es gilt

$$s_k^{(l)}(x_{k+1}) = s_{k+1}^{(l)}(x_{k+1}) \text{ für } l = 0, 1, \ldots, n . \tag{4.29}$$

c) s interpoliert die Punkte (x_k, y_k), d. h., es gilt

$$s(x_k) = y_k \text{ für } k = 1, \ldots, m . \tag{4.30}$$

Aus historischen Gründen bezeichnet man die Stützstellen x_k als *Knoten* des Splines s. Splinefunktionen werden auch in anderen Zusammenhängen verwendet und dort über die Eigenschaften a) und b) definiert. Erst durch die Eigenschaft c) wird aus s die Lösung einer Interpolationsaufgabe. Grundsätzlich können die Funktionen s_k beliebige Gestalt haben. Es ist jedoch sinnvoll, über allen Teilintervallen Funktionen aus der gleichen Funktionenklasse zu verwenden. Für die Praxis besonders wichtig sind dabei polynomiale Splines, bei denen für $s_1, s_2, \ldots, s_{m-1}$ jeweils ein Polynom vom Grad $n + 1$ gewählt wird. Dabei wiederum sind die folgenden beiden Fälle besonders wichtig:

- Im Fall $n = 0$ spricht man von einem *linearen Spline* und für die Funktionen s_k macht man mit den Koeffizienten $a_k, b_k \in \mathbb{R}$ über dem Intervall $[x_k, x_{k+1})$ den Ansatz

$$s_k(x) = a_k \cdot (x - x_k) + b_k, \quad k = 1, \ldots, m-1. \tag{4.31}$$

Einen linearen Spline bezeichnet man auch als *Polygonzug* und diesen nutzen wir stillschweigend auch bei der Arbeit mit Octave, zum Beispiel bei der grafischen Darstellung reeller Funktionen mit einer Variable.

- Im Fall $n = 2$ spricht man von einem *kubischen Spline* und für die Funktionen s_k macht man mit den Koeffizienten $a_k, b_k, c_k, d_k \in \mathbb{R}$ über dem Intervall $[x_k, x_{k+1})$ den Ansatz

$$s_k(x) = a_k \cdot (x - x_k)^3 + b_k \cdot (x - x_k)^2 + c_k \cdot (x - x_k) + d_k, \quad k = 1, \ldots, m-1. \tag{4.32}$$

Man kann auch von anderen Ansätzen für die Funktionen s_k ausgehen, wie zum Beispiel $s_k(x) = \alpha_k \cdot x + \beta_k$ für die linearen Splines. Der Vorteil der Darstellung (4.31) besteht jedoch darin, dass die Koeffizienten b_k schnell bestimmt werden können, denn aus der Interpolationsforderung $s_k(x_k) = y_k$ folgt sofort $b_k = y_k$ für alle $k = 1, \ldots, m-1$. Analog ergibt sich für kubische Splines aus dem Ansatz (4.32) sofort $d_k = y_k$ für $k = 1, \ldots, m-1$.

In Analogie zur Interpolation mit Polynomen lassen sich aus den Anforderungen (4.28), (4.29) und (4.30) lineare Gleichungssysteme herleiten. Dazu gibt es verschiedene Vorgehensweisen, wobei nicht zwangsläufig die Koeffizienten der Funktionen s_k die Unbekannten des Gleichungssystems sind. Bei der Interpolation mit linearen Splines ergibt sich allein aus (4.28), (4.29) und (4.30) ein eindeutig lösbares lineares Gleichungssystem.

Dagegen ergibt sich bei der Interpolation mit kubischen Splines auf der Basis der genannten (Grund-) Anforderungen zunächst ein mehrdeutig lösbares lineares Gleichungssystem. Mithilfe von zwei zusätzlichen Bedingungen lässt sich daraus jedoch ein eindeutig lösbares Problem konstruieren. Weit verbreitet ist dabei die Vorgabe einer der folgenden drei Bedingungen an die Ableitungen in den Randstellen x_1 und x_m:

- natürliche Randbedingungen: $s_1''(x_1) = s_{m-1}''(x_m) = 0$

- vollständige Randbedingungen: $s_1'(x_1) = c_1$, $s_{m-1}'(x_m) = c_m$ für gegebene $c_1, c_m \in \mathbb{R}$

- periodische Randbedingungen: $s_1'(x_1) = s_{m-1}'(x_m)$, $s_1''(x_1) = s_{m-1}''(x_m)$

Die Herleitung und Lösung der linearen Gleichungssysteme lässt sich anders als bei der Polynominterpolation nicht in wenigen Zeilen notieren, sodass hier auf eine kompakte Darstellung verzichtet werden muss. Interessierte Leser seien auf die weiterführende Literatur verwiesen, wie zum Beispiel [14], [19], [20], [34] oder [37].

Für die Interpolation von zweidimensionalen Daten (x_i, y_i) durch lineare und kubische Splines stellt Octave die Funktion `interp1` bereit, deren Anwendung jetzt demonstriert werden soll. Als Beispiel betrachten wir dazu die Approximation der gebrochenrationalen Funktion (4.25) durch interpolierende Splines und verwenden dabei die gemäß (4.26) definierten Punkte (x_i, y_i) mit äquidistanten Stützstellen.

Mit der Octave-Funktion `interp1` können die Punkte (x_i, y_i) auf verschiedene Art und Weise interpoliert werden. Ein möglicher Aufruf hat die folgende Gestalt:

```
Y = interp1(xi,yi,X)
```

Damit werden die Punkte (x_i, y_i) durch einen linearen Spline s interpoliert und die Funktionswerte $y = s(x)$ berechnet, wobei der Vektor `xi` die Abszissen x_i und der Vektor `yi` die Ordinaten y_i enthält. Im Vektor X werden die Argumente x übergeben, zu denen die Funktionswerte $s(x)$ berechnet werden sollen, die von der Funktion in Form des Vektors Y als Ergebnis zurückgegeben werden. Hier ein Anwendungsbeispiel zur Interpolation von $m = 6$ auf dem Graph der Funktion (4.25) liegenden Punkten:

```
>> f = @(x)(3*x.^4-3*x.^3+4*x.^2+x-1)./(4*x.^4-3*x.^2+2);
>> xi = -2:4/5:2;
>> yi = f(xi);
>> X = [-1,1];
>> Y = interp1(xi,yi,X)
Y =
    1.80293    0.86676
```

Der die Punkte (x_i, y_i) interpolierende lineare Spline s hat also die Funktionswerte

$$s(-1) \approx 1.80293 \quad \text{und} \quad s(1) \approx 0.86676.$$

Zum Plotten von s müssen wir praktisch keine Funktionswerte über einem Approximationsgitter I berechnen, so wie das für die Funktion f erforderlich ist. Vielmehr übergeben wir der `plot`-Funktion einfach die Vektoren `xi` und `yi` zur grafischen Darstellung von s. Insgesamt werden durch die Anweisungen

```
>> I = -2:0.01:2;
>> plot(I,f(I),'k','linewidth',1, ...
xi,yi,'ro','markersize',6,'markerfacecolor','r', ...
xi,yi,'r','linewidth',1, ...
X,Y,'rs','markersize',6,'markerfacecolor','r')
>> legend('f','(x_i,y_i)','s','(x,s(x)), x\in\{-1,1\}')
```

die Funktion f, die Interpolationspunkte (x_i, y_i), der Polygonzug s und die Punkte $\bigl(\pm 1, s(\pm 1)\bigr)$ gemeinsam in einer Grafik dargestellt (siehe Abb. 32).

Eine automatische und für einige Anwendungen sinnvolle Erweiterung der Definitionsbereiche der Teilstücke s_1 bzw. s_{m-1} auf die Intervalle $(-\infty, x_2)$ bzw. $[x_{m-1}, \infty)$ erfolgt nicht, d. h., als Definitionsbereich des Splines s wird strikt das Intervall $[x_1, x_m]$ betrachtet. Liegt ein Argument x außerhalb des Intervalls $[x_1, x_m]$, d. h., es gilt $x < x_1$ oder $x > x_m$, dann gibt `interp1` dafür den Wert NA zurück, der frei übersetzt für „nicht definiert" steht und ähnlich wie NaN zu interpretieren ist. Mit Bezug zu den oben definierten Vektoren `xi` und `yi` bedeutet das zum Beispiel:

```
>> Y = interp1(xi,yi,[-3,-2,0.5,2,3])
Y =
    NA    1.57407    0.10583    0.75926    NA
```

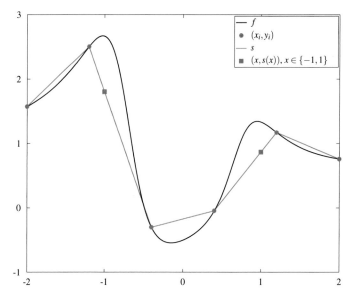

Abb. 32: Approximation der Funktion f durch den aus sechs äquidistant gewählten Stützstellen x_i hervorgehenden interpolierenden linearen Spline s

Die Funktion `interp1` besitzt optional einen vierten Eingangsparameter:

  Y = interp1(xi,yi,X,methode)

Über den Parameter `methode` wird mithilfe einer Zeichenkette festgelegt, auf welche
Weise die Punkte (x_i, y_i) interpoliert werden. Wird `methode` nicht übergeben, dann erfolgt dies standardmäßig durch einen linearen Spline (Polygonzug). Statt

  >> Y = interp1(xi,yi,X)

kann alternativ ein Aufruf der Gestalt

  >> Y = interp1(xi,yi,X,'linear')

verwendet werden. Zur Interpolation durch einen kubischen Spline wird für den Parameter `methode` der Wert `'spline'` übergeben. Dabei werden jedoch standardmäßig
keine der oben genannten Randbedingungen zur eindeutigen Festlegung des interpolierenden kubischen Splines verwendet, sondern die folgenden sogenannten Not-a-knot-
Randbedingungen

$$s_1'''(x_2) = s_2'''(x_2) \quad \text{und} \quad s_{m-2}'''(x_{m-1}) = s_{m-1}'''(x_{m-1}) \, .$$

Mit Bezug zu den oben für die Interpolation mit linearen Splines im Befehlsfenster definierten Variablen `xi` und `yi` interpolieren wir die Punkte (x_i, y_i), $i = 1, \ldots, 6$, durch einen

kubischen Spline s mit Not-a-knot-Randbedingungen und berechnen die Funktionswerte $s(-1)$ und $s(1)$:

```
>> Y = interp1(xi,yi,[-1,1],'spline')
Y =
    1.79618    0.93644
```

Wir erhalten $s(-1) \approx 1.79618$ und $s(1) \approx 0.93644$.

Auch vollständige Randbedingungen können berücksichtigt werden. Dies erfolgt automatisch, sobald der Vektor für den zweiten Eingangsparameter $m+2$ Einträge enthält, d. h., dieser Vektor hat gegenüber dem bisher benutzten Vektor yi für die Ordinaten der Interpolationspunkte zwei Einträge mehr, wobei der erste Eintrag als Wert für die Konstante c_1 mit $s'_1(x_1) = c_1$ interpretiert wird und der letzte Eintrag als Wert für die Konstante c_m mit $s'_{m-1}(x_m) = c_m$. Sollen die oben zuletzt betrachteten sechs Punkte (x_i, y_i) durch einen kubischen Spline s^* mit vollständigen Randbedingungen für $c_1 = c_m = 0$ interpoliert werden, dann gibt man bezüglich der für die Punkte noch im Arbeitsspeicher vorhandenen Vektoren xi und yi also Folgendes ein:

```
>> Y = interp1(xi,[0,yi,0],[-1,1],'spline')
Y =
    2.0393    1.0251
```

Damit haben wir die Funktionswerte $s^*(-1) \approx 2.0393$ und $s^*(1) \approx 1.0251$ berechnet.

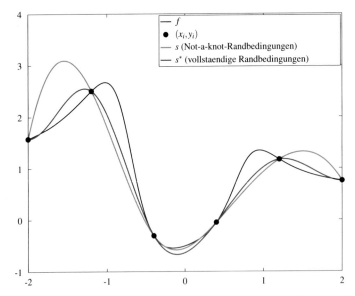

Abb. 33: Approximation der Funktion f durch die aus sechs äquidistant gewählten Stützstellen x_i hervorgehenden interpolierenden kubischen Splines s und s^*

Zur grafischen Darstellung muss ein kubischer Splines seinerseits auf die bekannte Art und Weise auf einem Approximationsgitter I durch einen Polygonzug approximiert werden. Das ist ein Bestandteil der folgenden Anweisungen, die zur gemeinsamen Darstellung der Funktion f und ihrer Approximationen s und s^* führen (siehe Abb. 33):

```
>> I = -2:0.01:2;
>> plot(I,f(I),'k','linewidth',1, ...
xi,yi,'ko','markersize',6,'markerfacecolor','k', ...
I,interp1(xi,yi,I,'spline'),'r','linewidth',1, ...
I,interp1(xi,[0,yi,0],I,'spline'),'b','linewidth',1)
>> legend('f','(x_i,y_i)', ...
's (Not-a-knot-Randbedingungen)', ...
's^\ast (vollstaendige Randbedingungen)')
```

Für einige Anwendungen werden nicht nur die Funktionswerte eines interpolierenden Splines s benötigt, sondern auch die Koeffizienten auf den einzelnen Teilintervallen. Diese lassen sich mit einem Aufruf der Gestalt

```
s = interp1(xi,yi,methode,'pp')
```

ermitteln. Die abkürzend für *piecewise polynomial* stehende Zeichenkette 'pp' bewirkt, dass die Funktion interp1 keine Funktionswerte berechnet, sondern eine Datenstruktur s zurückgibt, die unter anderem in einem Feld coefs die Koeffizienten der Polynome $s_1, \ldots, s_m$ enthält. Bei der Interpolation der obigen Beispieldaten (x_i, y_i) durch einen linearen Spline sieht das Ergebnis folgendermaßen aus:

```
>> slin = interp1(xi,yi,'linear','pp')
slin =

  scalar structure containing the fields:

    form = pp
    breaks =

      -2.0000  -1.2000  -0.4000  0.4000  1.2000  2.0000

    coefs =

       1.163433   1.574074
      -3.509477   2.504821
       0.320513  -0.302761
       1.521852  -0.046351
      -0.514839   1.171130

    pieces = 5
    order = 2
    dim = 1
    orient = first
```

Der mit dem Eingangsvektor `xi` übereinstimmende Vektor im Feld `break` und das Feld `coefs` für die Koeffizienten lassen sich zusammen als Funktionsgleichung gemäß dem Ansatz (4.31) interpretieren:

$$s(x) = \begin{cases} 1.163433 \cdot (x+2) + 1.574074 \,, & x \in [-2, -1.2) \\ -3.509477 \cdot (x+1.2) + 2.504821 \,, & x \in [-1.2, -0.4) \\ 0.320513 \cdot (x+0.4) - 0.302761 \,, & x \in [-0.4, 0.4) \\ 1.521852 \cdot (x-0.4) - 0.046351 \,, & x \in [0.4, 1.2) \\ -0.514839 \cdot (x-1.2) + 1.171130 \,, & x \in [1.2, 2] \end{cases}$$

Dabei ist zu beachten, dass die im Befehlsfenster angezeigten Zahlenwerte grundsätzlich gerundet sind, d. h., es gibt gegebenenfalls weitere Nachkommastellen:

```
>> disp(num2str(slin.coefs(1,:),10))
1.163433117    1.574074074
```

Ausgehend von der Datenstruktur `slin` lassen sich mithilfe der Octave-Funktion `ppval` ebenfalls Funktionswerte $s(x)$ an beliebigen Stellen $x \in [x_1, x_m]$ berechnen:

```
>> ppval(slin,[-1,1,1.2])
ans =
   1.80293    0.86676    1.17113
```

Analog lassen sich die Koeffizienten zu kubischen Spline-Interpolierenden ermitteln:

```
>> skub = interp1(xi,yi,'spline','pp');
>> disp(num2str(skub.coefs))
    2.97674      -10.0647       7.31012       1.57407
    2.97674      -2.92057      -3.07814       2.50482
   -1.59793       4.22361      -2.0357       -0.302761
   -0.692298      0.388585      1.65405      -0.0463511
   -0.692298     -1.27293       0.946577      1.17113
```

In der ersten Spalte der Matrix `coefs` ist die Wirkungsweise der Not-a-knot-Rand-bedingungen gut zu erkennen. Der kubische Spline s hat gemäß dem Ansatz (4.32) für $x \in [-2, -1.2)$ die folgende Gleichung (mit gerundeten Koeffizienten):

$$s(x) = s_1(x) = 2.97674 \cdot (x+2)^3 - 10.0647 \cdot (x+2)^2 + 7.31012 \cdot (x+2) + 1.57407$$

Eine Berechnung von Funktionswerten ist auch hier mit `ppval` möglich:

```
>> ppval(skub,[-1,1,1.2])
ans =
   1.79618    0.93644    1.17113
```

Mit der Octave-Funktion `ppder` kann die k-te Ableitung $s^{(k)}$ der stückweise definierten und durch die Datenstruktur `skub` repräsentierten Funktion s berechnet werden. Ergebnis von `ppder` ist eine Datenstruktur, deren Felder für die Ableitung $s^{(k)}$ die gleichen Namen und die gleiche Bedeutung haben wie die Felder der mit `interp1` erzeugten Datenstruktur für den Spline s. Für die erste Ableitung des kubischen Splines berechnen wir damit:

```
>> skub1 = ppder(skub,1);
>> disp(num2str(skub1.coefs))
   8.93023      -20.1295       7.31012
   8.93023      -5.84114      -3.07814
  -4.79378       8.44722      -2.0357
  -2.0769        0.77717       1.65405
  -2.0769       -2.54586       0.946577
```

Für das über dem Intervall $[-2, -1.2)$ definierte Teilstück s_1 gilt demnach:

$$s'(x) = s_1'(x) = 8.93023 \cdot (x+2)^2 - 20.1295 \cdot (x+2) + 7.31012 \,, \quad x \in [-2, 1.2)$$

Die zweite Ableitung von s ergibt sich folgendermaßen:

```
>> skub2 = ppder(skub,2);
>> disp(num2str(skub2.coefs))
   17.8605      -20.1295
   17.8605      -5.84114
   -9.58757      8.44722
   -4.15379      0.77717
   -4.15379     -2.54586
```

Auch dazu ein Lesebeispiel für das über $[-2, -1.2)$ definierte Teilstück s_1:

$$s''(x) = s_1''(x) = 17.8605 \cdot (x+2) - 20.1295 \,, \quad x \in [-2, 1.2)$$

Auch die Berechnung von Funktionswerten der Ableitungen kann mithilfe von `ppval` durchgeführt werden:

```
>> ppval(skub1,-1)
ans = -3.8892
>> ppval(skub2,-1)
ans = -2.2690
```

Auf diese Weise lässt sich (bis auf die üblichen kleinen Ungenauigkeiten) verifizieren, dass die Vorgabe von vollständigen Randbedingungen tatsächlich berücksichtigt wird:

```
>> skub = interp1(xi,[2,yi,-3],'spline','pp');
>> disp(ppval(ppder(skub,1),[-2,2]))
   2.0000      -3.0000
```

Als Alternative zu `interp1` stellt Octave zur Interpolation mit kubischen Splines die Funktion `spline` zur Verfügung. Sie unterscheidet sich in ihrer Verwendung nur geringfügig von `interp1`. Die Anweisung

```
Y = interp1(xi,yi,X,'spline')
```

ist äquivalent zu:

```
Y = spline(xi,yi,X)
```

Und die Anweisung

```
s = interp1(xi,yi,'spline','pp')
```

ist äquivalent zu:

```
s = spline(xi,yi)
```

Entsprechende Äquivalenzen ergeben sich, wenn die Interpolation mit vollständigen Randbedingungen durchgeführt werden soll.

Für viele praktische Anwendungen sind die durch die Funktionen `interp1` und `spline` bereitgestellten Möglichkeiten zur Interpolation zweidimensionaler Daten (x_i, y_i) durch lineare und kubische Splines ausreichend. Für die Interpolation durch kubische Splines mit natürlichen oder periodischen Randbedingungen stellt Octave derzeit keine Funktionen zur Verfügung.

Es sei abschließend erwähnt, dass mithilfe der Funktion `interp1` Daten (x_i, y_i) auch mit anderen stückweise durch Polynome definierte Funktionen interpoliert werden können. Das sind jedoch keine Splines, da diese Funktionen die dafür erforderlichen Differenzierbarkeitsanforderungen nicht erfüllen. Einen Überblick über diese Interpolationsmethoden liefert der Hilfetext zur Funktion (`help interp1`).

Aufgaben zum Abschnitt 4.2

Aufgabe 4.2.1: Approximieren Sie die Daten aus der Datei `messdatenreihe.csv` (siehe Abb. 22) nach der Methode der kleinsten Quadrate, wobei Funktionen der folgenden Gestalt verwendet werden sollen:

a) $f(x) = a_0 + a_1 e^x + a_2 e^{-x} + a_3 e^{-2x} + a_4 e^{-3x}$

b) $g(x) = a_0 + a_1 x + a_2 x^2 + a_3 e^{-x} + a_4 e^{-2x} + a_5 \sin(2x) + a_6 \cos(4x) + a_7 \sin(6x)$

c) $h(x) = a_0 + a_1 x + a_2 x^2 + \sum_{k=1}^{20} a_{k+2} \sin(kx)$

Lösen Sie diese Aufgabe, indem Sie in Analogie zur Approximation der Daten durch Polynome die zugehörigen Normalgleichungen aufstellen und das daraus entstehende lineare Gleichungssystem lösen. Bearbeiten Sie anschließend die Aufgabe ein zweites Mal durch Verwendung der Octave-Funktion `lsqcurvefit`. Stellen Sie außerdem die Approximierenden f, g und h gemeinsam mit den Daten grafisch dar.

Aufgabe 4.2.2: Approximieren Sie mithilfe der Octave-Funktion `lsqcurvefit` die Daten aus der Datei `messdatenreihe.csv` (siehe Abb. 22) nach der Methode der kleinsten Quadrate, wobei Funktionen der folgenden Gestalt verwendet werden sollen:

a) $f(x) = a_0 + a_1 e^{a_2 x} + a_3 e^{a_4 x}$

b) $g(x) = a_0 + a_1 \sin(a_2 x + a_3) \cdot (x - a_4)^2$

c) $h(x) = a_0 + a_1 x + a_2 x^2 + \displaystyle\sum_{k=1}^{5} b_k \cdot \big(\sin(c_k x) + \cos(d_k x)\big)^k$

Stellen Sie die Approximierenden f, g und h gemeinsam mit den Daten grafisch dar.

Aufgabe 4.2.3: Die Daten (x_i, y_i) aus der Datei `messdatenreihe.csv` (siehe Abb. 22) wurden in Abschnitt 4.2.1 zunächst nach der Methode der kleinsten Quadrate durch ein Polynom p_4 vom Grad $n = 4$ approximiert. Im Anschluss wurden die näherungsweise periodischen Fehlerpunkte (4.21) durch die periodische Funktion s in (4.22) approximiert, deren Koeffizienten ebenfalls nach der Methode der kleinsten Quadrate bestimmt wurden. Eine gegenüber p_4 verbesserte Approximation der Daten ergab sich durch den Ansatz $f(x) = p_4(x) - s(x)$. Statt der Fehlerpunkte gemäß (4.21) können alternativ die Punkte

$$\big(x_i \, , \, y_i - p_4(x_i)\big) \, , \quad i = 1, \ldots, m \tag{#}$$

als Ausgangspunkt zur Verbesserung betrachtet werden.

a) Approximieren Sie die Daten (#) durch den Ansatz $z(x) = c_1 \cdot \sin(2\pi \cdot x + c_2) + c_3$ mit $c_1, c_2, c_3 \in \mathbb{R}$ nach der Methode der kleinsten Quadrate.

b) Wie lassen sich die Daten (x_i, y_i) mithilfe der Funktionen p_4 und z besser approximieren (im Vergleich zur Approximation allein durch p_4)?

Aufgabe 4.2.4: Interpolieren Sie die Datenpunkte aus der Datei `testpunkte.csv`

a) durch ein Polynom f,

b) durch einen linearen Spline p,

c) durch einen kubischen Spline s mit Not-a-knot-Randbedingungen bzw.

d) durch einen kubischen Spline u mit vollständigen Randbedingungen $u'(x_1) = a$ und $u'(x_m) = b$, wobei x_1 die kleinste und x_m die größte Abszisse der Datenpunkte ist. Die Zahlenwerte a bzw. b sind der Anstieg der Verbindungsstrecke zwischen den ersten beiden bzw. den letzten beiden Datenpunkten.

Stellen Sie die Datenpunkte und die Interpolierende f in einem Plot sowie die Datenpunkte und die Interpolierenden p, s und u in einem zweiten Plot grafisch dar. Berechnen Sie außerdem die Funktionswerte $f(x)$, $p(x)$, $s(x)$ und $u(x)$ für $x \in \{-1.3, 0.1, 1.8\}$.

Aufgabe 4.2.5: Approximieren Sie die Datenpunkte aus der Datei `testpunkte.csv`

a) durch ein Polynom f vom Grad 8,

b) durch einen linearen Spline p mit den fest gewählten Knoten $z_1 = -2, z_2 = -1, z_3 = 0$, $z_4 = 1$ und $z_5 = 2$,

c) durch einen kubischen Spline s mit den fest gewählten Knoten $z_1 = -2, z_2 = -1, z_3 = 0$, $z_4 = 1$ und $z_5 = 2$ und Not-a-knot-Randbedingungen bzw.

d) durch einen kubischen Spline u mit den fest gewählten Knoten $z_1 = -2, z_2 = -1, z_3 = 0$, $z_4 = 1$ und $z_5 = 2$ mit vollständigen Randbedingungen $u'(x_1) = a$ und $u'(x_m) = b$, wobei x_1 die kleinste und x_m die größte Abszisse der Datenpunkte ist. Die Zahlenwerte a bzw. b sind der Anstieg der Verbindungsstrecke zwischen den ersten beiden bzw. den letzten beiden Datenpunkten.

Fortsetzung auf der nächsten Seite

Stellen Sie die Datenpunkte und die Approximierenden f, p, s und u gemeinsam in einem Plot grafisch dar. Berechnen Sie außerdem die Funktionswerte $f(x)$, $p(x)$, $s(x)$ und $u(x)$ für $x \in \{-2, -1, 0, 1, 2\}$ und geben Sie den Approximationsfehler (euklidische Norm) für jede Funktion an.

Hinweis zu b), c) und d): Die Approximation mit einem Spline g mit fest gewählten Knoten enthält etwas versteckt eine Interpolationsaufgabe, d. h., bei der Approximation nach der Methode der kleinsten Quadrate werden zu den bekannten Interpolationsstützstellen z_i die zugehörigen unbekannten Stützwerte w_i so bestimmt, dass $\left\| g(X) - Y \right\|_2$ minimal wird und $g(z_i) = w_i$ für $i = 1, \ldots, 5$ gilt.

Aufgabe 4.2.6: Approximieren Sie die in der Datei `messdatenreihe2.csv` gespeicherten Daten nach der Methode der kleinsten Quadrate durch eine geeignete Funktion.

4.3 Nichtlineare Gleichungssysteme

Ein nichtlineares Gleichungssystem besteht aus $m \in \mathbb{N}$ Gleichungen mit $n \in \mathbb{N}$ Variablen. Zu seiner Lösung ist die folgende Gestalt zweckmäßig, die sich durch Addition oder Subtraktion von Termen stets erreichen lässt:

$$
\begin{aligned}
f_1(x_1, \ldots, x_n) &= 0 \\
f_2(x_1, \ldots, x_n) &= 0 \\
&\vdots \\
f_m(x_1, \ldots, x_n) &= 0
\end{aligned} \tag{4.33}
$$

Dabei können die Funktionen $f_i : \mathbb{R}^n \to \mathbb{R}$ für $i = 1, \ldots, m$ grundsätzlich beliebig gewählt werden. Zur Lösung solcher Gleichungssysteme werden die m Funktionen $f_1, \ldots, f_m$ zu einer Funktion $F : \mathbb{R}^n \to \mathbb{R}^m$ zusammengefasst, sodass allgemeiner eine Lösung der Gleichung $F(x) = 0$ gesucht wird, wobei

$$
x = (x_1, \ldots, x_n)^T \quad \text{und} \quad F(x) = \big(f_1(x), \ldots, f_m(x) \big)^T
$$

gilt. In vergleichsweise wenigen Fällen wird es gelingen, nichtlineare Gleichungssysteme exakt zu lösen. Standard ist deshalb die numerische Lösung mithilfe des Newton-Verfahrens. Wie bei vielen numerischen Verfahren geht man auch beim Newton-Verfahren von Startwerten

$$
x^{(0)} = \left(x_1^{(0)}, \ldots, x_n^{(0)} \right)^T
$$

aus. Das Newton-Verfahren berechnet iterativ die folgenden Vektoren:

$$
x^{(i+1)} = x^{(i)} - J^{-1}(x^{(i)}) \cdot F(x^{(i)}), \quad i \in \mathbb{N}_0 \tag{4.34}
$$

Dabei ist

$$J(x) = \begin{pmatrix} \frac{\partial f_1(x)}{\partial x_1} & \cdots & \frac{\partial f_1(x)}{\partial x_n} \\ \vdots & \ddots & \vdots \\ \frac{\partial f_m(x)}{\partial x_1} & \cdots & \frac{\partial f_m(x)}{\partial x_n} \end{pmatrix}$$

die sogenannte Jacobi-Matrix der Vektorfunktion F. Man kann unter geeigneten Voraussetzungen zeigen, dass die Folge $x^{(i)}$ für $i \to \infty$ gegen eine Lösung x^* der Gleichung $F(x) = 0$ konvergiert. Für die Programmierung und aus Gründen der numerischen Stabilität ist die Berechnung der Inversen J^{-1} nicht zweckmäßig. Deshalb wird der auch als Korrekturvektor bezeichnete Vektor

$$\Delta x^{(i)} = -J^{-1}(x^{(i)}) \cdot F(x^{(i)}) \tag{$*$}$$

als Lösung eines linearen Gleichungssystems interpretiert. Dieses ergibt sich durch die Multiplikation von $(*)$ mit $J(x^{(i)})$ von links:

$$J(x^{(i)}) \cdot \Delta x^{(i)} = J(x^{(i)}) \cdot \left(-J^{-1}(x^{(i)}) \right) \cdot F(x^{(i)}) \quad \Leftrightarrow \quad J(x^{(i)}) \cdot \Delta x^{(i)} = -F(x^{(i)})$$

In der Praxis wird die Iteration beendet, wenn eine durch ein geeignetes Abbruchkriterium vorgegebene Genauigkeit erreicht wird. Ein solches Kriterium lautet zum Beispiel

$$\left\| F(x^{(i)}) \right\|_2 \leq \varepsilon$$

für eine hinreichend kleine Fehlerschranke $\varepsilon > 0$. Dabei ist $\|\cdot\|_2$ die euklidische Norm für einen Vektor aus $\mathbb{R}^m$. Ein alternatives Abbruchkriterium ist

$$\left\| x^{(i+1)} - x^{(i)} \right\|_2 = \left\| \Delta x^{(i)} \right\|_2 \leq \varepsilon .$$

Für ausführliche Details zur Herleitung und Konvergenz des Verfahrens sei auf die weiterführende Literatur verwiesen, wie zum Beispiel [34], [37] oder [39].

Hier soll die Lösung nichtlinearer Gleichungssysteme mit Octave im Vordergrund stehen. Das Newton-Verfahren lässt sich mit einem überschaubarem Aufwand selbst programmieren. Dies sollten Lernende in Studiengängen, bei denen Mathematik mehr als nur ein bloßes Anwendungswerkzeug ist, zu ihrem Selbstverständnis gelegentlich realisieren und dabei für die Fälle $n = 1$ und $n = 2$ auch auf eine „Entdeckungstour" gehen, bei der einzelne Verfahrensschritte und ihre Bedeutung genauer untersucht werden können.

Geht es dagegen nur um die reine Anwendung von Mathematik, dann stellt Octave einsatzbereit die (nicht ausschließlich) auf dem Newton-Verfahren basierende Funktion `fsolve` zur Lösung nichtlinearer Gleichungssysteme zur Verfügung. Nachfolgend soll die Anwendungsweise der Funktion `fsolve` an Beispielen demonstriert werden. Ein Aufruf der Funktion mit allen möglichen Eingangsparametern und einem von fünf möglichen Ausgangsparametern hat die folgende Gestalt:

```
xs = fsolve(FUN,x0,OPT)
```

Die Ein- und Ausgangsparameter haben dabei die folgende Bedeutung:

- Die Funktion F wird über den Parameter FUN übergeben.
- Im Vektor x0 werden die Startwerte für die Variablen zusammengefasst.
- Die mit der Octave-Funktion optimset definierbare Datenstruktur OPT wird zur Einstellung verschiedener Berechnungsparameter genutzt. Details dazu findet man im Hilfetext (help fsolve). Der Parameter OPT kann auch weglassen und mit den Voreinstellungen gerechnet werden, was dem Aufruf xs = fsolve(FUN,x0) entspricht.
- Der Vektor xs ist (falls vorhanden) eine Lösung der Gleichung $F(x) = 0$. Dabei ist xs ein Spaltenvektor, falls x0 ein Spaltenvektor ist, und xs ist ein Zeilenvektor, falls x0 ein Zeilenvektor ist.

Die Funktion fsolve kann auch für den Spezialfall $m = n = 1$ genutzt werden, d. h., es können Nullstellen einer Funktion $f : \mathbb{R} \to \mathbb{R}$ mit einer Variable berechnet werden. Analog zu den Octave-Funktionen für die nichtlineare Optimierung gilt dabei die Empfehlung, dass der Startwert x_0 zur Lösung der Gleichung $f(x) = 0$ bereits möglichst nah bei der gesuchten Nullstelle liegen sollte. Bei der Suche nach einem geeigneten Startwert hilft zum Beispiel ein Plot des Funktionsgraphen. Hat eine Funktion $f : \mathbb{R} \to \mathbb{R}$ mehr als eine Nullstelle und sollte ein an fsolve übergebener Startwert nicht zur gewünschten Nullstelle führen, dann muss ein anderer Startwert aus ihrer Umgebung gewählt werden.[4,5]

Als Beispiel berechnen wir mit fsolve die kleinste positive Nullstelle der durch $f(x) = \sin(x) \cdot (x - 1) + 1$ gegebenen Funktion. Einem Plot des Funktionsgraphen über dem Intervall $[0, 5]$ entnimmt man, dass die Nullstelle im Intervall $(3, 4)$ liegt. Als Startwerte bieten sich damit $x_0 \in \{3, 3.5, 4\}$ an:

```
>> f = @(x) sin(x).*(x-1) + 1;
>> x1 = fsolve(f,3);
>> x2 = fsolve(f,3.5);
>> x3 = fsolve(f,4);
>> disp(num2str([x1,x2,x3],12))
3.54534720204     3.54534717823     3.54534705298
```

Es zeigt sich, dass bei den ausgehend von verschiedenen Startwerten berechneten Näherungswerten für die Nullstelle lediglich die ersten sechs Nachkommastellen übereinstimmen. Das ist den voreingestellten Abbruchkriterien der Funktion fsolve geschuldet, bei denen laut Hilfetext die Toleranzschranke sowohl für die Variablen als auch für die Funktionswerte durch $\varepsilon = 10^{-7}$ festgelegt ist. Für viele Anwendungen ist das mehr als ausreichend. Eine größere Genauigkeit kann man folgendermaßen erreichen:

---

[4] Das gilt sinngemäß auch für mehrdeutig lösbare nichtlineare Gleichungssysteme allgemein, d. h., ein wenig Experimentierfreude ist gelegentlich nicht vermeidbar, wenn mit fsolve alle Lösungen oder eine bestimmte Lösung einer nichtlinearen Gleichung bzw. eines nichtlinearen Gleichungssystems ermittelt werden sollen.

[5] Zur Lösung einer einzelnen nichtlinearen Gleichung mit einer Variable, also zur Nullstellenberechnung von $f : \mathbb{R} \to \mathbb{R}$, sei an die extra dafür zugeschnittene Octave-Funktion fzero erinnert, bei der man entweder einen einzelnen Startwert vorgeben kann oder alternativ ein Startintervall, in dem die Lösung liegt bzw. vermutet wird (siehe dazu die Aufgabe 2.9.3). Durch die Vorgabe eines Startintervalls lässt sich sicherstellen, dass eine bestimmte Lösung auch tatsächlich berechnet wird.

```
>> OPT = optimset('TolX',1.0e-012,'TolFun',1.0e-012);
>> x1 = fsolve(f,3,OPT);
>> x2 = fsolve(f,3.5,OPT);
>> x3 = fsolve(f,4,OPT);
>> disp(num2str([x1,x2,x3],12))
3.54534715829    3.54534715829    3.54534715829
```

Dabei wurden die Toleranzschranken 'TolX' für die Variable bzw. 'TolFun' für die Funktionswerte auf $\varepsilon = 10^{-12}$ gesetzt.

Anspruchsvoller in Bezug auf die Übersetzung der Vektorfunktion F in einen für fsolve nutzbaren Octave-Code ist das folgende nichtlineare Gleichungssystem mit zwei Gleichungen und zwei Variablen:

$$2x_1^2 + 3x_2 - 1 = 0$$
$$4x_1 - 2x_2^2 + 2 = 0 \qquad (4.35)$$

Dieses System könnte zwar noch relativ leicht mit Zettel und Stift gelöst werden, jedoch überlassen wir diese Arbeit der Octave-Funktion fsolve und bestimmen ausgehend von auf gut Glück gewählten Startwerten für die Variablen eine Lösung. Die Funktion F muss dabei als Vektor angelegt werden, jeweils eine Zeile für die Funktionsterme $f_1(x_1,x_2) = 2x_1^2 + 3x_2 - 1$ und $f_2(x_1,x_2) = 4x_1 - 2x_2^2 + 2$. Aus Gründen der Übersichtlichkeit und Nachvollziehbarkeit sei empfohlen, den Funktionsvektor als Spaltenvektor anzulegen. Insgesamt sieht die Lösung des Gleichungssystems im Befehlsfenster einschließlich Probe folgendermaßen aus:

```
>> F = @(x) [2*x(1)^2+3*x(2)-1 ; 4*x(1)-2*x(2)^2+2];
>> OPT = optimset('TolX',1.0e-012,'TolFun',1.0e-012);
>> xs = fsolve(F,[1,1],OPT)
xs =

  -0.48435    0.17694

>> Fvek = F(xs)
Fvek =

  -4.1456e-013
  -1.9407e-013
```

Abgesehen von den numerisch bedingten bzw. durch die Definition von 'TolX' und 'TolFun' bereits vorab bekannten Ungenauigkeiten ($10^{-13} \approx 0$) zeigt die durch die Berechnung des Vektors F(xs) durchgeführte Probe, dass $(x_1,x_2) \approx (-0.48435, 0.17694)$ tatsächlich eine Lösung des nichtlinearen Gleichungssystems (4.35) ist. Die Probe muss man übrigens nicht wie eben gesondert durchführen, sondern man kann sich den Vektor F(xs) gleich von fsolve mitberechnen lassen:

```
>> [xs,Fvek] = fsolve(F,[1,1],OPT)
xs =

  -0.48435    0.17694
```

```
Fvek =

  -4.1456e-013
  -1.9407e-013
```

Dass `fsolve` tatsächlich eine Lösung eines nichtlinearen Gleichungssystem näherungsweise berechnet hat, lässt sich nicht nur mit dem zweiten Ausgangsparameter feststellen, sondern auch mit dem dritten Ausgangsparameter der Funktion:

```
>> [xs,Fvek,INFO] = fsolve(F,[1,1],OPT)
xs =

  -0.48435   0.17694

Fvek =

  -4.1456e-013
  -1.9407e-013

INFO = 1
```

Der dritte Ausgangsparameter, dessen Wert der Variable `INFO` zugewiesen wurde, nimmt Zahlenwerte aus der Menge $\{-3, 0, 1, 2, 3\}$ an und gibt Auskunft über den Erfolg oder Misserfolg der Rechnung. Im Fall `INFO = 1` ist alles in Ordnung und eine Lösung gefunden. Ist `INFO` ungleich 1, dann sollten Anwender die berechneten Zahlenwerte kritisch behandeln. Ob in solchen Fällen eine Näherungslösung für das zur Lösung übergebene nichtlineare Gleichungssystem berechnet wurde, lässt sich wiederum am Vektor `Fvek = F(xs)` erkennen. Ist `Fvek` nicht näherungsweise der Nullvektor, so ist das ein Hinweis darauf, dass das Gleichungssystem entweder nicht lösbar ist oder im Fall der gegebenenfalls vorab diskutierten Lösbarkeit an den Berechnungsparametern (Startwerte, maximale Iterationsanzahl, Toleranzschranken usw.) Änderungen vorgenommen werden müssen, um zu einer Lösung zu kommen.

Umgekehrt bedeutet dies, dass `fsolve` auch bei nicht lösbaren Gleichungssystemen stets irgendwelche Zahlenwerte berechnet. Daran zeigt sich einmal mehr, dass bei der Problemlösung am Computer Berechnungsergebnissen nicht blind vertraut werden darf und Anwender stets kritisch mitdenken müssen. Im Fall der Funktion `fsolve` unterstützt Octave dabei mit der automatischen Berechnung des Vektors `Fvek` und der automatischen Bewertung des Ergebnisses in Form der Zahl `INFO`. Zur genauen Bedeutung der möglichen Zahlenwerte von `INFO` und zu weiteren hier nicht genannten Ausgangsparametern sei auf den Hilfetext verwiesen (`help fsolve`).

Aufgaben zum Abschnitt 4.3

Aufgabe 4.3.1: Nutzen Sie zur Lösung die Octave-Funktion `fsolve`:

a) Ermitteln Sie *eine* Lösung der Gleichung $\tan\left(\ln\left(\sin(x) + \cos(x) + 3\right)\right) - 2 = 0$.

b) Ermitteln Sie *alle* Lösungen der Gleichung $x^3 - 20x^2 \cdot \sin(x) = 100$.

c) Berechnen Sie die einzige Nullstelle der Funktion $f : \mathbb{R} \to \mathbb{R}$ mit

$$f(x) = \sin(x) \cdot e^{\cos(x)} - \cos(x) \cdot e^{\sin(x)} + x \, .$$

d) Berechnen Sie alle Nullstellen der Funktion $f : [-6, 6] \to \mathbb{R}$ mit

$$f(x) = \cos\left(e^{\cos(x)} + \cos(x) \cdot e^{\sin(x)} + x - 2\right) \, .$$

Aufgabe 4.3.2:

a) Berechnen Sie mit der Octave-Funktion `fsolve` näherungsweise alle Lösungen des folgenden Gleichungssystems:

$$(x - 5)^2 + (y + 1)^2 = 49$$
$$(x - 2)^2 + (y - 1)^2 = 25$$

b) Berechnen Sie mit der Funktion `fsolve` ausgehend vom Startpunkt $(x_0, y_0) = (0, 0)$ und mit den Toleranzschranken `'TolX'` = `'TolFun'` = `1.0e-012` näherungsweise die eindeutige Lösung des folgenden Gleichungssystems:

$$(x - 10)^2 + (y + 1)^2 = 225$$
$$(x - 26)^2 + (y + 13)^2 = 25$$

Lässt sich aus der mit `fsolve` berechneten Näherungslösung ein Schluss auf die exakte Lösung ziehen?

c) Begründen Sie, dass das nichtlineare Gleichungssystem

$$(x + 5)^2 + (y + 1)^2 = 16$$
$$(x - 3)^2 + (y - 4)^2 = 9$$

keine Lösung hat. Erhält man dieses Ergebnis in geeigneter Weise auch mit der Octave-Funktion `fsolve`?

Hinweise: Aussagen zur Lösbarkeit und der Anzahl der Lösungen lassen sich durch eine geometrische Interpretation der Gleichungssysteme bzw. ihrer Gleichungen erhalten. Machen Sie sich deshalb zuerst klar, welche geometrischen Objekte durch die Gleichungen beschrieben werden. Stellen Sie diese Objekte grafisch dar, um Aussagen über die Anzahl der Lösungen zu erhalten.

Aufgabe 4.3.3: Im Raum sei der Kreis K durch eine Parametergleichung gegeben:

$$K : \vec{x} = \begin{pmatrix} 6 \\ 2 \\ 3 \end{pmatrix} + \frac{5}{3}\cos(\alpha)\begin{pmatrix} 2 \\ 1 \\ 2 \end{pmatrix} + \frac{5}{3}\sin(\alpha)\begin{pmatrix} 2 \\ -2 \\ -1 \end{pmatrix} , \quad \alpha \in [0, 2\pi)$$

Untersuchen Sie mit der Funktion `fsolve`, ob die Punkte $P(-4|12|8)$ und $Q(4|12|-8)$ auf K liegen. Geben Sie gegebenenfalls den zugehörigen Wert des Winkels α an.

Aufgabe 4.3.4: Die Kugeln S_1 und S_2 seien durch die folgenden Koordinatengleichungen gegeben:

$$\begin{aligned} S_1 &: (x-7)^2 + (y-16)^2 + (z+9)^2 = 1600 \\ S_2 &: (x+1)^2 + (y+4)^2 + (z-11)^2 = 736 \end{aligned} \tag{\#}$$

Die Kugeln S_1 und S_2 schneiden sich in einem Kreis K. Eine Gleichung der Trägerebene E, die Koordinaten des Mittelpunkts M und der Radius ρ von K lassen sich per Hand durch die Lösung des nichtlinearen Gleichungssystems (#) bestimmen. Dabei ergibt sich eine Gleichung der Ebene E als Zwischenergebnis, und die Koordinaten von M sowie der Radius ρ werden mithilfe der Gerade ermittelt, die orthogonal zu E ist und durch die Mittelpunkte der Kugeln verläuft (siehe [32] für Details). Dieser Lösungsweg lässt sich grundsätzlich auch für die Rechnung mit Octave nutzen. Auf Basis der Octave-Funktion `fsolve` bietet sich der folgende alternative Lösungsweg in drei Schritten an:

- Schritt 1: Bestimmung von drei verschiedenen Lösungen des Gleichungssystems (#). Das ergibt die Koordinaten von drei auf S_1 und S_2 liegenden Punkten A, B und C.
- Schritt 2: Bestimmung des Kreismittelpunkts M durch Lösung des Gleichungssystems, das unter anderem aus den Gleichungen $\left|\overrightarrow{MA}\right|^2 = \left|\overrightarrow{MB}\right|^2$ und $\left|\overrightarrow{MA}\right|^2 = \left|\overrightarrow{MC}\right|^2$ gebildet wird, wobei das Symbol $\left|\overrightarrow{MA}\right|$ für die Länge des Vektors $\overrightarrow{MA}$ vom Punkt M zum Punkt A steht. Das Gleichungssystem wird durch eine dritte Gleichung vervollständigt, mit der ausgedrückt wird, dass M in der Trägerebene des Kreises K liegt, in der auch die Punkte A, B und C liegen.
- Schritt 3: Berechnung des Schnittkreisradius ρ.

Ermitteln Sie M und ρ mit Octave nach der beschriebenen Methode.

Aufgabe 4.3.5: Bestimmen Sie mit der Octave-Funktion `fsolve` alle stationären Punkte der Funktion f, d. h., die Lösungen der Gleichung $\nabla f(x, y) = 0$.

a) $f : [-2, 1] \times [-1, 1] \to \mathbb{R}$ mit $f(x, y) = e^{x-2y} - \cos(xy+1) + x^2 + y^2$

b) $f : [-2, 2] \times [-2, 2] \to \mathbb{R}$ mit $f(x, y) = \sin^4(x) + \sin^4(y+1) - 2\sin(xy)$

4.4 Statistik und Wahrscheinlichkeitsrechnung

Ohne statistische Methoden geht in vielen Bereichen unserer modernen Lebenswelt nichts mehr. Aus einer Flut von gesammelten Daten und Informationen werden beispielsweise in Anwendungen aus Wirtschaft oder Wissenschaft diverse Zusammenhänge untersucht und aufgedeckt, die Effektivität von Arbeitsabläufen bewertet oder Schlüsse auf (unbekannte) größere Datenmengen gezogen. Selbst bei der mathematischen Modellierung muss man sich heute statistischer Methoden bedienen, um große Datenmengen beherrschen zu können. Grob wird zwischen zwei Arten von Statistik unterschieden:

- **Beschreibende Statistik:** Sie stellt Methoden zur Erfassung, Darstellung und einer eher allgemein gehaltenen Auswertung empirisch gesammelten Zahlenmaterials zur Verfügung. Dabei handelt es sich anschaulich lediglich um eine Momentaufnahme, denn die beschreibende Statistik zieht Schlüsse ausschließlich in Bezug auf das zur Verfügung stehende Zahlenmaterial, jedoch nicht darüber hinaus, d. h., eine Überprüfung von statistischen Hypothesen ist damit nicht möglich.

- **Beurteilende (mathematische, induktive) Statistik:** Sie liefert auf Basis der Wahrscheinlichkeitsrechnung vielfältige Methoden zur gezielten Auswertung und Untersuchung des Datenmaterials der beschreibenden Statistik. Das zur Verfügung stehende Zahlenmaterial wird dabei als Ergebnis eines Zufallsversuchs betrachtet, aus dem ein Schluss auf die unbekannte, dem Zufallsversuch tatsächlich zugrunde liegende Wahrscheinlichkeitsverteilung gezogen wird. Auf diese Weise lassen sich mithilfe statistischer Tests statistische Hypothesen überprüfen.

Sowohl für die beschreibende als auch für die beurteilende Statistik ergibt sich bei der Auswertung großer Datenmengen zwangsläufig die Notwendigkeit des Computereinsatzes. Es gibt zahlreiche spezielle Softwarepakete, die ausschließlich statistischen Zwecken dienen. Auch mit Octave lassen sich statistische Betrachtungen durchführen. Dabei wird Octave häufig als im Schatten von MATLAB stehend angesehen, wo mit der *Statistical Toolbox* umfangreiche Programmpakete für Anwendungen der Statistik zur Verfügung stehen. Trotzdem muss sich Octave davor nicht verstecken, wie bereits ein Blick in die Dokumentation unter dem Stichpunkt *Statistics* zeigt.

Es ist nicht möglich, die gesamte Bandbreite statistischer Octave-Funktionen in einem einführenden Lehrbuch anzusprechen. Nachfolgend beschränken wir uns deshalb darauf, eine Auswahl von Funktionen für die beschreibende Statistik vorzustellen. Weiter werden im zweiten Teil dieses Abschnitts Funktionen zur Wahrscheinlichkeitsrechnung vorgestellt, die eine Grundlage der beurteilenden Statistik ist. Für die detaillierten mathematischen Hintergründe und Zusammenhänge zu beiden Themen sei grundsätzlich auf die weiterführende Literatur verwiesen, wie zum Beispiel [15], [16], [18], [23] oder [27].

Auf Funktionen zur beurteilenden Statistik wird hier nicht eingegangen. Es sei jedoch erwähnt, dass Octave eine Reihe von Funktionen zur Durchführung statistischer Tests anbietet. Interessierte Leser erhalten in der Dokumentation unter dem Stichwort *Statistics* und dort unter *Tests* einen Überblick über die implementierten Testverfahren, deren Diskussion und Demonstration den Rahmen dieses Lehrbuchs sprengen würde.

4.4.1 Beschreibende Statistik

Die beschreibende Statistik beschäftigt sich damit, wie Daten gesammelt, beschrieben, geordnet und zusammengefasst werden können. Zu einem (oder mehreren) Merkmal(en) X wird dazu eine Stichprobe $S = \{x_1, \ldots, x_n\}$ vom Umfang $n \in \mathbb{N}$ betrachtet, wobei das Merkmal X verschiedene Ausprägungen haben kann, die in einer Menge $M = \{a_1, \ldots, a_m\}$ mit $m \in \mathbb{N}$ zusammengefasst werden. Die in der Stichprobe enthaltenen Daten können eindimensional (d. h. $x_i, a_j \in \mathbb{R}$) oder mehrdimensional (d. h., $x_i, a_j \in \mathbb{R}^k$, $k \geq 2$) sein. Wir betrachten nachfolgend ausschließlich eindimensionale Darstellungen. Eine Auswertung und Aufbereitung solcher Daten erfolgt einerseits durch statistische Maßzahlen, wie z. B. Häufigkeiten, Lage- und Streuungsmaße. Andererseits gelingt eine übersichtliche Aufbereitung durch geeignete grafische Darstellungen.

Stichproben können zur Auswertung mit Octave in einem Vektor bzw. einer Matrix gespeichert werden. Absolute und relative Häufigkeiten eines Merkmals lassen sich in diesem Fall unter Verwendung der in Abschnitt 2.4 vorgestellten logischen Indizierung ermitteln.

In der Datei `mathenoten.csv` sind die Noten aus einer Prüfungsklausur zu einer Vorlesung über Analysis für Informatikstudiengänge gespeichert. Dabei handelt es sich um eine eindimensionale Datenmenge, aus der die relativen und absoluten Häufigkeiten des Merkmals „Note" ermittelt werden sollen. Das Merkmal „Note" kann verschiedene Ausprägungen haben, die durch die Menge $M = \{1, 1.3, 1.7, 2, 2.3, 2.7, 3, 3.3, 3.7, 4, 5\}$ repräsentiert werden. Die absolute Häufigkeit $h(a)$ der Merkmalsausprägung $a \in M$ ist die Anzahl der Elemente x_i aus der Stichprobe $S = \{x_1, \ldots, x_n\}$ mit $x_i = a$. Für $a = 1$ und $a = 5$ lässt sich $h(a)$ folgendermaßen bestimmen:

```
>> S = csvread('mathenoten.csv');
>> n = length(S)
n = 267
>> index = 1:n;
>> h1 = length(index(S == 1))
h1 = 9
>> h5 = length(index(S == 5))
h5 = 124
```

Die $n = 267$ Zahlenwerte umfassende Stichprobe S enthält 9-mal die Ausprägung $a = 1$ und 124-mal die Ausprägung $a = 5$. Die relative Häufigkeit von $a \in M$ ist definiert als $r(a) = \frac{h(a)}{n}$, wobei n der Stichprobenumfang ist. Für $a = 1$ und $a = 5$ bedeutet dies:

```
>> r1 = h1/n                    >> r5 = h5/n
r1 = 0.033708                   r5 = 0.46442
```

Die relative Häufigkeit $r(a) \in [0, 1]$ ist nichts anderes als der Prozentsatz (als Dezimalbruch), mit dem die Ausprägung $a \in M$ in der Stichprobe S auftritt. Die Multiplikation mit 100% ergibt: Von 267 Prüflingen haben rund 3.37% die Note 1 erhalten, während rund 46.44% mit der Note 5 die Prüfung nicht bestanden haben.

Werden zu jeder Ausprägung $a \in M = \{a_1, \ldots, a_m\}$ eines Merkmals X die Häufigkeiten bestimmt, dann ergibt dies die *empirische Häufigkeitsverteilung* des Merkmals X in der Stichprobe $S = \{x_1, \ldots, x_n\}$. Dabei werden absolute oder relative Häufigkeiten bzw. Prozentangaben verwendet. Empirische Häufigkeitsverteilungen können beispielsweise in tabellarischer Form notiert werden. Eine solche Tabelle lässt sich mit Octave in Gestalt einer Matrix mit wenig Aufwand erzeugen. Soll beispielsweise für die Stichprobe mathenoten.csv eine empirische Häufigkeitsverteilung mit relativen Häufigkeiten als Tabelle erstellt werden, dann gelingt dies folgendermaßen:

```
>> S = csvread('mathenoten.csv');
>> noten = [1;1.3;1.7;2;2.3;2.7;3;3.3;3.7;4;5];
>> n = length(S);
>> index = 1:n;
>> absolut = [];
>> for k=1:length(noten)
absolut = [absolut; length(index(S == noten(k)))];
end
>> relativ = [noten,absolut/n];
>> disp([' ' ; Note   relative Haeufigkeit' ; ...
num2str(relativ)])
```

```
Note   relative Haeufigkeit
  1     0.033708
1.3     0.026217
1.7     0.014981
  2     0.048689
2.3     0.078652
2.7     0.067416
  3     0.052434
3.3     0.074906
3.7     0.074906
  4     0.06367
  5     0.46442
```

Grafisch werden empirische Häufigkeitsverteilungen unter anderem durch Balkendiagramme dargestellt, die alternativ auch als Stab- oder Säulendiagramme bezeichnet werden. Dabei werden die absoluten bzw. relativen Häufigkeiten als diskrete Funktion $f : M \to \mathbb{R}_{\geq 0}$ aufgefasst. Für jede Ausprägung $a_j \in M$ werden die Punkte $(a_j|0)$ und $\left(a_j|f(a_j)\right)$ durch einen „Balken" miteinander verbunden. Mit anderen Worten ist $f(a_j) = h(a_j)$ bzw. $f(a_j) = r(a_j)$ bzw. $f(a_j) = 100 \cdot r(a_j)$ die Länge des Balkens über $a_j \in M$, dessen Stärke zwischen einer sehr dicken Linie und einem breiten Rechteck variieren kann. Auch aus ästhetischen Gründen kann es sinnvoller sein, die Ausrichtung der Balken nicht an den möglicherweise weit gestreuten Ausprägungen a_j vorzunehmen, sondern an den Indizes $j = 1, \ldots, m$, d. h., es werden die Punkte $(j|0)$ und $\left(j|f(a_j)\right)$ durch einen Balken verbunden.

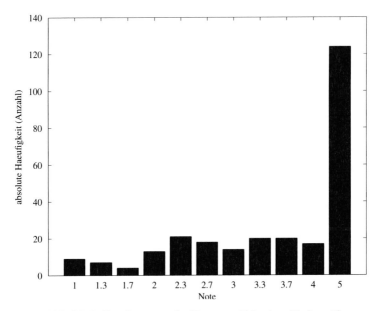

Abb. 34: Balkendiagramm der Notenanzahl in einer Matheprüfung

Balkendiagramme lassen sich mit Octave auf Basis der Funktionen `plot` und `fill` manuell erzeugen, was mit einigem Aufwand verbunden sein kann. Schneller geht die Erzeugung eines Balkendiagramms mit der Funktion `bar`, der lediglich die Häufigkeiten als (Spalten-) Vektor übergeben werden müssen. Ergänzend können Achsenbeschriftungen, Gitternetz, Legenden und Titel analog zur Gestaltung „normaler" Grafiken hinzugefügt und individuell gestaltet werden. Mit Bezug zu dem oben für die tabellarische Darstellung erstellten Vektor `absolut` erzeugt die Anweisung

```
>> bar(absolut)
```

ein Balkendiagramm. Da der Funktion `bar` nicht mitgeteilt wurde, welche Merkmalsausprägung $a_j \in M$ zum j-ten Eintrag im Vektor `absolut` gehört, werden bei der automatisch durchgeführten Formatierung der Koordinatenachsen die Markierungen auf der Abszissenachse mit dem Index j beschriftet. Das ist zur Interpretation des Balkendiagramms ungünstig. Geeigneter ist natürlich eine Beschriftung der Markierungen mit den Ausprägungen a_j, was sich mit den in Abschnitt 1.7.4 vorgestellten Formatierungsmöglichkeiten für die Koordinatenachsen erreichen lässt. Die auf den obigen Aufruf von `bar` folgende Anweisung

```
>> set(gca,'XTickLabel', ...
{'1','1.3','1.7','2','2.3','2.7','3','3.3','3.7','4','5'})
```

führt zu der gewünschten Beschriftung auf der Abszissenachse. Die Anweisungen

```
>> xlabel('Note')
>> ylabel('absolute Haeufigkeit (Anzahl)')
```

führen schließlich auf das in Abb. 34 zu sehende Balkendiagramm.

Mehr Aussagekraft erhält das Balkendiagramm, wenn auch die Ordinatenachse formatiert wird. Das realisieren die folgenden Anweisungen, die im Anschluss an die zu Abb. 34 führende Anweisungsfolge angehangen werden:

```
>> ylim([0,max(absolut)])
>> set(gca,'YTick',0:10:max(absolut))
```

Für den Betrachter können zur besseren Orientierung Hilfslinien in Gestalt eines Gitternetzes nützlich sein. Dass realisieren die folgenden Anweisungen, mit denen das Standardgitternetz (grid on) zusätzlich in seiner Linienstärke verändert und statt durchgezogener Linien gestrichelte Linien verwendet werden:

```
>> grid on
>> set(gca,'gridalpha',0.5,'gridlinestyle','--')
```

Das ergibt die alternative Darstellung des Balkendiagramms analog zu Abb. 35.

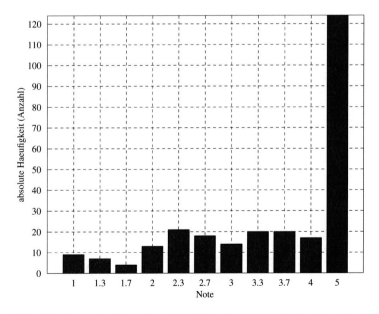

Abb. 35: Alternative Darstellung des Balkendiagramms für die absoluten Häufigkeiten der Noten in einer Matheprüfung

Nicht nur die Koordinatenachsen in einem Balkendiagramm können formatiert werden, sondern auch die Darstellung der Balken lässt sich beeinflussen. So bewirkt beispielsweise die Anweisung

```
>> bar(absolut,'facecolor','r')
```

eine Darstellung der Balken mit rot ausgefüllten Flächen. Mit

```
>> bar(absolut,'facecolor','r','edgecolor','r')
```

werden zusätzlich auch die Begrenzungslinien der Balken rot dargestellt. Die Balkenbreite kann durch die Übergabe einer reellen Zahl $w \geq 0$ gesteuert werden, die in der Liste der Eingangsparameter direkt hinter dem Vektor für die Häufigkeiten übergeben werden muss. Die Voreinstellung $w = 0.8$ führt zu den Balken gemäß der Darstellung in Abb. 35. Ein größerer Wert für w führt zu breiteren Balken, ein kleinerer Wert zu schmaleren Balken. Für $w = 1$ werden die Balken ohne Leerräume nebeneinander gesetzt. Die Darstellung in Abb. 36 ergibt sich aus der Anweisung

```
>> bar(absolut,0.4)
```

und den anschließend wie oben durchgeführten Formatierungen. Farbeinstellungen und andere Optionen müssen grundsätzlich hinter die Breitenangabe notiert werden:

```
>> bar(absolut,0.4,'facecolor','g')
```

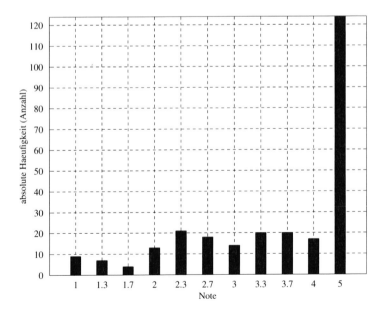

Abb. 36: Darstellung des Balkendiagramms für die absoluten Häufigkeiten der Noten in einer Matheprüfung mit schmaleren Balken

Eine vertikale Ausrichtung der Balken ist zur grafischen Aufbereitung von Stichproben nicht zu jedem Sachverhalt geeignet. Eine horizontale Ausrichtung kann sinnvoll sein und wird mit der Funktion `barh` realisiert, die analog zu `bar` arbeitet. Die Darstellung in Abb. 37 wird ausgehend von der Anweisung

```
>> barh(absolut,0.4)
```

erzeugt. Bei der Formatierung der Koordinatenachsen vertauschen sich gegenüber den obigen Anweisungen die Rollen von Abszissen- und Ordinatenachse.

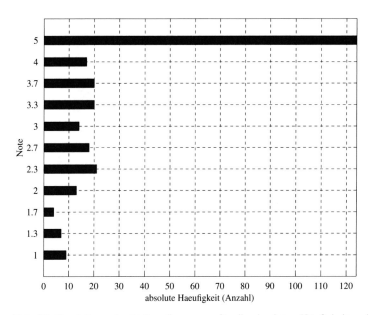

Abb. 37: Darstellung des Balkendiagramms für die absoluten Häufigkeiten der Noten in einer Matheprüfung mit Balken in horizontaler Ausrichtung

Es kann zweckmäßig sein, die Balken nicht an den Indizes j der Merkmalsausprägungen $a_j \in M$ auszurichten, sondern an den Werten a_j selbst. Dazu muss den Funktionen `bar` und `barh` als erster Eingangsparameter zusätzlich die Menge M als (Spalten-) Vektor übergeben werden. Außerdem müssen die Zahlenwerte in diesem Vektor zwingend in aufsteigender Reihenfolge angeordnet sein und gemäß dieser Ordnung müssen außerdem die Zahlenwerte für die Häufigkeiten sortiert bzw. zugeordnet werden. Für das Beispiel mit den Prüfungsnoten ist diese Ordnung mit Bezug zu dem oben definierten Vektor `noten` für die Menge M bereits hergestellt. Das Balkendiagramm in Abb. 38 wurde mit den folgenden Anweisungen erzeugt:

```
>> bar(noten,absolut), ...
xlabel('Note'), ylabel('absolute Haeufigkeit (Anzahl)')
```

Auch bei dieser Variante ist eine individuelle Gestaltung der Achsenmarkierungen und ihrer Beschriftung sinnvoll, was analog zu den obigen Beispielen erfolgt.

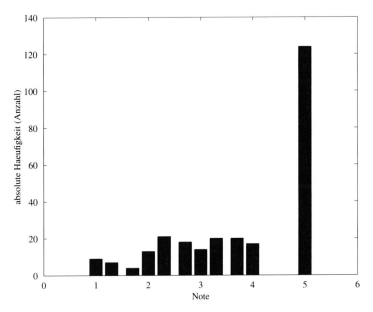

Abb. 38: Ein weiteres Balkendiagramm für die absoluten Häufigkeiten der Noten in einer Matheprüfung

Die Funktionen `bar` und `barh` erlauben auch die gemeinsame Darstellung von empirischen Häufigkeitsverteilungen verschiedener Stichproben in einem Balkendiagramm. Das ermöglicht eine Gegenüberstellung und damit einen Vergleich von Stichproben zu ein und demselben Merkmal, die zum Beispiel aus verschiedenen Jahren stammen und aus welchen Gründen auch immer miteinander vergleichbar sind.

Die Datei `mathenoten2.csv` enthält die Prüfungsnoten zur gleichen Lehrveranstaltung, jedoch aus einem anderen Studienjahr. Analog zur ersten Stichprobe ermitteln wir die absoluten Häufigkeiten mithilfe einer `for`-Schleife und einer logischen Indizierung:

```
>> S2 = csvread('mathenoten2.csv');
>> n2 = length(S2)
>> index2 = 1:n2;
>> absolut2 = [];
>> for k=1:length(noten)
absolut2 = [absolut2; length(index(S2 == noten(k)))];
end
```

Aufgrund der verschiedenen Stichprobenumfänge ist es nicht sinnvoll, in einem Balkendiagramm die absoluten Häufigkeiten der Stichproben `mathenoten.csv` und `mathenoten2.csv` gegenüber zu stellen. Aussagekräftiger ist ein Vergleich von Prozentwerten. Diese übergeben wir der Funktion `bar` in Gestalt einer $(m \times 2)$-Matrix, wobei die erste Spalte die Prozente für die Stichprobe `mathenoten.csv` enthält und die zweite Spalte die Prozente für die Stichprobe `mathenoten2.csv`. Die beiden Spaltenvektoren können wir aus den absoluten Häufigkeiten berechnen, die wir oben in den Spaltenvektoren `absolut` bzw. `absolut2` gespeichert hatten. Die Erzeugung des Balkendiagramms beginnt damit folgendermaßen:

```
>> bar([100*absolut/n , 100*absolut2/n2])
```

Die folgenden Formatierungen führen zu der Darstellung in Abb. 39:

```
>> set(gca,'XTickLabel', ...
'1','1.3','1.7','2','2.3','2.7','3','3.3','3.7','4','5')
>> ylim([0,50])
>> set(gca,'YTick',0:5:50)
>> xlabel('Note')
>> ylabel('Prozent')
>> legend('mathenoten.csv','mathenoten2.csv', ...
'location','north')
```

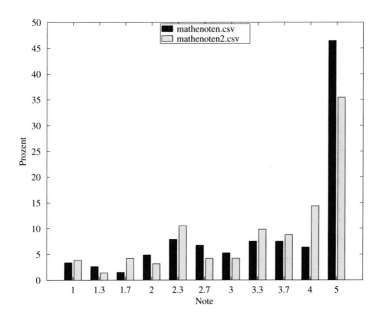

Abb. 39: Vergleich der Ergebnisse von zwei verschiedenen Matheprüfungen

Werden in einem Balkendiagramm zwei oder mehr Stichproben dargestellt, dann werden
die Farben automatisch festgelegt. Man kann die Farben der Balken manuell anpassen,
wobei allerdings etwas anders vorgegangen werden muss, als bei der Darstellung von nur
einer Stichprobe. Um überhaupt eine Anpassung vornehmen zu können, benötigen wir die
Balken und ihre Eigenschaften als Datenobjekt. Das realisiert die folgende Anweisung,
mit der die Erzeugung des Balkendiagramms beginnt:

```
>> balkendia = bar([100*absolut/n , 100*absolut2/n2]);
```

Die Eigenschaften der Balken sind in der Variable `balkendia` gespeichert. Die Farbe
der Balkenflächen für die erste Stichprobe können wir jetzt folgendermaßen verändern:

```
>> set(balkendia(1),'facecolor','r')
```

Analog für die zweite Stichprobe, wobei wir nicht nur das Innere der Balken, sondern auch
deren Begrenzungslinie anders färben:

```
>> set(balkendia(2),'facecolor','g','edgecolor','b')
```

Anweisungen zur Änderung von Eigenschaften der Balken sollten grundsätzlich *vor* dem
Einfügen einer Legende durchgeführt werden, da die Änderungen in der Legende nicht
automatisch angepasst werden.[6] Man kann natürlich auch mehr als zwei Stichproben auf
diese Weise in einem Balkendiagramm darstellen. Den Funktionen `bar` und `barh` werden
die Häufigkeiten bzw. Prozentwerte allgemein als $(m \times k)$-Matrix übergeben, wobei jede
Spalte für genau eine der $k \geq 2$ Stichproben steht.

Eine weitere eindimensionale Stichprobe ist in der Datei `brotgewichte.csv` gespeichert. Bei den Zahlenwerten handelt es sich um das tatsächliche Gewicht von Roggen-
mischbroten mit einem Nenngewicht von 1000 Gramm. Im Unterschied zu den Beno-
tungen einer Hochschulprüfungsklausur sind die möglichen Ausprägungen des Merkmals
„Gewicht" nicht bekannt und auch nicht auf den ersten Blick erkennbar. Grundsätzlich
könnten wir zwar $M = \mathbb{N}$ unterstellen, doch diese Menge ist viel zu groß und liefert für
$a < a_{min}$ und $a > a_{max}$ die absolute Häufigkeit $h(a) = 0$, wobei a_{min} bzw. a_{max} ein geeignetes Minimum bzw. Maximum möglicher Ausprägungen ist. Die Zahlenwerte a_{min}
und a_{max} können durch den kleinsten bzw. größten Zahlenwert der Stichprobe festgelegt
werden:

```
>> S = csvread('brotgewichte.csv');
>> amin = min(S)
amin = 938
>> amax = max(S)
amax = 1058
```

Für die Stichprobe S können wir folglich $M = \{938, 939, 940, \ldots, 1056, 1057, 1058\}$ als
Menge für die möglichen Merkmalsausprägungen nutzen. Wir berechnen weiter beispielhaft die absoluten und relativen Häufigkeiten für $a = 1000$:

---

[6] Sollte bereits eine Legende im Diagramm vorhanden sein, dann fügt man sie einfach durch den Aufruf
von `legend` erneut ein. Damit wird die „alte" Legende überschrieben und in der neuen werden alle an
den Balken durchgeführten Veränderungen korrekt dargestellt.

```
>> n = length(S)
n = 1243
>> index = 1:n;
>> h1000 = length(index(S == 1000))
h1000 = 29
>> r1000 = h1000/n
r1000 = 0.023331
```

Das Normgewicht haben $h(1000) = 29$ der insgesamt $n = 1243$ überprüften Brote. Das sind lediglich rund 2.33 % aller Brote aus der Stichprobe.

Für die Stichprobe S zu den Brotgewichten kann man analog zu den Prüfungsnoten eine empirische Häufigkeitsverteilung in Gestalt einer Tabelle oder eines Balkendiagramms anfertigen. Wegen der Vielzahl möglicher Merkmalsausprägungen ($m = 121$) ist das jedoch nicht zu empfehlen, da dies unübersichtlich ist und wenig Aussagekraft besitzt. Geeigneter ist in diesem Fall die Zuordnung aller Stichprobenwerte zu sogenannten Klassen. Darunter versteht man die Einteilung der Merkmalsausprägungen in $k - 1$ halboffene und ein abgeschlossenes Intervall $[u_1, u_2), [u_2, u_3), \ldots, [u_{k-1}, u_k), [u_k, u_{k+1}]$, wobei $\min(M) = u_1 < u_2 < \ldots < u_k < u_{k+1} = \max(M)$ und $k \in \mathbb{N}$ gilt.

Bezogen auf diese Klasseneinteilung werden absolute Häufigkeiten bestimmt, d. h., für $j = 1, \ldots, k$ wird die Anzahl h_j der Elemente $x \in S$ gezählt, die in $[u_j, u_{j+1})$ für $j < k$ bzw. in $[u_k, u_{k+1}]$ liegen. Die relative Klassenhäufigkeit ist dann durch $r_j = \frac{h_j}{n}$ gegeben.

Die absoluten Klassenhäufigkeiten h_j können mithilfe einer logischen Indizierung ermittelt werden. Wir demonstrieren das für eine äquidistante Einteilung in $k = 10$ Klassen, d. h., alle Klassen haben die gleiche Breite $\frac{1}{10}(\max(S) - \min(S)) = 12$. Für das Klassenintervall $[938, 950)$ gelingt die Bestimmung von h_1 mit den folgenden Anweisungen:

```
>> h1 = length(index(and(S >= 938, S < 950)))
h1 = 57
```

Im Intervall $[938, 950)$ liegen demnach 57 Werte. Analog kann man für die anderen Klassen vorgehen, wobei zur Abarbeitung aller Klassen die Verwendung einer `for`-Schleife sinnvoll ist, in der die absoluten Klassenhäufigkeiten in einem Vektor gesammelt werden. Vorbereitend muss dazu ein Vektor konstruiert werden, in dem die Intervallgrenzen a_j in aufsteigender Reihenfolge angeordnet sind:

```
>> klassengrenzen = 938:12:1058
```

Allgemeiner kann das auch folgendermaßen aussehen, falls das Minimum und das Maximum der Stichprobe noch nicht bestimmt wurde oder eine Rechnung automatisiert innerhalb eines Programms durchgeführt werden soll:

```
>> klassengrenzen = min(S):(max(S)-min(S))/10:max(S)
klassengrenzen =
  938   950   962   974   986   998   1010   1022   1034   1046   1058
```

Die mühsame Konstruktion einer `for`-Schleife zur Ermittlung der absoluten Klassenhäufigkeiten kann jedoch auch umgangen werden, denn Octave stellt mit `histc` eine Funktion bereit, die Anwendern diese Arbeit abnimmt. Dazu übergibt man der Funktion die Stichprobe und die Intervallgrenzen für die Klasseneinteilung als Eingangsparameter. Die Funktion gibt einen Vektor mit den absoluten Klassenhäufigkeiten zurück:

```
>> h = histc(S,klassengrenzen)
h =
   57   84   108   143   182   194   171   126   105   70   3
```

Dabei ist für die letzte Klasse $[u_k, u_{k+1}] = [1046, 1058]$ eine Besonderheit zu beachten, die durch `histc` in das halboffene Intervall $[u_k, u_{k+1})$ und die einzelne Merkmalsausprägung u_{k+1} aufgeteilt wird. Das bedeutet für das Beispiel zu den Brotgewichten, dass 70 Zahlenwerte im Intervall $[u_{10}, u_{11}) = [1046, 1048)$ liegen und 3 Zahlenwerte haben die Ausprägung $u_{11} = 1048$. Mit anderen Worten liegen 73 Zahlenwerte im abgeschlossenen Intervall $[u_{10}, u_{11}] = [1046, 1058]$. Bei den anderen Klassengrenzen ist die linke Intervallgrenze stets abgeschlossen und die rechte Intervallgrenze stets offen. Das bedeutet zum Beispiel, dass 84 Zahlenwerte im Intervall $[u_2, u_3) = [950, 962)$ liegen.

Manuell kann es schwierig sein, aus einer ungeordneten Stichprobe S einen Zahlenwert x_i einer bestimmten Klasse zuzuordnen. Das wird durch einen zweiten Ausgangsparameter der Funktion `histc` erleichtert. Dabei handelt es sich um einen Vektor, dessen i-ter Eintrag der Index k der Klasse $[u_k, u_{k+1})$ ist, in welcher der i-te Eintrag aus S liegt:

```
>> [h,idx] = histc(S,klassengrenzen);
```

Hier ein Anwendungsbeispiel zur Arbeit mit dem Vektor `idx`:

```
>> disp([S(321),idx(321),klassengrenzen(idx(321))])
   1024      8      1022
```

Der 321-te Eintrag in S hat den Wert $x_{321} = 1024$ und liegt in der Klasse mit dem Index $k = 8$, also im Intervall $[1022, 1034)$. Bezüglich des Intervalls $[u_k, u_{k+1}] = [1046, 1058]$ ist auch in Bezug auf den Vektor `idx` die oben genannte Aufteilung in das halboffene Intervall $[u_k, u_{k+1})$ und die Ausprägung u_{k+1} zu beachten.

Die absoluten oder relativen Häufigkeiten zu einer Klasseneinteilung werden grafisch ebenfalls in einem Balkendiagramm dargestellt. Da hierbei jedoch nicht zu der durch S gegebenen Urliste Bezug genommen wird, sondern zu den Klassen, spricht man dabei von einem Histogramm. Das lässt sich zu äquidistanten Klasseneinteilungen mit der Octave-Funktion `hist` erzeugen. Übergibt man dabei als Eingangsparameter lediglich die Stichprobe selbst, dann erfolgt automatisch eine Einteilung in $k = 10$ gleich breite Klassen.

Das Histogramm in Abb. 40 wurde mit den folgenden Anweisungen erstellt:

```
>> hist(S)
>> xlim([min(S)-2,max(S)+2])
>> xlabel('Gewicht')
>> ylabel('absolute Haeufigkeit (Anzahl)')
```

Als Markierungen und deren Beschriftung auf der Abszissenachse wird standardmäßig die Mitte der Intervalle $[u_j, u_{j+1})$ verwendet. Die Farben der Rechteckflächen und ihrer Begrenzungslinien lassen sich analog zur Funktion bar anpassen. Zum Beispiel führt

```
>> hist(S,'facecolor','y')
```

zu gelben Rechteckflächen. Man kann der Funktion hist optional eine natürliche Zahl k übergeben, die zu einer Unterteilung in k gleich breite Klassen führt. Die Anweisung

```
>> hist(S,5,'facecolor','y')
```

führt zu einem Histogramm mit $k = 5$ gleich breiten Klassen.

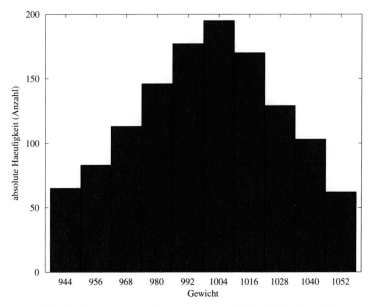

Abb. 40: Histogramm zu Brotgewichten mit 10 gleich breiten Klassen

Sollen im Histogramm nicht die absoluten, sondern die relativen Klassenhäufigkeiten bzw. die zugehörigen Prozentangaben dargestellt werden, dann gelingt dies durch eine Anpassung der Markierungen auf der Ordinatenachse. Die zu Abb. 40 führende Befehlskette ergänzen wir dazu beispielsweise um die folgenden Anweisungen, mit der die Beschriftung der Markierungen auf Prozentangaben umgestellt wird, wobei n der zuvor bestimmte Stichprobenumfang ist:

```
>> set(gca,'YTickLabel',{'0',num2str(5000/n), ...
num2str(10000/n),num2str(15000/n),num2str(20000/n)})
>> ylabel('Prozent')
```

Das ergibt allerdings recht „krumme" Beschriftungen für die Markierungen. Standard ist eine Beschriftung mit ganzen Prozentschritten, was mit Bezug zu den obigen Octave-Variablen S, n und h folgendermaßen erreicht werden kann:

```
>> laenge1Prozent = n/100;
>> hist(S,'facecolor','y')
>> xlim([min(S)-2,max(S)+2])
>> ylim([0,max(h)+5])
>> set(gca,'YTick',0:laenge1Prozent:max(h)+5)
>> YText = {'0'};
>> pwert = 1;
>> while pwert*laenge1Prozent <= max(h)+5
YText = [YText,{num2str(pwert)}];
pwert = pwert + 1;
end
>> set(gca,'YTickLabel',YText)
>> xlabel('Gewicht')
>> ylabel('Prozent')
```

Diese Anweisungen ergeben das Histogramm in Abb. 41. Zu beachten ist die Variable laenge1Prozent, deren Wert die Anzahl der Längeneinheiten angibt, mit denen genau ein Prozent des Stichprobenumfangs n auf der Ordinatenachse dargestellt wird.[7] Daran wird die Zuordnung von absoluten Häufigkeiten zu relativen Häufigkeiten ausgerichtet, was mit einer while-Schleife durchgeführt wird.

Es sei erwähnt, dass sich Histogramme auch mit den Funktionen bar und barh erstellen lassen. Das gelingt für die relativen Häufigkeiten mit Bezug zu den obigen Octave-Variablen S, n, klassengrenzen und h mit den folgenden Anweisungen:

```
>> prozent = 100*[h(1:end-2),sum(h(end-1:end))]/n;
>> bar(prozent,'hist','facecolor','y')
>> xlim([0.3,length(klassengrenzen)-0.3])
>> XText = {};
>> for j = 1:length(klassengrenzen)-1
XText = [XText, {num2str(sum(klassengrenzen(j:j+1))/2)}];
end
>> set(gca,'XTickLabel',XText)
>> ylim([0,round(max(prozent))])
>> set(gca,'YTick',0:round(max(prozent)))
>> xlabel('Gewicht')
>> ylabel('Prozent')
```

Dies führt ebenfalls auf die Darstellung in Abb. 41. Für die Abszissenachse ist bei dieser Vorgehensweise die Anpassung der Markierungsbeschriftungen zwingend erforderlich, die im Beispiel zunächst in einer for-Schleife im cell-Array XText gespeichert und anschließend der set-Funktion übergeben werden.

---

[7] Mit anderen Worten werden 100 % der Stichprobe durch $n = 1243$ Längeneinheiten repräsentiert.

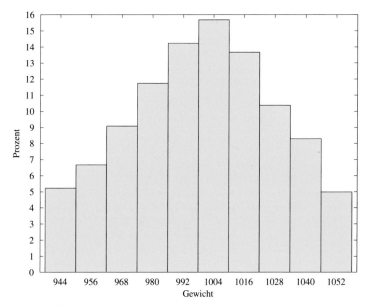

Abb. 41: Histogramm zu Brotgewichten mit 10 Klassen und einer angepassten Markierung der Ordinatenachse

Zur Beschreibung einer Stichprobe sind statistische Lage- und Streuungsmaße sowie andere Kenngrößen wichtig, zu deren Berechnung Octave entsprechende Funktionen bereitstellt, denen als Eingangsparameter die (ungeordnete) Stichprobe S und gegebenfalls ein zusätzliches Argument übergeben werden muss. Wir verzichten auf Berechnungsbeispiele und stellen in der folgenden Tabelle eine Auswahl von Funktionen zusammen:

statistische Kennzahl	Octave-Funktion	Aufruf
arithmetisches Mittel $\bar{x}$	mean	mean(S)
geometrisches Mittel	mean	mean(S,'g')
harmonisches Mittel	mean	mean(S,'h')
Median	median	median(S)
Modalwert	mode	mode(S)
Spannweite	range	range(S)
Varianz $s^2 = \frac{1}{n-1}\sum_{i=1}^{n}(x_i-\bar{x})^2$	var	var(S)
Varianz $s^2 = \frac{1}{n}\sum_{i=1}^{n}(x_i-\bar{x})^2$	var	var(S,1)
Standardabweichung $s = \sqrt{\frac{1}{n-1}\sum_{i=1}^{n}(x_i-\bar{x})^2}$	std	std(S)
Standardabweichung $s = \sqrt{\frac{1}{n}\sum_{i=1}^{n}(x_i-\bar{x})^2}$	std	std(S,1)

4.4.2 Wahrscheinlichkeitsrechnung

Der Übergang von der beschreibenden zur beurteilenden (mathematischen) Statistik wird mit Methoden der Wahrscheinlichkeitsrechnung realisiert. Octave stellt unter anderem Funktionen zur Berechnung von Funktionswerten der Dichte- und Verteilungsfunktionen verschiedener diskreter und stetiger Wahrscheinlichkeitsverteilungen bereit. Genauer wird dabei zu jeder gelisteten Verteilung das folgende Trio von Funktionen zur Verfügung gestellt:

- Die Wahrscheinlichkeitsdichtefunktion, englisch als *Probability Density Function* bezeichnet, was als PDF abgekürzt wird. Entsprechend tragen die Octave-Funktionen dazu in ihrem Namen am Ende die Buchstabenfolge `pdf`.
- Die kumulierte Verteilungsfunktion, englisch als *Cumulative Distribution function* (CDF) bezeichnet. Die entsprechenden Octave-Funktionen haben in ihrem Namen am Ende die Buchstabenfolge `cdf` stehen.
- Die Umkehrfunktionen zur CDF tragen am Ende die Buchstabenfolge `inv` in ihrem Funktionsnamen.

Eine Übersicht zu den unter Octave nutzbaren Wahrscheinlichkeitsverteilungen findet man in der bei der Installation mitgelieferten und auf der Festplatte gespeicherten Dokumentation unter dem Stichwort *Statistics* und dort im Unterpunkt *Distributions*. Wir begnügen uns damit, das genannte Funktionentrio zu zwei wichtigen Verteilungen vorzustellen, mit denen Lernende heute bereits beim Abitur Bekanntschaft machen:

- Die Binomialverteilung mit den Funktionen `binopdf`, `binocdf` und `binoinv`.
- Die Normalverteilung mit den Funktionen `normpdf`, `normcdf` und `norminv`.

Eng verbunden mit der Binomialverteilung ist der Begriff des Bernoulli-Versuchs mit der Trefferwahrscheinlichkeit $p \in [0, 1]$. Bei der Durchführung eines solchen Zufallsversuchs gibt es nur zwei mögliche Ausgänge „Treffer" (d. h., Eintreten eines Ereignisses) bzw. „Niete" (d. h., Nichteintreten eines Ereignisses), sodass $1 - p$ die Wahrscheinlichkeit für eine Niete ist. Wird der gleiche Versuch n-mal ($n \in \mathbb{N}$) unabhängig voneinander durchgeführt, dann spricht man von einer Bernoulli-Kette. Die Wahrscheinlichkeit $P(X = k)$ bei einer solchen Bernoulli-Kette genau $k \in \{0, 1, \ldots, n\}$ Treffer zu erhalten kann mit der Octave-Funktion `binopdf` berechnet werden, wobei X die Zufallsvariable für die Anzahl der Treffer ist:

$$P(X = k) = \texttt{binopdf(k,n,p)}$$

Dazu betrachten wir ein Beispiel: Ein idealer Würfel wird 30-mal geworfen. X sei die Anzahl der dabei geworfenen Sechsen. Dies ist eine Bernoulli-Kette der Länge $n = 30$ und die Trefferwahrscheinlichkeit ist $p = \frac{1}{6}$. Die Wahrscheinlichkeit $P(X = 8)$ genau acht Sechsen zu erhalten ist:

```
>> binopdf(8,30,1/6)
ans = 0.063121
```

Die Wahrscheinlichkeit $P(X \leq 8)$ für das Eintreten des Ereignisses, dass *höchstens* acht Sechsen gewürfelt werden, wird folgendermaßen berechnet:

$$P(X \leq 8) = \sum_{k=0}^{8} P(X = k)$$

Zur Berechnung von $P(X \leq 8)$ kann ebenfalls die Funktion binopdf verwendet werden:

```
>> sum(binopdf(0:1:8,30,1/6))
ans = 0.94943
```

Einfacher ist die Verwendung der kumulierten Verteilungsfunktion binocdf:

```
>> binocdf(8,30,1/6)
ans = 0.94943
```

Damit lässt sich bequem auch die Wahrscheinlichkeit $P(X \geq 8) = 1 - P(X \leq 7)$ für das Eintreten des Ereignisses berechnen, dass *mindestens* acht Sechsen gewürfelt werden:

```
>> 1-binocdf(7,30,1/6)
ans = 0.11369
```

Umgekehrt kann die Aufgabe gestellt sein, zu gegebener Wahrscheinlichkeit $q \in [0,1]$ diejenige Trefferanzahl k zu bestimmen, sodass in der Bernoulli-Kette höchstens k Treffer erzielt werden. Diese Aufgabe kann mit der Funktion binoinv gelöst werden:

```
>> binoinv(0.5,30,1/6)          >> binoinv(0.6,30,1/6)
ans = 5                         ans = 5
```

Verschiedene Wahrscheinlichkeiten q ergeben die gleiche Trefferanzahl $k = 5$, was der Tatsache geschuldet ist, dass die Binomialverteilung eine diskrete Wahrscheinlichkeitsverteilung ist, womit ganze Intervalle $[q_1, q_2)$ durch die Funktion binoinv auf k abgebildet werden. Umgekehrt berechnet man $P(X \leq 5)$ zur Kontrolle:

```
>> binocdf(5,30,1/6)
ans = 0.61645
```

Besonders wichtig ist die Normalverteilung mit dem Erwartungswert μ und der Varianz σ^2. Ist X eine normalverteilte Zufallsvariable, dann erfolgt die Berechnung der Wahrscheinlichkeit $P(X \leq x)$ mit der Funktion normcdf:

$P(X \leq x)$ = normcdf(x,mu,sigma)

Man beachte dabei, dass an dritter Stelle der Eingangsparameterliste nicht die Varianz σ^2 übergeben wird, sondern die Standardabweichung $\sigma > 0$. Speziell für die Standardnormalverteilung, d. h. $\mu = 0$ und $\sigma = 1$, gibt es mit normcdf(x) eine kürzere Aufrufvariante, die zu normcdf(x,0,1) äquivalent ist. Wir berechnen beispielhaft die Wahrscheinlichkeit $P(X \leq 4)$ und nehmen an, dass X standardnormalverteilt ist:

```
>> normcdf(4)
ans = 0.99997
```

Ist X normalverteilt mit $\mu = 3$ und $\sigma = 2$, dann ergibt sich $P(X \leq 4)$ folgendermaßen:

```
>> normcdf(4,3,2)
ans = 0.69146
```

Mit der Funktion `norminv` lässt sich zu gegebener Wahrscheinlichkeit $q \in [0,1]$ dasjenige $x \in \mathbb{R}$ berechnen, für das

$$P(X \leq x) = \text{normcdf}(x, mu, sigma) = q$$

gilt. Speziell für die Standardnormalverteilung gibt es hier mit `norminv(q)` eine kürzere Aufrufvariante, die zu `norminv(q,0,1)` äquivalent ist. Hier ein Zahlenbeispiel zu $q = 0.8$ für eine Normalverteilung mit $\mu = 5$ und $\sigma = 3$:

```
>> norminv(0.8,5,3)
ans = 7.5249
```

Demnach gilt $P(X \leq 7.5249) \approx 0.8$, wie die folgende Kontrollrechnung bestätigt:

```
>> normcdf(7.5249,5,3)
ans = 0.80000
```

Die Dichtefunktion der Normalverteilung, d. h. $f : \mathbb{R} \to \mathbb{R}_{>0}$ mit

$$f(x) = \frac{1}{\sqrt{2\pi\sigma^2}} \cdot \exp\left(-\frac{(x-\mu)^2}{2\sigma^2}\right),$$

ist bei der Lösung von Problemen in vielen Anwendungsfächern meist nicht auf den ersten Blick präsent. Sie spielt jedoch in der Theorie der Wahrscheinlichkeitsrechnung eine zentrale Rolle und ist unter anderem zum Verständnis des Zusammenhangs zur Verteilungsfunktion $F : \mathbb{R} \to \mathbb{R}_{\geq 0}$ (entspricht `normcdf`) wichtig, der durch $F'(x) = f(x)$ bzw.

$$F(x) = P(X \leq x) = \int_{-\infty}^{x} f(t)\, dt$$

gegeben ist. Die Kenntnis und die Bedeutung von f ist also auch für jeden Nichtmathematiker mindestens im Lernprozess unerlässlich. Die Funktionswerte von f lassen sich mit der Funktion `normpdf` berechnen, wobei der Aufruf `normpdf(x)` zu den Funktionswerten $f(x)$ der Standardnormalverteilung führt, während sich mit der Aufrufvariante `normpdf(x,mu,sigma)` die Funktionswerte $f(x)$ für eine Normalverteilung mit Erwartungswert μ und Varianz σ^2 berechnen lassen.

Für die Simulation von Zufallsexperimenten am Computer stellt Octave eine Reihe von Funktionen zur Verfügung, mit denen (Pseudo-) Zufallszahlen berechnet werden können, die einer gewissen Wahrscheinlichkeitsverteilung unterliegen. Die Namen dieser Funktionen enden mit der Buchstabenfolge `rnd` (von engl. random) und sind zu (fast) allen Wahrscheinlichkeitsverteilungen vorhanden, zu denen es Dichte- und Verteilungsfunktionen gibt. Einen Überblick erhält man in der Dokumentation unter dem Stichwort *Statistics* und dort im Unterpunkt *Random Number Generation*.

Binomialverteilte Zufallszahlen lassen sich mit der Funktion `binornd` berechnen, der die Parameter $n \in \mathbb{N}$ (Länge der Bernoulli-Kette) und $p \in [0, 1]$ (Trefferwahrscheinlichkeit) übergeben werden. Eine einzelne binomialverteilte Zufallszahl berechnet man mit dem Aufruf `binornd(n,p)` und eine $(r \times s)$-Matrix mit Zufallszahlen wird durch `binornd(n,p,[r,s])` berechnet.

Normalverteilte Zufallszahlen können mit der Funktion `normrnd` berechnet werden, der die Parameter μ und σ übergeben werden. Eine einzelne normalverteilte Zufallszahl berechnet man mit dem Aufruf `normrnd(mu,sigma)` und eine $(r \times s)$-Matrix mit Zufallszahlen wird durch `normrnd(mu,sigma,[r,s])` berechnet. Dass die damit berechneten Zufallszahlen tatsächlich normalverteilt sind, demonstrieren wir mit einem Histogramm für die relativen Häufigkeiten von 10^7 Zufallszahlen der Normalverteilung mit $\mu = 3$ und $\sigma = 2$, wobei die Stichprobe S in 20 Klassen eingeteilt wird. Zum Vergleich plotten wir die Dichtefunktion f über das Histogramm. Das gelingt mit den folgenden Anweisungen:

```
>> S = normrnd(3,2,[1,1.0e+007]);
>> klassengrenzen = min(S):(max(S)-min(S))/20:max(S);
>> klassenmitten = [];
>> for k = 1:20
klassenmitten = [klassenmitten, ...
sum(klassengrenzen(k:k+1))/2];
end
>> h = histc(S,klassengrenzen);
>> anteil = [h(1:end-2),sum(h(end-1:end))]/n;
>> bar(klassenmitten,anteil,'hist','facecolor','y')
>> xlim([min(S),max(S)])
>> set(gca,'XTick',ceil(min(S)):2:floor(max(S)))
>> I = min(S):0.1:max(S);
>> hold on
>> plot(I,normpdf(I,3,2),'b','linewidth',3)
>> hold off
>> xlabel('x')
>> ylabel('Anteil')
>> legend('relative Klassenhaeufigkeit', ...
'Dichtefunktion f','location','north')
```

Diese Anweisungsfolge ergab bei einem Durchlauf die Darstellung in Abb. 42, aus der man gut erkennt, dass die relativen Klassenhäufigkeiten näherungsweise dem Verlauf der Dichtefunktion folgen. Dieser Vergleich wird für beliebige Parameterwerte von μ und σ und in Abhängigkeit vom Stichprobenumfang und der Klassenanzahl natürlich nicht immer perfekt gelingen und das Histogramm wird unter Umständen auch stärker vom Graph der Dichtefunktion abweichen. Zieht man jedoch den oberen Rand des Histogramms intuitiv nach, dann ergibt sich stets der charakteristische Verlauf einer Glockenkurve, wie die Dichtefunktion der (Standard-) Normalverteilung auch genannt wird. Die Klassenmitte der Klasse mit der größten relativen Häufigkeit liegt außerdem stets in umittelbarer Nähe der globalen Maximalstelle $x = \mu$ von f. Die Leser seien aufgefordert, sich davon experimentell mithilfe des Skripts `abschnitt442.m` zu überzeugen, das die obigen Anweisungen zur Erzeugung von Abb. 42 nahezu identisch enthält und in den ersten vier Codezeilen eine rasche Änderung der Werte für die Parameter μ und σ, den Stichprobenumfang und die Klassenanzahl ermöglicht.

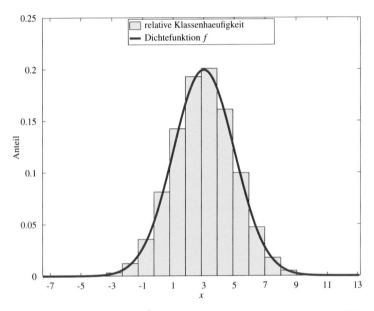

Abb. 42: Histogramm für 10^7 normalverteilte Zufallszahlen und Vergleich mit der Dichtefunktion f für $\mu = 3$ und $\sigma = 2$

Aufgaben zum Abschnitt 4.4

Aufgabe 4.4.1: Zu einem Merkmal mit den Merkmalsausprägungen $\{-4, -3, -2, -1, 0, 1, 2, 3, 4, 5\}$ ist in den drei Dateien `stichprobe1.csv`, `stichprobe2.csv` und `stichprobe3.csv` jeweils eine statistische Stichprobe gespeichert.

a) Stellen Sie die absoluten Häufigkeiten zu `stichprobe1.csv`, die relativen Häufigkeiten zu `stichprobe2.csv` und die Prozentangaben der Merkmalsausprägungen zu `stichprobe3.csv` in jeweils einem Balkendiagramm dar.

b) Stellen Sie die drei Stichproben in einem Balkendiagramm gemeinsam dar.

c) Berechnen Sie für jede der drei Stichproben den arithmetischen Mittelwert, den Median und die Standardabweichung.

Aufgabe 4.4.2:

a) Erstellen Sie für die Daten aus der Datei `brotgewichte.csv` ein Histogramm mit $k = 12$ bzw. $k = 15$ gleich breiten Klassen und eine Tabelle, in der die absoluten Klassenhäufigkeiten für jede Klasse notiert sind. Beschriften Sie die Ordinatenachse im Histogramm für $k = 12$ mit den absoluten Häufigkeiten und die Ordinatenachse im Histogramm für $k = 15$ mit den relativen Häufigkeiten.

b) Bestimmen Sie für die Daten aus der Datei `brotgewichte.csv` die absoluten und relativen Klassenhäufigkeiten zu der folgenden Klasseneinteilung:

$$[938, 970), \, [970, 990), \, [990, 1020), \, [1020, 1058]$$

Erstellen Sie für die absoluten Klassenhäufigkeiten mithilfe der Funktion `fill` (siehe Seite 169) ein Histogramm, bei dem auf der Abszissenachse Markierungen für die Klassengrenzen und die Klassenmitten mit entsprechenden Beschriftungen vorgenommen werden sollen.

Aufgabe 4.4.3:

a) Die Zufallsvariable X sei binomialverteilt mit den Parametern $n = 50$ und $p = \frac{7}{13}$. Berechnen Sie die Wahrscheinlichkeiten für die folgenden Ereignisse:

$$X = 17 \, , \, X \leq 17 \, , \, X > 33 \, , \, X \geq 33 \, , \, 38 \leq X \leq 43 \, , \, 18 < X \leq 40$$

b) Stellen Sie die Dichtefunktion und die kumulierte Verteilungsfunktion der Binomialverteilung mit den Parametern $n = 30$ und $p = 0.25$ gemeinsam grafisch dar.

c) Die Zufallsvariable X sei binomialverteilt mit dem Parameter $n = 50$. Ermitteln Sie zur Trefferwahrscheinlichkeit $p = 0.3$ diejenigen Trefferanzahlen k_1 bzw. k_2, sodass $P(X \leq k_1) \approx 0.07$ bzw. $P(X = k_2) \approx 0.02$ gilt. Bestimmen Sie außerdem die Trefferwahrscheinlichkeit p so, dass $P(X \leq 10) = 0.2$ gilt.

Aufgabe 4.4.4:

a) Die Zufallsvariable X sei normalverteilt mit dem Erwartungswert $\mu = 5$ und der Varianz $\sigma^2 = 4$. Berechnen Sie die Wahrscheinlichkeiten für die folgenden Ereignisse:

$$X \leq 5 \, , \, X > 8 \, , \, X \geq 8 \, , \, 2 \leq X \leq 8$$

b) Stellen Sie die Dichtefunktion und die Verteilungsfunktion der Normalverteilung aus a) gemeinsam im Intervall $[-5, 15]$ grafisch dar.

c) Verdeutlichen Sie anhand des Funktionsgraphen der Dichtefunktion der Normalverteilung aus a) die Wahrscheinlichkeit für das Ereignis $2 \leq X \leq 8$.

d) Ermitteln Sie zu der Normalverteilung aus a) reelle Zahlen x_1 und x_2 so, dass $P(X \leq x_1) = 0.2$ und $P(X > x_2) = 0.3$ gilt.

e) Die Zufallsvariable X sei normalverteilt mit dem Erwartungswert $\mu = 2$. Bestimmen Sie die Standardabweichung σ so, dass $P(X \leq 3) = 0.6$ gilt.

Lösungen zu den Aufgaben

5

5.1 Lösungen zu den Aufgaben aus Kapitel 1

Lösung 1.2.1: a) 15   b) 27   c) 65   d) $\frac{1}{5}$ e) 256   f) 64   g) 81   h) -230

Lösung 1.2.2: a) 12.83   b) -0.82 c) 0.25   d) 9.19

Lösung 1.2.3: Nacheinander gibt man im Befehlsfenster die folgenden Anweisungen ein, wobei an ausgewählten Stellen die Ausgabe nicht unterdrückt wird:

```
>> a = 2;
>> b = 3;
>> c = pi-2;
>> x = a+b
x = 5
>> y = a-b
y = -1
>> z = a*c
z = 2.2832
>> x*y+z
ans = -2.7168
>> u = 10*ans
u = -27.168
```

```
>> b = a-3;
>> c = 4;
>> x = a+b
x = 1
>> y = a-b
y = 3
>> z = a*c
z = 8
>> x*y+z
ans = 11
>> u = 10*ans
u = 110
```

Lösung 1.3.1: Nacheinander sind im Befehlsfenster die folgenden Anweisungen einzugeben:

```
>> A = diag([-2,1,4,7])
>> A = A(:,[3,4,1,2])
>> A = A([1,3,2,4],:)
>> A = A + eye(4)
>> A = transpose(A)
>> B = A + ones(4,4)
>> B(:,4) = -B(:,4)
>> B(3,[1,2,3]) = [1,2,3]
>> B([2,4],2) = 0
>> C = A+B
```

```
>> A = sum(A)
>> B = sum(B)
>> C = sum(C)
>> D = [A;B;C]
>> v = D(:,4)
>> D = D(:,1:3)
>> D = D*v
>> D(3) = -D(3)
>> sum(D)
ans = 0
```

Alle vorgenannten Befehle sind im Skript `loesung131.m` zusammengestellt. Aus Platzgründen können hier die Ausgaben nicht notiert werden, mit Ausnahme des Ergebnisses zu q), das der Variable `ans` zugewiesen wird.

© Der/die Autor(en), exklusiv lizenziert an
Springer-Verlag GmbH, DE, ein Teil von Springer Nature 2022
J. Kunath, *Hochschulmathematik mit Octave verstehen und anwenden*,
https://doi.org/10.1007/978-3-662-64782-0_5

Lösung 1.3.2: Die Rechnung per Hand ergibt

$$A \cdot B = \begin{pmatrix} 26 & -17 \\ -14 & 11 \end{pmatrix}, \quad A \cdot d = \begin{pmatrix} 8 \\ -2 \end{pmatrix},$$

$$B^T \cdot d = \begin{pmatrix} 6 \\ -5 \end{pmatrix},$$

$$B^T \cdot A^T = (A \cdot B)^T = \begin{pmatrix} 26 & -14 \\ -17 & 11 \end{pmatrix},$$

$$c \cdot d = 3, \quad d \cdot c = \begin{pmatrix} 1 & 0 & 1 & 0 \\ 1 & 0 & 1 & 0 \\ 2 & 0 & 2 & 0 \\ -1 & 0 & -1 & 0 \end{pmatrix},$$

$c \cdot B = \begin{pmatrix} 7 & -4 \end{pmatrix}$ und $d^T \cdot B = \left(B^T \cdot d \right)^T = \begin{pmatrix} 6 & -5 \end{pmatrix}$.

Die Produkte $A \cdot c$ und $B \cdot d$ sind nicht definiert und der Versuch ihrer Berechnung endet in Octave mit einer Fehlermeldung. Die Überprüfung der Ergebnisse erfolgt durch die folgenden Eingaben im Octave-Befehlsfenster (siehe dazu auch das Skript loesung132.m), wobei hier aus Platzgründen die Ausgaben nicht gedruckt werden können:

```
>> A = [3,-1,4,2 ; -5,6,2,7];
>> B = [6,-1; 0,2; 1,-3; 2,0];
>> c = [1,0,1,0];
>> d = [1;1;2;-1];
>> A*B
>> A*d
>> transpose(B)*d
>> transpose(B)*transpose(A)
>> transpose(A*B)
>> c*d
>> d*c
>> c*B
>> transpose(d)*B
>> transpose(transpose(B)*d)
>> A*c
>> B*d
```

Lösung 1.3.3: Aus Platzgründen geben wir hier die im Befehlsfenster erzeugten Ausgaben nicht mit an, sondern nur die zur Lösung erforderlichen Eingaben (siehe dazu auch das Skript loesung133.m). Zuerst die Eingabe der Matrizen A und B:

```
>> A = [3,9,-3;1,7,3;5,-1,3];
>> B = [1,-1,1;-1,0,-1;1,-1,1];
```

Zur Lösung von a) gibt man die folgenden Kommandos im Befehlsfenster ein:

```
>> rank(A)
>> det(A)
>> inv(A)
>> rank(B)
>> det(B)
```

Aus der Berechnung von rank(B) folgt, dass die Matrix B nicht invertierbar ist. Zur Lösung von b):

```
>> A+B
>> A-B
>> A*B
>> B*A
>> A*inv(A)
>> A^2+transpose(B)*A
```

Zur Lösung von c):

```
>> A.*B
>> B.*A
>> A.*inv(A)
>> B.^2
```

Zur Lösung von d):

```
>> A./inv(A)
>> B./A
```

Der Quotient A./B ist nicht definiert, denn die Division durch $b_{22} = 0$ ist unzulässig. Gibt man A./B trotzdem in das Befehlsfenster ein, kommt es nicht zu einer Fehlermeldung, sondern die Ergebnismatrix erhält an der betreffenden Stelle, wo die Division durch null durchgeführt wird, den Wert Inf.

Lösung 1.3.4: Wir müssen nicht alle Zahlen der Mengen M und N mühsam einzeln eingeben, sondern können mit den Anweisungen 0:2:44 bzw. 1:3:31 Vektoren mit äquidistanten Einträgen nutzen:

```
>> M = [-15,-12,-8,-7,-2,0:2:44,49,50,52,80];
>> N = [-40,-35,-17,-8,-5,-2,1:3:31,38,40,73,76,77];
```

Die Anzahl der Elemente kann bequem mithilfe der Funktion length ermittelt werden:

```
>> length(M)
ans = 32
```

```
>> length(N)
ans = 22
```

Zur Lösung von c) gibt man Folgendes ein, wobei hier aus Platzgründen auf die Ausgabe der Elemente der Mengen $M \cap N$ und $M \backslash N$ verzichtet wird:

```
>> C = intersect(M,N)              >> D = setdiff(M,N)
>> length(C)                       >> length(D)
ans = 9                            ans = 23
```

Zur Lösung von d):

```
>> mean(M)
ans = 21.656
>> median(M)
ans = 21
>> mean(N)
ans = 16.955
>> median(N)
ans = 14.500
>> E = union(setdiff(N,M),[-35,-17,25,28,100,102,111]);
>> mean(E)
ans = 33.294
>> median(E)
ans = 25
```

Lösung 1.3.5: Zur Lösung aller Aufgabenteile müssen wir zuerst die Koeffizientenmatrix A und die rechte Seite des Systems als Vektor b im Befehlsfenster definieren:

```
>> A = [2,4,3; 3,-6,-2; 5,-8,-2];
>> b = [1;-2;-4];
```

Zur Lösung von a) geben wir weiter ein:

```
>> rank(A)
ans = 3
>> rank([A,b])
ans = 3
```

Da die Koeffizientenmatrix A und die erweiterte Koeffizientenmatrix $(A|b)$ den gleichen Rang haben, ist das Gleichungssystem lösbar. Es ist sogar eindeutig lösbar, denn der Rang von A ist gleich der Variablenanzahl. Den Lösungsvektor berechnen wir gemäß den Vorgaben zu b) mit der folgenden Anweisung im Befehlsfenster:

```
>> x = inv(A)*b
```

Oder mit der Alternative gemäß c):

```
>> x = A\b
```

Beides führt auf die eindeutige Lösung $x = (x_1, x_2, x_3)^T = (2, 3, -5)^T$. Die Lösung zu d) kann zum Beispiel folgendermaßen aussehen:

```
>> C = [A, [0;0;0.5]];
>> s = 1;
>> C*[2+5*s/3; 3+13*s/6; -5-4*s; 2*s]
>> s = 2;
>> C*[2+5*s/3; 3+13*s/6; -5-4*s; 2*s]
>> s = -3;
>> C*[2+5*s/3; 3+13*s/6; -5-4*s; 2*s]
```

Unabhängig vom gewählten Parameterwert $s \in \mathbb{R}$ ergibt C*[2+5*s/3; 3+13*s/6; -5-4*s; 2*s] die rechte Seite b des linearen Gleichungssystems $C \cdot x = b$. Mithilfe des in Abschnitt 1.6.2 behandelten @-Operators kann man die Eingaben im Befehlsfenster übrigens einfacher gestalten:

```
>> C = [A, [0;0;0.5]];
>> x = @(s) [2+5*s/3; 3+13*s/6; -5-4*s; 2*s];
>> C*x(1)
>> C*x(2)
>> C*x(-3)
```

Zur Lösung von e) berechnen wir zunächst $x^* = (x_1^*, x_2^*, x_3^*, x_4^*)^T$. Ist $x(s)$ ein von $s \in \mathbb{R}$ abhängiges Lösungstupel aus L, dann müssen wir die Lösbarkeit der Vektorgleichung $x^* = x(s)$ überprüfen, die aus vier einzelnen Gleichungen besteht. Dazu stellen wir eine der vier Gleichungen nach s um, wie zum Beispiel $2s = x_4^*$, woraus $s = \frac{1}{2}x_4^*$ folgt. Einsetzen von $s = \frac{1}{2}x_4^*$ in die restlichen drei Gleichungen zeigt, ob tatsächlich $x^* = x(\frac{1}{2}x_4^*)$ gilt. Das kann im Befehlsfenster folgendermaßen aussehen:

```
>> xstern = C\b
>> s = xstern(end)/2;
>> x = [2+5*s/3; 3+13*s/6; -5-4*s; 2*s]
```

Ein Vergleich der hier nicht notierten Ergebnisse für die berechnete Lösung $\texttt{xstern} = x^*$ und das zur Kontrolle konkret für $\texttt{s} = \frac{1}{2}x_4^*$ berechnete Lösungstupel $\texttt{x} = x(s)$ aus der Lösungsmenge L zeigt, dass x^* in L liegt.

Lösung 1.4.1: Ein Lösungsvorschlag ist im Skript $\texttt{loesung141.m}$ zusammengefasst. Zur Verwendung der Funktion $\texttt{ismember}$ sei bemerkt, dass bei einem Aufruf der Gestalt $\texttt{[a,b] = ismember(c,str)}$ die Variable a das Ergebnis der Überprüfung enthält (d. h., a=1, falls c in $\texttt{str}$ liegt, sonst a=0), während b der *größte(!)* Index des Zeichens c in $\texttt{str}$ ist. Liegt c nicht in $\texttt{str}$, dann gilt b=0.

Lösung 1.4.2: Siehe dazu das Skript $\texttt{loesung142.m}$.

Lösung 1.5.1:

a) Zuerst legen wir die Menge der gegebenen Zahlen als Vektor an. Anschließend definieren wir eine leere Matrix A, die iterativ bei jedem Schleifendurchlauf um eine Zeile mit den geforderten Inhalten ergänzt wird. Das kann im Befehlsfenster folgendermaßen realisiert werden:

```
>> k = [-7/2,-1,-1/2,0,1/2,2/3,3/4,1,2,pi,5,13/2,8,9,10];
>> anzahl = length(k);
>> A = [];
>> for (i=1:anzahl)
A = [A; [k(i)^2, k(i)^3, 10-k(i)]];
end
```

Die letzten drei Anweisungen können alternativ als eine Zeile geschrieben werden:

```
>> for (i=1:anzahl), A = [A; [k(i)^2, k(i)^3, 10-k(i)]]; end
```

b) Im Unterschied zur Verwendung einer $\texttt{for}$-Schleife müssen wir hier den Zähler i *vor* dem Beginn der Schleife initialisieren (i=1) und *innerhalb* der Schleife hochzählen (i=i+1), damit die Abbruchbedingung erfüllt wird:

```
>> k = [-7/2,-1,-1/2,0,1/2,2/3,3/4,1,2,pi,5,13/2,8,9,10];
>> anzahl = length(k);
>> A = [];
>> i = 1;
>> while (i <= anzahl)
A = [A; [k(i)^2, k(i)^3, 10-k(i)]];
i = i + 1;
end
```

c) Wird k als Spaltenvektor definiert (oder nach der Eingabe als Zeilenvektor zu einem Spaltenvektor transponiert), dann kann die Matrix A ohne Verwendung einer Schleife durch elementweises Potenzieren und Subtrahieren erzeugt werden:

```
>> k = [-7/2;-1;-1/2;0;1/2;2/3;3/4;1;2;pi;5;13/2;8;9;10];
>> A = [k.^2 , k.^3 , 10-k];
```

Lösung 1.5.2: Ein Lösungsvorschlag ist im Skript loesung152.m zusammengefasst.

Lösung 1.5.3: Lösungsvorschläge zu den Teilaufgaben a), b), c), d) und f) sind im Skript loesung153.m zusammengefasst. Nachfolgend notieren wir an dieser Stelle einige Gedanken zu Aufgabenteil e): Bei der Suche mithilfe einer for-Schleife gemäß der Lösung zu d) wird von z mit jeder Iteration genau ein Zeichen weniger betrachtet, als in der vorhergehenden Iteration, d. h., in der k-ten Iteration wird z(1:maxIndex-k+1) betrachtet, in der ($k+1$)-Iteration dann z(1:maxIndex-k). Auf diese Weise werden unter Umständen Indizes des zu suchenden Zeichens 'e' doppelt ermittelt, denn 'e' kann zum Beispiel sowohl in z(1:maxIndex-k+1) als auch in z(1:maxIndex-k) an der Stelle maxIndex-k-1 liegen. Die doppelte Erfassung von Indizes wird mithilfe der union-Funktion verhindert. Weiter werden die Anweisungen im Schleifenkörper auch dann noch ausgeführt, wenn in der Zeichenkette z(1:maxIndex-k+1) der gesuchte Buchstabe nicht enthalten ist. Die genannten zeitintensiven Nachteile lassen sich durch die Verwendung einer while-Schleife umgehen, denn dort kann die Länge des noch zu durchsuchenden Teils von z flexibel angepasst werden. Das erfolgt in Abhängigkeit der Ergebnisse des Aufrufs von ismember in der aktuellen Iteration. Die Feststellung, dass z(1:maxIndex) den gesuchten Buchstaben nicht enthält, führt zur Beendigung der Schleife. In diesem Beispiel ist also die Nutzung einer while-Schleife schneller und effektiver.

Lösung 1.6.1: Die zur Berechnung erforderlichen Anweisungen sind im Skript loesung161.m zusammengefasst, nach dessen Ausführung im Befehlsfenster die gewünschten Näherungswerte abgelesen werden können. Zu h) sei bemerkt, dass die Klammer um den Exponent 1/3 in 1.25^(1/3) zwingend erforderlich ist. Ohne Klammerung wird 1.25^1/3 = 1.25/3 berechnet.

Lösung 1.6.2: Die Definition der Funktionen wird zusammenfassend im Skript loesung162.m demonstriert. Bei Potenzen und Produkten wird dabei grundsätzlich elementweise multipliziert, was die gleichzeitige Berechnung von Funktionswerten zu mehr als einem Argument ermöglicht. Zur Lösung von h) sei bemerkt, dass die Klammer um die Exponenten 1/3 bzw. 2/7 bei y.^(1/3) bzw. z.^(2/7) zwingend erforderlich ist. Ohne Klammerung wird y.^1/3 = y/3 bzw. z.^2/7 = (z.^2)/7 berechnet. Außerdem sind die zu f) bzw. j) genannten Lösungsvorschläge natürlich nur dann durchführbar, wenn die entsprechenden Funktionen p, f, g, h und k bzw. F, G und K zuvor definiert worden sind.

Lösung 1.6.3:
a)
```
>> p = @(x) x.^5 + x.^4 - 13*x.^3 - 13*x.^2 + 36*x + 36;
>> p([-4,-2.25,0.5,1,4])
ans =
   -252.0000     5.2295    49.2188    48.0000   420.0000
```

Es gilt $p(-4) = -252$, $p(-2.25) \approx 5.2295$, $p(0.5) \approx 49.2188$, $p(1) = 48$ und $p(4) = 420$.

b)
```
>> koeff_p = [1,1,-13,-13,36,36];
>> polyval(koeff_p,[-4,-2.25,0.5,1,4])
ans =
   -252.0000     5.2295    49.2188    48.0000   420.0000
```

c) ```
>> koeff_p_1 = polyder(koeff_p)
koeff_p_1 =

    5   4 -39 -26   36

>> koeff_p_2 = polyder(koeff_p_1)
koeff_p_2 =

   20   12 -78 -26

>> koeff_p_3 = polyder(koeff_p_2)
koeff_p_3 =

   60   24 -78
```

Aus den erhaltenen Koeffizienten lesen wir die Funktionsterme $p'(x) = 5x^4 + 4x^3 - 39x^2 - 26x + 36$, $p''(x) = 20x^3 + 12x^2 - 78x - 26$ und $p'''(x) = 60x^2 + 24x - 78$ ab.

d) Zur Berechnung der Nullstellen:
```
>> nullstellen = roots(koeff_p)
nullstellen =

    3.00000
    2.00000
   -3.00000
   -2.00000
   -1.00000
```

Das Polynom $p$ hat die ganzzahligen Nullstellen $x_1 = -3$, $x_2 = -2$, $x_3 = -1$, $x_4 = 2$ und $x_5 = 3$. Kandidaten für lokale Extremstellen sind die Nullstellen der ersten Ableitung:
```
>> extrem = roots(koeff_p_1)
extrem =

    2.58228
   -2.61930
   -1.48150
    0.71853
```

In diesen Stellen nimmt die zweite Ableitung $p''$ die folgenden Funktionswerte an:
```
>> polyval(koeff_p_2,extrem)
ans =

   196.980
   -98.772
    50.862
   -68.430
```

Aus $p''(2.58228) > 0$ bzw. $p''(-1.4815) > 0$ folgt, dass $p$ in den Stellen $x_6 \approx 2.58228$ und $x_8 \approx -1.4815$ lokale Minima hat. Aus $p''(-2.6193) < 0$ bzw. $p''(0.71853) < 0$ folgt, dass $p$ in den Stellen $x_7 \approx -2.6193$ und $x_9 \approx 0.71853$ lokale Maxima hat. Kandidaten für Wendestellen sind die Nullstellen der zweiten Ableitung:
```
>> wende = roots(koeff_p_2)
wende =

    1.86496
   -2.13909
   -0.32587
```

In diesen Stellen nimmt die dritte Ableitung $p'''$ die folgenden Funktionswerte an:
```
>> polyval(koeff_p_3,wende)
ans =

   175.444
   145.205
   -79.449
```

Alle Funktionswerte sind ungleich null, d. h., $p$ hat die Wendestellen $x_{10} \approx 1.86496$, $x_{11} \approx -2.13909$ und $x_{12} \approx -0.32587$.

e) Unter Nutzung der Octave-Funktionen `polyint` und `polyval` wendet man den Hauptsatz der Integralrechnung an:
```
>> koeff_stamm = polyint(koeff_p);
>> integralwert = polyval(koeff_stamm,2) - polyval(koeff_stamm,0)
integralwert = 74.400
```
Folglich gilt $\int_0^2 p(x)\,dx = 74.4$.

f) Die Eingabe von `[q,r] = deconv(koeff_p,[1,1,1])` ergibt $q(x) = x^3 - 14x + 1$ und $r(x) = 49x + 35$.
```

Lösung 1.7.1: Siehe dazu das Skript `loesung171.m`.

Lösung 1.7.2: Die folgenden Eingaben im Befehlsfenster führen zu der gewünschten Darstellung:

```
>> f = @(t) sin(pi*t)-cos(pi*t);
>> I = 0:0.05:5;
>> P = 1:5;
>> Q = [0.5,1.5,2.25,4.25];
>> plot(I,f(I),'k',P,f(P),'bo',Q,f(Q),'gs',pi,f(pi),'r>')
>> xlabel('x'), ylabel('y')
>> legend('f(t) = sin(\pi t)-cos(\pi t)', ...
'(t|f(t)), t=0,1,2,3,4,5', ...
'(t|f(t)), t=0.5,1.5,2.25,4.25', '(\pi|f(\pi))', ...
'location','northoutside')
```

Die der Octave-Funktion `legend` zusätzlich übergebenen Parameterwerte `'location'` und `'northoutside'` bewirken, dass die Legende oberhalb des Koordinatensystems platziert wird (statt der standardmäßigen Platzierung innerhalb des Koordinatensystems und dort in der oberen rechten Ecke).

Lösung 1.7.3: Falls die Variablen und ihre Werte aus der Lösung von Aufgabe 1.6.3 nicht mehr im Arbeitsspeicher verfügbar sein sollten, dann muss vorbereitend mindestens Folgendes eingegeben werden:

```
>> koeff_p = [1,1,-13,-13,36,36];
>> nullstellen = roots(koeff_p)
>> koeff_p_1 = polyder(koeff_p);
>> extrem = roots(koeff_p_1)
>> koeff_p_2 = polyder(koeff_p_1);
>> wende = roots(koeff_p_2)
```

Das Intervall $I = [-3,3]$ erfüllt die geforderten Eigenschaften, wie aus einem Vergleich der berechneten Null-, Extrem- und Wendestellen deutlich wird. Dass alle Stellen in I liegen kann man bei Bedarf auch mit Octave überprüfen, zum Beispiel durch die folgenden Eingaben im Befehlsfenster:

```
>> min([nullstellen; extrem; wende])
ans = -3.0000
>> max([nullstellen; extrem; wende])
ans = 3.0000
```

Jetzt kann die grafische Darstellung folgendermaßen erzeugt werden:

```
>> I = -3:0.05:3;
>> plot(I,polyval(koeff_p,I),'k')
>> hold on
>> plot(nullstellen,polyval(koeff_p,nullstellen),'bp')
>> plot(extrem([2,4]),polyval(koeff_p,extrem([2,4])),'r^')
>> plot(extrem([1,3]),polyval(koeff_p,extrem([1,3])),'rv')
>> plot(wende,polyval(koeff_p,wende),'mo')
>> hold off
>> grid on
>> xlabel('x'), ylabel('y')
>> legend('p','Schnittpunkte mit der x-Achse','Hochpunkte', ...
'Tiefpunkte','Wendepunkte','location','southwest')
>> title('p(x) = x^5 + x^4 - 13x^3 - 13x^2 + 36x + 36')
```

Die der Octave-Funktion `legend` zusätzlich übergebenen Parameterwerte `'location'` und `'southwest'` bewirken, dass die Legende innerhalb des Koordinatensystems unten links platziert wird.

Lösung 1.7.4: Die Octave-Anweisungen sind im Skript `loesung174.m` zusammengefasst.

a) Die folgenden Eingaben führen zu der geforderten Darstellung:

```
>> f = @(x,y) sin(2*x) + cos(2*y);
>> x = -2:0.1:2;
>> y = -3:0.1:3;
>> [X,Y] = meshgrid(x,y);
>> Z = f(X,Y);
>> surf(X,Y,Z)
>> xlabel('x'), ylabel('y'), zlabel('z')
```

b) Wir nutzen teilweise die aus der Lösung zu a) bereits im Arbeitsspeicher vorhandenen Variablen:

```
>> figure; plot3(X,Y,Z)
>> grid on, xlabel('x'), ylabel('y'), zlabel('z')
>> [X1,Y1] = meshgrid([-2:0.05:2], [-3:0.05:3]);
>> figure; plot3(X1,Y1,f(X1,Y1))
>> grid on, xlabel('x'), ylabel('y'), zlabel('z')
```

c)
```
>> figure; [C,h] = contour(X,Y,Z);
>> xlabel('x'), ylabel('y')
>> set(h,'ShowText','on','TextStep',get(h,'LevelStep')*2)
```

d) Voraussetzung zur Darstellung ist, dass das `figure`-Objekt aus c) noch geöffnet und als aktuell eingestellt ist. Dann gibt man Folgendes im Befehlsfenster ein:

```
>> hold on
>> extrem_x = [pi/4,-pi/4,-pi/4];
>> extrem_y = [0,pi/2,-pi/2];
>> sattel_x = [pi/4,pi/4,-pi/4];
>> sattel_y = [pi/2,-pi/2,0];
>> plot(extrem_x,extrem_y,'kp',sattel_x,sattel_y,'rs')
>> hold off
```

e)
```
>> hoehenwerte = [-1.5,-1.25,-1,-0.5,0,0.5,1,1.25,1.5];
>> figure; [C,h] = contour(X,Y,Z,hoehenwerte);
>> xlabel('x'), ylabel('y')
>> set(h,'ShowText','on')
```

f) Voraussetzung zur Darstellung ist, dass das `figure`-Objekt aus e) noch geöffnet und als aktuell eingestellt ist. Sind außerdem die Variablen aus der Lösung zu d) noch im Arbeitsspeicher vorhanden, dann genügen die folgenden Eingaben im Befehlsfenster:

```
>> hold on
>> plot(extrem_x,extrem_y,'kp',sattel_x,sattel_y,'rs')
>> hold off
```

Lösung 1.7.5: Siehe dazu das Skript `loesung175.m`.

Lösung 1.8.1: Die Octave-Anweisungen sind im Skript `loesung181.m` zusammengefasst.

a) Die gesuchte natürliche Zahl n lässt sich mit einer `while`-Schleife bestimmen, wobei das Abbruchkriterium $n! \leq x_{max}$ lautet. Da n im Inneren der Schleife hochgezählt wird, muss im Anschluss eine Eins abgezogen werden, denn ist $n! \leq x_{max}$ letztmalig erfüllt, so gilt $(n+1)! > x_{max}$ und das führt schließlich zum Abbruch der Schleife. Die Durchführung im Befehlsfenster sieht einschließlich Proberechnung und Ergebnisanzeige folgendermaßen aus:

```
>> n = 2;
>> while prod(1:n) <= realmax, n = n + 1; end
>> format short
```

```
>> n = n - 1
n = 170
>> format long e
>> n_fakultaet = prod(1:n)
n_fakultaet = 7.25741561530800e+306
>> n_plus_eins_fakultaet = prod(1:n+1)
n_plus_eins_fakultaet = Inf
```

b) Die Lösung orientiert sich an der Beispielrechnung dazu, dass bei der Rechnung über dem Gleitpunkt-zahlensystem $\mathbb{F}(2, 53, -1021, 1024)$ die Null nicht das einzige neutrale Element der Addition ist:

```
>> b = -1;
>> while not(15+b == 15), b = b/2; end
>> format long e
>> b
b = -8.88178419700125e-016
>> format short
>> 15+b
ans = 15
```

b) Die Eingabe 1-1 führt zum erwarteten Ergebnis 0. Das ist jedoch keine Überraschung, denn ganze Zahlen werden exakt dargestellt und auch die Arithmetik für Rechnungen mit ganzen Zahlen ist exakt, sofern man innerhalb des Bereichs der darstellbaren ganzen Zahlen bleibt. Die Rechnungen

```
>> 1 - 1 + 1.0e-014
ans = 1.00000000000000e-014
>> 1 + 1.0e-014 - 1
ans = 9.99200722162641e-015
```

zeigen, dass die Reihenfolge von Rechenschritten für das Auftreten von Rundungsfehlern entscheidend sein kann. Während bei der ersten Rechnung korrekt gerechnet wird, ist das Ergebnis der zweiten Rechnung fehlerhaft. Zu Fehlern kommt es bei der Rechnung mit irrationalen Zahlen, die nicht exakt dargestellt werden können:

```
>> format long e
>> sqrt(3)^2 - 3
ans = -4.44089209850063e-016
```

Das erwartete und exakte Ergebnis $\left(\sqrt{3}\right)^2 - 3 = 0$ kann nicht erhalten werden. Allgemein kann davon ausgegangen werden, dass sich Rundungsfehler fortpflanzen, wenn mit fehlerbehafteten Ergebnissen weitergerechnet wird. Die Rechnung

```
>> format short
>> cos(sqrt(3)^2 - 3)
ans = 1
```

zeigt jedoch, dass es nicht zwangsläufig dazu kommen muss. Obwohl das der Kosinusfunktion übergebene Argument nicht exakt dargestellt wird, erhalten wir das exakte Ergebnis.

Lösung 1.8.2: Die Berechnung der erforderlichen Produkte kann mithilfe der Octave-Funktion `prod` durchgeführt werden (siehe dazu das Skript `loesung182.m`). Das ergibt die folgenden Ergebnisse:

	Berechnung gemäß		
	(*)	(#)	(##)
$\begin{pmatrix} 100 \\ 95 \end{pmatrix}$	75287520	75287520	75287520
$\begin{pmatrix} 200 \\ 150 \end{pmatrix}$	Inf	Inf	4.53858377923246e+047
$\begin{pmatrix} 200 \\ 192 \end{pmatrix}$	NaN	NaN	22451004309013284

Die Ergebnisse zeigen, dass es bei den Berechnungsvorschriften $(*)$ und $(\#)$ zu Problemen kommen kann. Diese haben ihre Ursache in einem Overflow, der bei der Berechnung von Produkten entstehen kann, wenn dabei die obere Schranke x_{max} für die größte darstellbare reelle Zahl überschritten wird (siehe dazu Aufgabe 1.8.1). Der für einen unbestimmten Ausdruck stehende Wert NaN ergibt sich in diesem Zusammenhang aus der nicht definierten Division durch Inf.

Lösung 1.8.3: Das exakte Ergebnis der Rechnung lautet:

$$2 + \sum_{n=1}^{100000} 10^{-17} = 2 + 10^5 \cdot 10^{-17} = 2 + 10^{-12} = 2.000\,000\,000\,001$$

a) Eine gemäß den Forderungen durchgeführte Rechnung ergibt:

```
>> summe = 2;
>> for (k = 1:100000), summe = summe + 10^(-17); end
>> format short
>> summe
summe = 2
>> format long e
>> summe
2.00000000000000e+000
```

Das Ergebnis stimmt nicht mit dem exakten Wert überein und die Abweichung hat ihre Ursache in einem Rundungsfehler. Nach dem ersten Durchlauf der for-Schleife erwarten wir:

$$2 + 10^{-17} = 2.0000\,0000\,0000\,0000\,1$$

Bei der Rechnung mit 16-stelliger Genauigkeit muss gerundet werden, was einfach durch Abschneiden erfolgt, d. h., die 1 an Stelle 17 geht verloren. Mit anderen Worten ist der Summand 10^{-17} zu klein, um bei der Rechnung mit normalisierten Gleitpunktzahlen überhaupt berücksichtigt zu werden.

b) Eine gemäß den Forderungen durchgeführte Rechnung ergibt:

```
>> summe = 2;
>> format short
>> summe = 2 + sum(ones(1,100000)*10^(-17))
summe = 2.0000
>> format long e
>> summe
2.00000000000100e+000
```

Hier erhalten wir das korrekte Ergebnis. Dafür gibt es drei mögliche Erklärungen: Entweder ist es durch die Multiplikation der Einsen im Vektor ones(1,100000) mit 10^{-17} zu einem Rundungsfehler gekommen, der „zufällig" auf das korrekte Ergebnis führt. Oder im Vergleich mit der Rechnung zu a) ist das Assoziativitätsgesetz verletzt worden, was den Rundungsfehler bei a) erklärt und allgemeiner für die gemäß b) gewählte Form der Summation spricht. Ein dritter Erklärungsansatz besteht darin, dass Octave bei der Ausführung von sum(...) automatisch auf sogenannte denormalisierte Gleitpunktzahlen umstellt und so den Genauigkeitsverlust vermeidet. Ob dies tatsächlich der Fall ist und was bei der Rechnung dann im Hintergrund abläuft, soll hier nicht im Detail ergründet werden. Statt dessen belegt die nachfolgende Rechnung zu c), dass die Summation betragsmäßig sehr kleiner Zahlen trotz der nur vorhandenen 16-stelligen Genauigkeit fehlerfrei gelingen kann.

c) Eine gemäß den Forderungen durchgeführte Rechnung ergibt:

```
>> summe = 0;
>> for (k = 1:100000), summe = summe + 10^(-17); end
>> format short
>> summe
summe = 1.0000e-012
>> format long e
```

```
>> summe
1.00000000000034e-012
>> format short
>> summe = summe + 2
summe = 2.0000
>> format long e
>> summe
2.00000000000100e+000
```

Im Unterschied zu a) gelingt die Berechnung des exakten Ergebnisses hier mit einer `for`-Schleife. Allerdings zeigt die Ausgabe des Zwischenergebnisses direkt im Anschluss an die Schleife im Format `long e` einen kleinen Rundungsfehler, sodass sich „exakt" auch hier lediglich auf das im Befehlsfenster sichtbare Endergebnis bezieht.

5.2 Lösungen zu den Aufgaben aus Kapitel 2

Lösung 2.1.1: Nach dem ersten Aufruf von `plot` muss zwingend das Kommando `hold on` gesetzt werden und entsprechend nach dem letzten Aufruf von `plot` das Kommando `hold off`. Ein Muster für das Skript `markerfarbe.m` befindet sich im Programmpaket zum Buch.

Lösung 2.1.2: Ein Muster für das Skript `wichtige_Funktionen.m` befindet sich im Programmpaket zum Buch. Aufgabenteil b) wird durch die folgenden Eingaben im Befehlsfenster gelöst:

```
>> wichtige_Funktionen
>> f(2)
>> g(3)
>> k(h(g(f(2))))
```

Das ergibt $f(2) \approx 7.6625$, $g(3) \approx 2.6944$ und $k\big(h\big(g(f(2))\big)\big) = 5$.

Lösung 2.2.1: Siehe dazu die Funktion `trigplot.m` im Programmpaket zum Buch.

Lösung 2.2.2: Siehe dazu die Funktion `haus_vom_nikolaus.m` im Programmpaket zum Buch.

Lösung 2.2.3: Siehe dazu die Funktion `vektorverknuepfung.m` im Programmpaket zum Buch.

Lösung 2.2.4:

a) Für den Ausgangsparameter muss festgelegt werden, ob der erste Eintrag im Vektor die Länge der dem Innenwinkel gegenüberliegenden Seite (Gegenkathete) ist oder die Länge der anliegenden Seite (Ankathete). Das sollte der Programmierer dem Anwender in einem entsprechenden Kommentar klar machen. Zur Berechnung der Kathetenlängen gibt es verschiedene Möglichkeiten, etwa die Berechnung der Länge einer Kathete mithilfe des Winkels und anschließend die Länge der zweiten Seite mit dem Satz des Pythagoras. Ein Musterbeispiel für die Funktion `dreieck90a.m` mit ergänzenden Kommentaren befindet sich im Programmpaket zum Buch.

b) Auch hier muss festgelegt werden, in welcher Reihenfolge die Kathetenlängen zurückgegeben werden. Bei der im Programmpaket zum Buch hinterlegten Musterfunktion `dreieck90b.m` hat die Länge der Gegenkathete die höchste Priorität und führt deshalb die Liste der Ausgangsparameter an.

c) Ein Muster für die Funktion `dreieck90c.m` befindet sich im Programmpaket zum Buch.

Lösung 2.3.1:

a) Die Überprüfung der Hypotenuse erfolgt mit einer einseitig bedingten Anweisung. Der Innenwinkel α wird in einer zweiseitig bedingten Anweisung überprüft, wobei zum Beispiel die Bedingungen $\alpha \leq 0°$ oder $\alpha \geq 90°$ mithilfe der or-Funktion verknüpft werden. Alternativ kann mithilfe der and-Funktion überprüft werden, ob $0° < \alpha < 90°$ gilt. Bei den späteren Berechnungen wird nicht der Eingangsparameter für den Winkel verwendet, sondern eine Variable, die innerhalb der zweitseitig bedingten Anweisung definiert wird und deren Wert vom Ergebnis der Überprüfung des Eingangsparameters abhängt. Man kann die Bedingungen $\alpha \leq 0°$ und $\alpha \geq 90°$ auch getrennt voneinander überprüfen, was auf eine mehrseitig bedingte Anweisung hinausläuft. Eine Musterlösung der Funktion dreieck90d.m und die genannten alternativen Programmierungen in Gestalt der Funktionen dreieck90d2.m bzw. dreieck90d3.m befinden sich im Programmpaket zum Buch.

b) Die Überprüfung der Hypotenuse erfolgt mit einer einseitig bedingten Anweisung. Der Innenwinkel wird in einer mehrseitig bedingten Anweisung behandelt. Eine Musterlösung für die Funktion dreieck90e.m befindet sich im Programmpaket zum Buch.

Lösung 2.3.2: Für den dritten Eingangsparameter muss jeder Möglichkeit eindeutig ein Wert zugeordnet werden. Das kann eine Zahl sein (zum Beispiel 0 für Gradmaß und 1 für Bogenmaß) oder alternativ eine Zeichenkette (zum Beispiel 'grad' für Gradmaß und 'bogen' für Bogenmaß). Auch die Werte des dritten Eingangsparameters müssen einer Eingangsüberprüfung unterzogen werden. Eine relativ kompakte Programmierung der Funktion dreieck90m.m (mit numerischen Werten für den dritten Eingangsparameter) befindet sich im Programmpaket zum Buch. Dort findet man mit der Funktion dreieck90m2.m eine Alternative, bei der für den dritten Eingangsparameter Werte als Zeichenkette übergeben werden. Eine weitere Programmieralternative stellt die Funktion dreieck90m3.m dar.

Lösung 2.4.1: Siehe dazu das Skript loesung241.m.

Lösung 2.4.2: Siehe dazu das Skript loesung242.m.

Lösung 2.4.3: Mithilfe der logischen Indizierung wird zunächst in der Zeichenkette Z nach dem Anfangsbuchstaben der Zeichenkette wort gesucht. Genauer werden dabei alle Indizes des Buchstabens bestimmt. Ist der Anfangsbuchstabe von wort in Z enthalten, dann wird mithilfe der Funktion isequal überprüft, ob auf den Index die Zeichenkette wort folgt. Da deren Anfangsbuchstabe mehrfach in Z enthalten sein kann, erfolgt dies mithilfe einer for-Schleife. Im Erfolgsfall, d. h., Z enthält wort, werden die Anfangspositionen (Indizes) in einem Vektor gesammelt, der zugleich der Ausgangsparameter der Funktion ist. Ein Programmiervorschlag der Funktion wortsuche.m und das Testskript loesung243.m befinden sich im Programmpaket zum Buch.

Lösung 2.5.1:

a) Es gibt keine eindeutige Empfehlung oder Festlegung, wie C angelegt wird. Die folgende Musterlösung realisiert dies als cell-Array mit drei Zeilen und fünf Spalten, wobei jede Zeile für eine der Funktionen steht. In der ersten Spalte wird die Funktionsgleichung, in der zweiten Spalte der Definitionsbereich als Vektor, in der dritten und vierten Spalte die Intervallgrenzen und in der fünften Spalte die Grafikinformationen abgelegt. Die Intervallgrenzen werden hier als Zeichenketten hinterlegt, wobei die Zeichenkette 'zu' für eine abgeschlossene und 'offen' für eine offene Intervallgrenze steht. Man gibt das Folgende zur Definition von C ein:

```
>> C = {@(x) sin(2*pi*x)-log(x), [0,2], 'offen', 'zu', 'r'; ...
        @(x) (x+1)./(1+x.^2), [-1,1], 'zu', 'zu', '-g'; ...
        @(x) log(25-x.^2), [0,5], 'zu', 'offen', 'b'};
```

Man kann auch anders vorgehen und zum Beispiel die offenen oder abgeschlossenen Intervallgrenzen mithilfe eines Vektors kodieren, wobei beispielsweise die Zahl 0 für eine abgeschlossene und die Zahl 1 für eine offene Intervallgrenze steht. Das ergibt das folgende `cell`-Array mit drei Zeilen und nur vier Spalten:

```
>> C2 = {@(x) sin(2*pi*x)-log(x), [0,2], [1,0], 'r'; ...
@(x) (x+1)./(1+x.^2), [-1,1], [0,0], '-g'; ...
@(x) log(25-x.^2), [0,5], [0,1], 'b'};
```

b) Die erforderlichen Anweisungen im Befehlsfenster lauten:

```
>> C{1,1}(1)+C{2,1}(1)+C{3,1}(1)
```

Das Durcheinander aus geschweiften und runden Klammern in dieser kompakten Anweisung kann natürlich auch in kleineren Schritten und damit vor allem für Programmieranfänger besser nachvollziehbar gestaltet werden, zum Beispiel folgendermaßen:

```
>> f = C{1,1};
>> g = C{2,1};
>> h = C{3,1};
>> f(1)+g(1)+h(1)
```

Oder alternativ wie folgt:

```
>> [f,g,h] = C{:,1};
>> f(1)+g(1)+h(1)
```

c) Mit Bezug auf das in der Lösung zu a) definierte `cell`-Array C führen zum Beispiel die folgenden Eingaben zum gewünschten Ziel:

```
>> I = C{2,2}(1):0.01:C{2,2}(2);
>> plot(I,C{2,1}(I),C{2,5})
```

d) Mit Bezug auf das in der Lösung zu a) definierte `cell`-Array C führen zum Beispiel die folgenden Eingaben zum gewünschten Ziel:

```
>> C{2,1} = @(x) @(x) (x+1)./(x.^2-4);
>> C{2,2} = [-2,2];
>> C{2,3} = 'offen';
>> C{2,4} = 'offen';
>> C{2,5} = 'm';
```

Statt eines Zugriffs auf die einzelnen Elemente von C kann alternativ die komplette zweite Zeile von C überschrieben werden:

```
>> C(2,:) = {@(x) (x+1)./(x.^2-4), [-2,2], ...
'offen', 'offen', 'm'};
```

Lösung 2.5.2: Siehe dazu das Skript `loesung252.m`.

Lösung 2.6.1: Im Skript `loesung261.m` wird die Aufgabenstellung durch eine Datenstruktur gelöst, deren Felder ausschließlich numerische Werte oder Zeichenketten als Werte enthalten. Im Skript `loesung261alternative.m` wird eine Alternative vorgestellt, bei der die Koordinaten des Mittelpunkts und die Daten für die grafische Darstellung jeweils selbst als Datenstruktur angelegt werden.

Lösung 2.6.2: Der Variable V wird zu Beginn ein `cell`-Array zugewiesen und nach dem Auslesen einzelner Felder wird sie durch einen Vektor überschrieben. Durch die Anweisung `V.vektor = [1,2,3]` wird versucht, in einer *Datenstruktur* mit dem Namen V das Feld `vektor` zu definieren. Das führt jedoch zu einer Fehlermeldung, denn eine Variable V ist zwar zu diesem Zeitpunkt bereits definiert. Sie ist jedoch (noch) keine Datenstruktur, d. h., V wird unverändert als Vektor interpretiert, für den der Punktoperator natürlich nicht definiert ist. Im Einklang mit den im Befehlsfenster ausgegebenen Texten lässt sich der Fehler dadurch beheben, dass V zunächst mit einer leeren Datenstruktur überschrieben wird, siehe dazu das Skript loesung262.m.

Lösung 2.7.1: Ein Programmiervorschlag für die Funktion lottotipp.m befindet sich im Programmpaket zum Buch.

Lösung 2.7.2: Siehe dazu das Skript loesung272.m.

Lösung 2.8.1: Es gibt diverse Programmiermöglichkeiten, die hier nicht alle vorgestellt werden können. Wir benügen uns daher mit einigen kurzen Hinweisen zu den Teilaufgaben. Grundsätzlich muss man festlegen, in welcher Reihenfolge die Parameterwerte in den Datencontainern varargin und varargout einsortiert werden. Dazu sei angenommen, dass dies in der gleichen Reihenfolge passiert, wie sie durch die Funktion hohlzylinder.m vorgegeben wird.

a) Ist sichergestellt, dass in varargin genau drei verschiedene Zahlenwerte übergeben werden, dann kann man an geeigneter Stelle (genauer gleich unter dem in der Aufgabenstellung nicht gedruckten Informationsteil) der Funktion die folgenden Anweisungen notieren:

```
radius1 = varargin{1};
radius2 = varargin{2};
hoehe = varargin{3};
```

Werden weniger als drei Parameterwerte übergeben, dann kann man natürlich den Ablauf der Funktion einfach abbrechen. Alternativ kann man weniger als drei Werte in geeigneter Weise interpretieren, zum Beispiel folgendermaßen:

```
if (nargin == 1)
  radius1 = varargin{1};
  radius2 = radius1/2;
  hoehe = radius1;
elseif (nargin == 2)
  radius1 = varargin{1};
  radius2 = radius1/2;
  hoehe = varargin{2};
elseif (nargin >= 3)
  radius1 = varargin{1};
  radius2 = varargin{2};
  hoehe = varargin{3};
end
```

Diese Variante ist im Lösungsvorschlag für die Funktion hohlzylinder2.m implementiert.

b) Hier kann mit geringen Anpassungen analog zu a) vorgegangen werden, etwa wie folgt:

```
if (nargin == 1)
  radius2 = radius1/2;
  hoehe = radius1;
elseif (nargin == 2)
  radius2 = radius1/2;
  hoehe = varargin{1};
elseif (nargin >= 3)
  radius2 = varargin{1};
  hoehe = varargin{2};
end
```

Siehe dazu der Lösungsvorschlag zur Funktion hohlzylinder3.m.

c) Zur Behandlung der Eingangsparameter wird analog zu a) vorgegangen. Für die Ausgangsparameter besteht die einfachste Lösung in der Ergänzung des Quelltextes der Funktion `hohlzylinder2.m` um die folgende Zeile:

```
varargout = {v,am,ao}
```

Alternativ kann man in Analogie zu der auf Seite 122 vorgestellten Funktion `rechteck62.m` vorgehen. Das wurde im Lösungsvorschlag für die Funktion `hohlzylinder4.m` realisiert.

Lösung 2.9.1: Ein Programmiervorschlag für die Funktion `summiere3funktionen.m` befindet sich im Programmpaket zum Buch.

Lösung 2.9.2: Ein Programmiervorschlag für die Funktion `stueckweise3.m` befindet sich im Programmpaket zum Buch.

Lösung 2.9.3:

a) Dazu wird zum Beispiel im Befehlsfenster das Kommando `help fzero` eingegeben. Von der möglichen Vielfalt an Funktionsaufrufen nutzen wir zur Lösung der Teilaufgaben ausschließlich eine der folgenden beiden Varianten:

- `fzero(FUN,x0)`, wobei FUN ein Zeiger auf eine Funktion f ist und x0 ist eine einzelne reelle Zahl, die als Startwert für die näherungsweise Nullstellenberechnung genutzt wird. Bei dieser Variante des Funktionsaufrufs muss x0 allerdings häufig bereits sehr nah an der zu berechnenden Nullstelle liegen.
- `fzero(FUN,[a0,b0])`, wobei FUN ein Zeiger auf eine Funktion f ist und [a0,b0] ist ein Vektor mit zwei reellen Zahlen a0 und b0, der als Startintervall $[a_0, b_0]$ für die näherungsweise Nullstellenberechnung genutzt wird. Damit ist klar, dass $a_0 < b_0$ gelten muss. Außerdem erwartet die Funktion `fzero`, dass die Funktionswerte in den Intervallrändern verschiedene Vorzeichen haben, d. h., a_0 und b_0 umschließen die zu berechnende Nullstelle x^*. Das bedeutet, dass $f(a_0) > 0$ und $f(b_0) < 0$ gilt oder umgekehrt. Idealerweise liegt in $[a_0, b_0]$ keine weitere Nullstelle von f.

Beim Aufruf der Gestalt `fzero(FUN,[a0,b0])` bleibt das hinter `fzero` stehende numerische Verfahren zur Nullstellenberechnung bei allen Berechnungsschritten stets innerhalb des Intervalls $[a_0, b_0]$ und führt unter allen oben genannten Voraussetzungen zielsicher zur gesuchten Nullstelle x^*. Dagegen kann es beim Aufruf der Gestalt `fzero(FUN,x0)` mit nur einem in der Nähe von x^* liegenden Startwert x0 passieren, dass das Verfahren zu einer anderen als der gewünschten Nullstelle x^* hinführt. Einen geeigneten Startwert x0 bzw. Startvektor [a0,b0] findet man übrigens zum Beispiel mithilfe einer grafischen Darstellung der jeweiligen Funktion. Die vorbereitende Anwendung der `plot`-Funktion ist also empfehlenswert.

b) Zuerst plotten wir die Funktion f, um einen Überblick über die Anzahl und die Lage der Nullstellen zu erhalten. Über ein geeignetes Teilintervall des Definitionsbereichs kann man dabei lange streiten, als ausreichend erweist sich aber die Auswahl des Intervalls $[-2, 4]$:

```
>> f = @(x) 3*x.^2 - 7*x - 11;
>> I = -2:0.01:4;
>> plot(I,f(I))
```

Aus dem Plot erkennt man, dass f genau zwei Nullstellen x_1 und x_2 hat (mehr als zwei Nullstellen kann ein Polynom zweiten Grades nicht haben). Außerdem erkennt man geeignete Startwerte zu ihrer Berechnung, die wir der Funktion `fzero` übergeben:

```
>> x1 = fzero(f,-1)
x1 = -1.0756
>> x2 = fzero(f,3)
x2 = 3.4089
```

Für die zweite Nullstelle wäre etwa auch der Startwert x0 = 2 naheliegend gewesen. Damit ergibt sich jedoch die erste Nullstelle:

```
>> fzero(f,2)
ans = -1.0756
```

Das zeigt, dass die Verwendung eines einzelnen Startwerts x0 tatsächlich keine Garantie dafür ist, dass fzero die gesuchte Nullstelle berechnet. Folglich ist es besser, auf die in der Lösung zu a) genannte Alternative eines Startintervalls [a0,b0] zurückzugreifen. Das kann recht grob um eine Nullstelle gewählt werden, beispielsweise folgendermaßen:

```
>> x1 = fzero(f,[-2,2])          >> x2 = fzero(f,[2,4])
x1 = -1.0756                     x2 = 3.4089
```

Für die Funktion g gehen wir analog vor und plotten zunächst den Funktionsgraphen über dem gesamten Definitionsbereich:

```
>> g = @(x) sin(2*pi* x).^2 - cos(2*pi*x) - x;
>> I = -1:0.01:1;
>> plot(I,g(I))
```

Gegebenenfalls mithilfe der Zoomfunktion des Grafikfensters ermitteln wir geeignete Startwerte bzw. Startintervalle. Hier ein Musterbeispiel zur Berechnung aller Nullstellen, wobei die Nullstelle x1 auch ohne Octave-Rechnung klar sein sollte:

```
>> x1 = fzero(g,-1)             >> x3 = fzero(g,[0.1,0.2])
x1 = -1                         x3 = 0.15829
>> x2 = fzero(g,[-0.2,-0.1])    >> x4 = fzero(g,[0.5,1])
x2 = -0.13195                   x4 = 0.77974
```

c) Auch in Verbindung mit selbst geschriebenen Octave-Funktionen kann fzero genutzt werden. Die stückweise definierte Funktion h kann beispielsweise folgendermaßen als Octave-Funktion programmiert werden:

```
1  function[werte] = stueckweise293(x)
2  index = 1:length(x);
3  ind = index(x < -5);
4  werte = 0.2*x(ind).^2.*exp(x(ind)+5) - 4;
5  ind = index(and(-5 <= x,x <= 5));
6  werte = [werte, sin(0.2*pi*x(ind)) - cos(0.2*pi*x(ind))];
7  ind = index(x > 5);
8  werte = [werte, 2-x(ind).^2.*exp(x(ind)-5)/25];
```

Analog zu den Funktionen aus Aufgabenteil b) verschafft eine grafische Darstellung einen groben Überblick über Anzahl und Lage der Nullstellen:

```
>> I = -6:0.01:6;
>> plot(I,stueckweise293(I))
```

Offenbar ist die Funktion h für $x < -5$ und für $x > 5$ jeweils streng monoton, sodass im Intervall $I = [-6,6]$ alle Nullstellen der Funktion liegen. Die Berechnung der vier Nullstellen ergibt sich durch die folgenden Eingaben im Befehlsfenster, wobei natürlich auch andere als die hier genannten Startintervalle [a0,b0] genutzt werden können:

```
>> x1 = fzero(@stueckweise293,[-6,-5])
x1 = -5.3635
>> x2 = fzero(@stueckweise293,[-5,-4])
x2 = -4.6638
>> x3 = fzero(@stueckweise293,[0,2])
x3 = 1.1436
>> x4 = fzero(@stueckweise293,[5,6])
x4 = 5.5019
```

Wichtig ist bei der Übergabe der Funktion `stueckweise293` an die Funktion `fzero` das Voranstellen des `@`-Operators. Da die Nahtstellen der Funktion -5 bzw. 5 der Funktion h mit den Nahtstellen der Funktion k aus Aufgabe aus Aufgabe 2.9.2 übereinstimmen, kann man alternativ auch die Funktion `stueckweise3` aus Aufgabe 2.9.2 verwenden. Dazu müssen lediglich die Funktionen auf den einzelnen Teilintervallen definiert und beim Aufruf der Funktion `fzero` übergeben werden. Das geht folgendermaßen:

```
>> f1 = @(x) 0.2*x.^2.*exp(x+5)-4;
>> f2 = @(x) abs(x).*sin(0.2*pi*x) - cos(0.2*pi*x);
>> f3 = @(x) 2-x.^2.*exp(x-5)/25;
>> x1 = fzero(@(x) stueckweise3(f1,f2,f3,x),[-6,-5])
>> x2 = fzero(@(x) stueckweise3(f1,f2,f3,x),[-5,-4])
>> x3 = fzero(@(x) stueckweise3(f1,f2,f3,x),[0,2])
>> x4 = fzero(@(x) stueckweise3(f1,f2,f3,x),[5,6])
```

Dabei zeigt `@(x)` an, dass die Nullstellenberechnung bezüglich der Variable x erfolgen soll.

Lösung 2.10.1: Siehe dazu das Skript `loesung2101.m`.

Lösung 2.10.2: Siehe dazu die Skripte `loesung2102a.m` und `loesung2102b.m`.

Lösung 2.10.3: Siehe dazu das Skript `loesung2103.m`.

Lösung 2.10.4: Siehe dazu das Skript `loesung2104.m`.

5.3 Lösungen zu den Aufgaben aus Kapitel 3

Lösung 3.1.1:

a) Diese Behauptung ist nicht richtig, wie man zum Beispiel mit einer der im Skript `loesung311a.m` zusammengestellten Rechnungen feststellt. Das lineare Gleichungssystem hat die eindeutige Lösung $(x_1, x_2, x_3) = (1, 0, -1, 2)$.

b) Mit Rechnungen analog zum Skript `loesung311b.m` lässt sich feststellen, dass die behauptete Äquivalenz der Gleichungssysteme richtig ist. Die angegebene Lösung ist jedoch falsch, denn die eindeutige Lösung beider Gleichungssysteme ist $(x, y, z) = \left(5, -\frac{5}{2}, 0\right)$.

c) Eine direkte Berechnung der Inversen von A mit der Octave-Funktion `inv` zeigt, dass die in der Aufgabenstellung gegebene Matrix A^{-1} nicht die Inverse von A ist bzw. sich dort ein Vorzeichenfehler eingeschlichen hat. Alternativ kann man die Inverse schrittweise berechnen, siehe dazu das Skript `loesung311c.m`. Richtig ist:

$$A = \begin{pmatrix} 1 & 2 & -2 \\ 4 & 0 & 1 \\ 4 & 1 & 1 \end{pmatrix} \quad \Rightarrow \quad A^{-1} = \begin{pmatrix} \frac{1}{9} & \frac{4}{9} & -\frac{2}{9} \\ 0 & -1 & 1 \\ -\frac{4}{9} & -\frac{7}{9} & \frac{8}{9} \end{pmatrix}$$

Lösung 3.1.2: Die Funktion f hat die Nullstellen $x_1 = -5$, $x_2 = -3$ und $x_3 = 1$. Die Nullstelle $x_3 = 1$ ermittelt man zum Beispiel durch Probieren, spaltet mittels Polynomdivision den Linearfaktor $x - x_3 = x - 1$ ab und berechnet die Nullstellen des auf diese Weise erhaltenen quadratischen Polynoms mithilfe der *pq*-Formel. Die ersten drei Ableitungen von f sind

$$f'(x) = 3x^2 + 14x + 7 \quad, \quad f''(x) = 6x + 14 \quad \text{und} \quad f'''(x) = 6\,.$$

Die erste Ableitung f' hat die Nullstellen $x_4 = \frac{\sqrt{28}-7}{3}$ und $x_5 = -\frac{\sqrt{28}+7}{3}$. Weiter berechnet man $f''(x_4) = 2\sqrt{28} > 0$, d. h., f hat in x_4 ein lokales Minimum. Aus $f''(x_5) = -2\sqrt{28} < 0$ folgt, dass f in x_5 ein lokales Maximum hat. Die zweite Ableitung f'' hat die Nullstelle $x_6 = -\frac{7}{3}$. Aus $f'''(x_6) = 6 \neq 0$ folgt, dass f in x_6 eine Wendestelle hat. Zur Überprüfung der Rechnungsergebnisse kann man grafisch vorgehen (siehe dazu das Skript `loesung312a.m`) oder rechnerisch (siehe dazu das Skript `loesung312b.m`). Selbstverständlich können grafische und rechnerische Methoden auch gemischt verwendet werden.

Lösung 3.1.3: Ein analog zum Skript `loesung313a.m` erstellter Octave-Plot zeigt, dass die Nullstelle $x_1 = -\frac{7}{2}$ richtig ist. Dagegen wird schnell deutlich, dass die Nullstelle $x_2 = -\frac{3}{2}$ sowie die Extremstellen $x_3 = -1$ und $x_4 = -3$ nicht richtig sind. Außerdem ist f in $x = -2$ nicht differenzierbar, denn es gilt $\lim\limits_{x\uparrow -2}\frac{1}{x+4} \neq \lim\limits_{x\downarrow -2}\frac{1}{x}$. Eine erneute Rechnung führt auf die folgenden richtigen Ergebnisse:[1]

a) f hat die Nullstellen $x_1 = -\frac{7}{2}$ und $x_2 = -\frac{1}{2}$.
b) Die erste Ableitung von f ist

$$f'(x) \begin{cases} \frac{1}{x+4} , & -4 < x < -2 \\ \frac{1}{x} , & -2 < x < 0 \end{cases} .$$

Insbesondere ist f in $x = -2$ nicht differenzierbar.
c) Aus den Monotonieeigenschaften folgt, dass f in $x_3 = -2$ ein lokales Maximum mit dem Funktionswert $f(x_3) = \ln(4)$ hat. Die Funktion f hat keine weiteren lokalen Extremstellen.

Diese Eigenschaften lassen sich grafisch gut verdeutlichen, siehe dazu das Skript `loesung313b.m`.

Lösung 3.1.4: Die exakten Lösungen lauten:[1]

a) $-\frac{15}{2}$ b) $\frac{223}{6}$ c) $\ln^3(9)$ d) $\frac{1}{2}\ln\left(\frac{e+1}{2}\right)$ e) $\ln\left(\frac{512}{81}\right)$ f) $\frac{1}{2}$

Die mit Octave durchgeführten Kontrollrechnungen sind im Skript `loesung314.m` zusammengefasst. Bei der Ausführung des Skripts wird im Befehlsfenster zu jedem Integral zuerst der mit der Octave-Funktion `quad` näherungsweise berechnete Wert des bestimmten Integrals ausgegeben, danach zum Vergleich die oben genannten exakten Werte in (gerundeter) Dezimaldarstellung.

Lösung 3.1.5: Nach der Methode der Trennung der Variablen bzw. durch Variation der Konstante berechnet man die folgenden Lösungen:[1]

a) $y(x) = \exp\left(\frac{1}{2}x^2\right)$ b) $y(x) = \sqrt[3]{\frac{3}{2}x^2 + 27}$

c) $y(x) = \frac{10}{2x^2+3}$ d) $y(x)\sqrt{\frac{2}{15}(2+3x)^5 - \frac{49}{15}}$

e) $y(x) = e^x(1000 + x)$ f) $y(x) = 6e^{\cos(x)} + \sin^2(x) - 2\cos(x) - 2$

Eine Kontrolle der Ergebnisse mit Octave wird für jede Teilaufgabe in einem Octave-Skript rechnerisch und grafisch durchgeführt. Siehe dazu im Detail die Skripte `loesung315a.m`, `loesung315b.m`, `loesung315c.m`, `loesung315d.m`, `loesung315e.m` und `loesung315f.m`.

Lösung 3.1.6: Eine Überprüfung der Ergebnisse ist rechnerisch und grafisch möglich. Bei der rechnerischen Überprüfung können beispielsweise auch die Funktionswerte des Gradienten ∇f und der Hesse-Matrix $\nabla^2 f$ mit einbezogen werden, bei deren Definition als Octave-Funktion natürlich besondere Sorgfalt erforderlich ist. Bei den Lösungen der Gleichung $\nabla f(x,y) = 0$, den sogenannten stationären Punkten (x^*, y^*), lassen sich Fehler häufig durch Einsetzen der Punktkoordinaten x^* und y^* in den Gradient überprüfen. Wurde richtig gerechnet, muss natürlich (bis auf kleinste Ungenauigkeiten) der Nullvektor erhalten werden. Ob die Hesse-Matrix $\nabla^2 f$ in den stationären Punkten positiv definit, negativ definit oder indefinit

---

[1] Kommentierte Lösungswege sind in [30] zu finden.

ist, kann zum Beispiel bequem durch die Berechnung ihrer Eigenwerte nachgeprüft werden. Zum Beispiel mithilfe eines Höhenlinienbildes lässt sich die Lage von Punkten grafisch verdeutlichen und außerdem erkennen, von welcher Art lokale Extrempunkte sind. Im Skript `loesung316.m` wird eine durch prägnante Variablennamen und durch den Einsatz der `disp`-Funktion kommentierte Kontrollstrategie für die Funktion f aus der Aufgabenstellung demonstriert, für die

$$\nabla f(x,y) = \begin{pmatrix} y(1-2x)e^{-y} \\ x(1-x)(1-y)e^{-y} \end{pmatrix} \quad \text{und} \quad \nabla^2 f(x,y) = \begin{pmatrix} -2ye^{-y} & (1-2x)(1-y)e^{-y} \\ (1-2x)(1-y) & -x(1-x)(2-y)e^{-y} \end{pmatrix}$$

gilt. In der Praxis wird man natürlich auf Wertezuweisungen an überlange Variablennamen und Kommentare verzichten und „einfach rechnen". Dabei ergibt sich, dass einige der Behauptungen in der Aufgabenstellung falsch sind. Eine erneute Rechnung führt auf die folgenden richtigen Aussagen:

Die Funktion $f : \mathbb{R} \to \mathbb{R}$ mit $f(x,y) = x(1-x)ye^{-y}$ hat in $P_1(0.5|1)$ ein lokales Maximum mit dem Funktionswert $f(0.5,1) = \frac{1}{4}e^{-1}$. Die Funktion hat außerdem die Sattelpunkte $P_2(0|0)$ und $P_3(1|0)$ mit den Funktionswerten $f(0,0) = f(1,0) = 0$.

Lösung 3.2.1: Die Octave-Skripte `loesung321a.m`, `loesung321b.m`, `loesung321c.m`, `loesung321d.m`, `loesung321e.m` und `loesung321f.m` geben zu der jeweiligen Teilaufgabe im Befehlsfenster eine Wertetabelle aus, in deren erster Spalte der Folgenindex $n \in M$ steht und in der zweiten Spalte der zugehörige Wert a_n. Aus dieser Wertetabelle erkennt man einerseits, ob eine Folge konvergiert oder divergiert. Im Fall der Konvergenz lässt sich außerdem der Grenzwert erkennen, und im Fall der Divergenz erkennt man, ob es sich um bestimmte oder unbestimmte Divergenz handelt. Besonders bei Aufgabenteil e) ist es sinnvoll, auch kleinere Indizes $n \in M$ zu betrachten, da es zu falschen Schlussfolgerungen kommen kann, wenn für n ausschließlich Zehnerpotenzen betrachtet werden. Der Beweis der aus den Wertetabellen erhaltenen Vermutungen beginnt bei a) bis c) mit einer Umformung der Folgen in Analogie zu der in Abschnitt 3.2.1 behandelten Folge. Nach der Umformung müssen, wie auch bei den restlichen Teilaufgaben, geeignete Methoden und Argumentationen genutzt werden, wie beispielsweise zum Beweis von Konvergenz die Rechenregeln für konvergenze Folge oder die sogenannte „Sandwichregel". Detaillierte Beweise werden zu allen Folgen in [30] geführt. Aus Platzgründen notieren wir hier nur die Endergebnisse:

a) $\lim\limits_{n\to\infty} a_n = \frac{1}{2}$ b) Die Folge ist bestimmt divergent, es gilt $\lim\limits_{n\to\infty} a_n = \infty$.

c) $\lim\limits_{n\to\infty} a_n = \frac{1}{2\sqrt{2}}$ d) $\lim\limits_{n\to\infty} a_n = 0$

e) Die Folge ist unbestimmt divergent. f) $\lim\limits_{n\to\infty} a_n = 1$

Lösung 3.2.2: Eine Vermutung zur Konvergenz/Divergenz lässt sich durch die Betrachtung der Partialsummenfolge $(s_k)_{k\in\mathbb{N}}$ erhalten. Die Skripte `loesung322a.m`, `loesung322b.m`, `loesung322c.m`, `loesung322d.m`, `loesung322e.m` und `loesung322f.m` geben zu der jeweiligen Teilaufgabe im Befehlsfenster eine Wertetabelle aus, in deren erster Spalte der Folgenindex $k \in M$ steht und in der zweiten Spalte der zugehörige Wert s_k. Detaillierte Beweise der aus diesen Wertetabellen aufgestellten Vermutungen werden zu jeder Reihe in [30] geführt. Zur Herleitung bzw. zum Verständnis von Beweisschritten kann der Einsatz von Octave ebenfalls sinnvoll sein, was hier aus Platzgründen nicht diskutiert werden kann. Wir notieren hier zur groben Orientierung nur die Endergebnisse:

a) Die Reihe konvergiert nach dem Leibniz-Kriterium für alternierende Reihen.
b) Die Reihe divergiert, da ihre Summanden keine Nullfolge bilden.
c) Die Reihe konvergiert nach dem Majorantenkriterium.
d) Die Reihe ist nach dem Quotientenkriterium divergent. Alternativ kann man zeigen, dass die Folge $(a_n)_{n\in\mathbb{N}}$ keine Nullfolge ist.
e) Mithilfe einer Partialbruchzerlegung der Summanden zeigt man, dass die Reihe konvergiert.
f) Die Reihe konvergiert nach dem Wurzelkriterium.

Lösung 3.2.3: Siehe dazu die Skripte `loesung323a.m` bis `loesung323d.m`.

Lösung 3.2.4:

a) Die Ausführung des Skripts `loesung324a.m` erzeugt die geforderte grafische Darstellung. Daraus wird deutlich, dass die Grenzwerte $\lim_{x \to 0} g_0(x)$ und $\lim_{x \to 1} g_1(x)$ existieren, denn g_0 kann in $x_0 = 0$ und g_1 kann in $x_0 = 1$ mithilfe dieser Grenzwerte stetig ergänzt werden. Folglich ist f in $x_0 = 0$ bzw. in $x_0 = 1$ differenzierbar.

b) Die Ausführung des Skripts `loesung324b.m` erzeugt die geforderte grafische Darstellung. Daraus wird deutlich, dass der Grenzwert $\lim_{x \to 1} g_1(x)$ existiert, denn g_1 kann in $x_0 = 1$ mithilfe dieses Grenzwerts stetig ergänzt werden. Folglich ist f in $x_0 = 1$ differenzierbar. Aus der grafischen Darstellung wird außerdem deutlich, dass der Grenzwert $\lim_{x \to 0} g_0(x)$ nicht existiert, denn es gilt $\lim_{x \uparrow 0} g_0(x) \neq \lim_{x \downarrow 0} g_0(x)$. Folglich ist f in $x_0 = 0$ nicht differenzierbar.

Zur Sicherheit der Hinweis, dass die in a) und b) aus einer Grafik gezogenen Erkenntnisse keine Beweiskraft haben, sondern lediglich eine grobe Orientierung dafür geben, welches Ergebnis ein detailliert durchgeführter Beweis haben kann.

Lösung 3.2.5: Eine Musterprogrammierung für die Funktion `bisektion.m` befindet sich im Programmpaket zum Buch. Mithilfe eines Plots des Graphen von $f(x) = \sin(x) \cdot (x - 1) + 1$ findet man geeignete Startwerte zur Berechnung der ersten positiven Nullstelle x^*, wie zum Beispiel $x_1^{(0)} = 3$ und $x_2^{(0)} = 4$. Die Berechnung der Nullstelle mit der Funktion `bisektion.m` wird im Skript `loesung325.m` vorgeführt. Dabei erhält man $x^* \approx 3.54534715829$.

Lösung 3.2.6: Vorbereitend zeigt man mit vollständiger Induktion $f^{(n)}(x) = \left(2^{n-1}n + 2^n x\right) \cdot e^{2x}$ für $n \in \mathbb{N}_0$. Die weiteren Lösungsschritte sind im Skript `loesung326.m` zusammengefasst.

5.4 Lösungen zu den Aufgaben aus Kapitel 4

Lösung 4.1.1: Die Lösung der Probleme mit den Octave-Funktionen `glpk` und `linprog` ist jeweils in einem Octave-Skript zusammengefasst.

a) Die Ausführung des Skripts `loesung411a.m` ergibt die Lösung $x^* = (x_1, x_2, x_3, x_4)^T = (0, 4.5, 0.5, 8.5)^T$ mit dem Optimum $f_{min} = f(x^*) = -18$.

b) Die Ausführung des Skripts `loesung411b.m` ergibt die Lösung $x^* = (x_1, x_2, x_3, x_4)^T = (17, 0, 9, 3)^T$ mit dem Optimum $f_{max} = f(x^*) = 63$.

c) Die Ausführung des Skripts `loesung411c.m` ergibt, dass das Problem keine Lösung hat.

d) Die Ausführung des Skripts `loesung411d.m` ergibt die Lösung $x^* = (x_1, x_2, x_3, x_4)^T = (5, 1, 0, 0)^T$ mit dem Optimum $f_{min} = f(x^*) = 4$.

Lösung 4.1.2: Das Skript `loesung412.m` ergibt die gerundete Lösung $x^* \approx (-2.1667, -3.6667, 6.1667)$ mit dem optimalen Zielfunktionswert $f_{min} = f(x^*) \approx -125.8889$. Man beachte, dass die $\geq$-Nebenbedingung durch Multiplikation mit (-1) in eine $\leq$-Nebenbedingung umgeformt werden muss, da die Funktionen `qp` und `quadprog` ausschließlich Ungleichungen mit dem Relationszeichen $\leq$ zulassen.

Lösung 4.1.3: Die Anzahl der lokalen Extrempunkte und geeignete Startwerte zu ihrer Berechnung lassen sich zum Beispiel mithilfe eines Höhenlinienbildes ermitteln (Octave-Funktion `contour`). Daran lässt sich auch die Art der lokalen Extrema gut erkennen, was bereits vor dem Aufruf der Octave-Funktion `fminsearch` beachtet werden muss. Alternativ oder zusätzlich kann eine z. B. mit der Octave-Funktion `surf` erstellte räumliche Darstellung der Funktion sinnvoll sein. Die Anweisungen zur Erstellung der genannten Grafiken und zur Berechnung der lokalen Extrempunkte sind im Skript `loesung413.m` zusammengefasst. Die Ausführung des Skripts ergibt die folgenden Ergebnisse:

Startpunkte		Extrempunkte			Art des
$x_0 =$	$y_0 =$	$x^* \approx$	$y^* \approx$	$f(x^*, y^*) =$	Extremums
-0.7	-0.2	-0.6283	-0.3142	-1	lokales Minimum
0	1.5	0	1.5708	-1	lokales Minimum
1.5	-1	1.2566	-0.9425	-1	lokales Minimum
1.7	1	1.8850	0.9425	-1	lokales Minimum
-1.7	-1	-1.8850	-0.9425	1	lokales Maximum
-1.2	1	-1.2566	0.9425	1	lokales Maximum
0.7	0.2	0.6283	0.3142	1	lokales Maximum
0	-1.5	0	-1.5708	1	lokales Maximum

Selbstverständlich können auch andere als die hier angegebenen Startpunkte verwendet werden.

Lösung 4.1.4: Die Anzahl der lokalen Extrempunkte und geeignete Startwerte zu ihrer Berechnung lassen sich zum Beispiel mithilfe eines Höhenlinienbildes ermitteln (Octave-Funktion `contour`). Daran lässt sich auch die Art der lokalen Extrema gut erkennen, was bereits vor dem Aufruf einer der Octave-Funktionen `sqp` bzw. `fmincon` beachtet werden muss. Weiter ist der Definitionsbereich der Funktion zu beachten, der untere bzw. obere Schranken als zusätzliche Nebenbedingungen für die Variablen vorgibt. Die Erstellung eines Höhenlinienbildes und die Berechnung der Lösungen der Probleme

$$\min\ f(x) \quad \text{bzw.} \quad \max\ f(x) = \min\ -f(x)$$

unter den jeweiligen Nebenbedingungen sind in jeweils einem Octave-Skript als Lösungsvorschlag zusammengestellt. Dabei wird ausschließlich die Octave-Funktion `sqp` verwendet. Selbstverständlich kann alternativ `fmincon` zur Minimierung genutzt werden. Nach Ausführung der Skripte `loesung414a.m`, `loesung414b.m` bzw. `loesung414c.m` im Befehlsfenster werden dort die Lösungen angezeigt.

Lösung 4.1.5: Eine Musterlösung ist im Skript `loesung415.m` zusammengestellt. Bei der Wahl von Startwerten für die Variablen muss beachtet werden, dass diese innerhalb der vorgegebenen Schranken liegen, d. h. $x_1, x_2, x_3 \in [0, 1]$. Es kann zu Problemen kommen, wenn die Startwerte sehr dicht bei den Intervallgrenzen 0 oder 1 liegen oder mit ihnen übereinstimmen.

Lösung 4.2.1: Die in Abschnitt 4.2.1 vorgestellte Vorgehensweise zur Approximation von Daten (x_i, y_i) durch Polynome lässt sich auf den in Bezug auf die Koeffizienten a_k linearen Ansatz

$$p(x) = \sum_{k=0}^{n} a_k \cdot f_k(x) \qquad (*)$$

verallgemeinern, wobei die Funktionen $f_0, \ldots, f_n$ von den Koeffizienten $a_0, \ldots, a_n$ unabhängig sind. Bei der Approximation mit einem Polynom vom Grad $n \in \mathbb{N}$ gilt

$$f_0(x) = 1\ ,\quad f_1(x) = x\ ,\quad f_2(x) = x^2\ ,\ \ldots\ ,\ f_n(x) = x^n\ ,$$

während bei der Lösung von Aufgabenteil a) $n = 4$ und

$$f_0(x) = 1\ ,\quad f_1(x) = e^x\ ,\quad f_2(x) = e^{-x}\ ,\quad f_3(x) = e^{-2x}\ ,\quad f_4(x) = e^{-3x}$$

gilt. Die Approximation der Daten in der euklidischen Norm ist für den Ansatz $(*)$ äquivalent zur Bestimmung des globalen Minimums der Funktion

$$z(a_0, \ldots, a_n) = \sum_{k=1}^{m} \left(p(x_k) - y_k \right)^2 = \sum_{k=1}^{m} \left(\sum_{j=0}^{n} a_j \cdot f_k(x_k) - y_k \right)^2 .$$

Weiter sind die partiellen Ableitungen von z nach a_i zu betrachten:

$$\frac{\partial z}{\partial a_i}(a_0, \ldots, a_n) = 0 \quad \Leftrightarrow \quad 2 \cdot \sum_{k=1}^{m} \left(\sum_{j=0}^{n} a_j \cdot f_j(x_k) - y_k \right) \cdot f_i(x_k) = 0 , \quad i = 0, 1, \ldots, n$$

Das ist äquivalent ist zu den folgenden Normalgleichungen:

$$\sum_{k=1}^{m} f_i(x_k) \cdot \sum_{j=0}^{n} a_j \cdot f_j(x_k) = \sum_{k=1}^{m} y_k \cdot f_i(x_k) , \quad i = 0, 1, \ldots, n$$

Mit

$$P = \begin{pmatrix} f_0(x_1) & f_1(x_1) & \ldots & f_n(x_1) \\ f_0(x_2) & f_1(x_2) & \ldots & f_n(x_2) \\ \vdots & \vdots & \ddots & \vdots \\ f_0(x_m) & f_1(x_m) & \ldots & f_n(x_m) \end{pmatrix}, \quad a = \begin{pmatrix} a_0 \\ a_1 \\ \vdots \\ a_n \end{pmatrix} \quad \text{und} \quad Y = \begin{pmatrix} y_1 \\ y_2 \\ \vdots \\ y_m \end{pmatrix},$$

ergibt sich das bereits aus (4.20) bekannte lineare Gleichungssystem

$$P^T \cdot P \cdot a = P^T \cdot Y . \tag{$**$}$$

Eine Musterlösung zur Approximation der Daten aus der Datei messdatenreihe.csv durch die Funktionen f, g und h über das lineare Gleichungssystem ($**$) ist im Skript loesung421_LGS.m zusammengestellt. Das Skript berechnet die Koeffizienten a_i, erstellt die geforderte grafische Darstellung und gibt ergänzende Informationen über die Approximierenden im Befehlsfenster aus. Eine Musterlösung zur alternativen Approximation der Daten mit der Octave-Funktion lsqcurvefit ist im Skript loesung421_lsqcurvefit.m zusammengestellt.

Lösung 4.2.2: Eine Musterlösung zur Approximation der Daten mit der Octave-Funktion lsqcurvefit ist im Skript loesung422.m zusammengestellt.

Lösung 4.2.3: Aus dem Ansatz (#) zur Approximation der Abweichungen zwischen p_4 und den Daten ergibt sich die gegenüber p_4 verbesserte Approximation $g(x) = p_4(x) + z(x)$. Die Ermittlung der Koeffizienten von z wird im Skript loesung423.m durchgeführt.

Lösung 4.2.4: Siehe dazu das Skript loesung424.m.

Lösung 4.2.5: Siehe dazu das Skript loesung425.m.

Lösung 4.2.6: Die Lösung dieser Aufgabenstellung ist mitnichten eindeutig. Die nachfolgende Musterlösung ist deshalb eine Lösung von vielen möglichen. Grundsätzlich wird eine Vorgehensweise analog zur Approximation der Beispieldaten in Abschnitt 4.2.1 empfohlen, d. h.:

- Schritt 1: Ausgehend von einer grafischen Darstellung der Datenpunkte (x_i, y_i) ergibt sich ein Ansatz für eine (erste) Modellfunktion f.
- Schritt 2: Weiter werden die Fehlerpunkte $(x_i, f(x_i) - y_i)$ oder alternativ $(x_i, y_i - f(x_i))$ untersucht. Weisen diese eine gewisse Struktur auf, die einen funktionalen Zusammenhang nahelegt, dann werden diese Punkte durch eine Funktion p approximiert.
- Schritt 3 (optional): Falls eine Approximation der Fehlerpunkte durch eine Funktion p möglich ist, dann wird aus f und p eine verbesserte Approximation h der Daten (x_i, y_i) konstruiert.

Zur Approximation der Daten aus der Datei `messdatenreihe2.csv` ist zum Beispiel eine Exponentialfunktion der Gestalt

$$f(x) = a_1 \cdot e^{a_2 x} \quad \text{mit} \quad a_1, a_2 \in \mathbb{R}$$

naheliegend, denn die Daten fallen im Mittel streng monoton und die Ordinaten y_i sind nichtnegativ. Die Parameterwerte a_1 und a_2 werden nach der Methode der kleinsten Quadrate bestimmt. Eine grafische Darstellung der Fehlerpunkte $\left(x_i, f(x_i) - y_i\right)$ zeigt, dass diese Punkte in den Intervallen $[0,1)$, $[1, 1.5)$, $[1.5, 2)$, $[2, 3)$, $[3, 4)$, $[4, 5)$ und $[5, 6]$ jeweils näherungsweise linear angeordnet sind. Folglich bietet sich eine Approximation der Fehlerpunkte durch einen Polygonzug (Spline ersten Grades)

$$p(x) = \begin{cases} p_1(x) &, x \in [0,1) \\ p_2(x) &, x \in [1, 1.5) \\ p_3(x) &, x \in [1.5, 2) \\ p_4(x) &, x \in [2, 3) \\ p_5(x) &, x \in [3, 4) \\ p_6(x) &, x \in [4, 5) \\ p_7(x) &, x \in [5, 6] \end{cases}$$

an, wobei $p_i(x) = \frac{b_{i+1} - b_i}{z_{i+1} - z_i}(x - z_i) + b_i$ für $i = 1, \ldots, 7$ gilt. Dabei sind die Stützstellen $z_1 = 0$, $z_2 = 1$, $z_3 = 1.5$, $z_4 = 2$, $z_5 = 3$, $z_6 = 4$, $z_7 = 5$ und $z_8 = 6$ der Interpolationspunkte (z_i, b_i) fest vorgegeben. Bei der Approximation der Fehlerpunkte $\left(x_i, f(x_i) - y_i\right)$ nach der Methode der kleinsten Quadrate sind demnach die Stützwerte $b_1, \ldots, b_8$ so zu bestimmen, dass $\left\| p(X) - (f(X) - Y) \right\|_2$ minimal wird und $p(z_i) = b_i$ für $i = 1, \ldots, 8$ gilt. Die Definition des Polygonzugs p lässt sich mithilfe der Octave-Funktion `interp1` ohne großen Aufwand realisieren. Abschließend ergibt sich durch den Ansatz $h(x) = f(x) - p(x)$ eine gegenüber f verbesserte Approximation der Daten (x_i, y_i). Eine vollständige Durchführung dieses Lösungsansatzes ist im Skript `loesung426a.m` zusammengestellt. Die Ausführung des Skripts führt zur Berechnung der Stützwerte $b_1, \ldots, b_8$, einer Darstellung der Berechnungsergebnisse im Befehlsfenster und entsprechenden grafischen Darstellungen der Daten und ihrer Approximationen.

Ein alternativer Ansatz besteht darin, die Daten (x_i, y_i) zunächst durch ein quadratisches Polynom $f(x) = a_2 x^2 + a_1 x + a_0$ zu approximieren. Die weiteren Schritte erfolgen analog zu oben. Dieser Lösungsweg wird im Skript `loesung426b.m` durchgerechnet. Für weitere Rechnungen erscheint ein quadratisches Polynom als Basismodellfunktion aus numerischer Sicht besser geeignet, da seine Funktionswerte schnell und effizient berechnet werden können. Aus Anwendersicht muss dieser Ansatz aber nicht der beste sein, denn häufig soll aus vorhandenen Daten „gelernt" und auf dieser Grundlage Prognosen (also ein Blick in die Zukunft) erstellt werden. In diesem Fall scheint der obige Ansatz mit einer Exponetialfunktion etwas besser geeignet, da die bekannten Daten ein Konvergenzverhalten für $x > 6$ bzw. $x \to \infty$ vermuten lassen, was durch das quadratische Polynom nicht berücksichtigt wird.

Die nach einer der beiden vorgestellten Ansätzen erhaltene Funktion h ist nicht für alle $x \in [0, 6]$ differenzierbar, da der Polygonzug in seinen Stützstellen z_i nicht differenzierbar ist. Wird für weitere Rechnungen eine differenzierbare Funktion benötigt, muss zur Approximation der Fehlerpunkte $\left(x_i, f(x_i) - y_i\right)$ eine differenzierbare Funktion angesetzt werden. Das gelingt mit einem kubischen Spline mit geeigneten Randbedingungen, die das Anstiegsverhalten der Daten an den Rändern des Intervalls $[0, 6]$ berücksichtigen. Dieser Lösungsansatz wird in den Skripten `loesung426c.m` und `loesung426d.m` vorgestellt.

Lösung 4.3.1: Die Lösung der Aufgaben ist im Skript `loesung 431.m` zusammengefasst. Bei b) muss zuerst 100 subtrahiert werden, um die für `fsolve` erforderliche Gleichung der Gestalt $f(x) = 0$ zu erhalten. Zu b) bis d) können geeignete Startwerte mithilfe eines Plots der jeweiligen Funktion f bestimmt werden. Zu b) ist es dabei zweckmäßig, die Funktion $f(x) = x^3 - 20x^2 \cdot \sin(x) - 100$ in verschiedenen Intervallen darzustellen. Das stellt sicher, dass keine Nullstelle übersehen wird, die alle im Intervall $[-15, 15]$ liegen. Idealerweise liegen die Startwerte in der Nähe der Nullstellen von f, die im Plot grob identifiziert werden können.

Lösung 4.3.2: Durch eine Gleichung der Gestalt $(x - m_x)^2 + (y - m_y)^2 = r^2$ wird ein in der reellen Zahlenebene liegender Kreis mit Mittelpunkt $M(m_x|m_y)$ und Radius $r > 0$ beschrieben. Folglich geht es bei den Gleichungssystemen in a), b) und c) darum, die Lagebeziehung zwischen zwei Kreisen zu untersuchen. Ein solches Gleichungssystem kann keine, eine, zwei oder unendlich viele Lösungen haben. Letzteres liegt bei keinem der Systeme vor, denn dies würde bedeuten, dass beide Gleichungen übereinstimmen. Die Lagebeziehung zwischen zwei Kreisen lässt sich auf verschiedene Art und Weise auch ohne den Einsatz eines Rechners überprüfen, und selbst die Berechnung von Schnittpunktkoordinaten durch die Lösung der nichtlinearen Gleichungssysteme ist in der Regel ohne Rechner möglich (siehe dazu [32]). In dieser Aufgabe soll jedoch ausdrücklich Octave als Lösungswerkzeug genutzt werden, um die Anwendung der Octave-Funktion `fsolve` zu trainieren. Vorbreitend werden dazu die Kreise grafisch dargestellt, wozu die Gleichungen beispielsweise nach y aufgelöst werden. Aus der grafischen Darstellung lassen sich zudem geeignete Startwerte ablesen. Außerdem müssen die Kreisgleichungen in die Gestalt $(x - m_x)^2 + (y - m_y)^2 - r^2 = 0$ überführt werden. Zur Lösung der einzelnen Teilaufgaben sei abschließend auf die Skripte `loesung432a.m`, `loesung432b.m` bzw. `loesung432c.m` verwiesen.

Lösung 4.3.3: Mit den Ortsvektoren $\overrightarrow{0P}$ bzw. $\overrightarrow{0Q}$ der Punkte P bzw. Q entsteht durch die Zuweisung $\overrightarrow{x} = \overrightarrow{0P}$ bzw. $\overrightarrow{x} = \overrightarrow{0Q}$ ein nichtlineares Gleichungssystem mit drei Gleichungen und einer Variable. Hat dieses System eine Lösung, dann liegt der Punkt auf K, andernfalls liegt er nicht auf K. Die Rechnungen werden im Skript `loesung433.m` durchgeführt. Dies ergibt, dass P auf K liegt und Q nicht auf K liegt. Man beachte, dass man ausgehend vom gewählten Startwert für α auch einen nicht im Intervall $[0, 2\pi)$ liegenden Zahlenwert erhalten kann. Dies ist korrekt, denn bei Parametergleichungen eines Kreises kann $\alpha \in \mathbb{R}$ zugelassen werden, was der Periodizität der Winkelfunktionen geschuldet ist (vgl. [32]).

Lösung 4.3.4: Siehe dazu das Skript `loesung434.m`.

Lösung 4.3.5: Vorbreitend muss jeweils der Gradient ∇f der Funktion f per Hand ausgerechnet werden. Das ergibt:

a) $\nabla f(x, y) = \begin{pmatrix} e^{x-2y} + y\sin(xy+1) + 2x \\ -2e^{x-2y} + x\sin(xy+1) + 2y \end{pmatrix}$ b) $\nabla f(x, y) = \begin{pmatrix} 4\cos(x)\sin^3(x) - 2y\cos(xy) \\ 4\cos(y+1)\sin^3(y+1) - 2x\cos(xy) \end{pmatrix}$

Bei der Auswahl geeigneter Startwerte zur Berechnung der Lösungen der Gleichung $\nabla f(x) = 0$ kann ein Höhenlinienbild der Funktion f genutzt werden. Die Skripte `loesung435a.m` und `loesung435b.m` erstellen jeweils ein Höhenlinienbild und berechnen alle stationären Punkte. Bei der Ausführung der Skripte ist bitte etwas Geduld mitzubringen, denn das Plotten der Höhenlinienbilder kann etwas Zeit erfordern.

Lösung 4.4.1: Siehe dazu das Skript `loesung441.m`.

Lösung 4.4.2: Siehe dazu die Skripte `loesung442a.m` und `loesung442b.m`.

Lösung 4.4.3: Siehe dazu das Skript `loesung443.m`.

Lösung 4.4.4: Siehe dazu das Skript `loesung444.m`.

Symbolverzeichnis

$\{x_1, x_2, \dots\}$	Menge mit den Elementen $x_1, x_2, \dots$
$\{x \mid \dots\}$	Menge bestehend aus allen Elementen x für die $\dots$ gilt.
$\emptyset$	leere Menge (enthält kein Element)
$x \in M$	x ist Element von M
$x, y \in M$	x und y sind Elemente von M
$x \notin M$	x ist kein Element von M
$x, y \notin M$	x und y sind keine Elemente von M
$A \subseteq B$	A ist echte Teilmenge von B oder A ist gleich B
$A \subset B$	A ist echte Teilmenge von B
$A \cap B$	Schnittmenge von A und B
$A \cup B$	Vereinigung der Mengen A und B
$A \setminus B$	Differenzmenge von A und B (A ohne B), Beispiel: $\{1;2;3\} \setminus \{2\} = \{1;3\}$
$\mathbb{N}$	$= \{1, 2, 3, \dots\}$ = Menge der natürlichen Zahlen
$\mathbb{N}_0$	$= \mathbb{N} \cup \{0\}$ = Menge der natürlichen Zahlen einschließlich der Null
$\mathbb{Z}$	$= \{\dots, -3, -2, -1, 0, 1, 2, 3, \dots\}$ = Menge der ganzen Zahlen
$\mathbb{Q}$	$= \left\{ \frac{p}{q} \;\middle|\; p \in \mathbb{Z}, q \in \mathbb{N} \right\}$ = Menge der rationalen Zahlen
$\mathbb{R}$	Menge (Körper) der reellen Zahlen
$\mathbb{R}_{>0}$	$= \{x \in \mathbb{R} \mid x > 0\}$
$\mathbb{R}_{\geq 0}$	$= \{x \in \mathbb{R} \mid x \geq 0\}$
(a, b)	offenes Intervall reeller Zahlen $a < b$; **Alternativbedeutungen**: Geordnetes Wertepaar reeller Zahlen a und b, wobei zwischen a und b eine beliebige Relation bestehen kann. Das Symbol (a, b) wird alternativ auch als Punkt in der reellen Zahlenebene interpretiert, wofür alternativ auch die Schreibweise $(a|b)$ benutzt wird. Die genaue Bedeutung des Symbols (a, b) ergibt sich jeweils eindeutig aus dem Sachzusammenhang.

© Der/die Herausgeber bzw. der/die Autor(en), exklusiv lizenziert an
Springer-Verlag GmbH, DE, ein Teil von Springer Nature 2022
J. Kunath, *Hochschulmathematik mit Octave verstehen und anwenden*,
https://doi.org/10.1007/978-3-662-64782-0

$[a,b]$ abgeschlossenes Intervall reeller Zahlen mit $a < b$

$(a,b]$ linksseitig offenes Intervall reeller Zahlen mit $a < b$

$[a,b)$ rechtsseitig offenes Intervall reeller Zahlen mit $a < b$

$|x|$ $= \begin{cases} x, & x \geq 0 \\ -x, & x < 0 \end{cases}$ Betrag einer reellen Zahl x

$+\infty, -\infty$ plus unendlich, minus unendlich; statt $+\infty$ wird auch ∞ verwendet

$A \times B$ $= \big\{(a,b) \mid a \in A, b \in B\big\}$, kartesisches Produkt der Mengen A und B

$\mathbb{R}^2$ $= \mathbb{R} \times \mathbb{R}$, reelle Zahlenebene (Euklidische Ebene)

$\mathbb{R}^3$ $= \mathbb{R} \times \mathbb{R} \times \mathbb{R}$, reeller Zahlenraum (dreidimensionaler Euklidischer Raum)

$\mathbb{R}^n$ $= \underbrace{\mathbb{R} \times \ldots \times \mathbb{R}}_{n\text{-mal}}$, n-dimensionaler Euklidischer Raum

$\mathbb{R}^{m \times n}$ Menge der reellen Matrizen mit m Zeilen und n Spalten

A^{-1} Inverse einer Matrix A

A^T transponierte (gestürzte) Matrix von A

$P(x|y)$ Koordinaten eines Punkts P aus $\mathbb{R}^2$, Alternativschreibweise: $P(x,y)$

$P(x|y|z)$ Koordinaten eines Punkts P aus $\mathbb{R}^3$, Alternativschreibweise: $P(x,y,z)$

$\Leftrightarrow$ Äquivalenzpfeil zur Verknüpfung von zueinander äquivalenten mathematischen Aussagen bzw. Aussageformen A und B, d. h., man schreibt abkürzend $A \Leftrightarrow B$.

$\Rightarrow$ Folgerungspfeil zur Verknüpfung von mathematischen Aussagen bzw. Aussageformen A und B, wobei B aus A folgt, d. h., man schreibt abkürzend $A \Rightarrow B$.

Allgemeine Hinweise:

- Als Dezimaltrennzeichen wird grundsätzlich ein Punkt verwendet.
- Obwohl man eigentlich zwischen einer Funktion $f : D \to W$, $D, W \subseteq \mathbb{R}$, und dem Funktionsgraphen (also der Punktmenge $\{(x,y) \in D \times W \mid y = f(x)\}$) unterscheiden muss, wird für den Graphen von f *kein* eigenes Symbol definiert. Durch den Buchstaben f wird die Funktion *und* ihr Graph identifiziert, sowohl in Abbildungen als auch im Text.
- Alle hier nicht genannten Symbole und Notationen sind innerhalb dieses Buchs erklärt oder werden als bekannt vorausgesetzt.

Literaturverzeichnis

Literatur zu Octave und MATLAB

[1] Bosl, Angelika: *Einführung in MATLAB/Simulink. Berechnung, Programmierung, Simulation*, Hanser, München, 3. Auflage, 2020

[2] Haußer, Frank; Luchko, Yury: *Mathematische Modellierung mit MATLAB und Octave. Eine praxisorientierte Einführung*, Springer, Heidelberg, 2. Auflage, 2019

[3] Linge, Svein; Langtangen, Hans-Peter: *Programming for Computations - MATLAB/Octave*, Springer, Heidelberg, 2016

[4] Nagar, Sandeep: *Introduction to Octave. For Engineers and Scientists*, Apress, Heidelberg, 2018

[5] Pajankar, Ashwin; Chandu, Sharvani: *GNU Octave by Example. A Fast and Practical Approach to Lerning GNU Octave*, Apress, Heidelberg, 2020

[6] Quateroni, Alfio; Saleri, Fausto: *Wissenschaftliches Rechnen mit MATLAB*, Springer, Heidelberg, 2006

[7] Quateroni, Alfio; Saleri, Fausto; Gervasio, Paola: *Scientific Computing with MATLAB and Octave*, Springer, Heidelberg, 4th ed., 2014

[8] Stein, Ulrich: *Programmieren mit MATLAB. Programmiersprache, Grafische Benutzeroberflächen, Anwendungen*, Hanser, München, 6. Auflage, 2016

[9] Schweizer, Wolfgang: *MATLAB kompakt*, de Gruyter, Berlin, 6. Auflage, 2017

[10] Thuselt, Frank; Gennrich, Felix Paul: *Praktische Mathematik mit MATLAB, Scilab und Octave für Ingenieure und Naturwissenschaftler*, Springer, Heidelberg, 2013

Literatur zu den im Buch behandelten Themen der Mathematik

[11] Alt, Werner: *Nichtlineare Optimierung*, Vieweg+Teubner, Wiesbaden, 2. Auflage, 2011

[12] Ansorge, Rainer; Oberle, Hans J.; Rothe, Kai; Sonar, Thomas: *Mathematik für Ingenieure, Band 1 Lineare Algebra und analytische Geometrie, Differential- und Integralrechnung einer Variablen*, Wiley-VCH, Berlin, 5. Auflage, 2020

[13] Bartsch, Hans-Jochen: *Taschenbuch mathematischer Formeln für Ingenieure und Naturwissenschaftler*, Hanser, München, 24. Auflage, 2018

[14] Bärwolff, Günter: *Numerische Mathematik für Ingenieure, Physiker und Informatiker.* Springer, Heidelberg, 2. Auflage, 2016

[15] Behrends, Ehrhard: *Elementare Stochastik. Ein Lernbuch - von Studierenden mitentwickelt*, Springer Spektrum, Wiesbaden, 2013

[16] Bosch, Karl: *Elementare Einführung in die angewandte Statistik*, Vieweg+Teubner, Wiesbaden, 9. Auflage, 2010

[17] Burkhard, Rainer E.; Zimmermann, Uwe T.: *Einführung in die Mathematische Optimierung*, Springer, Heidelberg, 2012

[18] Caputo, Angelika; Fahrmeiner; Ludwig; Künstler, Rita; Lang, Stefan; Pigeot-Kübler, Iris; Tutz, Gerhard: *Arbeitsbuch Statistik*, Springer, Heidelberg, 5. Auflage, 2009

[19] Dahmen, Wolfgang; Reusken, Arnold: *Numerik für Ingenieure und Naturwissenschaftler*, Springer, Heidelberg, 2. Auflage, 2008

© Der/die Herausgeber bzw. der/die Autor(en), exklusiv lizenziert an
Springer-Verlag GmbH, DE, ein Teil von Springer Nature 2022
J. Kunath, *Hochschulmathematik mit Octave verstehen und anwenden*,
https://doi.org/10.1007/978-3-662-64782-0

[20] de Boor, Carl: *Splinefunktionen*, Birkhäuser, Basel, 1990
[21] Engel, Joachim: *Anwendungsorientierte Mathematik: Von Daten zur Funktion. Eine Einführung in die mathematische Modellbildung für Lehramtsstudierende*, Springer, Heidelberg, 2. Auflage, 2018
[22] Fischer, Gerd; Springborn, Boris: *Lineare Algebra. Eine Einführung für Studienanfänger*, Springer Spektrum, Wiesbaden, 19. Auflage, 2020
[23] Fischer, Gerd; Lehner, Matthias; Puchert, Angela: *Einführung in die Stochastik. Die grundlegenden Fakten mit zahlreichen Erläuterungen, Beispielen und Übungsaufgaben*, Springer Spektrum, Wiesbaden, 2. Auflage, 2015
[24] Forster, Otto: *Analysis 1, Differential- und Integralrechnung einer Veränderlichen*, Springer Spektrum, Wiesbaden, 12. Auflage, 2016
[25] Forster, Otto: *Analysis 2, Differentialrechnung im $\mathbb{R}^n$, gewöhnliche Differentialgleichungen*, Springer Spektrum, Wiesbaden, 11. Auflage, 2017
[26] Geiger, Carl; Kanzow, Christian: *Numerische Verfahren zur Lösung unrestringierter Optimierungsaufgaben*, Springer, Heidelberg, 1999
[27] Henze, Norbert: *Stochastik für Einsteiger*, Springer Spektrum, Wiesbaden, 12. Auflage, 2018
[28] Hoffmann, Karl-Heinz; Witterstein, Gabriele: *Mathematische Modellierung. Grundprinzipien in Natur- und Ingenieurwissenschaften*, Birkhäuser, Heidelberg, 2014
[29] Jungnickel, Dieter: *Optimierungsmethoden. Eine Einführung*, Springer, Heidelberg, 3. Auflage, 2015
[30] Kunath, Jens: *Übungsbuch zur Analysis. Aufgaben und ausführliche Lösungen (nicht nur) für Studierende der Informatik*, Springer Vieweg, Heidelberg, 2017
[31] Kunath, Jens: *Analytische Geometrie und Lineare Algebra zwischen Abitur und Studium I. Theorie, Beispiele und Aufgaben zu den Grundlagen*, Springer, Heidelberg, 2019
[32] Kunath, Jens: *Analytische Geometrie und Lineare Algebra zwischen Abitur und Studium II. Theorie, Beispiele und Aufgaben zu nichtlinearen Themen*, Springer, Heidelberg, 2020
[33] Ortlieb, Claus Peter; v. Dresky, Caroline; Gasser, Ingenuin; Günzel, Silke: *Mathematische Modellierung. Eine Einführung in zwölf Fallstudien*, Springer Spektrum, Wiesbaden, 2. Auflage, 2013
[34] Plato, Robert: *Numerische Mathematik kompakt. Grundlagenwissen für Studium und Praxis*, Vieweg+Teubner, Wiesbaden, 4. Auflage, 2010
[35] Rice, John R.: *The Approximation of Functions. Volume 1, Linear Theory*, Addison-Wesley, Reading (Massachusetts), 1964
[36] Reemtsen, Rembert: *Lineare Optimierung*, Shaker, Aachen, 2001
[37] Schaback, Robert; Wendland, Holger: *Numerische Mathematik*, Springer, Heidelberg, 5. Auflage, 2005
[38] Überhuber, Christoph: *Computer-Numerik 1*, Springer, Heidelberg, 1995
[39] Werner, Jochen: *Numerische Mathematik. Band 1: Lineare und nichtlineare Gleichungssysteme, Interpolation, numerische Integration*, Vieweg, Wiesbaden, 1992
[40] Werner, Jochen: *Numerische Mathematik. Band 2: Eigenwertaufgaben, lineare Optimierungsaufgaben, unrestringierte Optimierungsaufgaben*, Vieweg, Wiesbaden, 1992

Sachverzeichnis

Printed in the United States
by Baker & Taylor Publisher Services